高职高专土木与建筑规划教材

建筑材料(第3版)

卢经扬　余素萍　主　编
崔　岩　陈桂萍　副主编

清华大学出版社
北京

内容简介

作为高职高专土木与建筑规划教材之一,本书按照建筑类专业的职业要求,根据建筑工程类施工一线技术与管理人员所必需的应用知识,将实用性、职业性、可塑性及一专多能性相结合,以施工现场必需的知识、技能为基础,通过工学结合的方式,介绍土木、建筑工程中常用的建筑材料和目前正在推广应用的新型建筑材料的基本组成、简单生产工艺、性质、应用,以及质量标准和检验方法等。本书具体内容包括建筑材料的基本性能、建筑石材、气硬性胶凝材料(如石灰、石膏、水玻璃)、水硬性胶凝材料(如各种水泥)、混凝土、建筑砂浆、金属材料、墙体材料、建筑防水材料、建筑塑料、木材及其制品、建筑装饰材料和建筑材料性能检测试验共13章。为方便教学及扩大知识面,各章后均附有复习思考题。

本书定位为培养高等技术应用型人才,重在突出职业技术教育特点,培养学生从事与建筑材料有关的使用、检测及管理方面的能力,展现现代的新理论、新技术、新方法、新工艺、新仪器和新材料,从而体现应用性、推广性和实用性。

本书可作为高职高专、应用型本科、成人高校、本科院校二级学院及民办高校的土木工程、建筑工程类专业、建筑材料检测技术专业、村镇建设专业以及建筑施工专业的教材,也可作为土建类其他专业的教学用书,同时可供建筑企事业单位的工程技术人员自学参考。

本书封面贴有清华大学出版社防伪标签,无标签者不得销售。
版权所有,侵权必究。举报: 010-62782989,beiqinquan@tup.tsinghua.edu.cn。

图书在版编目(CIP)数据

建筑材料/卢经扬,余素萍主编. —3版. —北京: 清华大学出版社,2016(2021.10重印)
(高职高专土木与建筑规划教材)
ISBN 978-7-302-43881-6

Ⅰ. ①建… Ⅱ. ①卢… ②余… Ⅲ. ①建筑材料—高等职业教育—教材 Ⅳ. ①TU5

中国版本图书馆 CIP 数据核字(2016)第 110972 号

责任编辑: 桑任松
装帧设计: 刘孝琼
责任校对: 王 晖
责任印制: 沈 露

出版发行: 清华大学出版社
网　　址: http://www.tup.com.cn, http://www.wqbook.com
地　　址: 北京清华大学学研大厦 A 座　　　邮　编: 100084
社 总 机: 010-62770175　　　　　　　　　　邮　购: 010-62786544
投稿与读者服务: 010-62776969, c-service@tup.tsinghua.edu.cn
质量反馈: 010-62772015, zhiliang@tup.tsinghua.edu.cn
课件下载: http://www.tup.com.cn, 010-62791865

印 装 者: 三河市君旺印务有限公司

经　　销: 全国新华书店

开　　本: 185mm×260mm　　印　张: 23.5　　字　数: 626 千字
　　　　　(附报告册1本)
版　　次: 2006 年 8 月第 1 版　2016 年 6 月第 3 版　印　次: 2021 年 10 月第 7 次印刷
定　　价: 65.00 元

产品编号: 067744-02

前　言

本书是按照高等职业技术教育的要求和土木工程、建筑工程类专业的培养目标以及《建筑材料》教学大纲编写而成的。本书适用的教学时数为60～70学时。

本书主要阐述常用建筑材料和新型建筑材料的基本组成、性质、应用以及质量标准、检验方法、储运和保管知识等。为方便教学及扩大知识面，各章后均附有复习思考题。

本书在第2版的基础上进行了修订，具有以下特点。

(1) 按照高等职业技术教育培养生产、服务、管理第一线的技术应用型人才的总目标，根据生产实践所需的基本知识、基本理论和基本技能，精选教学内容，并更新和适当扩大了知识面。

(2) 各章尽量与工程实际相结合，加强工程应用，以培养工程意识及创新思想。

(3) 各章均采用国家现行的新标准和新规范，如《建筑生石灰》(JC/T 479—2013)、《彩色硅酸盐水泥》(JC/T 870—2012)、《混凝土结构工程施工质量验收规范》(GB 50204—2015)、《烧结空心砖和空心砌块》(GB/T 13545—2014)、《普通混凝土小型砌块》(GB/T 8239—2014)、《混凝土砌块和砖试验方法》(GB/T 4111—2013)、《钢筋混凝土用余热处理钢筋》(GB 13014—2013)、《聚氨酯防水涂料》(GB/T 19250—2013)、《合成树脂乳液外墙涂料》(GB/T 9755—2014)等。

(4) 为加强实用技能培养，本书还专门配套出版了《建筑材料试验报告册》。

(5) 对近年来常用建筑材料明显的、突出的差别进行了必要的解读。例如，混凝土配合比标准由原来的《普通混凝土配合比设计规程》(JGJ/T 55—2000)升级为现在的《普通混凝土配合比设计规程》(JGJ/T 55—2011)，不是简单的修订，而是内容发生了相应的变化，在教材中都做了必要的调整。

(6) 保持了原教材内容翔实、深入浅出、难点分散、便于学生自学的特点。

本书由江苏建筑职业技术学院卢经扬、广东交通职业技术学院余素萍任主编，兰州石化职业技术学院崔岩、辽宁省交通高等专科学校陈桂萍任副主编，崔岩担任主审。编写人员分工如下：卢经扬编写绪论和第8～10、12章，余素萍编写第4章，陈桂萍编写第5章，内蒙古建筑职业技术学院梁美平编写第1、7章，广东交通职业技术学院黄敏编写第2、3、6、11章，崔岩编写第13章。

由于编者水平有限，书中难免有错误和疏漏之处，恳请读者批评指正。

编　者

目　　录

绪论 1
  0.1 建筑材料的定义及在建筑工程中的
       地位和作用 1
  0.2 我国建筑材料的应用及技术标准 1
  0.3 建筑材料的发展趋势 3
  0.4 建筑材料的分类 4
  0.5 建筑材料课程涉及的主要内容及
       学习方法 5

第 1 章 建筑材料的基本性能 6
  1.1 物理性能 6
      1.1.1 与质量有关的性质 6
      1.1.2 与水有关的性质 10
      1.1.3 与热有关的性质 14
  1.2 材料的力学性质 16
      1.2.1 材料的强度 16
      1.2.2 材料的弹性和塑性 17
      1.2.3 材料的脆性和韧性 18
      1.2.4 材料的硬度和耐磨性 19
  1.3 材料的耐久性 19
  1.4 材料基本性能的发展动态 20
  复习思考题 21

第 2 章 建筑石材 22
  2.1 建筑中常用的岩石 22
      2.1.1 岩浆岩 22
      2.1.2 沉积岩 23
      2.1.3 变质岩 23
  2.2 石材 24
      2.2.1 石材的主要技术性质 24
      2.2.2 石材的品种与应用 25

  2.3 建筑石材发展动态 27
  复习思考题 29

第 3 章 气硬性胶凝材料 30
  3.1 石灰 30
      3.1.1 石灰的生产 30
      3.1.2 石灰的熟化 31
      3.1.3 石灰的硬化 31
      3.1.4 建筑工程中常用石灰品种
             及主要性能 32
      3.1.5 石灰的特点与应用 33
      3.1.6 石灰的储运 34
  3.2 石膏 34
      3.2.1 石膏的生产 34
      3.2.2 建筑工程中常用的石膏品种 ... 34
      3.2.3 建筑石膏 35
      3.2.4 高强石膏 37
  3.3 水玻璃 38
      3.3.1 水玻璃的组成与生产 38
      3.3.2 水玻璃的硬化 38
      3.3.3 水玻璃的性质与应用 39
  复习思考题 40

第 4 章 水硬性胶凝材料 41
  4.1 硅酸盐水泥 41
      4.1.1 硅酸盐水泥的定义 41
      4.1.2 硅酸盐水泥熟料的生产过程 ... 42
      4.1.3 硅酸盐水泥熟料的矿物
             组成及特性 43
      4.1.4 硅酸盐水泥的凝结硬化 45
      4.1.5 硅酸盐水泥的技术要求和
             技术标准 48

4.1.6 硅酸盐水泥石的腐蚀与防止 52
4.2 掺混合材料的硅酸盐水泥 54
  4.2.1 混合材料 54
  4.2.2 普通硅酸盐水泥 55
  4.2.3 矿渣硅酸盐水泥、火山灰质硅酸盐水泥和粉煤灰硅酸盐水泥 56
  4.2.4 复合硅酸盐水泥 59
4.3 水泥的应用、验收与保管 59
  4.3.1 六种常用水泥的特性与应用 59
  4.3.2 水泥的验收 61
  4.3.3 水泥的保管 61
4.4 其他品种的水泥 61
  4.4.1 白色及彩色硅酸盐水泥 61
  4.4.2 快硬硅酸盐水泥 63
  4.4.3 膨胀水泥 63
  4.4.4 中低热水泥 64
  4.4.5 道路硅酸盐水泥 66
  4.4.6 砌筑水泥 67
  4.4.7 铝酸盐水泥 68
4.5 水硬性胶凝材料的发展动态 69
复习思考题 70

第 5 章 混凝土 71

5.1 概述 71
  5.1.1 混凝土的定义 71
  5.1.2 混凝土的分类 71
  5.1.3 混凝土的特点与应用 72
  5.1.4 混凝土的发展 73
5.2 普通混凝土的组成材料 73
  5.2.1 水泥 73
  5.2.2 细骨料 74
  5.2.3 粗骨料 78
  5.2.4 拌和及养护用水 81
  5.2.5 外加剂 82
5.3 混凝土的主要技术性能 86
  5.3.1 新拌混凝土的和易性 86
  5.3.2 硬化混凝土的主要技术性质 92
5.4 混凝土的质量控制与强度评定 105
  5.4.1 混凝土的质量控制 105
  5.4.2 混凝土的强度评定 107
5.5 混凝土的配合比设计 114
  5.5.1 配合比设计的基本要求 114
  5.5.2 配合比设计的方法及步骤 115
  5.5.3 配合比设计例题 123
  5.5.4 掺和料普通混凝土 129
5.6 其他品种混凝土 134
  5.6.1 轻混凝土 134
  5.6.2 防水混凝土(抗渗混凝土) 138
  5.6.3 聚合物混凝土 139
  5.6.4 纤维混凝土 140
  5.6.5 高强混凝土 141
  5.6.6 商品混凝土 142
  5.6.7 绿色混凝土 143
5.7 混凝土发展动态 144
  5.7.1 钢纤维混凝土 144
  5.7.2 高性能混凝土 145
复习思考题 145

第 6 章 建筑砂浆 147

6.1 砌筑砂浆 147
  6.1.1 砌筑砂浆的组成材料 147
  6.1.2 砌筑砂浆的主要技术性质 148
  6.1.3 砌筑砂浆的配合比设计 150
6.2 抹面砂浆 153
  6.2.1 普通抹面砂浆 153
  6.2.2 装饰抹面砂浆 154
  6.2.3 特种抹面砂浆 155
6.3 建筑砂浆的发展动态 156
复习思考题 157

第7章 金属材料 158

7.1 钢的冶炼及钢的分类 158
7.1.1 钢的冶炼 158
7.1.2 钢材的分类 159
7.2 钢材的主要技术性能 160
7.2.1 钢材的力学性能 160
7.2.2 钢材的工艺性能 164
7.3 冷加工强化与时效对钢材性能的影响 165
7.3.1 冷加工强化处理 165
7.3.2 时效 166
7.4 钢材的化学性能 166
7.4.1 不同化学成分对钢材性能的影响 166
7.4.2 钢材的锈蚀 167
7.4.3 钢材的防锈 168
7.5 常用建筑钢材 168
7.5.1 钢筋混凝土用钢材 169
7.5.2 钢结构用钢材 173
7.5.3 钢材的选用 177
7.6 建筑钢材的防火 178
7.6.1 建筑钢材的耐火性 178
7.6.2 钢结构防火涂料 179
7.7 铝和铝合金 181
7.7.1 铝的主要性能 182
7.7.2 铝合金的分类 183
7.7.3 铝合金的牌号 183
7.7.4 铝合金的应用 185
7.8 金属材料的发展动态 187
复习思考题 189

第8章 墙体材料 190

8.1 砌墙砖 190
8.1.1 烧结普通砖 190
8.1.2 烧结多孔砖和烧结空心砖 194
8.1.3 蒸压蒸养砖 197
8.2 混凝土砌块 198
8.2.1 蒸压加气混凝土砌块 198
8.2.2 混凝土空心砌块 200
8.3 轻型墙板 203
8.3.1 石膏板 203
8.3.2 蒸压加气混凝土板 205
8.3.3 纤维水泥板 206
8.3.4 泰柏板 207
8.4 混凝土大型墙板 207
8.4.1 轻骨料混凝土墙板 208
8.4.2 饰面混凝土幕墙板 208
8.5 墙体材料发展动态 209
复习思考题 209

第9章 建筑防水材料 210

9.1 防水材料的基本材料 210
9.1.1 沥青 210
9.1.2 合成高分子材料 217
9.2 防水卷材 217
9.2.1 沥青防水卷材 217
9.2.2 合成高分子改性沥青防水卷材 220
9.2.3 合成高分子防水卷材 225
9.3 建筑防水涂料 230
9.3.1 防水涂料的特点与分类 230
9.3.2 水乳型沥青基防水涂料 231
9.3.3 溶剂型沥青防水涂料 231
9.3.4 合成树脂和橡胶系防水涂料 232
9.3.5 无机防水涂料和有机无机复合防水涂料 235
9.4 防水密封材料 237
9.4.1 不定型密封材料 237
9.4.2 定型密封材料 242
9.5 屋面防水工程对材料的选择及应用 244

9.6 防水卷材生产企业的发展现状 246
复习思考题 247

第10章 建筑塑料 248

10.1 塑料的组成 248
 10.1.1 树脂 248
 10.1.2 添加剂 249
 10.1.3 塑料的主要性质 250
10.2 建筑塑料的应用 250
 10.2.1 塑料门窗 250
 10.2.2 塑料管材 251
 10.2.3 塑料楼梯扶手 255
 10.2.4 塑料装饰扣(条)板、线 255
 10.2.5 塑料地板砖 255
 10.2.6 玻璃钢卫生洁具 255
 10.2.7 泡沫塑料 256
10.3 建筑塑料的发展动态 256
复习思考题 257

第11章 木材及其制品 259

11.1 天然木材及其性能 259
 11.1.1 木材的宏观构造 259
 11.1.2 木材的微观构造 260
 11.1.3 木材的物理性能 261
 11.1.4 木材的力学性能 263
11.2 木材制品及综合应用 264
 11.2.1 木材规格 264
 11.2.2 木材的主要应用及其装饰效果 266
 11.2.3 木材的综合应用 267
11.3 木材防护 269
 11.3.1 木材腐朽 269
 11.3.2 木材防腐、防虫 270
11.4 木材及其制品的发展动态 270
复习思考题 271

第12章 建筑装饰材料 272

12.1 装饰材料的基本要求及选用 272
 12.1.1 装饰材料的基本要求 272
 12.1.2 装饰材料的选用 273
12.2 地面装饰材料 274
 12.2.1 聚氯乙烯卷材地板 274
 12.2.2 木质地板 275
 12.2.3 地毯 276
12.3 内墙装饰材料 277
 12.3.1 塑料墙纸 277
 12.3.2 内墙涂料 279
12.4 外墙装饰材料 281
 12.4.1 外墙涂料 281
 12.4.2 外墙涂料的种类 282
 12.4.3 玻璃幕墙 283
12.5 顶棚装饰材料 284
 12.5.1 矿棉吸声装饰板 284
 12.5.2 石膏装饰板 285
 12.5.3 聚氯乙烯塑料天花板 286
12.6 建筑装饰材料的发展动态 286
复习思考题 287

第13章 建筑材料性能检测试验 288

13.1 试验一：建筑材料的基本性质试验 289
 13.1.1 实际密度试验 289
 13.1.2 体积密度试验 290
 13.1.3 表观密度试验 292
 13.1.4 堆积密度试验 294
 13.1.5 吸水率试验 295
13.2 试验二：水泥技术指标测试 296
 13.2.1 水泥检验的一般规定 297
 13.2.2 水泥细度试验 297
 13.2.3 水泥标准稠度用水量测试 ... 300
 13.2.4 水泥净浆凝结时间检验 304

13.2.5 水泥安定性检验.................305
　　　13.2.6 水泥胶砂强度检验.................308
13.3 试验三：混凝土用骨料技术指标
　　　检验.................313
　　　13.3.1 骨料的取样方法.................314
　　　13.3.2 砂子的颗粒级配及细度
　　　　　　模数检验.................315
　　　13.3.3 砂子的含水率检验.................316
　　　13.3.4 石子的堆积密度与空隙率
　　　　　　检验.................317
　　　13.3.5 碎石或卵石的颗粒级配
　　　　　　试验.................319
　　　13.3.6 石子的含水率检验.................320
13.4 试验四：混凝土拌和物试验.................320
　　　13.4.1 用坍落度法检验混凝土拌
　　　　　　和物的和易性.................321
　　　13.4.2 用维勃稠度法检验混凝土
　　　　　　拌和物的和易性.................323
　　　13.4.3 混凝土拌和物表观密度
　　　　　　测试.................324
13.5 试验五：混凝土强度试验.................325
　　　13.5.1 混凝土强度检测试件的
　　　　　　成形与养护.................326
　　　13.5.2 混凝土立方体抗压强度
　　　　　　检验.................327
　　　13.5.3 混凝土立方体劈裂抗拉
　　　　　　强度检验.................328
　　　13.5.4 普通混凝土抗折强度检验.................329
13.6 试验六：砂浆试验.................330
　　　13.6.1 砂浆拌制和稠度测试.................331
　　　13.6.2 砂浆分层度测试.................333
　　　13.6.3 砂浆立方体抗压强度试验.................334

13.7 试验七：砌墙砖及砌块试验.................336
　　　13.7.1 烧结普通砖抽样方法及
　　　　　　相关规定.................336
　　　13.7.2 尺寸测量.................337
　　　13.7.3 外观检查.................338
　　　13.7.4 砖的抗折强度测试.................340
　　　13.7.5 砖的抗压强度测试.................341
　　　13.7.6 混凝土小型砌块尺寸测量
　　　　　　和外观质量检查.................343
　　　13.7.7 混凝土小型砌块抗压强度
　　　　　　试验.................344
　　　13.7.8 混凝土小型砌块抗折强度
　　　　　　试验.................345
13.8 试验八：钢筋力学及工艺性能
　　　试验.................346
　　　13.8.1 钢筋的取样方法及取样
　　　　　　数量、复检与判定.................347
　　　13.8.2 钢筋拉伸试验.................347
　　　13.8.3 钢筋冷弯试验.................352
13.9 试验九：沥青材料试验.................354
　　　13.9.1 取样方法及数量.................354
　　　13.9.2 石油沥青的针入度检验.................355
　　　13.9.3 石油沥青的延度检验.................357
　　　13.9.4 石油沥青的软化点检验.................359
13.10 试验十：防水卷材试验.................361
　　　13.10.1 石油沥青防水卷材抽样的
　　　　　　 规定.................361
　　　13.10.2 试验的一般规定.................361
　　　13.10.3 拉力测试.................362
　　　13.10.4 耐热度测试.................363
　　　13.10.5 不透水性测试.................363
　　　13.10.6 柔度测试.................364

参考文献.................365

绪 论

0.1 建筑材料的定义及在建筑工程中的地位和作用

建筑材料是指构成建筑物本体的各种材料、半成品和制品。从建筑物的主体结构,直至每一个细部和附件,无一不是由各种建筑材料构成,具体包括石材、石灰、水泥、混凝土、钢材、木材、防水材料、建筑塑料、建筑装饰材料等,都是基本的建筑材料,是各项基本建设的重要物质基础。在我国工程建设中,每年约需数亿立方米的混凝土。举世瞩目的三峡工程混凝土浇筑总量高达2800万立方米,是世界上混凝土浇筑量最大的水电工程。建筑材料不仅用量大,而且常常费用高,在任何一项建筑工程中,建筑材料的费用都占很大比重,约占总造价的 50%~60%。建筑材料的品种、规格、性能、质量直接影响着或决定着建筑结构的形式、建筑物造型及各项建筑工程的坚固性、耐久性、适用性和经济性,并在一定程度上影响建筑工程的施工方法。建筑工程中许多技术问题的突破,往往是新的建筑材料产生的结果,而新材料的出现又促进了建筑设计、结构设计和施工技术的发展,也使建筑物各项性能得到进一步改善。因此,建筑材料的生产、应用和科学技术的迅速发展,对于我国的经济建设起着十分重要的作用。

0.2 我国建筑材料的应用及技术标准

1. 建筑材料的应用

我国是应用建筑材料较早的国家之一。早在石器、铁器时代,我国劳动人民就懂得将土、石、竹和木稍经加工后建筑棚屋。以后又学会利用黏土来烧制砖、瓦,利用岩石烧制石灰、石膏等。与此同时,木材的加工技术与金属的冶炼和应用,也都有了一定的发展。"秦砖汉瓦"就是那个时代的特征,并且作为最大宗、应用最广的建筑材料在人类生活和生产中发挥着无可估量的作用。约在公元前 200 年开始修建的万里长城,主要就是由砖石砌筑的。到了唐、宋、元、明时代,砖进一步规格化,强度得到提高。同时随着宫廷建筑的需要,琉璃瓦、描金等建筑装饰材料迅速发展,将一些宫廷建筑装饰得富丽堂皇,北京紫禁城建筑群即为高标准木结构建筑的典型代表。自从水泥、混凝土开始在我国应用以后,炼钢业也开始兴起,钢结构、钢筋混凝土结构也应运而生。近代,随着城市规模日益扩大,交通运输日益发达,公共建筑、海港、桥梁、高铁以及给排水、采暖通风等配套设施的广泛采用,进一步推动了建筑材料的发展。

近年来,随着社会生产力的发展,我国的建材工业也得到了飞速发展,已经形成了品种齐全、质量稳定、产量充足的良好局面。水泥、钢铁、玻璃、陶瓷等产品已跻身于世界生产大国之列。目前我国已成功研制了特种水泥及专用水泥 100 余种，自 1985 年水泥产量居世界第一以来，连续 30 年雄居世界首位，2014 年水泥产量达到 24.76 亿吨。各种混凝土添加剂的出现，使早强、高强、泵送以及有特殊性能的混凝土推广应用于各类工程。我国从 1996 年钢铁产量超过 1 亿吨开始，已连续 20 年居世界第一位，2014 年粗钢产量达到 8.2 亿吨。2001 年中国商品房屋施工面积为 77 213.5 万平方米，2008 年商品房屋施工面积高达 274 149 万平方米，建筑规模增加近 20 亿平方米。2015 年上半年商品房屋施工面积在增长率减缓的情况下，依然高达 17 425.8 万平方米，如果没有钢铁供应能力的增长，房屋施工的发展速度也是无法实现的。

现代建筑对装饰装修材料提出了更高的要求。近年来，我国建筑涂料、塑料板材、复合地板、墙纸、化纤地毯等合成高分子装饰材料，大理石、花岗岩等天然石材，瓷砖、马赛克、水磨石等人造石材，铝合金饰面板、木质饰面板、纸面石膏板、彩色不锈钢板等各类装饰板材，都获得了广泛应用，花色已达 4000 多种。我国从 20 世纪 70 年代开始开发和引进了许多新品种防水材料，使建筑物防水的效果得到根本性改观。另外，玻璃制造与加工技术的飞速发展更是为建筑师提供了丰富多彩和多种功能的建筑材料，如各种热反射玻璃、吸热玻璃，具有隔热、隔音性能的中空玻璃，安全性能良好的钢化玻璃和夹层玻璃，具有装饰功能的各种雕刻、磨花玻璃和玻璃砖等。建筑玻璃已从窗用采光材料发展到具有控光、保温隔热、隔音及内外装饰的多功能建筑材料。墙体材料的用量占整个房屋建筑总重量的 40%～60%，对于房屋建筑起着举足轻重的影响。长期以来，我国的墙体材料一直以黏土砖为主，既破坏了大量的良田，又耗用了大量能源。小型空心砌块、加气混凝土砌块、条板和大型复合墙板等新型墙体材料的大量使用，加速了墙体改革的进程。另外，塑料管道、塑料门窗等也得到普及和推广，一改金属管道、门窗容易生锈腐蚀、维修费用高的不足，并且重量轻便于施工、使用，达到了真正意义上的质优价廉。随着人们生活水平的提高和科学技术的进步，建筑材料会向着更高的水平发展。

2. 建筑材料技术标准简介

对于各种建筑材料，其形状、尺寸、质量、使用方法以及试验方法，都必须有一个统一的标准。这既能使生产单位提高生产率和企业效益，又能使产品与产品之间进行比较；也能使设计和施工标准化，材料使用合理化。

根据技术标准(规范)的发布单位与适用范围不同，建筑材料技术标准可分为国家标准、行业标准和企业及地方标准三级。各种技术标准都有自己的代号、编号和名称。标准代号反映该标准的等级、含义或发布单位，用汉语拼音字母表示如表 0-1 所示。

表 0-1 我国现行建材标准代号表

所属行业	标准代号	所属行业	标准代号
国家标准化管理委员会	GB	中国交通运输部	JT
中国建筑材料联合会	JC	中国石油和化学工业联合会	SY
中国住房和城乡建设部	JG	中国石油和化学工业联合会	HG
中国钢铁工业协会	YB	中国环境保护部	HJ

具体标准由代号、顺序号和颁布年份号组成,名称反映该标准的主要内容。例如:

$$\underline{GB\quad 5101-2003}\quad 烧结普通砖$$
$$代号\ 顺序号\ 批准年份\qquad 名称$$
$$编号$$

表示国家标准(强制性)5101 号,2003 年批准执行的烧结普通砖标准。

$$\underline{GB/T\quad 2015-2005}\quad 白色硅酸盐水泥$$
$$代号\ 顺序号\ 批准年份\qquad 名称$$
$$编号$$

表示国家标准(推荐性)2015 号,2005 年批准执行的白色硅酸盐水泥标准。

国际上还有国际标准。

0.3 建筑材料的发展趋势

1. 加强轻质高强的材料研究

大力研究轻质高强的材料,提高建筑材料的比强度(材料的强度与密度之比),以减小承重结构的截面尺寸,降低构件自重,从而减轻建筑物的自重,降低运输费用和施工人员的劳动强度。

2. 由单一材料向复合材料及制品发展

复合材料可以克服单一材料的弱点,而发挥其综合的复合性能。通过复合手段,材料的各种性能,都可以按照需要进行设计。复合化已成为材料科学发展的趋势。目前正在开发的组合建筑制品主要有型材、线材和层压材料三大类。利用层压技术把传统材料组合起来形成的建筑制品,具有建筑学、力学、热学、声学和防火等方面的新功能,它为建筑业的发展开辟了新天地。组合建筑制品必须既能改善技术性能,又能提高现场劳动生产率,其发展取决于新的工业装配技术的开发,特别是胶结材料的研制。

3. 提高建筑物的使用功能

发展高效能的无机保温、绝热材料,吸声材料,改善建筑物维护结构的质量,提高建筑物的使用功能。例如,配筋的加气混凝土板材,可作为墙体材料,广泛用于工业与民用建筑的屋面板和隔墙板,同时具有良好的保温效果。随着材料科学的发展,将涌现出越来越多的同时具有多种功能的高效能的建筑材料。

4. 发展适应机械化施工的材料和制品

积极创造条件,努力发展适合机械化施工的材料和制品,并力求使制品尺寸标准化、大型化,以便于实现设计标准化、结构装配化、预制工厂化和施工机械化。这方面,我们与国外差距较大。目前,我国的钢筋混凝土预制构件厂能够形成规模化、标准化的产品主要是各种规格的楼板，轻质墙板也只是处于推广应用阶段。如果我们也能同建筑材料工业发达的国家一样，对楼梯、雨篷等构件都能做到预制工厂化，那么势必会大力推动我国建筑业的发展。因为历史已经证明，一种新材料及其制品的出现，会促使结构设计理论及施工方法的革新，使一些本来无法实现的构想变为现实。

5. 加大综合利用天然材料和工业废料

充分利用天然材料和工业废料，大搞综合利用，生产建筑材料，化害为利，变废为宝，改善能源利用状况，为人类造福。随着材料科学的不断发展，越来越多的工业废料将应用到建筑材料的生产中，从而有效地保护环境，并降低建材成本。

6. 适合不断提高的人们生活水平的需要

为了满足人们生活水平不断提高的要求，需要研究更多花色品种的装饰材料，美化人们的生活环境。随着人们物质生活水平的提高，装修居室，改善生活条件，成为人们的普遍需求。目前，具有装饰功能的材料有很多，如天然石材、石膏制品、玻璃、铝合金、陶瓷、木材、塑料、涂料等，装饰材料的发展趋势是开发出更多的新型建筑材料，扩大装饰材料的适用范围。例如，石膏装饰材料的耐水性、抗冻性较差，故不宜用于室外装修，因此，我们应探索在石膏制品中适当掺入一些混合材料或外加剂，提高石膏制品的适用性，使它同样也可以用于室外装修。

0.4 建筑材料的分类

按化学成分不同，建筑材料可分为三大类，如表 0-2 所示。

表 0-2 建筑材料按化学成分分类

建筑材料			
无机材料	金属材料	黑色金属：钢、铁	
		有色金属：铝及铝合金、铜及铜合金等	
	非金属材料	天然石材：毛石、石板材、碎石、卵石、砂等	
		烧结与熔融制品：烧结砖、陶瓷、玻璃、岩棉等	
		胶凝材料	水硬性胶凝材料：各种水泥
			气硬性胶凝材料：石灰、石膏、水玻璃、菱苦土等
		混凝土及砂浆	
		硅酸盐制品	
有机材料	植物材料	木材、竹材、生物质材料及其制品	
	合成高分子材料	塑料、橡胶、涂料、胶黏剂、密封材料等	
	沥青材料	石油沥青、煤沥青及其制品	
复合材料	无机材料基复合材料	钢筋混凝土、纤维混凝土等	
	有机材料基复合材料	沥青混凝土、树脂混凝土、玻璃纤维增强塑料	
		胶合板、竹胶板、纤维板	

建筑材料还可按用途进行分类，如分为保温材料、防水材料、结构材料、装饰材料等。

0.5 建筑材料课程涉及的主要内容及学习方法

建筑材料是高等职业教育建筑工程专业及其他相关专业的专业基础课。本课程的目的是为学习建筑设计、建筑施工、结构设计专业课程提供建筑材料的基本知识,并为今后从事专业技术工作能够合理选择和使用建筑材料奠定基础。本课程的任务是使学生获得有关建筑材料的品种、组成、性质与应用的基本知识和必要的基本理论,并获得主要建筑材料试验的基本技能训练。

从本课程的目的及任务出发,建筑材料涉及的主要内容是材料的组成、制造工艺、物理力学性质、质量标准、检验方法、保管及应用等。

在学习建筑材料课程的过程中,应以材料的技术性质、质量检验及其在建筑工程中的应用为重点,并且要注意材料的成分、构造、生产过程对其性能的影响,掌握各项性能间的有机联系。对于现场配制的材料,如水泥混凝土等,应掌握其配合比设计的原理及方法。应注意理论联系实际,认真上好材料试验课。材料试验是鉴定材料质量和熟悉材料性质的主要手段,是本课程的重要教学环节。通过试验操作,一方面可以丰富感性认识,加深理解;另一方面对于培养科学试验的技能以及分析问题、解决问题的能力具有重要作用。要充分利用参观、实习的机会,到工厂、工地了解材料的品种、规格、使用和贮存等情况,要及时了解有关建筑材料的新产品、新标准及发展动向。

第 1 章 建筑材料的基本性能

学习内容与目标

- 掌握材料的基本物理性质及物性参数对材料的物理、力学性能，耐久性的影响。
- 熟悉与各种物理过程相关的材料的性质、与热有关的性质等。

在建筑物中，建筑材料要受到各种不同的作用，因而要求建筑材料具有相应的不同性能。例如，用于建筑结构的材料要承受各种外力的作用，因此，选用的材料应具有所需要的力学性能。又如，根据建筑物不同部位的使用要求，有些材料应具有防水、绝热、吸声等性能；对于某些工业建筑，要求材料具有耐热、耐腐蚀等性能。此外，对于长期暴露在大气中的材料，要求能经受风吹、日晒、雨淋、冰冻而引起的温度变化、湿度变化及反复冻融等的破坏变化。为了保证建筑物的耐久性，要求在工程设计与施工中正确地选择和合理地使用材料，因此，必须熟悉和掌握各种材料的基本性质。

建筑材料的性质是多方面的，某种建筑材料应具备何种性质，这要根据它在建筑物中的作用和所处的环境来决定。一般来说，建筑材料的性质可分为四个方面，包括物理性能、力学性能、化学性能及耐久性。

本章主要学习材料的物理性能、力学性能和耐久性。材料的物理性能包括与质量有关的性质、与水有关的性质、与热有关的性质；力学性能包括强度、变形性能、硬度以及耐磨性。

1.1 物 理 性 能

1.1.1 与质量有关的性质

自然界的材料，由于其单位体积中所含孔(空)隙程度不同，因而其基本的物理性质参数——单位体积的质量也有差别，现分述如下。

1. 密度

密度是指材料在绝对密实状态下单位体积的质量，可按下式计算：

$$\rho = \frac{m}{V} \tag{1-1}$$

式中：ρ——密度，g/cm^3 或 kg/m^3；

m——材料的质量，g 或 kg；

V——材料在绝对密实状态下的体积，简称绝对体积或实体积，cm^3 或 m^3。

材料的密度大小取决于组成物质的原子量大小和分子结构，原子量越大，分子结构越紧密，材料的密度则越大。

建筑材料中除少数材料(钢材、玻璃等)接近绝对密实外，绝大多数材料内部都包含有一些孔隙。在自然状态下，含孔块体的体积 V_0 是由固体物质的体积(即绝对密实状态下材料的体积)V 和孔隙体积 V_k 两部分组成的，如图1-1所示。在测定有孔隙的材料密度时，应把材料磨成细粉以排除其内部孔隙，经干燥后用李氏密度瓶测定其绝对体积。对于某些较为致密但形状不规则的散粒材料，在测定其密度时，可以不必磨成细粉，而直接用排水法测其绝对体积的近似值(颗粒内部的封闭孔隙体积没有排除)，这时所求得的密度为视密度。混凝土所用砂、石等散粒材料常按此法测定其密度。

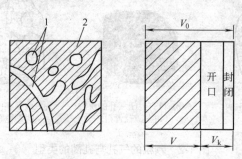

图1-1 材料组成示意图

1—孔隙；2—固体物质

2. 表观密度

表观密度是指材料单位表观体积的质量，可按下式计算：

$$\rho' = \frac{m}{V'} \tag{1-2}$$

式中：ρ'——材料的表观密度，g/cm³ 或 kg/m³；

m——材料的质量，g 或 kg；

V'——材料在自然状态下的表观体积，cm³ 或 m³。

表观体积是指材料的实体积与闭口孔隙体积之和。测定表观体积时，可用排水法测定。

表观密度的大小除取决于密度外，还与材料闭口孔隙率和孔隙的含水程度有关。材料的闭口孔隙越多，表观密度越小；当孔隙中含有水分时，其质量和体积均有所变化。因此在测定表观密度时，须注明含水状况，没有特别标明时常指气干状态下的表观密度，在进行材料对比试验时，则以绝对干燥状态下测得的表观密度值(干表观密度)为准。

3. 体积密度

材料在自然状态下，单位体积的质量称为体积密度，可按下式计算：

$$\rho_0 = \frac{m}{V_0} \tag{1-3}$$

式中：ρ_0——材料的体积密度，g/cm³ 或 kg/m³；

m——在自然状态下材料的质量，g 或 kg；

V_0——材料在自然状态下的体积，cm^3 或 m^3。

在自然状态下，材料内部的孔隙可分为两类：有的孔之间相互连通，且与外界相通，称为开口孔；有的孔互相独立，不与外界相通，称为闭口孔，如图 1-2 所示。大多数材料在使用时其体积为包括内部所有孔隙的体积，即自然状态下的外形体积（V_0），如砖、石材、混凝土等。有的材料如砂、石在拌制混凝土时，因其内部的开口孔被水占据，因此材料体积只包括材料实体积及其闭口孔体积（以 V' 表示）。为了区别这两种情况，常将包括所有孔隙在内的密度称为体积密度；把只包括闭口孔在内的密度称为表观密度（亦称视密度），表观密度在计算砂、石在混凝土中的实际体积时有实用意义。

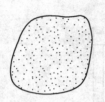 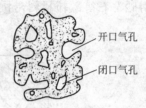

(a) 密实的颗粒（如河砂）　　(b) 具有封闭气孔的颗粒（如人造轻骨料）　　(c) 具有开口气孔和封闭气孔的颗粒（火山高炉渣）

图 1-2　颗粒的气孔与孔隙的类型

在自然状态下，材料内部常含有水分，其质量随含水程度而改变，因此体积密度应注明其含水程度。干燥材料的体积密度称为干体积密度。可见，材料的体积密度除决定于材料的密度及构造状态外，还与含水程度有关。

4. 堆积密度

堆积密度是指散粒或粉状材料，在自然堆积状态下单位体积的质量，可按下式计算：

$$\rho'_0 = \frac{m}{V'_0} \tag{1-4}$$

式中：ρ'_0——材料的堆积密度，kg/m^3；

　　　m——材料的质量，kg；

　　　V'_0——材料的自然堆积体积，包括颗粒的体积和颗粒之间空隙的体积（见图 1-3），也即按一定方法装入容器的容积，m^3。

材料的堆积密度取决于材料的表观密度以及测定时材料的装填方式和疏密程度。松堆积方式测得的堆积密度值要明显小于紧堆积时的测定值。工程中通常采用松散堆积密度，确定颗粒状材料的堆积空间。

在土木建筑工程中，计算材料用量、构件的自重，计算配料以及确定堆放空间时经常要用到材料的密度、表观密度和堆积密度等数据。

5. 孔隙率与密实度

1) 孔隙率

孔隙率是指材料中孔隙体积占材料总体积的百分率。以 P 表示，可用下式计算：

$$P = \frac{V_0 - V}{V_0} \times 100\% = \left(1 - \frac{\rho_0}{\rho}\right) \times 100\% \tag{1-5}$$

式中：P——孔隙率，%；

V——材料的绝对密实体积，cm^3 或 m^3；

V_0——材料的自然体积，cm^3 或 m^3。

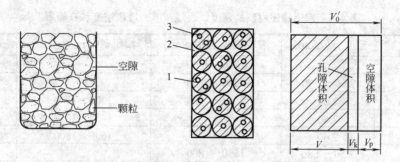

图 1-3　散粒材料堆积及体积示意图(堆积体积=颗粒体积+空隙体积)

1—固体物质；2—空隙；3—孔隙

孔隙率的大小直接反映了材料的致密程度，其大小取决于材料的组成、结构以及制造工艺。材料的许多工程性质如强度、吸水性、抗渗性、抗冻性、导热性、吸声性等都与材料的孔隙有关。这些性质不仅取决于孔隙率的大小，还与孔隙的大小、形状、分布、连通与否等构造特征密切相关。

孔隙的构造特征，主要是指孔隙的形状和大小。材料内部开口孔隙增多会使材料的吸水性、吸湿性、透水性、吸声性提高，抗冻性和抗渗性变差。材料内部闭口孔隙的增多会提高材料的保温隔热性能。根据孔隙的大小，孔隙分为粗孔和微孔。一般均匀分布的密闭小孔，要比开口或相连通的孔隙好。不均匀分布的孔隙，对材料的性质影响较大。

2) 密实度

密实度是指材料体积内被固体物质所充实的程度，也就是固体物质的体积占总体积的比例，以 D 表示。密实度的计算公式如下：

$$D = \frac{V}{V_0} \times 100\% = \frac{\rho_0}{\rho} \times 100\% \tag{1-6}$$

式中：D——材料的密实度(%)。

材料的 ρ_0 与 ρ 越接近，即 $\frac{\rho_0}{\rho}$ 越接近于 1，材料就越密实。密实度、孔隙率是从不同角度反映材料的致密程度，一般工程上常用孔隙率来表示。密实度和孔隙率的关系为 $P + D = 1$。常用材料的一些基本物性参数如表 1-1 所示。

6. 空隙率与填充率

1) 空隙率

空隙率是指散粒或粉状材料颗粒之间的空隙体积占其自然堆积体积的百分率，用 P' 表示，可按下式计算：

$$P' = \frac{V_0' - V_0}{V_0'} \times 100\% = \left(1 - \frac{\rho_0'}{\rho_0}\right) \times 100\% \tag{1-7}$$

式中：P'——材料的空隙率，%；
V_0'——自然堆积体积，cm^3 或 m^3；
V_0——材料在自然状态下的体积，cm^3 或 m^3。

表 1-1　常用建筑材料的密度、表观密度、堆积密度和孔隙率

材料	密度 ρ /(g/cm³)	表观密度 ρ' /(kg/m³)	堆积密度 ρ_0' /(kg/m³)	孔隙率(%)
石灰岩	2.60	1800~2600	—	—
花岗岩	2.60~2.90	2500~2800	—	0.5~3.0
碎石(石灰岩)	2.60	—	1400~1700	—
砂	2.60	—	1450~1650	—
黏土	2.60	—	1600~1800	—
普通黏土砖	2.50~2.80	1600~1800	—	20~40
黏土空心砖	2.50	1000~1400	—	—
水泥	3.10	—	1200~1300	—
普通混凝土	—	2000~2800	—	5~20
轻骨料混凝土	—	800~1900	—	—
木材	1.55	400~800	—	55~75
钢材	7.85	7850	—	0
泡沫塑料	—	20~50	—	—
玻璃	2.55	—	—	—

空隙率的大小反映了散粒材料的颗粒互相填充的紧密程度。空隙率可作为控制混凝土骨料级配与计算含砂率的依据。

2) 填充率

填充率是指散粒或粉状材料颗粒体积占其自然堆积体积的百分率，用 D' 表示，其计算公式如下：

$$D' = \frac{V_0}{V_0'} \times 100\% = \frac{\rho_0'}{\rho_0} \times 100\% \tag{1-8}$$

空隙率与填充率的关系为 $P' + D' = 1$。由上可见，材料的密度、表观密度、体积密度、孔隙率及空隙率等是认识材料、了解材料性质与应用的重要指标，常称为材料的基本物理性质。

1.1.2　与水有关的性质

1. 材料的亲水性与憎水性

与水接触时，有些材料能被水润湿，而有些材料则不能被水润湿，对这两种现象来说，前者为亲水性，后者为憎水性。材料具有亲水性或憎水性的根本原因在于材料的分子组成。亲水性材料与水分子之间的分子亲和力，大于水分子本身之间的内聚力；反之，憎水性材料与水分子之间的亲和力，小于水分子本身之间的内聚力。

实际工程中，材料是亲水性或憎水性，通常以润湿角的大小划分。润湿角为在材料、水和空气的交点处，沿水滴表面的切线(γ_L)与水和固体接触面(γ_{SL})所成的夹角。其中润湿角 θ 愈小，表明材料愈易被水润湿。当材料的润湿角 $\theta \leq 90°$ 时，为亲水性材料；当材料的润湿角 $\theta > 90°$ 时，为憎水性材料。水在亲水性材料表面可以铺展开，且能通过毛细管作用自动将水吸入材料内部；水在憎水性材料表面不仅不能铺展开，而且水分不能渗入材料的毛细管中，如图1-4所示。

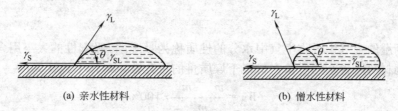

(a) 亲水性材料　　　　　　(b) 憎水性材料

图1-4　材料润湿示意图

大多数建筑材料，如石料、砖、混凝土、木材等都属于亲水性材料，表面都能被水润湿。沥青、石蜡等属于憎水性材料，表面不能被水润湿。该类材料一般能阻止水分渗入毛细管中，因而能降低材料的吸水性。憎水性材料不仅可用作防水材料，而且还可用于亲水性材料的表面处理，以降低其吸水性。

2. 吸水性

材料在浸水状态下吸收水分的能力称为吸水性。吸水性的大小用吸水率来表示，吸水率有两种表示方法。

(1) 质量吸水率：材料吸水饱和时，其所吸收水分的质量占材料干燥时质量的百分率，按下式计算。

$$W_{质} = \frac{m_{湿} - m_{干}}{m_{干}} \times 100\% \tag{1-9}$$

式中：$W_{质}$——质量吸水率(%)；

$m_{湿}$——材料在吸水饱和状态下的质量，g；

$m_{干}$——材料在绝对干燥状态下的质量，g。

(2) 体积吸水率：材料吸水饱和时，吸入水分的体积占干燥材料自然体积的百分率，按下式计算：

$$W_{体} = \frac{V_{水}}{V_0} \times 100\% = \frac{m_{湿} - m_{干}}{V_0} \times \frac{1}{\rho_{H_2O}} \times 100\% \tag{1-10}$$

式中：$W_{体}$——体积吸水率(%)；

V_0——干燥材料在自然状态下的体积，cm^3；

ρ_{H_2O}——水的密度，常温下取 $1g/cm^3$。

体积吸水率与质量吸水率的关系为

$$W_{体} = W_{质} \times \rho_0$$

式中：ρ_0——材料在干燥状态下的体积密度。

对于轻质多孔的材料，如加气混凝土、软木等，由于吸入水分的质量往往超过材料干燥时的自重，所以$W_体$更能反映其吸水能力的强弱，因为$W_体$不可能超过100%。

材料吸水率的大小不仅取决于材料本身是亲水的还是憎水的，而且与材料的孔隙率的大小及孔隙特征密切相关。一般孔隙率愈大，吸水率也愈大；孔隙率相同的情况下，具有细小连通孔的材料比具有较多粗大开口孔隙或闭口孔隙的材料的吸水性更强。

吸水率增大对材料的性质有不良影响，如表观密度、体积密度增加，体积膨胀，导热性增大，强度及抗冻性下降等。

3. 吸湿性

材料在潮湿的空气中吸收空气中水分的性质称为吸湿性。吸湿性的大小用含水率表示。含水率为材料所含水的质量占材料干燥质量的百分数，可按下式计算：

$$W_含 = \frac{m_含 - m_干}{m_干} \times 100\% \tag{1-11}$$

式中：$W_含$——材料的含水率(%)；

$m_含$——材料含水时的质量，g；

$m_干$——材料干燥至恒重时的质量，g。

材料的含水率大小，除与本身的成分、组织构造等有关外，还与周围的温度、湿度有关。气温越低，相对湿度越大，材料的含水率也就越大。

材料随着空气湿度的大小，既能在空气中吸收水分，又可向空气中扩散水分，最后与空气湿度达到平衡，此时的含水率称为平衡含水率。木材的吸湿性随着空气湿度的变化特别明显。例如木门窗制作后如长期处在空气湿度小的环境，为了与周围湿度平衡，木材便向外散发水分，于是门窗体积收缩而致干裂。

4. 耐水性

一般材料吸水后，水分会分散在材料内微粒的表面，削弱其内部结合力，强度则有不同程度的降低。当材料内含有可溶性物质时(如石膏、石灰等)，吸入的水还可能溶解部分物质，造成强度的严重降低。

材料长期在饱和水作用下而不被破坏，强度也不显著降低的性质称为耐水性。材料的耐水性用软化系数表示，可按下式计算：

$$K_软 = \frac{f_饱}{f_干} \tag{1-12}$$

式中：$K_软$——材料的软化系数；

$f_饱$——材料在吸水饱和状态下的抗压强度，MPa；

$f_干$——材料在干燥状态下的抗压强度，MPa。

软化系数一般在0~1之间波动，软化系数越大，耐水性越好。对于经常位于水中或处于潮湿环境中的重要建筑物所选用的材料要求其软化系数不得低于0.85；对于受潮较轻或次要结构所用材料，软化系数允许稍有降低但不宜小于0.75。工程上将软化系数大于0.85的材料定义为耐水材料。

5. 抗渗性

抗渗性是材料在压力水作用下抵抗渗透的性能。土木建筑工程中许多材料常含有孔隙、孔洞或其他缺陷，当材料两侧的水压差较高时，水可能从高压侧通过内部的孔隙、孔洞或其他缺陷渗透到低压侧。这种压力水的渗透，不仅会影响工程的使用，而且渗入的水还会带入能腐蚀材料的介质，或将材料内的某些成分带出，造成材料的破坏。材料抗渗性有两种不同的表示方式。

1) 渗透系数

材料在压力水作用下透过水量的多少遵守达西定律，即在一定时间 t 内，透过材料试件的水量 W 与试件的渗水面积 A 及水头差 h 成正比，与试件厚度 d 成反比，如图 1-5 所示。其计算公式如下：

$$K = \frac{Wd}{Ath} \tag{1-13}$$

式中：K——渗透系数，cm/h；

W——透过材料试件的水量，cm³；

A——透水面积，cm²；

h——材料两侧的水压差，cm；

d——试件厚度，cm；

t——透水时间，h。

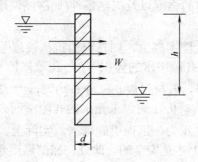

图 1-5 材料透水示意图

材料的渗透系数越小，说明材料的抗渗性越强。一些防水材料(如油毡)的防水性常用渗透系数表示。

2) 抗渗等级

材料的抗渗等级是指用标准方法进行透水试验时，材料标准试件在透水前所能承受的最大水压力，并以字母 P 及可承受的水压力(以 0.1 MPa 为单位)来表示抗渗等级。其计算公式如下：

$$P = 10p - 1 \tag{1-14}$$

式中：P——抗渗等级；

p——开始渗水前的最大水压力，MPa。

如 P4、P6、P8、P10…表示试件能承受 0.4MPa、0.6MPa、0.8MPa、1.0MPa…的水压而不渗透。可见，抗渗等级越高，抗渗性越好。

实际上，材料的抗渗性不仅与其亲水性有关，更取决于材料的孔隙率及孔隙特征。孔隙率小而且孔隙封闭的材料具有较高的抗渗性。

6. 抗冻性

材料吸水后，在负温作用条件下，水在材料毛细孔内冻结成冰，体积膨胀所产生的冻胀压力造成材料的内应力，会使材料遭到局部破坏。随着冻融循环的反复，材料的破坏作用逐步加剧，这种破坏称为冻融破坏。

抗冻性是指材料在吸水饱和状态下，能经受反复冻融循环作用而不破坏，强度也不显著降低的性能。

抗冻性将试件按规定方法进行冻融循环试验，以质量损失不超过5%，强度下降不超过25%，所能经受的最大冻融循环次数来表示，或称为抗冻等级。材料的抗冻等级可分为F15、F25、F50、F100、F200等，分别表示此材料可承受15次、25次、50次、100次、200次的冻融循环。

材料在冻融循环作用下产生破坏，一方面是由于材料内部孔隙中的水在受冻结冰时产生的体积膨胀(约9%)对材料孔壁造成巨大的冰晶压力，当由此产生的拉应力超过材料的抗拉极限强度时，材料内部即产生微裂纹，引起强度下降；另一方面是在冻结和融化过程中，材料内外的温差引起的温度应力会导致内部微裂纹的产生或加速原来微裂纹的扩展，而最终使材料破坏。显然，这种破坏作用随冻融作用的增多而加强。材料的抗冻等级越高，其抗冻性越好，材料可以经受的冻融循环次数越多。

实际应用中，抗冻性的好坏不但取决于材料的孔隙率及孔隙特征，并且还与材料受冻前的吸水饱和程度、材料本身的强度以及冻结条件(如冻结温度、速度、冻融循环作用的频繁程度)等有关。

材料的强度越低，开口孔隙率越大，则材料的抗冻性越差。材料受冻时，其孔隙充水程度(以水饱和度K_S表示，即孔隙中水的体积V_W与孔隙体积V_K之比，即$K_S=V_W/V_K$)越高，材料的抗冻性越差。理论上讲，若材料内孔隙分布均匀，当水饱和度$K_S<0.91$时，结冻不会对材料孔壁造成压力；当$K_S>0.91$时，未充水的孔隙空间亦不能容纳由于水结冰而增加的体积，故对材料的孔隙产生压力，因而引起冻害。实际上，由于孔隙分布不均匀和局部饱和水的存在，K_S需小于0.91才是安全的。此外，冻结温度越低，速度越快，越频繁，那么材料产生的冻害就越严重。

所以，对于受大气和水作用的材料，抗冻性往往决定了它的耐久性，抗冻等级越高，材料越耐久。对抗冻等级的选择应根据工程种类、结构部位、使用条件、气候条件等因素来决定。

1.1.3 与热有关的性质

1. 导热性

材料传导热量的能力称为导热性，其大小用热导率λ表示。在物理意义上，热导率为单位厚度的材料，当两侧面温度差为1K时，在单位时间内通过单位面积的热量。均质材料的热导率可用下式表示(见图1-6)：

$$\lambda = \frac{Qd}{At(T_2 - T_1)} \tag{1-15}$$

式中：λ——热导率，W/(m·K)；
 Q——传导的热量，J；
 d——材料厚度，m；
 A——热传导面积，m²；
 t——热传导时间，h；
 $T_2 - T_1$——材料两侧温度差，K。

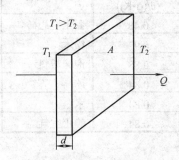

图1-6 材料传热示意图

显然，热导率越小，材料的隔热性能越好。各种建筑材料的热导率差别很大，大致在0.035 W/(m·K)(泡沫塑料)至3.500 W/(m·K)(大理石)之间。通常将$\lambda \leqslant 0.15$ W/(m·K)的材料称为绝热材料。

材料的热导率决定于材料的化学组成、结构、构造、孔隙率与孔隙特征、含水状况及导热时的温度。一般来讲，金属材料、无机材料、晶体材料的热导率分别大于非金属材料、有机材料、非晶体材料。宏观组织结构呈层状或纤维构造的材料，其热导率因热流与纤维方向不同而异，顺纤维或层内材料的热导率明显高于与纤维垂直或层间方向的热导率。由于$\lambda_{空气} \leqslant 0.025$ W/(m·K)，远远小于固体物质的热导率，因此材料的表观密度越小，则孔隙越多，材料的热导率越小。当孔隙率相同时，由微小而封闭孔隙组成的材料比由粗大而连通的孔隙组成的材料具有更低的热导率，原因是前者避免了材料孔隙内的热的对流传导。此外，由于$\lambda_{水}=0.58$ W/(m·K)、$\lambda_{冰}=2.20$ W/(m·K)，因此当材料受潮或受冻时会使材料热导率急剧增大，导致材料的保温隔热效果变差。而且对于大多数建筑材料(除金属外)，热导率会随导热时温度的升高而增大。

2. 热容量

材料在受热时吸收热量，冷却时放出热量的性质称为材料的热容量。热容量的大小用比热容表示。比热容为单位质量(1 g)材料温度升高或降低(1 K)所吸收或放出的热量。比热容的计算式如下：

$$c = \frac{Q}{m(T_2 - T_1)} \tag{1-16}$$

式中：c——材料的比热容，J/(g·K)；
 Q——材料吸收或放出的热量，J；
 m——材料的质量，g；
 $T_2 - T_1$——材料受热或冷却前后的温差，K。

材料的热导率和比热容是设计建筑物维护结构、进行热工计算时的重要参数,选用热导率小、比热容大的材料可以节约能耗并长时间地保持室内温度的稳定。常见建筑材料的热导率和比热容如表 1-2 所示。

表 1-2 常用建筑材料的热导率和比热容指标

材料名称	热导率/(W/(m·K))	比热容/(J/(g·K))	材料名称	热导率/(W/(m·K))	比热容/(J/(g·K))
建筑钢材	58	0.48	黏土空心砖	0.64	0.92
花岗岩	3.49	0.92	松木	0.17~0.35	2.51
普通混凝土	1.28	0.88	泡沫塑料	0.03	1.30
水泥砂浆	0.93	0.84	冰	2.20	2.05
白灰砂浆	0.81	0.84	水	0.60	4.19
普通黏土砖	0.81	0.84	静止空气	0.025	1.00

1.2 材料的力学性质

1.2.1 材料的强度

材料的强度是指材料在应力作用下抵抗破坏的能力。通常情况下,材料内部的应力多由外力(或荷载)作用而引起,随着外力的增加,应力也随之增大,直至应力超过材料内部质点所能抵抗的极限,即强度极限,材料发生破坏。

在工程上,通常采用破坏试验法对材料的强度进行实测。将预先制作的试件放置在材料试验机上,施加外力(荷载)直至破坏,依据试件尺寸和破坏时的荷载值,计算材料的强度。

根据外力作用方式的不同,材料强度有抗压、抗拉、抗剪、抗弯(抗折)强度等,如图 1-7 所示。

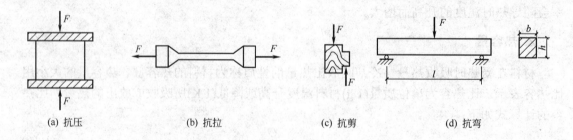

(a) 抗压　　　(b) 抗拉　　　(c) 抗剪　　　(d) 抗弯

图 1-7 材料承受各种外力的示意图

材料的抗压、抗拉、抗剪强度的计算公式如下:

$$f = \frac{F_{\max}}{A} \tag{1-17}$$

式中：f——材料抗拉、抗压、抗剪强度，MPa；

$F_{\max}$——材料破坏时的最大荷载，N；

A——试件受力面积，mm^2。

材料的抗弯强度与受力情况有关，一般试验方法是将条形试件放在两支点上，中间作用一集中荷载。对矩形截面试件，则其抗弯强度用下式计算：

$$f_w = \frac{3F_{\max}L}{2bh^2} \tag{1-18}$$

式中：f_w——材料的抗弯强度，MPa；

$F_{\max}$——材料受弯破坏时的最大荷载，N；

L——两支点的间距，mm；

b、h——试件横截面的宽度及高度，mm。

材料强度的大小理论上取决于材料内部质点间结合力的强弱，实际上与材料中存在的结构缺陷有直接关系。对于组成相同的材料，其强度取决于其孔隙率的大小，如图1-8所示。不仅如此，材料的强度还与测试强度时的测试条件和方法等外部因素有关。为使测试结果准确，可靠且具有可比性，对于强度为主要性质的材料，必须严格按照标准试验方法进行静力强度的测试。

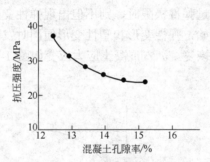

图1-8 混凝土强度与孔隙率的关系

此外，为了便于不同材料的强度比较，常采用比强度这一指标。所谓比强度是指按单位质量计算的材料的强度，其值等于材料的强度与其体积密度之比，即f/ρ_0。因此，比强度是衡量材料轻质高强的一个主要指标。表1-3是几种常见建筑材料的比强度对比表。

表1-3 钢材、木材、混凝土和红砖的强度比较

材 料	体积密度 $\rho_0/(kg/m^3)$	抗压强度 f_c/MPa	比强度 f_c/ρ_0
低碳钢	7860	415	0.53
松木	500	34.3(顺纹)	0.69
普通混凝土	2400	29.4	0.012
红砖	1700	10	0.006

1.2.2 材料的弹性和塑性

材料在极限应力作用下会被破坏而失去使用功能，在非极限应力作用下则会发生某种

变形。弹性变形与塑性变形反映了材料在非极限应力作用下两种不同特征的变形。

材料在外力作用下产生变形，当外力取消后能够完全恢复原来形状的性质称为弹性。这种完全恢复的变形称为弹性变形（或瞬时变形）。明显具有弹性变形的材料称为弹性材料。这种变形是可逆的，其数值的大小与外力成正比。其比例系数 E 称为弹性模量。在弹性范围内，弹性模量 E 为常数，其值等于应力 σ 与应变 ε 的比值，即

$$E = \frac{\sigma}{\varepsilon} \tag{1-19}$$

式中：σ——材料的应力，MPa；
ε——材料的应变；
E——材料的弹性模量，MPa。

弹性模量是衡量材料抵抗变形能力的一个指标，E 越大，材料越不易变形。

材料在外力作用下产生变形，如果外力取消后，仍能保持变形后的形状和尺寸，并且不产生裂缝的性质称为塑性。这种不能恢复的变形称为塑性变形（或永久变形）。明显具有塑性变形的材料称为塑性材料。

实际上，纯弹性与纯塑性的材料都是不存在的。不同的材料在力的作用下表现出不同的变形特征。例如，低碳钢在受力不大时仅产生弹性变形，此时，应力与应变的比值为一常数。随着外力增大直至超过弹性极限时，则不但出现弹性变形，而且出现塑性变形。对于沥青混凝土，在它受力开始，弹性变形和塑性变形便同时发生，除去外力后，弹性变形可以恢复，而塑性变形不能恢复。沥青混凝土应力应变如图 1-9 所示，具有弹塑性变形特征的材料称为弹塑性材料。

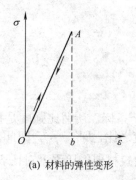
(a) 材料的弹性变形

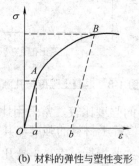
(b) 材料的弹性与塑性变形

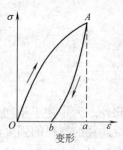
(c) 材料弹塑性变形曲线

图 1-9 弹塑性材料变形曲线

1.2.3 材料的脆性和韧性

材料受力达到一定程度时，突然发生破坏，并无明显的变形，材料的这种性质称为脆性。大部分无机非金属材料均属脆性材料，如天然石材、烧结普通砖、陶瓷、玻璃、普通混凝土、砂浆等。脆性材料的另一特点是抗压强度高而抗拉、抗折强度低。

材料在冲击或动力荷载作用下，能吸收较大能量而不破坏的性能，称为韧性或冲击韧性。韧性以试件破坏时单位面积所消耗的功表示。如木材、建筑钢材等属于韧性材料。韧性材料的特点是塑性变形大，受力时产生的抗拉强度接近或高于抗压强度。

图 1-9(c)中 ab 段为可恢复的弹性变形；bO 段为不可恢复的塑性变形。

1.2.4 材料的硬度和耐磨性

材料的硬度是指材料表面的坚硬程度，是抵抗其他硬物刻划、压入其表面的能力。不同材料测定硬度的方法不同。刻划法用于天然矿物硬度的划分，按滑石、石膏、方解石、萤石、磷灰石、正长石、石英、黄玉、刚玉、金刚石的顺序，分为 10 个硬度等级。回弹法用于测定混凝土表面的硬度，并间接推算混凝土的强度，也用于测定陶瓷、砖、砂浆、塑料、橡胶、金属等的表面硬度并间接推算其强度。一般，硬度大的材料耐磨性较强，但不易加工。

耐磨性是指材料表面抵抗磨损的能力。材料的耐磨性用磨耗率表示，计算公式如下：

$$G = \frac{m_1 - m_2}{A} \tag{1-20}$$

式中：G——材料的磨耗率，g/cm^2；

m_1——材料磨损前的质量，g；

m_2——材料磨损后的质量，g；

A——材料试件的受磨面积，cm^2。

土木建筑工程中，用于道路、地面、踏步等部位的材料，均应考虑其硬度和耐磨性。一般来说，强度较高且密实的材料，其硬度较大，耐磨性较好。

1.3 材料的耐久性

材料的耐久性是泛指材料在使用条件下，受各种内在或外来自然因素及有害介质的作用，能长久地保持其使用性能的性质。耐久性是衡量材料在长期使用条件下的安全性能的一项综合指标，包括抗冻性、抗渗性、抗化学侵蚀性、抗碳化性能、大气稳定性、耐磨性等多种性质。

材料在建筑物之中，除要受到各种外力的作用之外，还经常要受到环境中许多自然因素的破坏作用。这些破坏作用包括物理、化学、机械及生物的作用。

物理作用有干湿变化、温度变化及冻融变化等。这些作用将使材料发生体积的胀缩，或导致内部裂缝的扩展，时间长久之后即会使材料逐渐破坏。在寒冷地区，冻融变化对材料会起着显著的破坏作用。在高温环境下，经常处于高温状态的建筑物或构筑物，所选用的建筑材料要具有耐热性能。在民用和公共建筑中，考虑安全防火要求，须选用具有抗火性能的难燃或不燃的材料。

化学作用包括大气、环境水以及使用过程中酸、碱、盐等液体或有害气体对材料的侵蚀作用。

机械作用包括使用荷载的持续作用，交变荷载引起的材料疲劳、冲击、磨损、磨耗等。

生物作用包括菌类、昆虫等的作用使材料腐朽、蛀蚀而破坏。

砖、石料、混凝土等矿物材料，多是由于物理作用而破坏，同时也可能会受到化学作用的破坏。金属材料主要是由于化学作用引起的腐蚀。木材等有机质材料常因生物作用而破坏。沥青材料、高分子材料在阳光、空气和热的作用下，会逐渐老化而使材料发黏、变脆或开裂。

材料的耐久性指标是根据工程所处的环境条件来决定的。例如处于冻融环境的工程，所用材料的耐久性以抗冻性指标来表示。处于暴露环境的有机材料，其耐久性以抗老化能力来表示。由于耐久性是一项长期性质，所以对材料耐久性最可靠的判断是在使用条件下进行长期的观察和测定，这样做需要很长时间。通常是根据使用要求，在实验室进行快速试验，并对此耐久性作出判断。实验室快速试验包括：干湿循环、冻融循环、加湿与紫外线干燥循环、碳化、盐溶液浸渍与干燥循环、化学介质浸渍等。

1.4 材料基本性能的发展动态

高层建筑的迅速发展，带来了建筑材料的供需矛盾，使减轻建筑自重和抗震设计等问题更为突出。目前，我国的高层建筑自重偏大，材料用量多，给设计、施工、运输和造价带来不少问题。

1. 发展高层建筑轻质高强材料的意义

(1) 采用轻质高强建材，能节约大量的砖、灰、砂、石等材料，并能减少水泥、钢材的用量。

(2) 能够减少结构截面和减薄墙身，并可使房屋的有效使用面积提高 5%～10%，还能提高隔热隔音效果。

(3) 可使基础设计更趋经济、合理。高层建筑基础费用所占比重较大，尤其深层软地基地区，其基础的费用可以超过总费用的 20%，减轻自重就可以大大降低基础造价。

(4) 有利于抗震。

(5) 有利于向大型构件组合化过渡，以提高施工效率。

2. 轻质高墙材料的种类

1) 高强钢材

用它可做成功效较高的结构，尤其对高层建筑中跨度大、负荷重的部位极为有利，使其充分发挥材料作用；在受弯构件中，高强钢筋配合相应的高强混凝土可大大减小构件截面。

2) 高强混凝土

据资料介绍，柱子强度等级从 C40 提高到 C80，承载能力可提高一倍，自重减轻 25%，而造价只增加 5% 左右。

3) 钢管混凝土

它是介于钢结构和钢筋混凝土结构之间的一种新颖的组合结构。构件在受荷情况下，钢管和混凝土之间相互抑制、共同工作，钢管对混凝土产生紧箍作用，使其受到约束而处于三向应力状态。由于三向受压，使能承受的应力远高于棱柱体强度，这样就可使构件截面大为减小，构件自重减轻。

4) 轻骨料混凝土

减轻混凝土重量是混凝土科学技术发展的重要目标，国外普遍认为高层建筑采用轻骨料混凝土是经济的，可使钢筋混凝土结构的重量减轻25%。

5) 加气混凝土

英国、瑞典、波兰、日本及俄罗斯等国都大量采用加气混凝土。采用加气混凝土比采用轻骨料混凝土更为经济和有效，与轻骨料混凝土墙板相比可降低自重30%～55%。

6) 石膏板

在国外，日本大量生产泡沫石膏板，美国广泛采用石膏复合板(泡沫塑料等为芯板的复合板)作为内墙材料。其他国家采用石膏板作为内墙隔墙或加工成复合板、天花板、吸音饰面板、地板和框架式复合板，它们具有防火、隔热和保温的性能，有利于抗震、增加房屋的有效使用面积，尤其对于减轻自重最为突出。

总之，发展应用轻质高强材料，既是技术问题，也具有现实的经济意义，以期达到减轻自重、发展高层建筑的社会经济效果。

复习思考题

1. 何谓材料的密度、表观密度、体积密度和堆积密度？如何计算？
2. 材料的孔隙率和孔隙特征对材料的体积密度、吸水性、吸湿性、抗渗性、抗冻性、强度及保温隔热性能有何影响？
3. 某工程共需普通黏土砖50 000块，用载重量5 t的汽车分两批运完，每批需汽车多少辆？每辆车应装多少块砖？(砖的体积密度为1800 kg/m^3，每立方米按684块计。)
4. 已知普通砖的密度为2.5 g/cm^3，体积密度为1800 kg/m^3，试计算该砖的孔隙率和密实度？
5. 某一块状材料的烘干质量为100 g，自然状态下的体积为40 cm^3，绝对密实状态下的体积为30 cm^3，试计算其密度、体积密度、密实度和孔隙率。
6. 建筑材料的亲水性和憎水性在建筑工程中有什么实际意义？
7. 何谓材料的吸水性、吸湿性、耐水性、抗渗性和抗冻性？各用什么指标表示？
8. 材料的质量吸水率和体积吸水率有何不同？两者存在什么关系？什么情况下用体积吸水率表示材料的吸水性？
9. 收到含水率5%的砂子500 t，实为干砂多少吨？若需要干砂500 t，应进含水率5%的砂子多少吨？
10. 软化系数是反映材料什么性质的指标？它的大小与该项指标的关系是什么？
11. 何谓材料的热导率？为什么表观密度小的材料热导率也小？
12. 脆性材料和韧性材料有何区别？使用时应注意哪些问题？

第 2 章 建筑石材

学习内容与目标

- 了解石材的成因分类及常用品种和性质。
- 掌握石材的技术性质及选用原则。

建筑用石材分为天然石材和人造石材两类。天然岩石经过机械加工或不经过加工而制得的材料统称为天然石材。人造石材主要是指人们采用一定的材料、工艺技术，仿照天然石材的花纹和纹理，人为制作的合成石材。本章只介绍天然石材。

天然石材是古老的建筑材料，来源广泛，使用历史悠久。国内外许多著名的古建筑，如意大利的比萨斜塔、埃及的金字塔、我国的赵州桥等，都是由天然石材建造而成的。由于天然石材具有很高的抗压强度、良好的耐久性和耐磨性，经加工后表面花纹美观、色泽艳丽、富有装饰性等优点，虽然作为结构材料已在很大程度上被钢筋混凝土、钢材所取代，但在现代建筑中，特别是在建筑装饰中得到了广泛的应用。

2.1 建筑中常用的岩石

岩石是由各种不同的地质作用所形成的天然固态矿物的集合体，组成岩石的矿物称为造岩矿物。由单一造岩矿物组成的岩石叫单矿岩，如石灰岩是由方解石矿物组成的。由两种或两种以上造岩矿物组成的岩石叫多矿岩，如花岗岩由长石、石英、云母等几种矿物组成。天然岩石按照地质形成条件分为岩浆岩、沉积岩和变质岩三大类，它们具有不同的结构、构造和性质。

2.1.1 岩浆岩

岩浆岩又称火成岩，它是熔融岩浆由地壳内部上升、冷却而成。根据冷却条件的不同，岩浆岩又分为以下三类。

1. 深成岩

深成岩是地表深处岩浆受上部覆盖层的压力作用，缓慢且较均匀地冷却而形成的岩石。其特点是矿物完全结晶、晶粒较粗、块状构造致密、抗压强度高、密度高、孔隙率低、吸水率小、耐磨。建筑上常用的深成岩有花岗岩、正长岩、辉长岩、橄榄岩、闪长岩等，主要用于砌筑基础、勒脚、踏步、挡土墙等。经磨光的花岗石板材装饰效果好，可用于外墙面、柱面和地面装饰。

2. 喷出岩

喷出岩是岩浆岩喷出地表后，在压力骤减和冷却较快的条件下形成的岩石。由于结晶条件差，喷出岩结晶不完全，有玻璃质结构。当喷出的岩浆所形成的岩层很厚时，其结构较致密，性能接近深成岩。当喷出的岩浆凝固成比较薄的岩层时，常呈多孔构造，接近于火山岩。工程上常用的喷出岩有玄武岩、安山岩和辉绿岩等。玄武岩和辉绿岩十分坚硬难以加工，常用作耐酸和耐热材料，也是生产铸石和岩棉的原料。

3. 火山岩

火山岩是岩浆被喷到空中，在急速冷却条件下形成的多孔散粒状岩石。火山岩为玻璃体结构且多呈多孔构造，如火山灰、火山渣、浮石和凝灰岩等。火山灰、火山渣可作为水泥的混合材料，浮石是配制轻质混凝土的一种天然轻骨料。火山凝灰岩容易分割，可用于砌筑墙体等。

2.1.2 沉积岩

沉积岩也称水成岩，由地表的各种岩石经长期风化、搬运、沉积和再造作用而成。沉积岩的主要特征是呈层状构造，体积密度小，孔隙率和吸水率较大，强度低，耐久性也较差。沉积岩在地表分布很广，容易加工，应用较为广泛。根据成因和物质成分的不同，沉积岩可分为以下三种。

1. 机械沉积岩

机械沉积岩又称碎屑岩，是风化后的岩石碎屑经风、雨、冰川、沉积等机械力的作用而重新压实或胶结而成的岩石，如砂岩、砾岩、火山凝灰岩等。

2. 化学沉积岩

化学沉积岩是岩石风化后溶解于水中，经聚积、沉积、重结晶、化学反应等过程而形成的岩石，如石膏、白云石、菱镁矿、某些石灰岩等。

3. 有机沉积岩

有机沉积岩又称生物沉积岩，是由各种有机体的残骸沉积而成的岩石，如石灰岩、硅藻等。

2.1.3 变质岩

变质岩是由岩浆岩或沉积岩经过地质上的变质作用而形成的。所谓变质作用是在地层的压力或温度作用下，原岩石在固体状态下发生再结晶作用，而使其矿物成分、结构构造以至化学成分发生部分或全部改变而形成的新岩石。建筑中常用的变质岩有大理岩、石英岩、片麻岩等。

1. 大理岩

大理岩经人工加工后称大理石，因最初产于云南大理而得名。它是由石灰岩、白云石经变质而成的具有致密结晶结构的岩石，呈块状构造。大理岩质地密实但硬度不高，锯切、雕刻性能好，表面磨光后十分美观，是高级的装饰材料。

2. 石英岩

石英岩是由硅质砂岩变质而成的等粒结晶结构岩石，呈块状构造。其质地均匀致密，硬度大，抗压强度高达 250～400 MPa，加工困难，但耐久性强。石英岩板材在建筑上常用作饰面材料、耐酸衬板或用于地面、踏步等部位。

3. 片麻岩

片麻岩是由花岗岩变质而成的等粒或斑晶结构岩石，呈片麻状或带状构造。垂直于片理方向的抗压强度为 120～200 MPa，沿片理方向易于开采和加工，但在冻结与融化交替作用下易分层剥落。片麻岩的吸水性高，抗冻性和耐久性差，通常加工成毛石或碎石，用于不重要的工程。

2.2 石　　材

天然石材是指将开采来的岩石，对其形状、尺寸和表面质量三方面进行一定的加工处理后所得到的材料。建筑石材是指主要用于建筑工程中的砌筑或装饰的天然石材。石材可用于建造房屋、宫殿、陵墓、桥、塔、碑和石雕等建筑物。

2.2.1　石材的主要技术性质

1. 表观密度

大多数岩石的表观密度均较大，主要是由岩石的矿物组成、结构的致密程度所决定。按照表观密度的大小，石材可分为轻质石材和重质石材两类。表观密度小于 1800 kg/m³ 的为轻质石材，主要用于采暖房屋外墙；表现密度大于或等于 1800 kg/m³ 的为重质石材，主要用于基础、桥涵、挡土墙、不采暖房屋外墙及道路工程等。同种石材，表观密度越大，则孔隙率越低，强度、耐久性、导热性等越高。

2. 吸水性

它反映了岩石吸水能力的大小，也反映了岩石耐水性的好坏。天然石材的吸水率一般较小，但由于形成条件、密实程度等情况的不同，石材的吸水率波动也较大。岩石的表观密度越大，说明其内部孔隙数量越少，水进入岩石内部的可能性随之减少，岩石的吸水率跟着减小；反之岩石的吸水率跟着增大。如花岗岩吸水率通常小于 0.5%，而多孔的贝类石灰岩吸水率可达 15%。岩石的吸水性直接影响了其抗冻性、抗风化性等耐久性指标。岩石吸水后强度降低，抗冻性、耐久性下降。

3. 耐水性

大多数石材的耐水性较高，当岩石中含有较多的黏土时，其耐水性较低，如黏土质砂岩等。石材的耐水性以软化系数表示，软化系数小于 0.8 的石材不允许用于重要建筑。

4. 抗冻性

抗冻性是石材抵抗反复冻融破坏的能力，是石材耐久性的主要指标之一。石材的抗冻性用石材在水饱和状态下所能经受的冻融循环次数来表示。在规定的冻融循环次数内，无贯穿裂纹，重量损失不超过 5%，强度降低不大于 25%，则为抗冻性合格。一般室外工程饰面石材的抗冻性次数应大于 25 次。

5. 强度等级

石材的强度主要取决于其矿物组成、结构及孔隙构造。石材的强度等级是根据三个 70 mm×70 mm×70 mm 立方体试块的抗压强度平均值，划分为 MU100、MU80、MU60、MU50、MU40、MU30、MU20、MU15、MU10 九个等级。试块也可采用表 2-1 所列的其他尺寸的立方体，但应对其试验结果乘以相应的换算系数后方可作为石材的强度等级。

表 2-1 石材强度等级的换算系数

立方体边长/mm	200	150	100	70	50
换算系数	1.43	1.28	1.14	1	0.86

6. 硬度

石材的硬度取决于矿物组成的硬度与构造，石材的硬度反映了其加工的难易性和耐磨性。岩石的硬度高，其耐磨性和抗刻划性也好，其磨光后也有良好的镜面效果。但是，硬度高的岩石开采困难，加工成本高。岩石的硬度以莫氏硬度来表示。

7. 耐磨性

耐磨性是石材抵抗摩擦、撞击以及边缘剪切等联合作用的能力。一般而言，由石英、长石组成的岩石，耐磨性大，如花岗岩、石英岩等。由白云石、方解石组成的岩石，耐磨性较差。石材的强度高，则耐磨性也较好。耐磨性常用磨损率表示。

2.2.2 石材的品种与应用

石材在建筑上，或用于砌筑，或用于装饰。砌筑用石材有毛石和料石之分，装饰用石材主要指各类和各种形状的天然石质板材和散料石材。

1. 毛石

毛石又称片石或块石，是由爆破直接获得的形状不规则的石块。毛石依据其平整程度又分为乱毛石和平毛石。

1) 乱毛石

乱毛石形状不规则，一般在一个方向的尺寸达 300～400 mm，中部厚度一般不宜小于

150 mm，重量约为 20～30 kg。乱毛石主要用来砌筑基础、勒角、墙身、堤坝、挡土墙壁等，也可用于大体积混凝土。

2) 平毛石

平毛石由乱毛石略经加工而成，形状较乱毛石整齐，其形状基本上有 6 个面，中部厚度不小于 200 mm。平毛石可用于砌筑基础、墙身、勒角、桥墩、涵洞等，也可用于铺筑小径石路。

2. 料石

料石又称条石，是由人工或机械开采出的较规则的六面体石块，截面的宽度、高度不小于 200 mm，且不小于长度的 1/4。通常由质地比较均匀的岩石，如砂岩、花岗岩加工而成，至少应有一个面较整齐，以便互相合缝。按照表面加工的平整程度，分为 4 种料石。

1) 毛料石

毛料石的外形大致方正，一般不加工或仅稍加修整，高度不应小于 200 mm，叠砌面凹入深度不大于 25 mm。

2) 粗料石

粗料石的叠砌面凹入深度不大于 20 mm。

3) 半细料石

半细料石的叠砌面凹入深度不应大于 15 mm。

4) 细料石

细料石的叠砌面凹入深度不大于 10 mm。

料石根据加工程度的不同分别用于建筑物的外部装饰、勒脚、台阶、砌体、石拱等。

3. 石材饰面板

建筑上常用的饰面板材，主要有天然大理石和天然花岗石板材。

1) 天然大理石板材

天然大理石板材简称大理石板材，是建筑装饰中应用较为广泛的天然石饰面材料。它是用大理石荒料经锯解、研磨、抛光及切割而成的板材，主要矿物组成是方解石、白云石，易于雕琢磨光，常呈白、浅红、浅绿、黑、灰等颜色(斑纹)。白色大理石又称为汉白玉，其结构致密、强度较高、吸水率低，但表面硬度较低、不耐磨，耐化学侵蚀和抗风蚀性能较差，长期暴露于室外受阳光雨水侵袭易使表面变得粗糙多孔，失去光泽，一般均用于中高级建筑物的内墙、柱面以及磨损较小的地面、踏步。但由白云岩或白云质石灰岩变质而成的某些大理石也可用于室外，如汉白玉、艾叶青等。

2) 天然花岗石板材

由天然花岗岩经加工后得到的板材简称花岗石板。其主要矿物组分为石英、长石和少量云母，花岗岩的颜色由造岩矿物决定，通常有深青、浅灰、黄、紫红等，花岗石板材结构致密、强度高、耐磨及耐久性好，耐用年限可达 75～200 年，高质量的可达千年以上。花岗石经加工后色彩多样且具有光泽，是高档装饰材料，主要用于砌筑基础、挡土墙、勒脚、踏步、地面、外墙饰面、雕塑等。

4. 散料石材

建筑工程中常用的散料石材主要有色石渣、碎石和卵石。色石渣也称色石子，由天然大理石或花岗石等石材经破碎筛选加工而成，作为骨料主要用于人造大理石、水磨石、水刷石、干黏石、斩假石等建筑物面层的装饰工程。碎石和卵石常用作混凝土骨料，卵石还可以作为园林、庭院等地面的铺砌材料。

2.3 建筑石材发展动态

1. 世界石材发展态势

就世界范围来说，石材工业是一个蓬勃发展的工业，近年来，石材已成为世界消费的一大热点，世界石材贸易额得以快速增长。从国际市场看，石材增长速度高于世界经济增长速度，世界石材业拥有超过150亿美元的固定资本，年贸易额达到350亿美元。

世界上大理石、花岗石的主要生产和消费市场是欧洲——意大利、德国、法国、西班牙、比利时、英国、荷兰、奥地利、瑞士和俄罗斯等；美国；亚洲——中国、日本和新加坡等；中东。世界石材贸易以海运为主。根据国际石材贸易近年的情况，世界石材消费市场的增长趋势仍将继续。1994年世界石材开采量为4300万吨，十年后的2003年，全世界天然石材开采量超过1.5亿吨，年均增长率达到25%，其中大约51%为大理石，47%为花岗石，2%为青板石。世界天然石材的消费量也保持了20%的增长率，2003年交易额达350亿美元。有专家预测，2015年全球石材产业年产值将突破3000亿美元。其中，中国、意大利、德国、美国、西班牙、法国、日本、比利时、韩国、巴西、印度、土耳其、希腊等是世界石材工业中分属于生产和使用石材最大的市场。在建筑艺术手法上，采用不同的工艺组合，毛面石材和磨光石材搭配使用，更具有石材的装饰魅力，已成为建筑石材装饰的发展新趋向。

各国用石材做外饰面时，有抛光、磨光、火焰烧毛、凿毛、剁斧等不同的工艺处理。例如贝聿铭在香港中国银行大厦的装饰工程中，同一饰面采用同一种石材，而用抛光和火焰烧毛两种表面处理工艺的手法，取得了很好的艺术装饰效果。此外，花岗石外饰面安装多采用干挂法，也有采用胶黏贴的方法，但现在基本上不采用水泥砂浆黏贴的工艺，因为曾出现色差大和"花脸"现象。无论干法作业或采用黏贴工艺，所有石材板缝均使用硅橡胶勾缝，一般缝宽为5~10 mm。从石材饰面来看，在钢筋混凝土框架或钢结构建筑中，采用带有石材饰面的外墙预制壁板日益增多，壁板的规格尺寸也日益增大，最大长度达9 m。带花岗石饰面的外墙壁板集外饰面、结构层、防水和保温为一体，均在厂内预制，然后运到现场进行安装。采用这种工艺，可在厂内一次成型，不仅质量好，而且效率高，大幅度提高了机械化和工厂化水平。另外，国外外墙饰面较少用面砖，特别是白面砖，即使使用面砖也是采用与黏土砖色彩尺寸相似的仿砖墙的面砖。此外，当今用石材作艺术雕塑非常普遍，尤其是在一些重要的大型游览工程及公共建筑中。

随着世界人口老龄化的加速，代表世界墓石市场两大风格的日式墓碑和欧式墓碑将继续增长。总之，由于世界石材市场的持续增长，世界石材工业将继续向石材消费发展，预计今后10年，世界石材年均增长率仍将达到6%，在2025年左右，全世界石材市场将比20世纪增长三倍以上。

(www.stonebwy.com. 中国石材网. 2015-5-10)

2. 中国石材行业市场发展现状分析

中国地大物博，矿产资源丰富，尤其是石材资源几乎遍布全国各个省区，石材工业就世界范围来说，是一个蓬勃发展的工业，拥有超过 150 亿美元的固定资本，年贸易额超过 60 亿美元，而且以每年 10% 的速度在增长。近十年来，我国石材工业发展迅速，不仅应用上更加广泛，而且在中国政策的拉动下，石材消费需求量加大，目前年产量已超过千万吨，成为全球最大的石材生产大国。

1) 中国石材的发展现状

中国石材的生产主要分布在南部的福建省、广东省，东部的山东省三个石材生产大省，其中福建与山东为原料与加工生产大省，而广东主要从事进口石材的加工，上述三省占了中国石材生产 85% 的产量。此外，其他一些省，如四川省、山西省、河北省、内蒙古、云南省、广西、新疆、安徽等都有一定量的品种和生产。但中国石材的主产地主要在福建、山东两省。尤其以福建的生产占到全国的 80% 以上。

中国石材的内消费主要分为三大部分，即建筑的内外装饰用板材，这是石材使用最大的一部分；其次是建筑用石，包括园林、工程用石；再就是石雕刻、石艺术品、墓碑石产品等。而以建筑装饰石材使用量为最多。在中国，一般的家庭装修没有不用石材的。而公共建筑使用石材也相当普遍，而且近年来更是追求高档化和大批量使用，有的几万平方米，甚至几十万平方米。目前，从中国国内石材的年消费量的发展趋势来看，年消费量 2.6 亿平方米的水平不会降低。据统计，中国的装饰装修业的产值，目前占到国家全部 GDP 的 15% 左右，由此可见，石材的消费市场将在中国以惊人的数字增长。

中国石材工业的发展，无论是国内消费，还是进出口贸易，目前是每年两位数字增长，这是由市场需求决定的。国内建筑业的发展带动石材消费的增长，2013 年 1—4 月，我国石材累计出口额达 17.89 亿美元，同比增长 20.4%，预计，石材国内年消费今后几年还将保持在 2.5 亿平方米以上。

2) 石材的应用范围广泛

近年来，国际石材工业发展十分迅速。整个石材行业的发展明显快于全球经济的发展。伴随着人民生活水平的不断提高，石材早已走进平常百姓家。广泛应用于地面铺装、橱柜和家具的台面装饰。在中央扩大内需和提高城乡家庭收入的利好政策指引下，中国人均石材消耗量将有望大幅提高，成为行业新的利润增长点。石材需求大幅增长将带动石材行业进入石材品牌消费时代。

石材作为一种建材产品，在全球建材产值中占有相当大的比重，且这个比重在未来的 5 年至 10 年中还将继续扩大。据业内人士介绍，作为一种典型的矿产资源，石材分为大理石、花岗岩、砂岩等多个品类，有上千个花色品种，由于具有稀缺、环保、纯天然、高品质的特性，一直是全球各地大型公建工程、中高档建筑、家庭装修的首选用材。

大型公建工程是石材的主要市场之一。世界各国在建的城市道路、广场、公园、机场、地铁等工程，都大量应用各类石材，从而为石材企业提供了广阔的发展商机。中高端石材产品主要用于高端地产项目。常见的星级酒店、高端会所、别墅、中高端社区均需要选用大量的、不同品种的石材产品进行内外部装修。尤其是美国、德国、意大利、西班牙等传统石材消费国，因其建筑风格、居住传统、注重环保等因素，正大量使用着各类中高端石材产品。据有关部门统计，家装市场石材应用已占到总体消费的20%，在部分高端住宅更达到了30%~40%。

3) 石材行业以发展低碳经济为契机

现在的家居装修越来越崇尚自然，因此天然石材大批量地进入建筑装饰装修业，不仅用于豪华的公共建筑物，也进入了家居装修，且用量越来越大，在人们的生活中起着重要作用。但由于天然石材具有开采难、不环保、辐射、颜色差异大等缺陷，与时下崇尚的"环保""低碳"的生活主张相冲突，在实际使用中有一定的局限性，地理石的出现恰好弥补了天然石材的缺陷，满足了市场的需求。

(筑龙建筑知识网站：wiki.zhulong.com/sg3/type36/topic674477_4.html)

复习思考题

1. 按地质成因，岩石可分为哪几类？举例说明。
2. 石材有哪些主要的技术性质？
3. 如何确定砌筑用石材的抗压强度及强度等级？
4. 石材的主要品种及其用途是什么？

第 3 章 气硬性胶凝材料

学习内容与目标

- 了解石灰、石膏、水玻璃这三种常用无机气硬性胶凝材料的特性。
- 掌握石灰、石膏、水玻璃的技术性质和用途。

建筑上把通过自身的物理化学作用后，能够由浆体变成坚硬的石状体，并在变化过程中把一些散粒材料(如砂和碎石)或块状材料(如砖和石块)胶结成为具有一定强度的整体的材料，统称为胶凝材料。

胶凝材料根据其化学组成可分为有机胶凝材料和无机胶凝材料两大类。有机胶凝材料以天然或人工合成的高分子化合物为基本组分，如沥青、树脂等；无机胶凝材料是以无机矿物为主要成分的一类胶凝材料。

无机胶凝材料按硬性条件又可分为气硬性胶凝材料和水硬性胶凝材料。气硬性胶凝材料只能在空气中硬化，也只能在空气中保持或继续发展强度，如石灰、石膏、水玻璃、菱苦土等。气硬性胶凝材料一般只适合用于地上或干燥环境，不宜用于潮湿环境，更不可用于水中。水硬性胶凝材料不仅能在空气中，而且能更好地在水中硬化、保持并继续发展其强度，如各种水泥等。水硬性胶凝材料既适用于地上，也适用于地下或水中。

3.1 石 灰

石灰是建筑上使用较早的一种胶凝材料，石灰的原料——石灰石分布很广，生产工艺简便，成本低廉，所以在建筑上一直应用很广。

3.1.1 石灰的生产

生产石灰的主要原料是以碳酸钙($CaCO_3$)为主的石灰岩，此外，还可以利用化学工业副产品作为石灰的生产原料。如用水作用于碳化钙(即电石)制取乙炔时，所产生的电石渣，其主要成分是氢氧化钙，即消石灰(又称熟石灰)。

将石灰石高温煅烧，碳酸钙分解释放出 CO_2，生成以 CaO 为主要成分的生石灰，其反应式如下：

$$CaCO_3 \xrightarrow{900°C} CaO + CO_2 \uparrow$$

为了加速分解过程，煅烧温度常提高至 1000~1100 ℃。生石灰呈白色或灰色块状。原料中多少含有一些碳酸镁，因而生石灰中还含有次要成分氧化镁。

石灰在生产过程中，应严格控制各工艺参数，尤其是温度的控制，否则容易产生"欠火石灰"和"过火石灰"。所谓"欠火石灰"，是指石灰中含有未烧透的内核。这主要是由于石灰石原料尺寸过大、料块粒径搭配不当、装料过多或由于煅烧温度过低、煅烧时间不足等原因引起的。所谓"过火石灰",是指表面有大量玻璃体、结构致密的石灰。这主要是由于煅烧温度过高、时间过长等原因引起的。

"欠火石灰"在使用时未消解残渣含量大,有效氧化钙和氧化镁的含量低,黏结能力差。"过火石灰"使用时则消解缓慢,甚至用于建筑物后仍在继续消解,体积膨胀,会导致表面剥落或裂缝等现象,危害极大。

3.1.2 石灰的熟化

使用石灰时,通常将生石灰加水,使之消解为消石灰——氢氧化钙,这个过程称为石灰的"消化",又称"熟化"。其反应式如下:

$$CaO + H_2O \rightarrow Ca(OH)_2 + 64.83 \text{ kJ}$$

伴随着熟化过程,会放出大量的热,体积增大 1～2.5 倍。煅烧良好、氧化钙含量高、杂质含量低的生石灰,其熟化速度快、放热量和体积增大也多。

按石灰的用途,熟化石灰的方法有两种。

(1) 用于调制石灰砌筑砂浆或抹灰砂浆时,需在化灰池中加入大量的水(生石灰的 3～4 倍)将生石灰熟化成石灰乳,然后通过筛网流入储灰坑,经沉淀并除去上层水分后成为石灰膏。为了消除"过火石灰"的危害,石灰浆应在储灰坑中"陈伏"两个星期以上。陈伏期间,石灰浆表面应敷盖一层水,以隔绝空气,以免表面碳化。

(2) 用于拌制石灰土(石灰、黏土)、三合土(石灰、黏土、砂石或炉渣)时,将每半米高的生石灰块淋适量的水(生石灰量的 60%～80%),直至数层,使生石灰熟化成消石灰粉。加水量以能充分熟化而又不过湿成团为度。现在多用机械方法在工厂将生石灰熟化成消石灰粉,在工地调水使用。消石灰粉在使用以前,也应有类似石灰浆的"陈伏"时间。

3.1.3 石灰的硬化

石灰浆体在空气中逐渐干燥变硬的过程,称为石灰的硬化。硬化是由下列两个同时进行的过程来完成的。

1. 干燥硬化与结晶硬化

石灰浆在干燥过程中,游离水逐渐蒸发或被周围砌体吸收,氢氧化钙逐渐从过饱和溶液中结晶析出,固相颗粒互相靠拢黏紧,强度随之提高。

2. 碳化硬化

氢氧化钙与空气中的二氧化碳气体化合生成碳酸钙晶体,释出并蒸发水分,使石灰浆硬化,强度有所提高,这个过程称为浆体的碳化硬化。石灰的碳化作用不能在没有水分的全干状态下进行,也不能在石灰被一定厚度水全部覆盖的情况下进行,因为水达到一定深度,其中溶解的二氧化碳含量极微。反应式如下:

$$Ca(OH)_2 + nH_2O + CO_2 \rightarrow CaCO_3 + (n+1)H_2O$$

该反应主要发生在与空气接触的表面,当浆体表面生成一层碳酸钙薄膜后,二氧化碳不易再透入,这使碳化进程减缓。同时,内部的水分也不易蒸发,所以,石灰的硬化速度随时间增长逐渐减慢。

3.1.4 建筑工程中常用石灰品种及主要性能

按成品加工方法不同,建筑工程中常用的石灰品种包括生石灰块、磨细生石灰粉和消石灰粉。

生石灰块是由石灰石煅烧成的白色或灰色疏松结构的块状物,主要成分为 CaO。磨细生石灰粉是以块状生石灰为原料经破碎、磨细而成的,也称建筑生石灰粉。根据《建筑生石灰》(JC/T 479—2013)规定按氧化镁含量的多少,将生石灰块、生石灰粉分为钙质石灰(MgO≤5%)和镁质石灰(MgO＞5%)两类。钙质生石灰划分为 CL90、CL85 和 CL75 三个等级,镁质生石灰划分为 ML85 和 ML80 两个等级。建筑生石灰和生石灰粉各等级的技术性能指标如表 3-1 和表 3-2 所示。

表 3-1 建筑生石灰技术指标

项 目	钙质生石灰			镁质生石灰	
	CL90	CL85	CL75	ML85	ML80
CaO+MgO 含量(%),≥	90	85	75	85	80
CO_2 含量(%),≤	4	7	12	7	7
SO_3 含量(%),≤	2	2	2	2	2
产浆量(L/10kg),≥	26	26	26	不做要求	不做要求

表 3-2 建筑生石灰粉技术指标

项 目		钙质生石灰			镁质生石灰	
		CL90	CL85	CL75	ML85	ML80
CaO+MgO 含量(%),≥		90	85	75	85	80
CO_2 含量(%),≤		7	9	11	8	10
SO_3 含量(%),≤		2	2	2	2	2
细度	0.2mm 筛筛余(%),≤	2	2	2	2	2
	0.09mm 筛筛余(%),≤	7	7	7	7	2

消石灰粉是将块状生石灰淋以适量的水,经熟化所得到的主要成分为 $Ca(OH)_2$ 的粉末状产品。建筑消石灰粉按氧化镁含量可分为钙质消石灰粉(MgO≤5%)和镁质消石灰粉(MgO＞5%),具体又有 HCL90、HCL85 和 HCL75 三个钙质消石灰等级及 HML85 和 HML80 两个镁质消石灰等级,其各项技术指标如表 3-3 所示。

表 3-3 建筑消石灰粉技术指标(JC/T 481—2013)

项 目		钙质消石灰粉			镁质消石灰粉	
		HCL90	HCL85	HCL75	HML85	HML80
CaO+MgO 含量(%),≥		90	85	75	85	80
游离水(%),≤		2	2	2	2	2
体积安定性		合格	合格	合格	合格	合格
细度	0.2mm 筛筛余(%),≤	2	2	2	2	2
	0.09mm 筛筛余(%),≤	7	7	7	7	7

3.1.5 石灰的特点与应用

1. 石灰的特点

1) 良好的保水性和可塑性

生石灰熟化成石灰浆时,能自动形成颗粒极细的呈胶体分散状态的氢氧化钙,颗粒表面吸附有一定厚度的水膜,因而保水性能好,同时水膜层也降低了颗粒间的摩擦力,使得石灰砂浆具有良好的可塑性、易搅拌。

2) 凝结硬化慢,强度低

从石灰浆体的硬化过程可以看出,由于空气中二氧化碳稀薄,碳化甚为缓慢,而且表面碳化后,形成紧密外壳,不利于碳化的深入进行,也不利于水分蒸发。因此,石灰硬化慢、强度低,通常 1:3 的石灰砂浆,其 28 d 抗压强度只有 0.2~0.5 MPa。

3) 耐水性差

石灰是一种气硬性胶凝材料,不能在水中硬化。且石灰硬化体中大部分仍然是尚未碳化的 $Ca(OH)_2$,而 $Ca(OH)_2$ 是易溶于水的,所以石灰的耐水性较差。硬化后的石灰若长期受到水的作用,会导致强度降低,甚至引起溃散,所以石灰不宜用于潮湿的环境。

4) 体积收缩大

石灰浆体在硬化过程中因蒸发大量的游离水而引起显著收缩。所以,石灰浆除调成石灰乳做薄层涂刷外,一般不宜单独使用,常在其中掺入砂、纸筋等以减少收缩、节约石灰。

5) 吸湿性强

块状生石灰放置太久,会吸收空气中的水分而自动熟化成消石灰粉,再与空气中的二氧化碳作用还原为碳酸钙,失去胶结能力。

2. 石灰的应用

1) 配制砂浆和石灰乳

用水泥、石灰膏、砂配制成的混合砂浆广泛用于砌筑工程。用石灰膏与砂、纸筋、麻刀配制成的石灰砂浆、石灰纸筋灰、石灰麻刀灰广泛用作内墙、天棚的抹面砂浆。将熟化好的石灰膏或消石灰粉,加入过量水稀释成石灰乳是一种传统的室内粉刷涂料,目前已很少使用,主要用于临时建筑的室内粉刷。

2) 配置石灰土(灰土)与三合土

石灰土由熟石灰粉和黏土按一定比例拌和均匀,夯实而成,常用的有二八灰土及三七灰土(体积比);三合土即熟石灰粉、黏土、骨料按一定的比例混合均匀并夯实。石灰与黏土之间的物理化学作用尚待继续研究,可能是石灰改善了黏土的和易性,在强力夯打下大大提高了紧密度。而且黏土颗粒表面的少量活性氧化硅和氧化铝与氢氧化钙起化学反应,生成了不溶性水化硅酸钙和水化铝酸钙,将黏土颗粒黏结起来,因而提高了黏土的强度和耐水性。石灰土和三合土广泛用作建筑物的基础、路面或地面的垫层。

3) 生产硅酸盐制品

将磨细生石灰与砂或粒化高炉矿渣、炉渣、粉煤灰等硅质材料加水拌和,再经常压或高压蒸汽养护,就可制得密实或多孔的硅酸盐制品,如蒸压灰砂砖、硅酸盐砌块等墙体材料。

4) 制作碳化石灰板

碳化石灰板是将磨细生石灰、纤维状填料或轻质骨料加适量水搅拌成型,再经二氧化碳人工碳化 12~24 h 而制成的一种轻质板材。这种碳化石灰板能钉、能锯,具有较好的力学强度和保温绝热性能,宜用作非承重内隔墙板和天花板等。

石灰在建筑上除以上用途外,还可用来配置无熟料水泥和多种硅酸盐制品。

3.1.6 石灰的储运

生石灰在储运过程中会吸收空气中的水分消解,且碳化。所以,生石灰应储存在干燥环境中,不宜长期存储。若需较长时间储存生石灰,最好运到后将其消解成石灰浆,并使表面隔绝空气,将储存期变为陈伏期。生石灰受潮时会放出大量的热,而且体积膨胀,运输中要采取防水措施,注意安全,不与易燃易爆物品及液体共存、共运。石灰能侵蚀呼吸器官及皮肤,在进行施工及装卸石灰时,应披戴必要的防护用品。

3.2 石　　膏

在建筑中应用石膏已有很久的历史。我国石膏资源丰富、分布较广,由于其具有轻质、高强、隔热、耐火、吸声、容易加工等一系列优良性能,因而在建筑材料中占有重要地位。近年来,石膏板、建筑饰面板等石膏制品发展很快,展示了十分广阔的应用前景。

3.2.1 石膏的生产

生产石膏的原材料主要是天然二水石膏(又称软石膏或生石膏),是含两个结晶水的硫酸钙($CaSO_4 \cdot 2H_2O$)。天然二水石膏可制成各种石膏产品。

天然二水石膏加热到 65℃时,开始脱水;在 107~170℃时,生成半水石膏;在温度升至 200℃的过程中,脱水加速,半水石膏变为结构基本相同的脱水半水石膏,而后成为可溶性硬石膏,它与水调和后仍能很快凝结硬化;当温度升至 250℃时,石膏中只残留很少的水分;当温度超过 400℃时,完全失去水分,形成不溶性硬石膏,也称死烧石膏,它难溶于水,失去了凝结硬化的能力;温度继续升高超过 800℃时,部分石膏分解出氧化钙,使产物又具有凝结硬化的能力,这种产品称为煅烧石膏(过烧石膏)。

根据加热方式的不同,半水石膏又有 α 型和 β 型两种形态。将二水石膏经 0.13 MPa 的水蒸气(124℃)蒸压脱水,则生成 α 型半水石膏,在非密闭的炉窑中加热得到的是 β 型半水石膏,它比 α 型半水石膏的晶体要细,调制成可塑性浆体的需水量较多。

3.2.2 建筑工程中常用的石膏品种

石膏的品种很多,建筑上常用的有建筑石膏、模型石膏、高强度石膏和硬石膏四种。

1. 建筑石膏和模型石膏

建筑石膏是建筑工程中最常用的石膏品种,是将天然二水石膏在 110~170℃温度下煅烧成半水石膏(也称熟石膏)，经磨细而成的一种粉末状材料，多用于建筑抹灰、粉刷、砌筑砂浆及各种石膏制品。它的反应生成式如下：

$$CaSO_4 \cdot 2H_2O \xrightarrow{110\sim170℃} CaSO_4 \cdot \frac{1}{2}H_2O + 1\frac{1}{2}H_2O$$

含杂质较少，色较白，粉磨较细的β型半水石膏称为模型石膏，其强度比建筑石膏稍高，凝结也较快，主要用于建筑装饰与陶瓷的制坯工艺。

2. 高强度石膏

二水石膏在 0.13 MPa，124℃的饱和水蒸气下蒸炼，将生成的α型半水石膏磨细可制得高强石膏。由于高强石膏是在较高压力下分解而形成的，其晶粒较粗，比表面积较小，调成石膏浆体的可塑状态需水量很小，约为 35%～45%，因而硬化后孔隙率小，强度高(7 天可达 40 MPa)。

高强石膏适用于高强的抹灰工程、装饰制品和石膏板，掺防水剂后可用于高湿环境中，可同有机胶结剂共同制成无收缩的黏结剂。

3. 无水石膏

将天然硬石膏或天然二水石膏加热至 400～750℃，石膏将完全失去水分，成为不溶性硬石膏，失去凝结硬化能力。但当加入适量的激发剂混合磨细后，又能凝结硬化，称为无水石膏水泥。

无水石膏水泥属于气硬性胶凝材料，与建筑石膏相比，凝结速度较慢，调成一定稠度的浆体，需水量较少，硬化后孔隙率较小。它宜用于室内，主要用作石膏板和石膏建筑制品，也可用作抹面灰浆等，具有良好的耐火性和抵抗酸碱侵蚀的能力。

4. 高温煅烧石膏(地板石膏)

将天然二水石膏或天然无水石膏在 800℃以上煅烧，使部分 $CaSO_4$ 分解出 CaO，磨细后的产品称为高温煅烧石膏。此时，CaO 起碱性激发剂的作用，硬化后具有较高的强度和耐磨性，抗水性也较好，宜用作地板，所以也称其为地板石膏。

3.2.3 建筑石膏

1. 建筑石膏的凝结与硬化

建筑石膏与适量的水混合，最初成为可塑浆体，但很快会失去塑性、产生强度，并发展成为坚硬的固体。这是由于浆体内部经历了一系列的物理化学变化。

首先，半水石膏遇水后，溶液中的半水石膏与水化合，重新生成二水石膏。其水化反应式如下：

$$CaSO_4 \cdot \frac{1}{2}H_2O + 1\frac{1}{2}H_2O \rightarrow CaSO_4 \cdot 2H_2O$$

由于二水石膏在水中的溶解度比半水石膏要小得多(仅为半水石膏溶解度的 1/5)，半水石膏的饱和溶液对二水石膏来说，就成了过饱和溶液，所以二水石膏以胶体微粒自水中析出，破坏了半水石膏溶解的平衡状态，新的一批半水石膏又可继续溶解和水化。如此循环进行，直到半水石膏完全溶解。随着水化的进行，水分逐渐减少，二水石膏的晶体不断增加，而这些微粒比原来的半水石膏粒子要小得多，粒子总表面积增加，需要更多的水分来包裹，所以，浆体稠度逐渐增大，可塑性开始降低，此时称之为"初凝"；而后随晶体颗粒间的摩擦力和黏结力的增大，浆体的塑性很快下降，直至消失，此时为"终凝"。与此同时，由于浆体中自由水因水化和蒸发逐渐减少，浆体继续变稠，逐渐凝聚成为晶体，晶体逐渐长大，共生和相互交错。这个过程使浆体逐渐产生强度并不断增长，直到完全干燥，晶体之间的摩擦力和黏结力不再增加，强度才停止发展。这就是石膏的硬化过程。

2. 建筑石膏的主要技术性能要求

建筑石膏色白，密度为 2.60～2.75 g/cm³，堆积密度为 800～1000 kg/m³。建筑石膏的技术要求主要有：细度、凝结时间和强度。按强度的差别，建筑石膏分为 3.0 级、2.0 级和 1.6 级三个等级。根据建材行业国家标准，建筑石膏技术要求的具体指标如表 3-4 所示。

表 3-4　建筑石膏的技术指标(GB 9776—2008)

技术指标		产品等级		
		3.0 级	2.0 级	1.6 级
强度/MPa	抗折强度≥	3.0	2.0	1.6
	抗压强度≥	5.0	4.0	3.0
细度(%)	0.2mm 方孔筛筛余率，≤	10	10	10
凝结时间/min	初凝时间≥	3		
	终凝时间≤	30		

注：表中强度以 2 h 强度为标准。

建筑石膏按产品名称、代号、等级及标准编号的顺序标记，例如：建筑石膏 N2.0 GB/T 9776—2013，表示等级(抗折强度)为 2.0 的天然建筑石膏。

3. 建筑石膏的特性

建筑石膏与石灰等胶凝材料相比，具有如下的性质特点。

1) 凝结硬化快

建筑石膏的凝结时间，一般只需要数分钟至 20～30 min。在室内自然干燥的条件下，大约完全硬化的时间需 1 星期。由于初凝时间过短，造成施工成型困难，一般在施工时，需要掺加适量的缓凝剂，如动物胶、亚硫酸纸浆废液，也可掺硼砂或柠檬酸等。掺缓凝剂后，石膏制品的强度将有所降低。

2) 硬化后体积微膨胀

多数胶凝材料在硬化过程中一般都会产生收缩变形，而建筑石膏在硬化时却体积膨胀，膨胀率为 0.5%～1%，使得硬化体表面光滑，尺寸精准，形体饱满，硬化时不出现裂纹，装饰性好，特别适宜于制造复杂图案的装饰制品。

3) 孔隙率大、体积密度小、强度低

建筑石膏水化的理论需水量为 18.6%，为使石膏浆具有必要的可塑性，通常须加水 60%～80%，硬化后，由于多余水分的蒸发，内部具有很大的孔隙(约占总体积的 50%～60%)。与水泥相比，建筑石膏硬化后的体积密度较小，为 800～1000 kg/m³，属于轻质材料，强度较低，7 天抗压强度为 8～12 MPa。

4) 耐水性、抗冻性差

建筑石膏制品的孔隙率大，且二水石膏微溶于水，遇水后晶体溶解而引起破坏，通常其软化系数为 0.3～0.5，是不耐水材料。若石膏制品吸水后受冻，会因孔隙中水分结冰膨胀而破坏。因此石膏制品不宜用在潮湿寒冷的环境。

5) 具有一定的调温、调湿性

建筑石膏的热容量大、吸湿性强，故能调节室内温度和湿度，保持室内"小气候"的均衡状态。

6) 防火性好，但耐火性差

遇火灾时，二水石膏中的结晶水蒸发，吸收热量，脱水产生的水蒸气能够阻碍火势蔓延，起到防火的作用。但二水石膏脱水后，强度下降，因此耐火性差。

7) 保温性和吸声性好

建筑石膏孔隙率大，且均为微细的毛细孔，所以导热系数较小，一般为 0.121～0.205 W/(m·K)，故隔热保温性能良好，同时，大量的毛细孔对吸声有一定的作用，因此具有较强的吸声能力。

4. 建筑石膏的应用

石膏具有上述诸多优良性能，主要用于室内抹灰、粉刷，制造建筑装饰制品、石膏板等。

1) 室内抹灰及粉刷

将建筑石膏加水及缓凝剂拌和成浆体，可用作室内粉刷材料。石膏浆中还可以掺入部分石灰，或将建筑石膏加水、砂拌和成石膏砂浆，用于室内抹灰，抹灰后的表面光滑、细腻、洁白美观。石膏砂浆也可作为油漆等的打底层。

2) 建筑装饰制品

由于石膏凝结快和体积稳定的特点，常用于制造建筑雕塑和花样、形状不同的装饰制品。鉴于石膏制品具有良好的装饰功能，而且具有不污染、不老化、对人体健康无害等优点，近年来备受青睐。

3) 石膏板

石膏板材具有轻质、隔热保温、吸声、不燃以及施工方便等性能，其应用日渐广泛。但石膏板具有长期徐变的性质，在潮湿的环境中更为严重，且建筑石膏自身强度较低，又因其显微酸性，不能配加强钢筋，故不宜用于承重结构。常用的石膏板主要有纸面石膏板、纤维石膏板、装饰石膏板和空心石膏板等。另外，还有穿孔石膏板、嵌装式装饰石膏板等，各种新型石膏板材也在不断涌现。

3.2.4 高强石膏

以α型半水石膏(α—$CaSO_4·1/2H_2O$)为主要成分制得的粉状物，称为高强石膏粉。高强石膏的密度为 2.6～2.8 kg/cm^3，堆积密度为 1000～1200 kg/m^3，900 孔/cm^2 筛的筛余不大于 8%。初凝时间不早于 3 min，终凝时间为 5～30 min。可以根据石膏净浆强度值划分强度等级。高强石膏具有以下应用特点。

(1) 硬度高，强度大，耐磨性好。
(2) 料浆流动性好，轮廓清晰，仿真性强。
(3) 膨胀率低，精确度高。

高强石膏粉可用于室内抹灰，是良好的制模材料，可大大提高陶瓷、塑料、橡胶、精密冶金铸造用模的性能；是制作各种工艺美术品的理想用料，用途广泛。由高强石膏粉为基料制作的各种石膏制品在建筑上是高档的装饰、装修材料，优质的轻质、隔声、保温墙体材料和防火代木材料，其特点是优质、高强、轻质、低能耗、多功能。还可以掺入一系列有机材料，如聚乙烯醇水溶液、聚醋酸乙烯乳液等配成黏结剂使用，这类黏结剂的显著特点是黏结性强、无收缩。

3.3 水 玻 璃

水玻璃是一种建筑胶凝材料，常用来配制水玻璃胶泥、水玻璃砂浆和水玻璃混凝土，以及使用水玻璃为主要原料配制涂料。水玻璃在防酸工程和耐热工程中的应用甚为广泛。

3.3.1 水玻璃的组成与生产

水玻璃俗称泡花碱，是一种能溶于水的碱金属硅酸盐，其化学通式为 $R_2O \cdot nSiO_2$，通常把 n 称为水玻璃的模数，我国生产的水玻璃模数一般为 2.4~3.3。根据碱金属氧化物的不同，水玻璃分为硅酸钠水玻璃和硅酸钾水玻璃等。水玻璃常以水溶液状态存在，在其水溶液中的含量(或称浓度)用相对密度或波美度(°B'e)来表示。建筑上通常使用硅酸钠水玻璃($Na_2O \cdot nSiO_2$)的水溶液，相对密度为 1.36~1.5(波美度为 38.4~48.3°B'e)。一般来说，当密度大时，表示溶液中水玻璃的含量高，其黏度也大。

生产水玻璃的方法有湿法和干法两种。湿法生产硅酸钠水玻璃时，将石英砂和苛性钠溶液在压蒸锅内用蒸汽加热，并加以搅拌，使之直接反应而成液体水玻璃。其反应式如下：

$$SiO_2 + 2NaOH \xrightarrow{\triangle} Na_2SiO_3 + H_2O$$

干法又称为碳酸盐法，是将石英砂和碳酸钠磨细拌匀，在熔炉内于 1300~1400℃的高温熔化，发生反应生成固体水玻璃，然后在水中加热溶解成液体水玻璃。其反应式如下：

$$Na_2CO_3 + nSiO_2 \xrightarrow{1300~1400℃} Na_2O \cdot nSiO_2 + CO_2 \uparrow$$

若用碳酸钾代替碳酸钠，则可得到相应的硅酸钾水玻璃。

液体水玻璃因所含杂质不同，呈青灰色、绿色或微黄色，以无色透明的液体水玻璃为最好。

3.3.2 水玻璃的硬化

水玻璃溶液是气硬性胶凝材料，在空气中吸收 CO_2 形成无定形的硅胶，并逐渐干燥而硬化，其化学反应式为

$$Na_2O \cdot nSiO_2 + CO_2 + mH_2O = Na_2CO_3 + nSiO_2 \cdot mH_2O$$

由于空气中的二氧化碳含量极少，上述硬化过程很慢。若在水玻璃中掺入适量硬化剂

则硅胶析出速度加快，从而加快水玻璃的凝结与硬化。

3.3.3 水玻璃的性质与应用

以水玻璃为胶凝材料配制的材料，硬化后，变成以 SiO_2 为主的人造石材，它具有以下性质。

1. 黏结力强、强度高

水玻璃硬化后有良好的黏结能力和较高的强度。用水玻璃配制的水玻璃混凝土，抗压强度可达到 15~40 MPa，水玻璃胶泥的抗拉强度可达 2.5 MPa。

2. 耐酸性好

硬化后的水玻璃的主要成分是硅酸凝胶，可以抵抗除氢氟酸、过热磷酸以外的几乎所有无机酸和有机酸的侵蚀，故水玻璃常用于耐酸工程。

3. 耐热性好

水玻璃不燃烧，在高温下硅酸凝胶干燥得更加彻底，强度并不降低，甚至有所增加。因此水玻璃常用于耐热工程。

水玻璃在建筑工程中有以下几方面的用途。

1) 涂刷材料表面，可提高抗风化能力

将液体水玻璃加水稀释至比重为 1.35 左右，浸渍或涂刷黏土砖、水泥混凝土等多孔材料，可使其密实度和强度提高，增加材料抗风化能力和耐久性。这是由于水玻璃硬化后可形成硅酸凝胶，同时水玻璃也与材料中的氢氧化钙作用生成硅酸钙凝胶，二者填充材料的孔隙，使材料致密。但需要注意，切不可用水玻璃处理石膏制品，因为硅酸钠与硫酸钙会起化学反应生成硫酸钠，在制品孔隙中结晶，体积显著膨胀，使材料受结晶膨胀作用而破坏。

2) 加固土壤

将水玻璃和氯化钙溶液交替压注到土壤中，两种溶液反应生成硅酸凝胶体，这些凝胶体包裹土壤颗粒并填充其孔隙，使土壤固结，提高地基的承载力。另外，硅酸胶体因吸收地下水经常处于膨胀状态，阻止水分的渗透，使其抗渗性得到提高。

3) 配制防水剂

以水玻璃为基料，加入两种、三种或四种矾可配制成不同的防水剂，称为二矾、三矾或四矾防水剂。四矾防水剂凝结迅速，一般不超过一分钟，适用于堵塞漏洞、缝隙等局部抢修工程。由于凝结过速，不宜调配用作屋面或地面的刚性防水层的水泥防水砂浆。

4) 配置水玻璃矿渣砂浆

将液体水玻璃、粒化高炉矿渣粉、砂和硅氟酸钠按一定的质量比配合，压入砖墙裂缝可进行修补。

5) 其他用途

用水玻璃可配制耐酸砂浆和耐酸混凝土、耐热砂浆和耐热混凝土，水玻璃可用作多种建筑涂料的原料，将液体水玻璃与耐火填料等调成糊状的防火漆涂于木材表面可抵抗瞬间火焰。

复习思考题

1. 建筑石灰按加工方法的不同可分为哪几种？它们主要的化学成分是什么？
2. 建筑工地上使用的石灰为何要进行熟化处理？
3. 根据石灰的性质，说明石灰的主要用途以及使用时应注意的问题。
4. 石灰膏使用前为什么要"陈伏"？
5. 某临时建筑物室内采用石灰砂浆抹灰，一段时间后出现墙面普遍开裂，试分析其原因。
6. 简述石灰、石膏的硬化原理。
7. 水玻璃的主要性质和用途有哪些？

第 4 章 水硬性胶凝材料

学习内容与目标

- 重点掌握硅酸盐水泥熟料的矿物组成、特点、技术性质及相应的检测方法、规范要求；其他各通用水泥的特点、应用及其保管。
- 了解其他品种水泥的特点、主要技术性质以及应用。

水泥是水硬性胶凝材料。粉末状的水泥与水混合成可塑性浆体，在常温下经过一系列的物理化学作用后，逐渐凝结硬化成坚硬的水泥石状体，并能将散粒状(或块状)材料黏结成为整体。水泥浆体的硬化，不仅能在空气中进行，还能更好地在水中保持并继续增长其强度，故称之为水硬性胶凝材料。

水泥是国民经济建设的重要材料之一，是制造混凝土、钢筋混凝土、预应力混凝土构件最基本的组成材料，也是配制砂浆、灌浆材料的重要组成，广泛用于建筑、交通、电力、水利、国防建设等工程。

随着基本建设发展的需要，水泥品种越来越多。按其主要水硬性矿物名称，水泥可分为硅酸盐系水泥、铝酸盐系水泥、硫酸盐系水泥、硫铝酸盐系水泥和磷酸盐系水泥等；按其用途和性能，又可分为通用水泥、专用水泥和特性水泥三大类。

水泥的诸多系列品种中，硅酸盐水泥系列应用最广，该系列是以硅酸盐水泥熟料和适量的石膏及规定的混合材料制成的水硬性胶凝材料。按其所掺混合材料的种类及数量不同，硅酸盐水泥系列又分为硅酸盐水泥、普通硅酸盐水泥(简称普通水泥)、火山灰质硅酸盐水泥(简称火山灰水泥)、矿渣硅酸盐水泥(简称矿渣水泥)、粉煤灰硅酸盐水泥(简称粉煤灰水泥)、复合硅酸盐水泥(简称复合水泥)等，统称为六大通用水泥。

专用水泥是指有专门用途的水泥，如砌筑水泥、道路水泥、大坝水泥、油井水泥等。特性水泥是指其某种性能比较突出的一类水泥，如快硬硅酸盐水泥、快凝硅酸盐水泥、抗硫酸盐硅酸盐水泥、白色及彩色硅酸盐水泥、膨胀水泥等。

工程中多是依据所处的环境合理地选用水泥。就水泥的性质而言，硅酸盐水泥是最基本的。本章将对硅酸盐水泥的性质作详细的阐述，对其他常用水泥仅作一般性简要介绍。

4.1 硅酸盐水泥

4.1.1 硅酸盐水泥的定义

由硅酸盐水泥熟料、0～5%的粒化高炉矿渣、适量石膏磨细制成的水硬性胶凝材料，称为硅酸盐水泥。硅酸盐水泥分两种类型，不掺加混合材料的称 I 型硅酸盐水泥，其代号为 P·I；在硅酸盐水泥熟料粉磨时掺加不超过水泥质量 5%的粒化高炉矿渣混合材料的称为 II 型硅酸盐水泥，其代号为 P·II。

4.1.2 硅酸盐水泥熟料的生产过程

1. 硅酸盐水泥的生产原料

生产硅酸盐水泥的原料，主要是石灰质原料和黏土质原料两类。石灰质(如石灰石、白垩、石灰质凝灰岩等)主要提供 CaO，黏土质原料(如黏土、黏土质页岩、黄土等)主要提供 SiO_2、Al_2O_3 及 Fe_2O_3。有时两种原料的化学组成不能满足要求，还要加入少量校正原料(如黄铁矿渣等)调整。生产硅酸盐水泥原料的化学组成如表 4-1 所示。

表 4-1 硅酸盐水泥生产原料的化学组成

氧化物名称	化学成分	常用缩写	大致含量(%)
氧化钙	CaO	C	62～67
氧化硅	SiO_2	S	19～24
氧化铝	Al_2O_3	A	4～7
氧化铁	Fe_2O_3	F	2～5

2. 硅酸盐水泥生产工艺概述

硅酸盐水泥的烧成过程包括：①按比例配制水泥生料并磨细；②将生料煅烧至 1450℃左右，使之部分熔融形成熟料；③将熟料加入适量石膏，有时还加入适量的混合材料共同磨细即成为硅酸盐水泥。因此硅酸盐水泥生产工艺概括起来简称为"两磨一烧"，具体生产过程如图 4-1 所示。

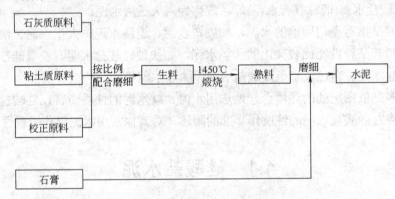

图 4-1 水泥生产流程

水泥生料的配合比例不同，直接影响硅酸盐水泥熟料的矿物成分比例和主要建筑技术性能。水泥生料在窑内的烧成(煅烧)过程，是保证水泥熟料质量的关键。

水泥生料的烧成，在达到1000℃时各种原料完全分解出水泥中的有用成分，主要是氧化钙(CaO)、二氧化硅(SiO_2)、三氧化二铝(Al_2O_3)和三氧化二铁(Fe_2O_3)。其中，在800℃左右少量分解出的氧化物已开始发生固相反应，生成铝酸一钙、少量的铁酸二钙及硅酸二钙。

900~1100℃，铝酸三钙和铁铝酸四钙开始形成。

1100~1200℃，大量形成铝酸三钙和铁铝酸四钙，硅酸二钙生成量最大。

1300~1450℃，铝酸三钙和铁铝酸四钙呈熔融状态，产生的液相把CaO及部分硅酸二钙溶解于其中，在此液相中，硅酸二钙吸收CaO化合成硅酸三钙。这是煅烧水泥的关键，必须停留足够的时间，使原料中游离的氧化钙被吸收，以保证水泥熟料的质量。

4.1.3 硅酸盐水泥熟料的矿物组成及特性

1. 硅酸盐水泥熟料的矿物组成

硅酸盐水泥熟料简称熟料，是经过一定的高温烧结而成的，其主要矿物组成如下：

硅酸三钙($3CaO·SiO_2$，简写为C_3S)，含量为37%~60%；

硅酸二钙($2CaO·SiO_2$，简写为C_2S)，含量为15%~37%；

铝酸三钙($3CaO·Al_2O_3$，简写为C_3A)，含量为7%~15%；

铁铝酸四钙($4CaO·Al_2O_3·Fe_2O_3$，简写为C_4AF)，含量为10%~18%。

硅酸盐水泥熟料中，硅酸三钙、硅酸二钙的含量占75%以上，故称为硅酸盐水泥；铝酸三钙、铁铝酸四钙占总量的25%左右。除以上四种主要熟料矿物外，尚含有少量其他成分，列举如下。

(1) 游离氧化钙，其含量过高将造成水泥体积安定性不良，危害很大。

(2) 游离氧化镁，若其含量高，晶粒大时也会导致水泥体积安定性不良。

(3) 含碱矿物以及玻璃体等，含碱矿物及玻璃体中Na_2O和K_2O含量高的水泥，当遇到活性骨料时，易产生碱-骨料膨胀反应。

2. 水泥熟料矿物的水化特性

水泥的建筑技术性能，主要是由水泥熟料中的几种主要矿物水化作用的结果所决定的。水泥的各种矿物单独与水作用时所表现的特性如下。

1) 硅酸三钙

硅酸三钙是硅酸盐水泥中最主要的矿物组成，其含量通常在50%左右，它对硅酸盐水泥的性质有重要的影响。硅酸三钙水化速度较快，水化热高，且早期强度高，28 d的强度可达一年强度的70%~80%。

2) 硅酸二钙

硅酸二钙在硅酸盐水泥中的含量约为15%~37%，亦为主要矿物组成。遇水时水化反应较慢，水化热很低，硅酸二钙的早期强度较低而后期强度高，耐化学侵蚀性和干缩性较好。

3) 铝酸三钙

铝酸三钙在硅酸盐水泥中的含量通常在15%以下，它是四种矿物组成中遇水反应速度最快、水化热最高的组分。铝酸三钙的含量决定水泥的凝结速度和释热量,通常为调节水泥凝结速度需掺加石膏。铝酸三钙的强度形成快,3d的强度几乎接近最终强度,对提高水泥的早期强度起一定的作用。但其耐化学侵蚀性差,干缩性大。

4) 铁铝酸四钙

铁铝酸四钙在硅酸盐水泥中通常的含量为 10%~18%,遇水反应较快,水化热较高,强度低,但对水泥抗折强度起重要作用。铁铝酸四钙的耐化学侵蚀性好,干缩性小。

硅酸盐水泥的主要矿物组成的特性归纳如表 4-2 所示。

表 4-2 硅酸盐水泥熟料矿物水化、凝结硬化特性

特 性	硅酸三钙(C_3S)	硅酸二钙(C_2S)	铝酸三钙(C_3A)	铁铝酸四钙(C_4AF)
含量(%)	37~60	15~37	7~15	10~18
水化速度	快	慢	最快	快
水化热	高	低	最高	中
强度	高	早期低,后期高	中	中(对抗折有利)
耐化学侵蚀	差	良	最差	中
干缩性	中	小	大	小

水泥的各种熟料矿物强度的增长情况如图 4-2 所示;释热量随龄期的增长情况如图 4-3 所示。

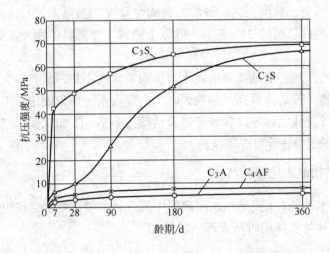

图 4-2 水泥熟料矿物在不同龄期的抗压强度

3. 水泥熟料矿物组成对水泥性能的影响

由表 4-2 可知,水泥中各熟料矿物的含量,决定着水泥某一方面的性能,当改变各熟料矿物的含量时,水泥性质即发生相应的变化。例如,提高熟料中 C_3S 的含量,就可制得高强度的水泥;减少 C_3A 和 C_3S 的含量,提高 C_2S 的含量,可制得水化热低的大坝水泥;提高 C_4AF 和 C_3S 的含量则可制得较高抗折强度的道路水泥。

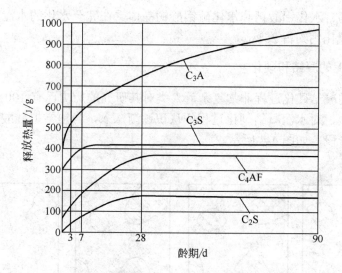

图 4-3 水泥熟料矿物在不同龄期的释热量

4.1.4 硅酸盐水泥的凝结硬化

水泥用适量的水调和后,最初形成具有可塑性的浆体,由于水泥的水化作用,随着时间的增长,水泥浆逐渐变稠失去流动性和可塑性(但尚无强度),这一过程称为凝结;随后产生强度逐渐发展成为坚硬的水泥石的过程称为硬化。水泥的凝结和硬化是人为划分的两个阶段,实际上是一个连续而复杂的物理化学变化过程,这些变化决定了水泥石的某些性质,对水泥的应用有着重要意义。

1. 硅酸盐水泥的水化作用

水泥加水后,水泥颗粒被水包围,其熟料矿物颗粒表面立即与水发生化学反应,生成了一系列新的化合物,并放出一定的热量。其反应式如下:

$$2(3CaO \cdot SiO_2) + 6H_2O = 3CaO \cdot 2SiO_2 \cdot 3H_2O + 3Ca(OH)_2$$
　　硅酸三钙　　　　　　水化硅酸钙　　　氢氧化钙

$$2(2CaO \cdot SiO_2) + 4H_2O = 3CaO \cdot 2SiO_2 \cdot 3H_2O + Ca(OH)_2$$
　　硅酸二钙　　　　　　水化硅酸钙　　　氢氧化钙

$$3CaO \cdot Al_2O_3 + 6H_2O = 3CaO \cdot Al_2O_3 \cdot 6H_2O$$
　　铝酸三钙　　　　水化铝酸钙

$$4CaO \cdot Al_2O_3 \cdot Fe_2O_3 + 7H_2O = 3CaO \cdot Al_2O_3 \cdot 6H_2O + CaO \cdot Fe_2O_3 \cdot H_2O$$
　　铁铝酸四钙　　　　　　水化铝酸钙　　　水化铁酸钙

为了调节水泥的凝结时间,在熟料磨细时应掺加适量(3%左右)石膏,这些石膏与部分水化铝酸钙反应,生成难溶的水化硫铝酸钙,呈针状晶体并伴有明显的体积膨胀。

$$3CaO \cdot Al_2O_3 \cdot 6H_2O + 3(CaSO_4 \cdot 2H_2O) + 19H_2O = 3CaO \cdot Al_2O_3 \cdot 3CaSO_4 \cdot 31H_2O$$
　　水化铝酸钙　　　　　　石膏　　　　　　　　水化硫铝酸钙

综上所述,硅酸盐水泥与水作用后,生成的主要水化产物有水化硅酸钙、水化铁酸钙凝胶体，氢氧化钙、水化铝酸钙和水化硫铝酸钙晶体。在完全水化的水泥石中，水化硅酸钙约占50%，氢氧化钙约占25%。

2. 硅酸盐水泥的凝结和硬化

硅酸盐水泥的凝结硬化过程非常复杂，人类对其研究的历史已有100年之久。随着现代测试技术的发展，对水泥凝结硬化过程的认识逐渐深入，当前常把硅酸盐水泥凝结硬化划分为以下几个阶段，如图4-4所示。

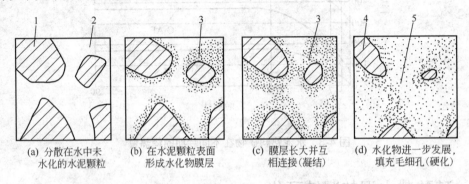

图4-4 水泥凝结硬化过程示意图

1—水泥颗粒；2—水分；3—凝胶；4—水泥颗粒的未水化内核；5—毛细孔

当水泥加水拌和后，在水泥颗粒表面立即发生水化反应，生成的胶体状水化产物聚集在颗粒表面，使化学反应减慢，未水化的水泥颗粒分散在水中，成为水泥浆体。此时水泥浆体具有良好的可塑性，如图4-4(a)所示。随着水化反应继续进行，新生成的水化物逐渐增多，自由水分不断减少，水泥浆体逐渐变稠，包有凝胶层的水泥颗粒凝结成多孔的空间网络结构。由于此时水化物还不多，包有水化物膜层的水泥颗粒相互间引力较小，颗粒之间尚可分离，如图4-4(b)所示。水泥颗粒不断水化，水化产物不断生成，水化凝胶体含量不断增加，生成的胶体状水化产物不断增多并在某些点接触，构成疏松的网状结构，使浆体失去流动性及可塑性，水泥逐渐凝结，如图4-4(c)所示。此后由于生成的水化硅酸钙凝胶、氢氧化钙和水化硫铝酸钙晶体等水化产物不断增多，它们相互接触连生，到一定程度，建立起较紧密的网状结晶结构，并在网状结构内部不断充实水化产物，使水泥具有初步的强度。随着硬化时间(龄期)的延续，水泥颗粒内部未水化部分将继续水化，使晶体逐渐增多，凝胶体逐渐密实，水泥石就具有愈来愈高的胶结力和强度，最后形成具有较高强度的水泥石，水泥进入硬化阶段，如图4-4(d)所示。这就是水泥的凝结硬化过程。

硬化后的水泥石是由晶体、胶体、未水化完的水泥熟料颗粒、游离水分和大小不等的孔隙组成的不均质结构体，如图4-4(d)所示。

由上述过程可知，水泥的凝结硬化是从水泥颗粒表面逐渐深入到内层的，在最初的几天(1~3d)水分渗入速度快，所以强度增加率快，大致28d可完成这个过程的基本部分。随后，水分渗入越来越难，所以水化作用就越来越慢。另外，强度的增长还与温度、湿度有关。温、湿度越高，水化速度越快，则凝结硬化快；反之则慢。若水泥石处于完全干燥的情况，水化就无法进行，硬化停止，强度不再增长。所以，混凝土构件浇注后应加强洒水养护；当温度低于 0℃时，水化基本停止。因此冬期施工时，需要采取保温措施，保证水泥凝结硬化的正常进行。实践证明，若温度和湿度适宜，未水化的水泥颗粒仍将继续水化，水泥石的强度在几年甚至几十年后仍缓慢增长。

3. 影响硅酸盐水泥凝结硬化的主要因素

1) 水泥矿物组成和水泥细度的影响

水泥的矿物组成及各组分的比例是影响水泥凝结硬化的最主要因素。不同矿物成分单独和水起反应时所表现出来的特点是不同的，其强度发展规律也必然不同。如在水泥中提高 C_3A 的含量，将使水泥的凝结硬化加快，同时水化热也大。一般来讲，若在水泥熟料中掺加混合材料，将使水泥的抗侵蚀性提高，水化热降低，早期强度降低。

水泥颗粒的粗细直接影响水泥的水化、凝结硬化、强度及水化热等。这是因为水泥颗粒越细，总表面积越大，与水的接触面积也大，因此水化迅速，凝结硬化也相应增快，早期强度也高。但水泥颗粒过细，易与空气中的水分及二氧化碳反应，致使水泥不宜久存，过细的水泥硬化时产生的收缩亦较大，水泥磨得越细，耗能越多，成本越高。通常，水泥颗粒的粒径为 7~200 μm。

2) 石膏掺量的影响

石膏称为水泥的缓凝剂，主要用于调节水泥的凝结时间，是水泥中不可缺少的组分。

水泥熟料在不加入石膏的情况下与水拌和会立即产生凝结，同时放出热量。其主要原因是由于熟料中的 C_3A 的水化活性比水泥中其他矿物成分的活性高，可以很快溶于水中，在溶液中电离出三价铝离子(Al^{3+})。在胶体体系中，当存在高价电荷时，可以促进胶体的凝结作用，使水泥不能正常使用。石膏起缓凝作用的机理：水泥水化时，石膏很快与 C_3A 作用产生很难溶于水的水化硫铝酸钙(钙矾石)，它沉淀在水泥颗粒表面，形成保护膜，从而阻碍了 C_3A 过快的水化反应，并延缓了水泥的凝结时间。

石膏的掺量太少，缓凝效果不显著；过多地掺入石膏，其本身会生成一种促凝物质，反而使水泥快凝。适宜的石膏掺量主要取决于水泥中 C_3A 的含量和石膏中 SO_3 的含量，同时也与水泥细度及熟料中 SO_3 的含量有关。石膏掺量一般为水泥重量的 3%~5%。若水泥中石膏掺量超过规定的限量时，还会引起水泥强度降低，严重时会引起水泥体积安定性不良，使水泥石产生膨胀性破坏。所以国家标准规定硅酸盐水泥中 SO_3 的含量不得超过 3.5%。

3) 水灰比的影响

水泥水灰比的大小直接影响新拌水泥浆体内毛细孔的数量，拌和水泥时，用水量过大，新拌水泥浆体内毛细孔的数量就要增大。由于生成的水化物不能填充大多数毛细孔，从而使水泥总的孔隙率不能减少，必然使水泥的密实程度不大，强度降低。在不影响拌和、施工的条件下，水灰比小，则水泥浆稠，水泥石的整体结构内毛细孔减少，胶体网状结构易于形成，促使水泥的凝结硬化速度加快，强度显著提高。

4) 养护条件(温度、湿度)的影响

养护环境有足够的温度和湿度，有利于水泥的水化和凝结硬化过程，有利于水泥的早期强度发展。如果环境十分干燥，水泥中的水分蒸发，会导致水泥不能充分水化，同时硬化也将停止，严重时会使水泥石产生裂缝。

通常，养护时温度升高，水泥的水化加快，早期强度发展也快。若在较低的温度下硬化，虽强度发展较慢，但最终强度不受影响。当温度低于 5℃时，水泥的凝结硬化速度大大减慢；当温度低于 0℃时，水泥的水化将基本停止，强度不但不增长，甚至会因水结冰而导致水泥石结构被破坏。实际工程中，常通过蒸汽养护、压蒸养护来加快水泥制品的凝结硬化过程。

5) 养护龄期的影响

水泥的水化硬化是一个较长时期内不断进行的过程，随着水泥颗粒内各熟料矿物水化程度的提高，凝胶体不断增加，毛细孔不断减少，使水泥石的强度随龄期增长而增加。实践证明，水泥一般在 28 d 内强度发展较快，28 d 后增长缓慢。

此外，水泥中外加剂的应用、水泥的储存条件等，对水泥的凝结硬化以及强度，都有一定的影响。

4.1.5 硅酸盐水泥的技术要求和技术标准

1. 技术要求

根据国家标准(GB 175—2007)，硅酸盐水泥的技术要求包括下列项目。

1) 化学指标

水泥的化学指标主要是控制水泥中有害的化学成分含量，若超过最大允许限量，则意味着对水泥性能和质量可能产生有害的或潜在的影响。

(1) 氧化镁含量

在水泥熟料中，存在游离的氧化镁，它的水化速度很慢，常在水泥硬化后才开始水化并产生体积膨胀，导致水泥石结构产生裂缝甚至破坏。因此，氧化镁是引起水泥体积安定性不良的原因之一。

(2) 三氧化硫含量

水泥中的三氧化硫主要是在生产水泥的过程中掺入石膏，或者是煅烧水泥熟料时加入石膏矿化剂带入的。石膏含量超过一定限量后，还会继续水化并产生膨胀，使水泥性能变坏，甚至导致结构物破坏。因此，三氧化硫也是引起水泥体积安定性不良的原因之一。

(3) 烧失量

水泥煅烧不佳或者受潮后，会导致烧失量增加，因此，烧失量是检验水泥质量的一项指标。烧失量的测定方法是以水泥试样在 950~1000℃下灼烧 15~20 min 后冷却至室温称量，如此反复灼烧，直到恒重，计算灼烧前后水泥质量损失百分率。

(4) 不溶物

水泥中的不溶物主要是指煅烧过程中存留的残渣，其含量会影响水泥的黏结质量。水泥中不溶物的测定是用盐酸溶解滤去不溶残渣，经碳酸钠处理再用盐酸中和，高温灼烧到恒重后称量的，灼烧后不溶物质量占试样总质量的比例即为不溶物。

(5) 碱含量

碱含量是指水泥中 Na_2O 和 K_2O 的含量。水泥中含碱是引起混凝土产生碱-骨料反应的条件。当使用活性骨料时，要使用低碱水泥。

2) 物理指标

(1) 细度

细度是指水泥颗粒的粗细程度。它直接影响着水泥的性能和使用，细度越细，水泥与水起反应的面积越大，水化反应速度越快、越充分。所以相同矿物组成的水泥，细度越大，早期强度越高，凝结硬化速度越快，析水量减少。但是，水泥太细，其在空气中硬化收缩较大，磨制水泥的成本也较高。因此，对水泥的细度应合理控制。

水泥细度采用比表面积法或筛析法测定。比表面积法以 1 kg 水泥所具有的总表面积 (m^2/kg) 来表示。硅酸盐水泥和普通硅酸盐水泥的比表面积应不小于 300 m^2/kg。筛析法是以在 0.08 mm 方孔筛上的筛余不大于 10%或 0.045 mm 方孔筛上的筛余不大于 30%为合格。

(2) 水泥标准稠度用水量

为使水泥的凝结时间和安定性的测定结果具有可比性，在测定这两项时必须采用标准稠度的水泥净浆。水泥标准稠度用水量是指水泥净浆达到标准稠度时的用水量，以水占水泥质量的百分数表示。采用标准维卡仪测定时，以试杆沉入水泥净浆并距底板(6±1)mm 的净浆为"标准稠度"。水泥浆越稠，维卡仪下沉时所受的阻力越大，因此下沉深度越小(距底板的距离越大)；反之下沉深度越大(距底板的距离越小)。因此，维卡仪试杆距底板的距离能反映出水泥浆的稀稠程度。

(3) 凝结时间

水泥凝结时间分初凝时间和终凝时间。从水泥加入拌和用水中至水泥浆开始失去塑性所需的时间，称为初凝时间。自水泥加入拌和用水中至水泥浆完全失去塑性所需的时间，称为终凝时间。

水泥凝结时间用维卡仪测定。以标准稠度水泥净浆，在标准的温度、湿度下测定。国家标准规定，从水泥加入拌和水中起，至试针沉入净浆中，并距底板(4±1) mm 时所经历的时间称为初凝时间；从水泥加入拌和水中起至试针沉入水泥净浆 0.5 mm 时所经历的时间为终凝时间，如图 4-5 所示。

水泥的凝结时间在施工中具有重要意义。初凝不宜过早是为了保证有足够的时间在初凝之前完成混凝土成型等各工序的操作；终凝不宜过迟是为了使混凝土在浇捣完毕后能尽早完成凝结硬化，以利于下一道工序及早进行。因此，应严格控制水泥的凝结时间，国家标准规定硅酸盐水泥的初凝时间不得早于 45 min，终凝时间不得迟于 6.5 h；普通硅酸盐水泥的初凝时间不得早于 45 min，终凝时间不得迟于 10 h。

(4) 体积安定性

水泥的体积安定性，是指水泥在凝结硬化过程中，水泥体积变化的均匀性。如果水泥凝结硬化后体积变化不均匀，水泥混凝土构件将产生膨胀性裂缝，降低建筑物质量，甚至引起严重事故。这就是水泥的体积安定性不良。体积安定性不良的水泥作不合格品处理，不能用于工程中。

引起水泥体积安定性不良的主要原因是由于熟料中所含过量的游离氧化钙、游离氧化镁、三氧化硫或粉磨熟料时掺入的石膏过量。过量物质熟化很慢，在水泥凝结硬化后才慢慢熟化，熟化过程中产生体积膨胀，使水泥石开裂。石膏掺入过量，将与已固化的水化铝酸钙作用生成水化硫铝酸钙晶体，产生 1.5 倍体积膨胀，造成已硬化的水泥石开裂。

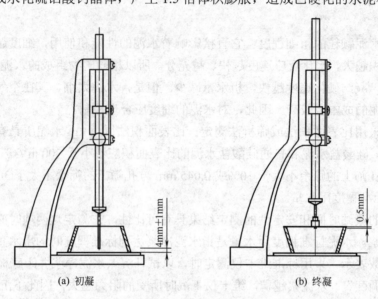

图 4-5　用维卡仪测定水泥凝结时间示意图

国家标准规定：由于游离氧化钙引起的水泥体积安定性不良可采用沸煮法检验。所谓沸煮法，包括试饼法和雷氏法两种。试饼法是将标准稠度水泥净浆做成试饼，沸煮 3 h 后，若用肉眼观察未发现裂纹，用直尺检查没有弯曲现象，则称为安定性合格。雷氏法是测定水泥浆在雷氏夹中沸煮硬化后的膨胀值，若膨胀量在规定值内为安定性合格。当试饼法和雷氏法两者结论有矛盾时，以雷氏法为准。

游离氧化镁的水化作用比游离氧化钙更加缓慢，必须用压蒸法才能检验出它的危害作用。石膏的危害作用需经长期浸在常温水中才能发现。氧化镁和石膏所导致的体积安定性不良不便于快速检验，因此，通常在水泥生产中严格控制。国家标准规定：硅酸盐水泥和普通硅酸盐水泥中游离氧化镁的含量不得超过 5.0%；其他通用硅酸盐水泥中游离氧化镁的含量不得超过 6.0%。对于三氧化硫的含量，矿渣水泥不得超过 4.0%，其他水泥不得超过 3.5%。

3) 力学性质

(1) 强度

水泥强度是表明水泥质量的重要技术指标，也是划分水泥强度等级的依据。

国家标准《水泥胶砂强度检验方法(ISO)》(GB/T 17671—1999)规定，采用软练胶砂法测定水泥强度。该方法是将按质量计的一份水泥、三份中国 ISO 标准砂，用 0.5 的水灰比拌制成水泥胶砂，制成 40mm×40mm×160mm 的试件，试件连模一起在湿气中养护 24h 后，再脱模放在标准温度为(20±1)℃的水中养护，分别测定 3d 和 28d 抗压强度和抗折强度。

(2) 强度等级及型号

根据规定龄期的抗压强度及抗折强度来划分水泥的强度等级，硅酸盐水泥各龄期的强度值不低于表 4-3 中的数值。在规定各龄期的强度均符合某一强度等级的最低强度值要求时，以 28 d 抗压强度值(MPa)作为强度等级，硅酸盐水泥分为 42.5、42.5R、52.5、52.5R、

62.5、62.5R 六个强度等级。

表 4-3 硅酸盐水泥的强度指标(GB 175—2007)

强度等级	抗压强度/MPa		抗折强度/MPa	
	3 d	28 d	3 d	28 d
42.5	17.0	42.5	3.5	6.5
42.5R	22.0	42.5	4.0	6.5
52.5	23.0	52.5	4.0	7.0
52.5R	27.0	52.5	5.0	7.0
62.5	28.0	62.5	5.0	8.0
62.5R	32.0	62.5	5.5	8.0

为提高水泥早期强度，我国现行标准将水泥分为普通型和早强型(或称 R 型)两个型号。早强型水泥 3 d 的抗压强度较同强度等级的普通型水泥提高 10%～24%；早强型水泥 3 d 的抗压强度可达 28 d 抗压强度的 50%。

为确保水泥在工程中的使用质量，生产厂在控制出厂水泥 28 d 的抗压强度时，均留有一定的富余强度。在设计混凝土强度时，可采用水泥实际强度。通常富余系数为 1.00～1.13。

2．技术标准

硅酸盐水泥的技术标准，按我国现行国标《通用硅酸盐水泥》(GB 175—2007)的有关规定，汇总摘列于表 4-4。

表 4-4 硅酸盐水泥的技术标准

项目	细度比表面积/(m²/kg)	凝结时间/min		安定性(沸煮法)	抗压强度/MPa	不溶物(%)		水泥中MgO/%	水泥中SO_3/%	烧失量(%)		水泥中碱含量(%)
		初凝	终凝			Ⅰ型	Ⅱ型			Ⅰ型	Ⅱ型	
指标	>300	≥45	≤390	必须合格	见表4-3	≤0.75	≤1.5	≤5.0①	≤3.5	≤3.0	≤3.5	≤0.60%②
试验方法	GB/T 8074—2008	GB/T 1346—2001		GB/T 17671—1999		GB/T 176—2008						

注：① 如果水泥经压蒸安定性合格，则水泥中 MgO 含量允许放宽到 6.0%。
　　② 水泥中碱含量以 $Na_2O+0.658K_2O$ 计算值来表示，若使用活性骨料，用户要求低碱水泥时，水泥中的碱含量不得大于 0.60%或由买卖双方商定。

国家标准中还规定：凡氧化镁、三氧化硫、氯离子、烧失量、不溶物、安定性、凝结时间和强度中任一项不符合标准规定时，均为不合格品。若水泥仅强度低于规定指标时，可以降级使用。

4.1.6 硅酸盐水泥石的腐蚀与防止

1. 水泥石的腐蚀

硅酸盐水泥可以配制成各种混凝土用于不同的工程结构，在正常使用条件下，水泥石强度会不断增长，具有较好的耐久性。但在某些侵蚀介质(软水、含酸或盐的水等)作用下，会引起水泥石强度降低，甚至造成建筑物结构破坏，这种现象称为水泥石的腐蚀。引起水泥石腐蚀的主要原因如下。

1) 软水腐蚀(溶出性侵蚀)

雨水、雪水、蒸馏水、工业冷凝水及含重碳酸盐很少的河水及湖水都属于软水。硅酸盐水泥属于典型的水硬性胶凝材料，对于一般的江、河、湖水等具有足够的抵抗能力。但是当水泥石长期受到软水浸泡时，水泥的水化产物就将按照溶解度的大小，依次逐渐被水溶解，产生溶出性侵蚀，最终导致水泥石破坏。

在硅酸盐水泥的各自水化物中，$Ca(OH)_2$ 的溶解度最大，最先被溶出(每升水中能溶解 $Ca(OH)_2$ 1.3g 以上)。在静水及无压力水作用下，由于周围的水易被溶出的 $Ca(OH)_2$ 所饱和而使溶解作用停止，溶出仅限于表面，所以影响不大。但是，若水泥石在流动的水中特别是有压力的水中，溶出的 $Ca(OH)_2$ 不断被冲走，而且，由于石灰浓度的继续降低，还会引起其他水化物的分解溶解，侵蚀作用不断深入内部，使水泥孔隙增大，强度下降，水泥石结构遭受进一步破坏，以致全部溃裂。

实际工程中，将与软水接触的水泥构件事先在空气中硬化，形成碳酸钙外壳，可对溶出性侵蚀起到防止作用。

2) 酸性腐蚀

当水中溶有无机酸或有机酸时，水泥石就会受到溶析和化学溶解的双重作用。酸类离解出来的 H^+ 离子和酸根 R^- 离子，分别与水泥石中 $Ca(OH)_2$ 的 OH^- 和 Ca^{2+} 结合成水和钙盐。各类酸中对水泥石腐蚀作用最快的是无机酸中的盐酸、氢氟酸、硝酸、硫酸以及有机酸中的醋酸、蚁酸和乳酸。

例如，盐酸与水泥石中的 $Ca(OH)_2$ 作用：

$$2HCl + Ca(OH)_2 = CaCl_2 + 2H_2O$$

生成的氯化钙易溶于水，其破坏方式为溶解性化学腐蚀。

硫酸与水泥石中的氢氧化钙作用：

$$H_2SO_4 + Ca(OH)_2 = CaSO_4 \cdot 2H_2O$$

生成的二水石膏或者直接在水泥石孔隙中结晶产生膨胀，或者再与水泥石中的水化铝酸钙作用，生成高硫型水化硫铝酸钙，其破坏性更大。

在工业污水、地下水中常溶解有较多的 CO_2。水中的 CO_2 与水泥石中的 $Ca(OH)_2$ 反应生成不溶于水的 $CaCO_3$，如 $CaCO_3$ 继续与含碳酸的水作用，则变成易溶解于水的 $Ca(HCO_3)_2$，由于 $Ca(OH)_2$ 的溶失以及水泥石中其他产物的分解而使水泥石结构破坏。其化学反应如下：

$$Ca(OH)_2 + CO_2 + H_2O = CaCO_3 + 2H_2O$$
$$CaCO_3 + CO_2 + H_2O = Ca(HCO_3)_2$$

3) 盐类腐蚀

(1) 硫酸盐的腐蚀

绝大部分硫酸盐都有明显的侵蚀性，当环境水中含有钠、钾、铵等硫酸盐时，它们能与水泥石中的 $Ca(OH)_2$ 起置换作用，生成硫酸钙 $CaSO_4·2H_2O$，并结晶析出。且硫酸钙与水泥石中固态的水化铝酸钙作用，生成高硫型水化硫铝酸钙(即钙矾石)，其反应式如下：

$$3CaO·Al_2O_3·6H_2O + 3(CaSO_4·2H_2O) + 19H_2O = 3CaO·Al_2O_3·3CaSO_4·31H_2O$$

高硫型水化硫铝酸钙呈针状晶体，比原体积增加 1.5 倍以上，俗称"水泥杆菌"，对水泥石会产生极大的破坏作用。

当水中硫酸盐浓度较高时，硫酸钙将在孔隙中直接结晶成二水石膏，使体积膨胀，导致水泥石破坏。

综上所述，硫酸盐的腐蚀实质上是膨胀性化学腐蚀。

(2) 镁盐的腐蚀

当环境水是海水及地下水时，常含有大量的镁盐，如硫酸镁和氯化镁等。它们与水泥石中的 $Ca(OH)_2$ 起如下反应：

$$MgSO_4 + Ca(OH)_2 + 2H_2O = CaSO_4·2H_2O + Mg(OH)_2$$
$$MgCl_2 + Ca(OH)_2 = CaCl_2 + Mg(OH)_2$$

上式反应生成的 $Mg(OH)_2$ 松软而无胶凝能力，$CaCl_2$ 易溶于水，$CaSO_4·2H_2O$ 则会引起硫酸盐的破坏作用。因此，硫酸镁对水泥石起着镁盐和硫酸盐双重腐蚀作用。

4) 强碱的腐蚀

碱类溶液如浓度不大时一般是无害的。但铝酸盐含量较高的硅酸盐水泥遇到强碱作用后也会被破坏。如 NaOH 可与水泥石中未水化的铝酸盐作用，会生成易溶的铝酸钠：

$$3CaO·Al_2O_3 + 6NaOH = 3Na_2O·Al_2O_3 + 3Ca(OH)_2$$

当水泥石被 NaOH 液浸透后又在空气中干燥，会与空气中的 CO_2 作用生成 Na_2CO_3：

$$2NaOH + CO_2 = Na_2CO_3 + H_2O$$

碳酸钠在水泥石毛细孔中结晶沉积，而使水泥石胀裂。

除上述各种腐蚀类型外，还有一些如糖类、动物脂肪等，亦会对水泥石产生腐蚀。

实际上水泥石的腐蚀是一个极为复杂的物理化学作用过程，在它遭受的腐蚀环境中，很少是一种侵蚀作用，往往是几种同时存在，互相影响。产生水泥石腐蚀的根本原因是：

(1) 水泥石中存在易被腐蚀的氢氧化钙和水化铝酸钙。

(2) 水泥石本身不密实，存在很多毛细孔通道，使侵蚀性介质易于进入其内部。

(3) 水泥石外部存在着侵蚀性介质。

硅酸盐水泥熟料中硅酸三钙含量高，则其水化产物中氢氧化钙和水化铝酸钙的含量多，所以抗侵蚀性差，不宜在有腐蚀性介质的环境中使用。

2. 防止水泥石腐蚀的方法

(1) 根据侵蚀环境的特点，合理选用水泥品种，改变水泥熟料的矿物组成或掺入活性混合材料。例如选用水化产物中氢氧化钙含量较少的水泥，可提高对软水等侵蚀作用的抵抗能力；为抵抗硫酸盐的腐蚀，采用铝酸三钙含量低于5%的抗硫酸盐水泥。

(2) 提高水泥石的密实度。为了提高水泥石的密实度，应严格控制硅酸盐水泥的拌和用水量，合理设计混凝土的配合比，降低水灰比，认真选取骨料，选择最优施工方法。此外，在混凝土和砂浆表面进行碳化或氟硅酸处理，生成难溶的碳酸钙外壳，或氟化钙及硅胶薄膜，提高表面密实度，也可减少侵蚀性介质渗入内部。

(3) 加做保护层。当腐蚀作用较大时，可在混凝土或砂浆表面敷设耐腐蚀性强且不透水的保护层。例如用耐腐蚀的石料、陶瓷、塑料、防水材料等覆盖于水泥石的表面，形成不透水的保护层，以防止腐蚀介质与水泥石直接接触。

4.2 掺混合材料的硅酸盐水泥

凡在硅酸盐水泥熟料中，掺入一定量的混合材料和适量石膏共同磨细制成的水硬性胶凝材料均属于掺混合材料的硅酸盐水泥。在硅酸盐水泥熟料中掺加一定量的混合材料，能改善水泥的性能，增加水泥品种，提高产量，调节水泥的强度等级，扩大水泥的使用范围。掺混合材料的硅酸盐水泥有普通硅酸盐水泥、矿渣硅酸盐水泥、火山灰质硅酸盐水泥、粉煤灰硅酸盐水泥及复合硅酸盐水泥。

4.2.1 混合材料

用于水泥中的混合材料分为活性混合材料和非活性混合材料两大类。

1. 活性混合材料

磨成细粉掺入水泥后，能与水泥水化产物的矿物成分起化学反应，生成水硬性胶凝材料，凝结硬化后具有强度并能改善硅酸盐水泥的某些性质，称为活性混合材料。常用的活性混合材料有粒化高炉矿渣、火山灰质混合材料和粉煤灰。

1) 粒化高炉矿渣

粒化高炉矿渣是将炼铁高炉的熔融矿渣经急速冷却而生成的质地疏松、多孔的颗粒状材料。粒化高炉矿渣中的活性成分，主要是活性 Al_2O_3 和 SiO_2，即使在常温下也可与 $Ca(OH)_2$ 起化学反应并产生强度。在含 CaO 较高的碱性矿渣中，因其中还含有 $2CaO·SiO_2$ 等成分，故本身具有弱的水硬性。

2) 火山灰质混合材料

这类材料是具有火山灰活性的天然的或人工的矿物质材料，火山灰、凝灰岩、硅藻石、烧黏土、煤渣、煤矸石渣等都属于火山灰质混合材料。这些材料都含有活性的 Al_2O_3 和 SiO_2，经磨细后，在 $Ca(OH)_2$ 的碱性作用下，可在空气中硬化，之后在水中继续硬化增加强度。

3) 粉煤灰

粉煤灰是指发电厂锅炉用煤粉做燃料，从其烟气中排出的细颗粒废渣。粉煤灰中含有较多的活性 Al_2O_3、SiO_2，与 $Ca(OH)_2$ 化合能力较强，具有较高的活性。

2. 非活性混合材料

经磨细后加入水泥中，不具有活性或活性很微弱的矿质材料，称为非活性混合材料。它们掺入水泥中仅起提高产量、调节水泥强度等级，节约水泥熟料的作用，这类材料有磨细石英砂、石灰石、黏土、慢冷矿渣及各种废渣。

上述的活性混合材料都含有大量活性的 Al_2O_3 和 SiO_2，它们在 $Ca(OH)_2$ 溶液中，会发生水化反应，在饱和的 $Ca(OH)_2$ 溶液中水化反应更快，生成水化硅酸钙和水化铝酸钙：

$$x\,Ca(OH)_2 + SiO_2 + mH_2O = xCaO \cdot SiO_2 \cdot nH_2O$$

$$y\,Ca(OH)_2 + Al_2O_3 + mH_2O = yCaO \cdot Al_2O_3 \cdot nH_2O$$

当液相中有 $CaSO_4 \cdot 2H_2O$ 存在时，将与 $CaO \cdot Al_2O_3 \cdot nH_2O$ 反应生成水化硫铝酸钙。水泥熟料的水化产物 $Ca(OH)_2$，以及水泥中的石膏具备了使活性混合材料发挥活性的条件。即 $Ca(OH)_2$ 和 $CaSO_4 \cdot 2H_2O$ 起着激发水化、促进水泥硬化的作用，故称为激发剂。常用的激发剂有碱性激发剂和硫酸盐激发剂两类。硫酸盐激发剂的激发作用必须在有碱性激发剂的条件下，才能充分发挥。

4.2.2 普通硅酸盐水泥

凡由硅酸盐水泥熟料、6%～20%混合材料、适量石膏磨细制成的水硬性胶凝材料，称为普通硅酸盐水泥(简称普通水泥)，代号 P·O。

掺活性混合材料时，最大掺量不得超过 20%，其中允许用不超过水泥质量 5%的窑灰或不超过水泥质量 8%的非活性混合材料来代替。掺非活性混合材料，最大掺量不得超过水泥质量的 8%。

由于普通水泥混合料掺量很小，因此其性能与同等级的硅酸盐水泥相近。但由于掺入了少量的混合材料，与硅酸盐水泥相比，普通水泥的硬化速度稍慢，其 3d、28d 的抗压强度稍低，这种水泥被广泛应用于各种强度等级的混凝土或钢筋混凝土工程，是我国水泥的主要品种之一。

普通水泥按照国家标准《通用硅酸盐水泥》(GB 175—2007)规定，分为 42.5、42.5R、52.5、52.5R 四个强度等级，各强度等级水泥的各龄期强度不得低于表 4-5 中的数值，其他技术性能的要求如表 4-6 所示。

表 4-5 普通硅酸盐水泥各龄期的强度要求(GB 175—2007)

强度等级	抗压强度/MPa		抗折强度/MPa	
	3 d	28 d	3 d	28 d
42.5	17.0	42.5	3.5	6.5
42.5R	22.0	42.5	4.0	6.5
52.5	23.0	52.5	4.0	7.0
52.5R	27.0	52.5	5.0	7.0

注：R——早强型。

表4-6 普通硅酸盐水泥的技术指标(GB 175—2007)

项 目	细度比表面积 /(m²/kg)	凝结时间		安定性 (沸煮法)	抗压强度/MPa	水泥中 MgO(%)	水泥中 SO_3(%)	烧失量 (%)	水泥中碱含量(%)
		初凝 /min	终凝 /h						
指标	>300	≥45	≤10	必须合格	见表4-5	≤5.0	≤3.5	≤5.0	0.60
试验方法	GB/T 8074—2008	GB/T 1346—2001			GB/T 17671—1999	GB/T 176—2008			

4.2.3 矿渣硅酸盐水泥、火山灰质硅酸盐水泥和粉煤灰硅酸盐水泥

1. 定义

1) 矿渣硅酸盐水泥

凡由硅酸盐水泥熟料和粒化高炉矿渣、适量石膏磨细制成的水硬性胶凝材料称为矿渣硅酸盐水泥(简称矿渣水泥),代号为P·S(A 或 B)。水泥中粒化高炉矿渣掺量按质量百分比计为21%～50%者,代号为P·S·A;水泥中粒化高炉矿渣掺量按质量百分比计为51%～70%者,代号为P·S·B。允许用石灰石、窑灰、粉煤灰和火山灰质混合材料中的一种材料代替矿渣,代替数量不得超过水泥质量的8%。

矿渣硅酸盐水泥的水化分两步进行,首先是熟料矿物的水化,生成水化硅酸钙、水化铝酸钙、水化铁酸钙、氢氧化钙、水化硫铝酸钙等水化物;其次是 $Ca(OH)_2$ 起着碱性激发剂的作用,与矿渣中的活性 Al_2O_3 和活性 SiO_2 作用生成水化硅酸钙、水化铝酸钙等水化物,两种反应交替进行又相互制约。矿渣中的 C_2S 也和熟料中的 C_2S 一样参与水化作用,生成水化硅酸钙。

矿渣硅酸盐水泥中的石膏,一方面可以调节水泥的凝结时间;另一方面又是矿渣的激发剂,与水化铝酸钙起反应,生成水化硫铝酸钙。故矿渣硅酸盐水泥中的石膏掺量可以比硅酸盐水泥的多一些,但若掺量过多,会降低水泥的质量,故 SO_3 的含量不得超过4%。

2) 火山灰质硅酸盐水泥

凡由硅酸盐水泥熟料和火山灰质混合材料、适量石膏磨细制成的水硬性胶凝材料称为火山灰质硅酸盐水泥(简称火山灰水泥),代号为P·P。水泥中火山灰质混合材料掺量按质量百分比计为21%～40%。

火山灰质硅酸盐水泥的水化、硬化过程及水化产物与矿渣硅酸盐水泥类似。水泥加水后,先是熟料矿物的水化,生成水化硅酸钙、水化铝酸钙、水化铁酸钙、氢氧化钙、水化硫铝酸钙等水化物;其次是 $Ca(OH)_2$ 起着碱性激发剂的作用,再与火山灰质混合材料中的活性 Al_2O_3 和活性 SiO_2 作用生成水化硅酸钙、水化铝酸钙等水化物。火山灰质混合材料品种多,组成与结构差异较大,虽然各种火山灰水泥的水化、硬化过程基本相同,但水化速度和水化产物等却随着混合材料、硬化环境和水泥熟料的不同而发生变化。

3) 粉煤灰硅酸盐水泥

凡由硅酸盐水泥熟料和粉煤灰、适量石膏磨细制成的水硬性胶凝材料称为粉煤灰硅酸盐水泥(简称粉煤灰水泥)，代号为P·F。水泥中粉煤灰掺量按质量百分比计为21%～40%。

粉煤灰硅酸盐水泥的水化、硬化过程与矿渣硅酸盐水泥相似，但也有不同之处。粉煤灰的活性组成主要是玻璃体，这种玻璃体比较稳定而且结构致密、不易水化。在水泥熟料水化产物 $Ca(OH)_2$ 的激发下，经过28天到3个月的水化龄期，才能在玻璃体表面形成水化硅酸钙和水化铝酸钙。

2．强度等级与技术要求

矿渣硅酸盐水泥、火山灰硅酸盐水泥、粉煤灰硅酸盐水泥按照我国现行标准《通用硅酸盐水泥》(GB 175—2007)的规定，分为32.5、32.5R、42.5、42.5R、52.5、52.5R 六个强度等级，各强度等级水泥的各龄期强度不得低于表4-7中的数值，其他技术性能的要求如表4-8所示。

表4-7　矿渣水泥、火山灰水泥、粉煤灰水泥各龄期的强度要求(GB 175—2007)

强度等级	抗压强度/MPa		抗折强度/MPa	
	3 d	28 d	3 d	28 d
32.5	10.0	32.5	2.5	5.5
32.5R	15.0	32.5	3.5	5.5
42.5	15.0	42.5	3.5	6.5
42.5R	19.0	42.5	4.0	6.5
52.5	21.0	52.5	4.0	7.0
52.5R	23.0	52.5	4.5	7.0

注：R——早强型。

表4-8　矿渣水泥、火山灰水泥、粉煤灰水泥技术指标 (GB 175—2007)

项目	细度(80 μm方孔筛)的筛余量(%)	凝结时间		安定性(沸煮法)	抗压强度/MPa	水泥中MgO/%	水泥中 SO_3(%)		碱含量按 $Na_2O+0.658K_2O$ 计(%)
		初凝/min	终凝/h				矿渣水泥	火山灰、粉煤灰水泥	
指标	≤10%	≥45	≤10	必须合格	见表4-7	≤6.0①	≤4.0	≤3.5	供需双方商定②
试验方法	GB/T 1345—2005	GB/T 1346—2001			GB/T 17671—1999	GB/T 176—2008			

注：①如果水泥中氧化镁的含量(质量分数)大于6.0%时，需进行水泥压蒸安定性试验并合格。
②若使用活性骨料需要限制水泥中的碱含量时，由供需双方商定。

3. 矿渣水泥、火山灰水泥和粉煤灰水泥的特性与应用

1) 三种水泥的共性

三种水泥均掺有较多的混合材料,所以这些水泥有以下共性。

(1) 凝结硬化慢,早期强度低,后期强度增长较快。

三种水泥的水化过程较硅酸盐水泥复杂。首先是水泥熟料矿物与水反应,所生成的氢氧化钙和掺入水泥中的石膏分别作为混合材料的碱性激发剂和硫酸盐激发剂;其次是与混合材料中的活性氧化硅、氧化铝进行二次化学反应。由于三种水泥中熟料矿物含量减少,而且水化分两步进行,所以凝结硬化速度减慢,不宜用于早期强度要求较高的工程。

(2) 水化热较低。

由于水泥中熟料的减少,使水泥水化时发热量高的 C_3S 和 C_3A 含量相对减少,故水化热较低,可优先使用于大体积混凝土工程,不宜用于冬季施工。

(3) 耐腐蚀能力好,抗碳化能力较差。

这类水泥水化产物中 $Ca(OH)_2$ 含量少,碱度低,故抗碳化能力较差,对防止钢筋锈蚀不利,不宜用于重要的钢筋混凝土结构和预应力混凝土。但抗溶出性侵蚀、抗盐酸类侵蚀及抗硫酸盐侵蚀的能力较强,宜用于有耐腐蚀要求的混凝土工程。

(4) 对温度敏感,蒸汽养护效果好。

这三种水泥在低温条件下水化速度明显减慢,在蒸汽养护的高温高湿环境中,活性混合材料参与二次水化反应,强度增长比硅酸盐水泥快。

(5) 抗冻性、耐磨性差。

与硅酸盐水泥相比较,由于加入较多的混合材料,用水量增大,水泥石中孔隙较多,故抗冻性、耐磨性较差,不适用于受反复冻融作用的工程及有耐磨要求的工程。

2) 三种水泥的特点

矿渣水泥、火山灰水泥和粉煤灰水泥除上述的共性外,各自的特点如下。

(1) 矿渣水泥

由于矿渣水泥硬化后氢氧化钙的含量低,矿渣又是水泥的耐火掺料,所以矿渣水泥具有较好的耐热性,可用于配制耐热混凝土。同时,由于矿渣为玻璃体结构,亲水性差,因此矿渣水泥保水性差,易生产泌水,干缩性较大,不适用于有抗渗要求的混凝土工程。

(2) 火山灰水泥

火山灰水泥需水量大,在硬化过程中的干缩较矿渣水泥更为显著,在干热环境中易产生干缩裂缝。因此,火山灰水泥不适用于干燥环境中的混凝土工程,使用时必须加强养护,使其在较长时间内保持潮湿状态。

火山灰水泥颗粒较细,泌水性小,故具有较高的抗渗性,适用于有一般抗渗要求的混凝土工程。

(3) 粉煤灰水泥

粉煤灰水泥的主要特点是干缩性比较小,甚至比硅酸盐水泥及普通水泥还小,因而抗裂性较好;由于粉煤灰的颗粒多呈球形微粒,吸水率小,所以粉煤灰水泥的需水量小,配

制的混凝土和易性较好。

4.2.4 复合硅酸盐水泥

凡由硅酸盐水泥熟料、两种或两种以上规定的混合材料、适量石膏磨细制成的水硬性胶凝材料，称为复合硅酸盐水泥(简称复合水泥)，代号为P·C。水泥中混合材料总掺加量按质量百分比计应大于20%，但不超过50%。允许用不超过8%的窑灰代替部分混合材料；掺矿渣时混合材料掺量不得与矿渣硅酸盐水泥重复。

复合硅酸盐水泥中掺入两种或两种以上的混合材料，可以明显地改善水泥的性能，克服了掺加单一混合材料水泥的弊端，有利于水泥的使用与施工。复合硅酸盐水泥的性能一般受所用混合材料的种类、掺量及比例等因素的影响，早期强度高于矿渣硅酸盐水泥、火山灰质硅酸盐水泥、粉煤灰硅酸盐水泥，大体上的性能与上述三种水泥相似，适用范围较广。

按照国家标准《通用硅酸盐水泥》(GB 175—2007)的规定，水泥熟料中氧化镁的含量、三氧化硫的含量、细度、安定性、凝结时间等指标与火山灰硅酸盐水泥、粉煤灰硅酸盐水泥相同。复合硅酸盐水泥分为32.5、32.5R、42.5、42.5R、52.5、52.5R六个强度等级，各强度等级水泥的各龄期强度不得低于表4-9中的数值。

表4-9 复合硅酸盐水泥各龄期的强度要求(GB 175—2007)

强度等级	抗压强度/MPa		抗折强度/MPa	
	3 d	28 d	3 d	28 d
32.5	10.0	32.5	2.5	5.5
32.5R	15.0	32.5	3.5	5.5
42.5	15.0	42.5	3.5	6.5
42.5R	19.0	42.5	4.0	6.5
52.5	21.0	52.5	4.0	7.0
52.5R	23.0	52.5	4.5	7.0

注：R——早强型。

4.3 水泥的应用、验收与保管

4.3.1 六种常用水泥的特性与应用

硅酸盐水泥、普通水泥、矿渣水泥、火山灰水泥、粉煤灰水泥及复合水泥等水泥是在工程中应用最广的品种，这六种水泥的特性如表4-10所示，它们的应用如表4-11所示。

表 4-10 常用水泥的特性

性质	硅酸盐水泥	普通水泥	矿渣水泥	火山灰水泥	粉煤灰水泥	复合水泥
凝结硬化	快	较快	慢	慢	慢	与所掺两种或两种以上混合材料的种类、掺量有关,其特性基本与矿渣水泥、火山灰水泥、粉煤灰水泥的特性相似
早期强度	高	较高	低	低	低	
后期强度	高	高	增长较快	增长较快	增长较快	
水化热	大	较大	较低	较低	较低	
抗冻性	好	较好	差	差	差	
干缩性	小	较小	大	大	较小	
耐蚀性	差	较差	较好	较好	较好	
耐热性	差	较差	好	较好	较好	
泌水性			大	抗渗性较好		
抗碳化能力			差			

表 4-11 常用水泥的选用

		混凝土工程特点及所处环境条件	优先选用	可以选用	不宜选用
普通混凝土	1	在一般气候环境中的混凝土	普通水泥	矿渣水泥、火山灰水泥、粉煤灰水泥和复合水泥	
	2	在干燥环境中的混凝土	普通水泥	矿渣水泥	火山灰水泥、粉煤灰水泥
	3	在高温环境中或长期处于水中的混凝土	矿渣水泥、火山灰水泥、粉煤灰水泥、复合水泥	普通水泥	
	4	厚大体积的混凝土	矿渣水泥、火山灰水泥、粉煤灰水泥、复合水泥		硅酸盐水泥普通水泥
有特殊要求的混凝土	1	要求快硬、高强(>C60)的混凝土	硅酸盐水泥	普通水泥	矿渣水泥、火山灰水泥、粉煤灰水泥、复合水泥
	2	严寒地区的露天混凝土、寒冷地区处于水位升降范围的混凝土	普通水泥	矿渣水泥(强度等级>32.5)	火山灰水泥、粉煤灰水泥
	3	严寒地区处于水位升降范围的混凝土	普通水泥(强度等级>42.5)		矿渣水泥、火山灰水泥、粉煤灰水泥、复合水泥
	4	有抗渗要求的混凝土	普通水泥、火山灰水泥		矿渣水泥
	5	有耐磨性要求的混凝土	硅酸盐水泥、普通水泥	矿渣水泥(强度等级>32.5)	火山灰水泥、粉煤灰水泥
	6	受侵蚀性介质作用的混凝土	矿渣水泥、火山灰水泥、粉煤灰水泥、复合水泥		硅酸盐水泥

4.3.2 水泥的验收

水泥可以采用袋装或者散装,袋装水泥每袋净含量 50 kg,且不得少于标志质量的 99%,随机抽取 20 袋水泥,其总质量不得少于 1000 kg。

水泥袋上应清楚标明下列内容：执行标准、水泥品种、代号、强度等级、生产者名称、生产许可证标志(QS)及编号、出厂编号、包装日期、净含量。包装袋两侧应根据水泥的品种采用不同的颜色印刷水泥名称和强度等级，硅酸盐水泥和普通硅酸盐水泥采用红色，矿渣硅酸盐水泥采用绿色；火山灰质硅酸盐水泥、粉煤灰硅酸盐水泥和复合硅酸盐水泥采用黑色或蓝色。

散装水泥发运时应提交与袋装水泥标志相同内容的卡片。

建设工程中使用水泥之前，要对同一生产厂家、同期出厂的同品种、同强度等级的水泥，以一次进场的、同一出厂编号的水泥为一批，按照规定的抽样方法抽取样品，对水泥性能进行检验。袋装水泥以每一编号内随机抽取不少于 20 袋水泥取样；散装水泥于每一编号内采用散装水泥取样器随机取样。重点检验水泥的凝结时间、安定性和强度等级，合格后方可投入使用。存放期超过 3 个月的水泥，使用前必须重新进行复验，并按复验结果使用。

4.3.3 水泥的保管

水泥在运输和储存时不得受潮和混入杂物，不同品种和强度等级水泥应分别储存，不得混杂。使用时应考虑先存先用，不可储存过久。

储存水泥的库房必须干燥，库房地面应高出室外地面 30 cm。若地面有良好的防潮层并以水泥砂浆抹面，可直接存放，否则应用木料垫高地面 20 cm。袋装水泥堆垛不宜过高，一般为 10 袋，如储存时间短、包装质量好可堆至 15 袋。袋装水泥垛一般应离开墙壁和窗户 30 cm 以上。水泥垛应设立标示牌，注明生产厂家、水泥品种、强度等级、出厂日期等。应尽量缩短水泥的储存期，通用水泥不宜超过 3 个月，否则应重新测定强度等级，按实际强度使用。

露天临时储存袋装水泥，应选择地势高、排水条件好的场地，并应进行垫盖处理，以防受潮。

4.4 其他品种的水泥

4.4.1 白色及彩色硅酸盐水泥

1. 白色硅酸盐水泥

在氧化铁含量少的硅酸盐水泥熟料中加入适量的石膏，磨细制成的水硬性胶凝材料称为白色硅酸盐水泥，简称白水泥，代号为 P·W。磨细水泥时，允许加入不超过水泥质量 10%

的石灰石或窑灰作为外加物,水泥粉磨时,允许加入不损害水泥性能的助磨剂,加入量不得超过水泥质量的 1%。

白水泥与常用水泥的主要区别在于氧化铁含量少,因而色白。白水泥与常用水泥的生产制造方法基本相同,关键是严格控制水泥原料的铁含量,严防在生产过程中混入铁质。此外,锰、铬等的氧化物也会导致水泥白度的降低,必须控制其含量。

白水泥的性能与硅酸盐水泥基本相同。根据国家标准 GB 2015—2005 的规定,白色硅酸盐水泥分为 32.5、42.5 和 52.5 三个强度等级,各强度等级水泥各规定龄期的强度不得低于表 4-12 中的数值。

表 4-12　白色硅酸盐水泥强度等级要求(GB 2015—2005)

强度等级	抗压强度/MPa		抗折强度/MPa	
	3 d	28 d	3 d	28 d
32.5	12.0	32.5	3.0	6.0
42.5	17.0	42.5	3.5	6.5
52.5	22.0	52.5	4.0	7.0

白水泥的技术要求中与其他品种水泥最大的不同是有白度要求,白度的测定方法按 GB/T 5950—2008 进行,水泥白度值不低于 87。

白水泥其他各项技术要求包括:细度要求为 0.080 mm 方孔筛筛余量不超过 10%;其初凝时间不得早于 45 min,终凝时间不迟于 10 h;体积安定性用沸煮法检验必须合格,同时熟料中氧化镁的含量不得超过 5.0%,三氧化硫含量不得超过 3.5%。

2. 彩色硅酸盐水泥

彩色硅酸盐水泥根据其着色方法不同,有三种生产方式:一是直接烧成法,在水泥生料中加入着色原料而直接煅烧成彩色水泥熟料,再加入适量石膏共同磨细;二是染色法,将白色硅酸盐水泥熟料或硅酸盐水泥熟料、适量石膏和碱性着色物质共同磨细制得彩色水泥;三是将干燥状态的着色物质直接掺入白水泥或硅酸盐水泥中。当工程使用量较少时,常用第三种办法。

彩色硅酸盐水泥有红色、黄色、蓝色、绿色、棕色、黑色等。根据行业标准《彩色硅酸盐水泥》(JC/T 870—2012)的规定,彩色硅酸盐水泥可分为 27.5、32.5 和 42.5 三个强度等级。各级彩色水泥各规定龄期的强度不得低于表 4-13 中的数据。

表 4-13　彩色硅酸盐水泥的强度等级要求(JC/T 870—2012)

强度等级	抗压强度/MPa		抗折强度/MPa	
	3 d	28 d	3 d	28 d
27.5	7.5	27.5	2.0	5.0
32.5	10.0	32.5	2.5	5.5
42.5	15.0	42.5	3.5	6.5

彩色硅酸盐水泥其他各项技术要求为:细度要求 0.080 mm 方孔筛筛余不得超过 6.0%;初凝时间不得早于 1 h,终凝时间不得迟于 10 h;体积安定性用沸煮法检验必须合格,彩色

水泥中三氧化硫的含量不得超过 4.0%。

白色和彩色硅酸盐水泥主要应用于建筑装饰工程中，常用于配制各类彩色水泥浆、水泥砂浆，用于饰面刷浆或陶瓷铺贴的勾缝，配制装饰混凝土、彩色水刷石、人造大理石及水磨石等制品，并以其特有的色彩装饰性，用于雕塑艺术和各种装饰部件。

4.4.2 快硬硅酸盐水泥

凡以硅酸盐水泥熟料和适量石膏磨细制成的，以 3 d 抗压强度表示强度等级的水硬性胶凝材料，都称为快硬硅酸盐水泥(简称快硬水泥)。

快硬硅酸盐水泥的生产方法与硅酸盐水泥基本相同，只是要求 C_3S 和 C_3A 含量高些。通常快硬硅酸盐水泥熟料中 C_3S 的含量为 50%～60%，C_3A 的含量为 8%～14%，二者总含量应不小于 60%～65%。为加快硬化速度，可适当增加石膏的掺量(可达 8%)和提高水泥的细度，水泥的比表面积一般控制在 3000～4000 cm^2/g。

根据国家标准《快硬硅酸盐水泥》(GB 199—1990)的规定，快硬硅酸盐水泥以 3 d 强度表示强度等级，分为 32.5、37.5、42.5 三个等级。各级快硬水泥各规定龄期的强度不得低于表 4-14 中的数据。

表 4-14 快硬硅酸盐水泥的强度等级要求(GB 199—1990)

强度等级	抗压强度/MPa			抗折强度/MPa		
	1 d	3 d	28 d	1 d	3 d	28 d
32.5	15.0	32.5	52.5	3.5	5.0	7.2
37.5	17.0	37.5	57.5	4.0	6.0	7.6
42.5	19.0	42.5	62.5	4.5	6.4	8.0

快硬硅酸盐水泥其他各项技术要求为：细度要求 0.080 mm 方孔筛的筛余百分率不得超过 10%；初凝时间不得早于 45 min，终凝时间不得迟于 10 h；体积安定性用沸煮法检验必须合格。

快硬水泥水化放热速度快，水化热较高，早期强度高，但干缩性较大，主要用于抢修工程、军事工程、冬季施工工程、预应力钢筋混凝土构件，适用于配制干硬混凝土等，可提高早期强度，缩短养护周期，但不宜用于大体积混凝土工程。

4.4.3 膨胀水泥

由胶凝物质和膨胀剂混合而成的胶凝材料称为膨胀水泥，在水化过程中能产生体积膨胀，在硬化过程中不仅不收缩，而且有不同程度的膨胀。使用膨胀水泥能克服和改善普通水泥混凝土的一些缺点(常用水泥在硬化过程中常产生一定收缩，造成水泥混凝土构件裂纹、透水和不适宜某些工程的使用)，能提高水泥混凝土构件的密实性，能提高混凝土的整体性。

膨胀水泥在水化硬化过程中体积膨胀，可以达到补偿收缩、增加结构密实度以及获得预加应力的目的。由于这种预加应力来自于水泥本身的水化，所以称为自应力，并以"自应力值"(MPa)来表示其大小。按自应力的大小，膨胀水泥可分为两类：当自应力值≥2.0 MPa时，称为自应力水泥；当自应力值<2.0 MPa 时，则称为膨胀水泥。

膨胀水泥按主要成分划分为硅酸盐型、铝酸盐型、硫铝酸盐型和铁铝酸钙型，其膨胀机理都是水泥石中所形成的钙矾石的膨胀。其中硅酸盐膨胀水泥凝结硬化较慢，铝酸盐膨胀水泥凝结硬化较快。

(1) 硅酸盐膨胀水泥。它是以硅酸盐水泥为主要成分，外加铝酸盐水泥和石膏为膨胀组分配制而成的膨胀水泥。其膨胀值的大小通过改变铝酸盐水泥和石膏的含量来调节。

(2) 铝酸盐膨胀水泥。铝酸盐膨胀水泥由铝酸盐水泥熟料、二水石膏为膨胀组分混合磨细或分别磨细后混合而成，具有自应力值高以及抗渗、气密性好等优点。

(3) 硫铝酸盐膨胀水泥。它是以无水硫铝酸钙和硅酸二钙为主要成分，以石膏为膨胀组分配制而成的。

(4) 铁铝酸钙膨胀水泥。它是以铁相、无水硫铝酸钙和硅酸二钙为主要成分，以石膏为膨胀组分配制而成的。

以上四种膨胀水泥通过调整各种组成的配合比例，就可得到不同的膨胀值，制成不同类型的膨胀水泥。膨胀水泥的膨胀作用基于硬化初期，其膨胀源均来自于水泥水化形成的钙矾石，会产生体积膨胀。由于这种膨胀作用发生在硬化初期，水泥浆体尚具备可塑性，因而不至于引起膨胀破坏。

膨胀水泥适用于配制补偿收缩混凝土，用于构件的接缝及管道接头、混凝土结构的加固和修补、防渗堵漏工程、机器底座及地脚螺丝的固定等。自应力水泥适用于制造自应力钢筋混凝土压力管及配件。

4.4.4　中低热水泥

中低热水泥包括中热硅酸盐水泥、低热硅酸盐水泥及低热矿渣硅酸盐水泥三个品种，在《中热硅酸盐水泥、低热硅酸盐水泥及低热矿渣硅酸盐水泥》(GB 200—2003)中，对这三种水泥做出了相应的规定。

1. 定义与代号

1) 中热硅酸盐水泥

以适当成分的硅酸盐水泥熟料，加入适量石膏，磨细而成的具有中等水化热的水硬性胶凝材料，称为中热硅酸盐水泥(简称中热水泥)，代号为 P·MH。

2) 低热硅酸盐水泥

以适当成分的硅酸盐水泥熟料，加入适量石膏，磨细而成的具有低水化热的水硬性胶凝材料，称为低热硅酸盐水泥(简称低热水泥)，代号为 P·LH。

3) 低热矿渣硅酸盐水泥

以适当成分的硅酸盐水泥熟料，加入粒化高炉矿渣、适量石膏，磨细而成的具有低水化热的水硬性胶凝材料，称为低热矿渣硅酸盐水泥(简称低热矿渣水泥)，代号为 P·SLH。低热矿渣水泥中粒化高炉矿渣掺量按质量百分数计为 20%～60%，允许用不超过混合材料总量 50%的粒化电炉磷渣或粉煤灰代替部分粒化高炉矿渣。

2. 硅酸盐水泥熟料的要求

(1) 中热硅酸盐水泥熟料要求硅酸三钙($3CaO·SiO_2$)的含量不超过 55%，铝酸三钙($3CaO·Al_2O_3$)的含量不超过 6%，游离氧化钙(CaO)的含量不超过 1.0%。

(2) 低热硅酸盐水泥熟料要求硅酸二钙($3CaO·SiO_2$)的含量不小于 40%，铝酸三钙($3CaO·Al_2O_3$)的含量不超过 6%，游离氧化钙(CaO)的含量不超过 1.0%。

(3) 低热矿渣硅酸盐水泥要求铝酸三钙($3CaO·Al_2O_3$)的含量不超过 8%，游离氧化钙(CaO)的含量不超过 1.2%，氧化镁(MgO)的含量不宜超过 5.0%。如果水泥经压蒸安定性试验合格，则熟料中氧化镁(MgO)的含量允许放宽到 6.0%。

3. 技术要求

现行规范《中热硅酸盐水泥、低热硅酸盐水泥及低热矿渣硅酸盐水泥》(GB 200—2003)对三种中低热水泥提出了一系列的技术要求和等级要求，如表4-15 和表4-16 所示。

表 4-15　中热硅酸盐水泥、低热硅酸盐水泥及低热矿渣硅酸盐水泥技术要求

水泥品种	技术标准								
	细度比表面积 /(m²/kg)	凝结时间		安定性(沸煮法)	抗压强度/MPa	水泥中MgO(%)	水泥中SO_3(%)	烧失量(%)	水泥中碱含量(%)
		初凝	终凝						
中热水泥	≥250	≥60min	≤10h	必须合格	见表4-16	≤5.0①	≤3.5	≤3.0	≤0.60②
低热水泥									
低热矿渣水泥									≤1.0
试验方法	GB/T 8074—2008	GB/T 1346—2001			GB/T 17671—1999	GB/T 176—2008			

注：① 如果水泥经压蒸安定性合格，则水泥中 MgO 的含量允许放宽到 6.0%。
② 水泥中的碱含量以 $Na_2O+0.658K_2O$ 的计算值来表示，由供需双方商定。若使用活性骨料或用户提出低碱要求时，中热及低热水泥中的碱含量不得大于 0.60%，低热矿渣中的碱含量不得大于 1.0%。

表 4-16　中热硅酸盐水泥、低热硅酸盐水泥及低热矿渣硅酸盐水泥强度等级要求

品　种	强度等级	抗压强度/MPa			抗折强度/MPa		
		3 d	7 d	28 d	3 d	7 d	28 d
中热水泥	42.5	12.0	22.0	42.5	3.0	4.5	6.5
低热水泥	42.5	—	13.0	42.5	—	3.5	6.5
低热矿渣水泥	32.5	—	12.0	32.5	—	3.0	5.5

三种中低热水泥各龄期的水化热应不大于表4-17 中的数值，且低热水泥 28d 的水化热应不大于 310 kJ/kg。

表 4-17　水泥强度等级的各龄期水化热

品　种	强度等级	水化热/(kJ/kg)	
		3 d	7 d
中热水泥	42.5	251	293
低热水泥	42.5	230	260
低热矿渣水泥	32.5	197	230

中低热水泥主要用于要求水化热较低的大坝和大体积工程。中热水泥主要适用于大坝溢流面的面层和水位变动区等要求耐磨性和抗冻性的工程，低热水泥和低热矿渣水泥主要适用于大坝或大体积建筑物内部及水下工程。

4.4.5　道路硅酸盐水泥

1. 定义与代号

由道路硅酸盐水泥熟料、适量石膏，或加入规范规定的混合材料，磨细制成的水硬性胶凝材料，称为道路硅酸盐水泥(简称道路水泥)，代号为 P·R。

2. 道路硅酸盐水泥熟料的要求

道路硅酸盐水泥熟料要求铝酸三钙($3CaO \cdot Al_2O_3$)的含量应不超过 5.0%；铁铝酸四钙($4CaO \cdot Al_2O_3 \cdot Fe_2O_3$)的含量应不低于 16.0%；游离氧化钙(CaO)的含量，旋窑生产应不大于 1.0%，立窑生产应不大于 1.8%。

3. 技术要求

现行规范《道路硅酸盐水泥》(GB 13693—2005)对道路硅酸盐水泥提出了一系列的技术要求和等级要求，如表 4-18 和表 4-19 所示。

表 4-18　道路硅酸盐水泥技术要求(GB 13693—2005)

水泥品种	细度比表面积/(m²/kg)	凝结时间		安定性(沸煮法)	强度/MPa	水泥中MgO/%	水泥中SO_3/%	烧失量/%	水泥中碱含量/%	干缩性(28 d 干缩率)/%	耐磨性(28 d 磨耗量)/%
		初凝	终凝								
道路水泥	300～450	≥1.5 h	≤10 h	必须合格	见表4-19	≤5.0	≤3.5	≤3.0	≤0.60	≤0.10	≤3.00
试验方法	GB/T 8074—2008	GB/T 1346—2001			GB/T 17671—1999	GB/T 176—2008				JC/T 603—2004	JC/T 421—2004

注：水泥中的碱含量以 $Na_2O+0.658K_2O$ 的计算值来表示，由供需双方商定。若使用活性骨料或用户提出低碱要求时，水泥中的碱含量不得大于 0.60%。

表 4-19 道路硅酸盐水泥强度等级要求(GB 13693—2005)

强度等级	抗压强度/MPa		抗折强度/MPa	
	3 d	28 d	3 d	28 d
32.5	16.0	32.5	3.5	6.5
42.5	21.0	42.5	4.0	7.0
52.5	26.0	52.5	5.0	7.5

道路水泥是一种强度高,特别是抗折强度高,耐磨性好,干缩性小,抗冲击性好,抗冻性和抗硫酸性比较好的水泥。它适用于道路路面、机场跑道道面、城市广场等工程。

4.4.6 砌筑水泥

1. 定义与代号

凡由一种或一种以上的水泥混合材料,加入适量硅酸盐水泥熟料和石膏,共同磨细制成的工作性较好的水硬性胶凝材料,称为砌筑水泥,代号为 M。水泥中混合材料掺加量按质量百分比计应大于 50%,允许掺入适量的石灰石或窑灰。

2. 技术要求

现行规范《砌筑水泥》(GB/T 3183—2003)对砌筑水泥提出一系列的技术要求和等级要求,如表 4-20 和表 4-21 所示。

表 4-20 砌筑水泥技术要求(GB/T 3183—2003)

项目	细度(80 μm 方孔筛)的筛余量(%)	凝结时间		安定性(沸煮法)	强度/MPa	保水率(%)	水泥中 SO_3(%)
		初凝/min	终凝/h				
指标	≤10%	≥60	≤12	必须合格	见表 4-21	≥80	≤4.0
试验方法	GB/T 1345—2005	GB/T 1346—2001			GB/T 17671—1999	GB/T 3183—2003	GB/T 176—2008

表 4-21 砌筑水泥强度等级要求

强度等级	抗压强度/MPa		抗折强度/MPa	
	7 d	28 d	7 d	28 d
12.5	7.0	12.5	1.5	3.0
22.5	10.0	22.5	2.0	4.0

砌筑水泥主要用于砌筑和抹面砂浆、垫层混凝土等,不应用于结构混凝土。

4.4.7 铝酸盐水泥

1. 定义与分类

凡由铝酸钙为主的铝酸盐水泥熟料，磨细制成的水硬性胶凝材料称为铝酸盐水泥，代号为CA。

铝酸盐水泥按 Al_2O_3 的含量分为四类：

CA-50　　　$50\% \leqslant Al_2O_3 < 60\%$
CA-60　　　$60\% \leqslant Al_2O_3 < 68\%$
CA-70　　　$68\% \leqslant Al_2O_3 < 77\%$
CA-80　　　$77\% \leqslant Al_2O_3$

2. 技术性质

根据国家标准《铝酸盐水泥》(GB 201—2000)的规定，铝酸盐水泥的细度：比表面积不小于 300 m^2/kg 或通过 0.045 mm 方孔筛上的筛余率不大于 20%，两种方法由供需双方商定，发生争议时以比表面积为准。

(1) 凝结时间：CA-50、CA-70、CA-80 型铝酸盐水泥的初凝时间不得早于 30 min，终凝时间不得迟于 6 h；CA-60 型铝酸盐水泥的初凝时间不得早于 60 min，终凝时间不得迟于 18 h。

(2) 强度：各类型铝酸盐水泥各龄期强度值不得低于表 4-22 中的数值。

表 4-22　铝酸盐水泥各龄期强度(GB 201—2000)

水泥类型	抗压强度/MPa				抗折强度/MPa			
	6 h[①]	1 d	3 d	28 d	6 h[①]	1 d	3 d	28 d
CA-50	20	40	50	—	3.0	5.5	6.5	—
CA-60	—	20	45	85	—	2.5	5.0	10.0
CA-70	—	30	40	—	—	5.0	6.0	—
CA-80	—	25	30	—	—	4.0	5.0	—

注：①当用户需要时，生产厂应提供结果。

3. 铝酸盐水泥的主要特性和应用

(1) 快凝早强。早期强度很高，后期强度增长不显著。所以铝酸盐水泥主要用于工期紧急(如筑路、桥)的工程、抢修工程(如堵漏)等，也可用于冬季施工的工程。

(2) 水化热大。与一般高强度硅酸盐水泥大致相同，但其放热速度特别快，且放热量集中，1 d 内即可放出水化热总量的 70%～80%。铝酸盐水泥不宜用于大体积混凝土工程。

(3) 抗矿物水和硫酸盐作用的能力很强。

(4) 铝酸盐水泥抗碱性极差，不得用于接触碱性溶液的工程。

(5) 较高的耐热性。当采用耐火粗细骨料(如铬铁矿等)时，可制成使用温度达 1300～1400℃的耐热混凝土，且强度能保持 53%。

(6) 配制膨胀水泥、自应力水泥，也可以作为化学建材的添加料使用。

(7) 自然条件下，长期强度及其他性能略有降低的趋势。因此，铝酸盐水泥不宜用于长期承重的结构及处于高温高湿环境的工程中。

还应注意，铝酸盐水泥制品不能进行蒸汽养护；铝酸盐水泥不得与硅酸盐水泥或石灰相混，以免引起闪凝和强度下降；铝酸盐水泥也不得与尚未硬化的硅酸盐水泥混凝土接触使用。

此外，在运输和储存过程中要注意铝酸盐水泥的防潮，否则吸湿后强度下降快。

4.5 水硬性胶凝材料的发展动态

原始水泥可追溯到五千年前。埃及的金字塔、古希腊和古罗马时代用石灰掺砂制成混合砂浆，曾被用于砌筑石块和砖块，这种用于砌筑的胶凝材料称为原始水泥。虽然按今天的眼光来看，它们只不过是黏土、石膏、气硬性石灰和火山灰，但就是这些原始的发现为现代水泥的发明奠定了基础。

现代水泥的发明是一个渐进的过程，它经历了从水硬性石灰、罗马水泥、英国水泥到波特兰水泥(硅酸盐水泥)几个重要的发展时期，它是许多技术人员汗水与智慧的结晶。1824年，英国建筑工人 J.阿斯普丁(J.Aspdin)发明了一种将石灰石和黏土混合后加以煅烧来制造水泥的方法，并获得专利权(即波特兰水泥)。此后，欧洲各地不断地对水泥进行改进，1856年德国建起了水泥厂，并普及到了美国。1870年以后，水泥作为一种新型工业在世界许多国家和地区得以发展和应用。

我国的水泥工业起步较晚，1876年在河北唐山成立了启新洋灰公司，以后又相继建立了大连、上海、广州等水泥厂。新中国成立前的历史最高年产量只有 229 万吨(1942 年)。新中国成立后经过 50 多年的发展，特别是改革开放以来，我国的水泥工业迅猛发展，自 1985 年产量位居世界第一以来，连续 30 年雄居世界首位，1998 年我国水泥年产量达 5.36 亿吨，2003 年达 8.47 亿吨，2008 年水泥产量达到 14.5 亿吨，2014 年水泥产量达到 24.76 亿吨。在提高水泥产量的同时，我国的水泥质量也不断提高，产品标准不断更新，并逐步与国际接轨。

当今世界各国都在研究和发展专用水泥及特种水泥。水泥已从单一的含硅酸盐矿物的品种发展到各种化学成分矿物组成、性能与应用范围不同的品种。到目前为止，我国已成功研制了特种水泥及专用水泥 100 余种，经常生产的有 30 余种，约占水泥总产量的 25%。

水泥的生产技术随着社会生产力的发展，也在不断进步、成熟、完善。水泥的生产过程被人们形象地概括为"两磨一烧"，其中烧是关键。回顾水泥近两百年的发展历史，水泥生产先后经历了仓窑、立窑、干法回转窑、湿法回转窑和新型干法回转窑等发展阶段，最终形成现代的预分解窑新型干法。

预分解窑新型干法作为当今世界上最先进的水泥生产方法，取得了以下几方面的技术进展。

(1) 节省电耗。

(2) 节省热耗。

(3) 增强与环境的相融。

(4) 实行电子计算机生产控制和企业管理。

水泥生产技术的进步是与社会发展同步的。现代预分解窑新型干法就是现阶段人类信息社会的产物。随着社会进步、生产力水平的提高，水泥的生产技术必将向前发展。

复习思考题

1．硅酸盐水泥熟料的主要矿物成分有哪些？它们在水泥水化时各表现出什么特征？它们的水化产物是什么？

2．在硅酸盐水泥熟料磨细时为什么要掺入适量石膏？

3．什么是硅酸盐水泥的凝结和硬化？影响硅酸盐水泥凝结硬化的主要因素是什么？

4．国家标准对硅酸盐水泥的初凝时间、终凝时间有何要求？凝结时间对建筑工程施工有什么影响？

5．什么是水泥体积安定性？引起水泥体积安定性不良的原因有哪些？

6．国家标准《水泥胶砂强度检验方法(ISO)》(GB 17671—1999)规定，采用什么方法测定水泥强度等级？

7．水泥通过检验后，什么叫合格品？什么叫不合格品？什么叫降级使用品？

8．引起水泥石腐蚀的原因是什么？水泥石防腐措施有哪些？

9．何谓水泥混合材料？常用的活性混合材料有哪些？它们掺加在水泥中的主要作用是什么？

10．试述六大常用水泥的组成、特性及应用范围。

11．仓库有三种白色胶凝材料，已知是生石灰粉、建筑石膏和白水泥，因为误放标签无法使用，有什么简单方法可以辨认？

12．有下列混凝土构件和工程，试分别选用合适的水泥，并说明其理由。
① 现浇楼梁、板、柱；② 采用蒸汽养护预制构件；③ 紧急抢修的工程或紧急军事工程；④ 大体积混凝土坝、大型设备基础；⑤ 有硫酸盐腐蚀的地下工程；⑥ 高炉基础；⑦ 海港码头工程。

13．简述铝酸盐水泥的特性及如何正确使用。

14．某工地购买一批 42.5R 型普通水泥，因存放期超过三个月，需试验室重新检验强度等级。已测得该水泥试件 3 d 的抗折、抗压强度，均符合 42.5R 的规定指标，又测得 28d 的抗折、抗压强度破坏荷载如表 4-23 所示，求该水泥实际强度等级？

表 4-23 普通水泥 28 d 抗折、抗压强度破坏荷载测试数据

试件编号	抗折破坏荷载/N×10³	抗压破坏荷载/N×10³
Ⅰ	2.8	69.7
		69.4
Ⅱ	2.78	67.9
		71.8
Ⅲ	2.76	70.2
		69.9

若将表中的 69.9 改为 50.0，则结果如何？若将表中的 2.76 改为 2.20，则结果又如何？

第 5 章 混 凝 土

学习内容与目标

掌握水泥混凝土对组成材料的技术要求。

掌握水泥混凝土的主要技术性质及其影响因素,主要技术性能的检测方法、评价指标和混凝土的配合比设计。

了解其他品种混凝土的主要性质及其发展动态和应用。

5.1 概 述

5.1.1 混凝土的定义

凡由胶凝材料、骨料和水(或不加水)按适当的比例配合、拌制而成的混合物,经一定时间后硬化而成的人造石材,均称为混凝土,简写为"砼"。

5.1.2 混凝土的分类

混凝土通常从以下几个方面分类。

1. 按所用胶凝材料分类

混凝土按所用胶凝材料的不同可分为水泥混凝土、沥青混凝土、聚合物混凝土、聚合物水泥混凝土、石膏混凝土和硅酸盐混凝土等几种。

2. 按体积密度分类

混凝土按体积密度的大小可分为重混凝土、普通混凝土和轻混凝土。

(1) 重混凝土。其干体积密度大于 2600 kg/m³。由高密度骨料如重晶石、铁矿石、钢渣,或同时采用重水泥如钡水泥、锶水泥制成,主要用于防辐射工程,故又称为防辐射混凝土。

(2) 普通混凝土。其干体积密度为 2000~2600 kg/m³(一般多为 2400 kg/m³)。由普通的天然砂、石为骨料和水泥配制而成,主要用于建筑物的承重结构材料。

(3) 轻混凝土。其干体积密度小于 2000 kg/m³。可用作承重结构、保温结构和承重兼保温结构。

3. 按施工工艺分类

混凝土按施工工艺的不同可分为泵送混凝土、预拌混凝土(商品混凝土)、喷射混凝土和真空脱水混凝土等。

4. 按用途分类

混凝土按用途的不同可分为防水混凝土、防辐射混凝土、耐酸混凝土、耐热混凝土、道路混凝土和水工混凝土等。

5. 按抗压强度大小分类

混凝土按抗压强度的大小可分为低强混凝土($f_{cu}<30$ MPa)、中强混凝土(30 MPa$\leqslant f_{cu}<$60 MPa)、高强混凝土(60 MPa$\leqslant f_{cu}<100$ MPa)和超高强混凝土($f_{cu}\geqslant 100$ MPa)等。

6. 按流动性分类

混凝土按流动性(以坍落度 T 值表示)的大小可分为干硬性混凝土($T<10$ mm)、塑性混凝土($T=10\sim 90$ mm)、流动性混凝土($T=100\sim 150$ mm)和大流动性混凝土($T\geqslant 160$ mm)等。

7. 按性能分类

混凝土按性能的不同可分为抗渗混凝土、抗冻混凝土、高强高性能混凝土和大体积混凝土等。

上述各类混凝土，使用最多的是以水泥为胶结材料的水泥混凝土，它是当今世界使用量最大、应用范围最广的结构材料。

本章重点学习水泥混凝土的有关知识。

5.1.3 混凝土的特点与应用

1. 优点

混凝土的种类很多，性能各异，但具有以下共同优点。

(1) 原材料资源丰富，造价低廉。占混凝土体积 80%左右的砂石骨料属地方性材料，资源丰富，可就地取材，降低了混凝土的造价。

(2) 良好的可塑性。水泥混凝土拌和物在凝结硬化前可按照工程结构要求，利用模板浇灌成各种形状和尺寸的构件或整体结构。

(3) 可调整性能。通过改变混凝土各组成材料的品种及比例，可制得不同物理力学性能的混凝土，来满足工程上的不同要求。

(4) 强度高，尤其是比强度高。混凝土具有较高的抗压强度，现投入工程使用的已有抗压强度达到 135 MPa 的混凝土，而试验室可以配制出抗压强度超过 300 MPa 的混凝土；并且混凝土与钢筋有着良好的握裹力，可复合成钢筋混凝土或预应力钢筋混凝土构件或整体结构，弥补了混凝土抗拉、抗折强度低的缺点，使混凝土能够适应各种工程结构。由于混凝土的体积密度为 2400 kg/m³ 左右，致使其比强度(强度与体积密度之比)与体积密度 7800 kg/m³ 的钢铁得到的比强度相比进一步提高。

(5) 耐久性好。性能良好的混凝土具有很高的抗冻性、抗渗性及耐腐蚀性等，使得混凝土长期使用仍能保持原有性能。

2. 缺点

(1) 自重大。每立方米普通混凝土重达 2400 kg 左右，致使在建筑工程中形成肥梁、胖柱、厚基础的现象，对高层、大跨度建筑很不利，不利于提高有效承载能力，也给施工安装带来一定困难。

(2) 抗拉强度低。混凝土是一种脆性材料，抗拉强度一般只有抗压强度的 1/20～1/10，因此，受拉时易产生脆性破坏。

(3) 硬化慢，生产周期长。混凝土浇筑成型受气候(如温度、湿度、雨雪等)影响，同时需要较长时间养护才能达到一定强度。

(4) 导热系数大。普通混凝土导热系数为 1.4 W/(m·K)，是红砖的两倍，故隔热保温性能差。

5.1.4 混凝土的发展

随着现代建筑物的高层化、大跨化、轻量化以及使用环境的严酷化，在建筑工程中使用的混凝土的强度等级逐渐提高，品质也日趋完善。

现在，世界大跨桥梁的跨度接近 600 m，高耸建筑物的高度将达到 900 m，而钢筋混凝土的超高层建筑将达 100 层以上。为适应这种要求，混凝土科学与工艺技术水平不断提高，C60～C70 的混凝土已成为通常使用的混凝土，在许多情况下也会用 C80～C100 的混凝土，在特殊场合则使用 C100～C200 的混凝土，甚至更高强度等级的混凝土。

目前，在我国国家大剧院的建设项目中，已成功地使用了 C100 高性能混凝土。同时，为了改善人们的学习、生活和工作环境，提高工作效率，混凝土将向着高强度、高性能、耐久和绿色环保的方向发展。

5.2 普通混凝土的组成材料

普通混凝土通常由水泥、水、细骨料和粗骨料组成，根据工程需要，有时还需加入外加剂和掺和料。

在混凝土中，水泥和水形成的水泥浆体包裹在骨料表面并填充骨料颗粒之间的空隙，在混凝土硬化前起润滑作用，赋予混凝土拌和物一定的流动性，硬化后起胶结作用，将砂石骨料胶结成具有一定强度的整体；粗、细骨料(又称集料)在混凝土中起着骨架、支撑和稳定体积(减少水泥在凝结硬化时的体积变化)的作用；外加剂和掺和料起着改善混凝土性能、降低混凝土成本的作用。为了确保混凝土的质量，各组成材料必须满足相应的技术要求。

5.2.1 水泥

1. 水泥品种的选择

水泥是混凝土中的重要组分，同时也是造价最高的组分。配制混凝土时，应根据工程性质、部位、气候条件、环境条件及施工设计的要求等，按水泥的特性合理选择水泥品种；在满足上述要求的前提下，应尽量选用价格较低的水泥品种，以降低混凝土的工程造价。常用的六大类水泥的选用条件参见表 4-10。

2. 强度等级

水泥的强度应与要求配制的混凝土强度等级相适应。若用低强度等级的水泥配制高强度等级的混凝土,不仅会使水泥用量过多而不经济,还会降低混凝土的某些技术品质(如收缩率增大等)。反之,用高强度等级的水泥配制低强度等级的混凝土,若只考虑强度要求,会使水泥用量偏小,从而影响耐久性;若兼顾耐久性等要求,又会导致超强而不经济。通常,配制一般混凝土时,水泥强度为混凝土设计强度等级的 1.5～2.0 倍;配制高强度混凝土时,水泥强度为混凝土设计强度等级的 0.9～1.5 倍。

但是,随着混凝土强度等级不断提高,以及采用了新的工艺和外加剂,高强度和高性能混凝土不受此比例约束。表 5-1 是建筑工程中水泥强度等级对应宜配制的混凝土强度等级的参考表。

表 5-1 水泥强度等级可配制的混凝土强度等级参考表

水泥强度等级	宜配制的混凝土强度等级	说 明
32.5	C15、C20、C25、C30	配制 C15 时,若仅满足混凝土的强度要求,水泥用量偏少,混凝土拌和物的和易性较差;若兼顾和易性,则混凝土强度会超标。配制 C30 时,水泥用量偏大
42.5	C30、C35、C40、C45	—
52.5	C40、C45、C50、C55、C60	—
62.5	≥C60	—

5.2.2 细骨料

粒径为 0.16～5 mm 的骨料为细骨料,常称作砂。

砂按产源分为天然砂和人工砂两类。天然砂包括河砂、山砂、湖砂和海砂;人工砂包括机制砂和人工调配的混合砂。砂按细度模数分为粗、中和细三种规格,其细度模数依次分别为 3.7～3.1、3.0～2.3 和 2.2～1.6。砂按技术要求分为Ⅰ类、Ⅱ类和Ⅲ类。

按国家标准《建筑用砂》(GB/T 14684—2011)的规定,混凝土用砂的技术要求和技术标准如下。

1. 表观密度、堆积密度和空隙率

砂的表观密度通常为 2.5～2.6 g/cm³。表观密度大,说明砂粒结构的密实程度大。

在自然状态下,干砂的堆积密度约为 1400～1600 kg/m³,振实后的堆积密度可达 1600～1700kg/m³。砂的堆积密度反映砂堆积起来后空隙率的大小。

此外,砂的空隙率大小还与颗粒形状及级配有关。带有棱角的砂,空隙率较大,一般天然河砂的空隙率为 40%～45%。级配良好的砂,空隙率可小于 40%。

2. 有害物质

有害物质是指在混凝土中妨碍水泥的水化、削弱骨料与水泥石的黏结、与水泥的水化产物进行化学反应并产生有害膨胀的物质。砂中的有害物质及其对混凝土的危害如表 5-2 所示。混凝土用细骨料的有害杂质含量限值如表 5-3 所示。

表 5-2　砂中有害杂质及其对混凝土的危害

有害杂质名称	有害杂质的特点	对混凝土的主要危害
泥	粒径小于 0.075 mm 的尘屑、淤泥、黏土	增大骨料的总表面积，增加水泥浆的用量，加剧了混凝土的收缩；包裹砂石表面，妨碍了水泥石与骨料间的黏结，降低了混凝土的强度和耐久性
泥块	粒径大于 1.18 mm，经水洗、手捏后可破碎成小于 0.6 mm 的颗粒	在混凝土中形成薄弱部位，会降低混凝土的强度和耐久性
石粉	人工砂中粒径小于 0.075 mm 的颗粒	增大混凝土拌和物需水量，影响和易性，降低混凝土强度
云母	节理清晰、表面光滑，呈薄片状	与水泥石间的黏结力极差，会降低混凝土的强度、耐久性
$SO_3(\%)$	指硫化物及硫酸盐。常以 FeS 或 $CaSO_4 \cdot 2H_2O$ 的碎屑存在	与水泥石中的水化铝酸钙反应生成钙矾石晶体，体积膨胀，从而引起混凝土安定性不良
轻物质	相对密度小于 2.0 的颗粒，包括树叶、草根、煤块、炉渣等	质量轻，颗粒软弱，与水泥石间黏结力差，妨碍骨料与水泥石间的黏结，降低混凝土的强度
有机物	动植物的腐殖质、腐殖土等	延缓水泥的水化，降低混凝土的强度，尤其是混凝土的早期强度
Cl^-	来自氯盐	引起钢筋混凝土中的钢筋锈蚀，从而导致混凝土体积膨胀，造成开裂

表 5-3　混凝土用细骨料的有害杂质含量限值

项　目		质量标准		
		Ⅰ类	Ⅱ类	Ⅲ类
含泥量(按质量计)(%)	≤	1.0	3.0	5.0
泥块含量(按质量计)(%)	≤	0	1.0	2.0
云母(按质量计)(%)	≤	1.0	2.0	2.0
轻物质(按质量计)(%)	≤	1.0	1.0	1.0
有机物(比色法)		合格	合格	合格
硫化物及硫酸盐(按 SO_3 质量计)(%)	≤	0.5	0.5	0.5
氯化物(以氯离子质量计)(%)	≤	0.01	0.02	0.06
贝壳(按质量计)(%)	≤*	3.0	5.0	8.0

*该指标仅适用于海砂，其他砂种不作要求。

注：Ⅰ类宜用于强度等级大于 C60 的混凝土；Ⅱ类宜用于强度等级为 C30～C60 及抗冻、抗渗或其他要求的混凝土；Ⅲ类宜用于强度等级小于 C30 的混凝土和建筑砂浆。

3. 级配和粗细程度

1) 级配

骨料的级配是指骨料中不同粒径颗粒的分布情况。良好的级配应当能使骨料的空隙率和总表面积均较小，以保证不仅可以减少水泥浆的用量，而且还可以提高混凝土的密实度、强度等性能。

图 5-1 所示分别为一种粒径、两种粒径、三种粒径的砂搭配起来的结构示意图。

(a) 一种粒径　　(b) 两种粒径　　(c) 三种粒径

图 5-1　不同粒径的砂搭配的结构示意图

从图 5-1 中可以看出，相同粒径的砂搭配起来，空隙率最大；当砂中含有较多的粗颗粒，并以适量的中粗颗粒及少量的细颗粒填充时，能形成最密集的堆积，空隙率达到最小。

砂的级配可通过筛分析方法确定。筛分析方法是将预先通过 9.5 mm 孔径的干砂，称取 500 g 置于一套筛孔分别为 4.75、2.36、1.18、0.6、0.3、0.15 mm(方孔筛)或一套孔径分别为 5、2.5、1.25、0.63、0.315、0.16 mm(圆孔筛)的标准筛上，由粗到细依次过筛，然后分别得到存留在各筛上砂的质量，并按下述方法计算各级配参数。

(1) 分计筛余百分率

分计筛余百分率是指某号筛上的筛余质量占试样总质量的百分率，可按下式求得

$$a_i = \frac{m_i}{M} \times 100\% \tag{5-1}$$

式中：a_i——某号筛的分计筛余率，%；

m_i——存留在某号筛上的质量，g；

M——试样的总质量，g。

(2) 累计筛余百分率

累计筛余百分率是指某号筛上分计筛余百分率与大于该号筛的各筛的分计筛余百分率总和，按下式计算：

$$A_i = a_{4.75} + a_{2.36} + \cdots + a_i \tag{5-2}$$

式中：A_i——累计筛余百分率(%)；

$a_{4.75}$、$a_{2.36}$、$\cdots$、a_i——从 4.75 mm、2.36 mm$\cdots$至计算的某号筛的分计筛余百分率(%)。

2) 粗细程度

砂的粗细程度是指不同粒径的砂混合在一起的平均粗细程度。粗度是评价砂的粗细程度的一种指标，通常用细度模数(细度模量)表示。

对水泥混凝土用砂，可按式(5-3)计算细度模数，准确至 0.01。

$$M_x = \frac{(A_{2.36} + A_{1.18} + A_{0.6} + A_{0.3} + A_{0.15}) - 5A_{4.75}}{100 - A_{4.75}} \tag{5-3}$$

式中：M_x——细度模数；

$A_{4.75}$、$A_{2.36}$、$\cdots$、$A_{0.15}$——4.75 mm、2.36 mm、$\cdots$、0.15 mm 各筛的累计筛余百分率(%)。

> 注意：计算砂的细度模数时，公式中的 A_i 用百分点而不用百分率来计算。如 $A_{2.36}=15\%$，计算时代入 15 而不是 0.15。

细度模数越大，表示砂越粗。按细度模数划分砂的粗度的标准如表 5-4 所示。

表 5-4 砂的分类表

分 类	粗砂	中砂	细砂
细度模数	3.7～3.1	3.0～2.3	2.2～1.6

由上述细度模数的计算式可以看出，M_x 很大程度上取决于粗颗粒的含量，故它不能全面反映砂的各级粒径分布情况，不同级配的砂可以具有相同的细度模数。

在混凝土中，砂的表面需由水泥浆包裹，砂的表面积越小，包裹砂粒表面所需水泥浆越少，越省水泥。但砂过粗，拌和物易出现离析、泌水等现象。因此，混凝土用砂不宜过细也不宜过粗。最理想的组成是总表面积和空隙率都小，使水泥浆用量最少。

3) 级配区

《建筑用砂》标准将砂分为三个级配区，如表 5-5 所示；级配范围曲线如图 5-2 所示。对用于水泥混凝土中细度模数为 1.6～3.7 的砂，其颗粒级配应处于表 5-5 所列的任意一个级配区内。

表 5-5 砂的级配颗粒区

级配区	筛孔尺寸/mm						
	9.50	4.75	2.36	1.18	0.6	0.3	0.15
	累计筛余百分率(%)						
1	0	10～0	35～5	65～35	85～71	95～80	100～90
2	0	10～0	25～0	50～10	70～41	92～70	100～90
3	0	10～0	15～0	25～0	40～16	85～55	100～90

注：① 砂的实际颗粒级配，除 4.75 mm、0.6 mm 筛孔外，其余各筛孔累计筛余允许超出本表规定界限，但其超出的总量应小于 5%。
② 1 区人工砂中 150 μm 筛孔的累计筛余为 97～85，2 区人工砂中 150 μm 筛孔的累计筛余为 94～80，3 区人工砂中 150 μm 筛孔的累计筛余为 94～75。

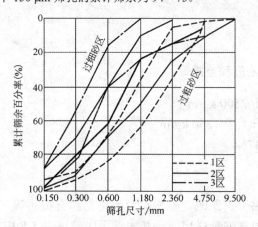

图 5-2 砂的 1、2、3 级配区曲线

配制混凝土时宜优先选用粗细程度适中的 2 区砂。当采用 1 区砂时，砂率应较 2 区提高，并保持足够的水泥浆用量，否则，将使新拌混凝土的内摩擦阻力增大、保水性变差、不易捣实成型。当采用 3 区砂时，应适当降低砂率，以保证混凝土的强度。

如果砂的自然级配不符合规范要求，可采用人工级配的方法改善。例如可将粗、细砂按适当比例进行试配，掺和使用，使其颗粒级配和粗细程度均满足要求。

【例 5-1】 从工地取回水泥混凝土用烘干砂 500 g 做筛分试验,筛分结果如表 5-6 所示。计算该砂试样的各筛分参数、细度模数,并判断该砂所属级配区,评价其粗细程度和级配情况。

表 5-6 筛分结果

筛孔尺寸/mm	9.50	4.75	2.36	1.18	0.6	0.3	0.15	筛底
存留量/g	0	25	35	90	125	125	75	35
规范要求通过范围(%)	100	90~100	75~100	50~90	30~59	8~30	0~10	—

解:砂样的各筛分参数计算如表 5-7 所示。

表 5-7 砂样的各筛分参数计算

筛孔尺寸/mm	9.5	4.75	2.36	1.18	0.6	0.3	0.15	筛底
存留量 m_i/g	0	25	35	90	125	125	75	35
分计筛余 a_i(%)	0	5	7	18	25	25	15	7
累计筛余 A_i(%)	0	5	12	30	55	80	95	100
通过百分率 P_i(%)	100	95	88	70	45	20	5	0

计算细度模数:
$$M_x = \frac{(A_{2.36} + A_{1.18} + A_{0.6} + A_{0.3} + A_{0.15}) - 5A_{4.75}}{100 - A_{4.75}}$$

$$= \frac{(12 + 30 + 55 + 80 + 95) - 5 \times 5}{100 - 5} = 2.6$$

所以,此砂位于 2 区,属于中砂,级配符合规定要求。

5.2.3 粗骨料

粗骨料的技术要求如下。

1. 表观密度、堆积密度和空隙率

表观密度:要求大于 2500 kg/m³;
松散堆积密度:要求大于 1350 kg/m³;
空隙率:要求小于 47%。

2. 有害杂质含量

粗骨料中常含有如黏土、淤泥、硫酸盐及硫化物和有机质等一些有害杂质,它们在混凝土中所产生的危害作用与细骨料相同。其含量不应超过表 5-8 中的规定。

表 5-8 碎石和卵石杂质含量及针片状颗粒含量

项目	指标		
	Ⅰ类	Ⅱ类	Ⅲ类
含泥量(按质量计)(%)	≤0.5	≤1.0	≤1.5
泥块含量(按质量计)(%)	0	≤0.2	≤0.5

续表

项 目	指 标		
	Ⅰ类	Ⅱ类	Ⅲ类
针片状颗粒(按质量计)(%)	≤5	≤10	≤15
有机物	合格	合格	合格
硫化物及硫酸盐(按SO_3质量计)(%)	≤0.5	≤1.0	≤1.0

3. 最大粒径及颗粒级配

1) 最大粒径

最大粒径是指通过率为100%的最小标准筛所对应的筛孔尺寸,通常为公称粒级的上限。如公称粒级为5~40 mm的粒级,其上限粒径40 mm即为最大粒径。骨料的粒径越大,总表面积相应越小,所需的水泥浆量相应越少,在一定的和易性和水泥用量条件下,能减少用水量而提高混凝土强度。所以,在条件允许的情况下,粗骨料的最大粒径应尽量选择大些,以节约水泥,但应同时考虑工程结构及施工运输、搅拌等条件的限制。按《混凝土结构工程施工规范》(GB 50666—2011)的规定:粗骨料的最大粒径不得超过结构截面最小尺寸的1/4,同时不得大于钢筋最小净距的3/4。对于混凝土实心板,粗骨料的最大粒径不宜超过板厚的1/3,且不得超过40 mm。

2) 颗粒级配

粗骨料的级配原理与细骨料基本相同,良好的级配应当是:空隙率小,以减少水泥用量并保证混凝土的和易性、密实度和强度;总表面积小,以减少水泥浆用量,保证混凝土的经济性。

粗骨料的颗粒级配分连续级配和间断级配两种形式。采石场按供应方式,也将石子分为连续粒级和单粒级两种。连续粒级共有6个,单粒级有5个粒级,如表5-9所示。

表5-9 普通水泥混凝土用碎石或卵石的颗粒级配规定(GB/T 14685—2011)

级配情况	序号	公称粒径	筛孔尺寸(方孔筛)/mm										
			2.36	4.75	9.50	16.0	19.0	26.5	31.5	37.5	53.0	63.0	75.0	90
			累计筛余(按质量计,%)											
连续粒级	1	5~16	95~100	85~100	30~60	0~10	0							
	2	5~20	95~100	90~100	40~80	—	0~10	0						
	3	5~25	95~100	90~100	—	30~70	—	0~5	0					
	4	5~31.5	95~100	90~100	70~90	—	15~45	—	0~5	0				
	5	5~40	—	95~100	70~90	—	30~65	—	—	0~5	0			
单粒粒级	1	5~10	95~100	80~100	0~15	0								
	2	10~16		95~100	80~100	0~15	0							
	3	10~20		95~100	85~100	—	0~15	0						
	4	16~25			95~100	55~70	25~40	0~10	0					
	5	16~31.5		95~100		85~100		—	0~10	0				
	6	20~40			95~100		80~100		—	0~10	0			
	7	40~80					95~100		—	70~100		30~60	0~10	0

连续级配的粗骨料配制的混凝土和易性良好,不易发生分层、离析现象,是建筑工程中最常用的级配方法。

单粒级由于粒径差别较小,可避免连续粒级中较大粒径石子在堆放及装卸过程中的颗粒离析现象。工程中一般不宜采用单一的单粒级配制混凝土,因为它的空隙率较大,耗用水泥较多。单粒级宜用于组合成所要求级配的连续粒级，也可与连续粒级混合使用，以改善其级配或配成较大粒度的连续粒级。在特殊情况下，通过试验证明混凝土无离析现象时，方可采用单粒级。

间断级配矿质混合料的最大优点是它的空隙率低，可以制成密实高强的混凝土，而且水泥用量小，但是由于间断级配中石子颗粒粒径相差较大，容易使混凝土拌和物分层离析，施工难度增大；同时，因剔除某些中间颗粒，造成石子资源不能充分利用，故在工程中应用较少。间断级配较适宜于配制稠硬性拌和物，并须采用强力振捣。

4. 颗粒形状及表面特征

1) 颗粒形状

粗骨料的颗粒形状可大致分为蛋圆形、棱角形、针状及片状。所谓针状颗粒是指颗粒长度大于其平均粒径的 2.4 倍；片状颗粒是指颗粒厚度小于其平均粒径的 0.4 倍。水泥混凝土用粗骨料的颗粒形状应该是接近球形或立方体形，而针状、片状颗粒不宜较多。因为针片状颗粒不仅本身受力时易折断，在混凝土搅拌过程中会产生较大的阻力，而且易产生架空现象，增大骨料空隙率，使混凝土拌和物的和易性变差，难以成型密实，强度降低。所以应限制粗骨料中针、片状颗粒的含量。

2) 表面特征

表面特征是指骨料表面的粗糙程度及孔隙特征等。骨料的表面特征主要影响骨料与水泥石之间的黏结性能，影响混凝土的强度，尤其是抗弯强度，这对高强混凝土更为明显。一般情况下，碎石表面粗糙并且具有吸收水泥浆的孔隙，所以它与水泥石的黏结能力较强；卵石表面圆润光滑，与水泥石的黏结能力较差，但混凝土拌和物的和易性较好。一般来说，在水泥用量与用水量相同的情况下，碎石混凝土比卵石混凝土的强度高 10%左右。

5. 强度和坚固性

1) 强度

为保证混凝土的强度，粗骨料必须质地致密，具有足够高的强度。碎石和卵石的强度采用岩石立方体强度和压碎值指标两种方式表示。当混凝土强度等级≥C60 时，或选择采石场或对石子强度有严格要求或对质量有争议时，应进行岩石抗压强度检验。对经常性的生产质量控制则采用压碎指标值检验。

岩石立方体强度检验，是将碎石或卵石制成标准试件(边长为 50 mm 的立方体或直径与高均为 50 mm 的圆柱体)，在水饱和状态下，测定其极限强度与设计所要求的混凝土强度等级之比，作为岩石强度指标。现行标准《建筑用卵石、碎石》(GB/T 14685—2011)规定：岩石试件的抗压极限强度火成岩不应低于 80 MPa，变质岩不应低于 60 MPa，水成岩不应低于 30 MPa。

压碎值指标可间接表示粗骨料强度，粗骨料的压碎值指标如表 5-10 所示。

表 5-10 水泥混凝土用粗骨料压碎指标值

项 目	指 标		
	I类	II类	III类
碎石压碎指标，≤	10	20	30
卵石压碎指标，≤	12	14	16

2) 坚固性

有抗冻要求的混凝土所用的粗骨料,要求测定其坚固性,即用硫酸钠坚固法检验,试样经 5 次循环后,其质量损失应符合现行标准《建筑用卵石、碎石》(GB/T 14685—2011)的规定,如表 5-11 所示。

表 5-11 碎石或卵石的坚固性指标

项 目	指 标		
	Ⅰ类	Ⅱ类	Ⅲ类
质量损失/% ≤	5	8	12

6. 碱活性检验

对于重要的水泥混凝土工程用粗骨料,应进行骨料碱活性检验。

(1) 用岩相法检验确定哪些骨料可能与水泥中的碱发生反应。

当骨料中方石英、安山岩、蛋白石等含量为 1% 或更少时即有可能成为有害反应的骨料。

(2) 用砂浆长度法检验骨料发生有害反应的可能性。

如果用高碱硅酸盐水泥制成的砂浆,长度膨胀率 3 个月低于 0.05% 或者 6 个月低于 0.10%,即可判定为非活性骨料。超过上述数值时,应通过混凝土试验结果作出最后评定。

5.2.4 拌和及养护用水

水是混凝土的主要组成材料之一,用于拌和、养护混凝土的水应满足下列要求。

(1) 不影响混凝土的凝结、硬化。

(2) 无损于混凝土强度和耐久性。

(3) 不加快钢筋的腐蚀和导致预应力钢筋的脆断。

(4) 不污染混凝土的表面等。

具体分析讨论如下。

1. 水的类型和应用选择

混凝土拌和用水按水源可分为饮用水、地表水、地下水、再生水、海水以及经适当处理或处置后的工业废水等。符合国家标准的饮用水,可直接用于拌制和养护混凝土。地表水或地下水,首次使用时,必须进行适用性检验,合格才能使用。海水只允许用来拌制素混凝土,不得用于拌制钢筋混凝土、预应力混凝土和有饰面要求的混凝土。工业废水必须经过检验,经处理合格后方可使用。生活污水不能用作拌制混凝土。

2. 水的技术要求

1) 有害物质含量控制

混凝土拌和用水中的有害物质含量应符合表 5-12 中的规定。

2) 对混凝土凝结时间的影响

用待检验水与蒸馏水(或符合国家标准的生活用水)进行水泥凝结时间试验,两者的初凝时间差及终凝时间差,均不得大于 30 min,待检验水拌制的水泥浆的凝结时间尚应符合国家水泥标准的规定。

表 5-12 混凝土拌和用水质量要求(JGJ 63—2006)

项 目	预应力混凝土	钢筋混凝土	素混凝土
pH 值	≥5.0	≥4.5	≥4.5
不溶物/(mg/L)	≤2000	≤2000	≤5000
可溶物/(mg/L)	≤2000	≤5000	≤10000
氯化物(以 Cl^- 计)/(mg/L)	≤500	≤1000	≤3500
硫酸盐(以 SO_4^{2-} 计)/(mg/L)	≤600	≤2000	≤2700
碱含量/(mg/L)	≤1500	≤1500	≤1500

注:碱含量按 $Na_2O+0.658K_2O$ 计数值来表示。采用非碱活性骨料时,可不检验碱含量。使用钢丝或热处理钢筋的预应力混凝土,氯离子含量不得超过 350mg/L。

3) 对混凝土强度的影响

用待检验水配制水泥胶砂或混凝土,并测定其 3 d 和 28 d 的抗压强度,其强度值不应低于饮用水拌制的相应水泥胶砂或混凝土抗压强度的 90%。

5.2.5 外加剂

在水泥混凝土拌和物中掺入的不超过水泥质量5%(特殊情况除外)并能使水泥混凝土的使用性能得到一定程度改善的物质,称为水泥混凝土外加剂。

外加剂作为混凝土的第五组分,不包括生产水泥时加入的混合材料、石膏和助磨剂,也不同于在混凝土拌制时掺入的大量掺和料。外加剂的掺量虽小,但其技术经济效果却十分显著。

1.外加剂的作用

(1) 改善混凝土拌和物的和易性,利于机械化施工,保证混凝土的浇筑质量。
(2) 减少养护时间,加快模板周转,提早对预应力混凝土放张,加快施工进度。
(3) 提高混凝土的强度,增加混凝土的密实度、耐久性、抗渗性等,提高混凝土的质量。
(4) 节约水泥,降低混凝土的成本。

2.外加剂的分类

混凝土外加剂的种类繁多,功能多样,通常分为以下几种。
(1) 改变混凝土拌和物流动性的外加剂,包括各种减水剂、引气剂和泵送剂等。
(2) 调节混凝土凝结时间、硬化性能的外加剂,包括缓凝剂、早强剂和速凝剂等。
(3) 改善混凝土耐久性的外加剂,包括引气剂、防水剂和阻锈剂等。
(4) 改善混凝土其他性能的外加剂,包括加气剂、膨胀剂、防冻剂、防水剂和泵送剂等。
目前建筑工程中应用较多和较成熟的外加剂有减水剂、早强剂、引气剂和调凝剂等。

3. 常用的混凝土外加剂

1) 减水剂

减水剂是在保持混凝土坍落度基本不变的条件下，能减少拌和用水量的外加剂；或在保持混凝土拌和物用水量不变的情况下，增大混凝土坍落度的外加剂。

(1) 减水剂的分子结构和特性

减水剂多属于表面活性剂，其分子由亲水(憎油)基团和憎水(亲油)基团两部分组成，如图 5-3 所示。减水剂的分子能溶解于水中，并且其分子中的亲水基团指向溶液，憎水基团指向空气、固体或非极性液体并做定向排列，如图 5-4 所示。

图 5-3　减水剂的分子结构　　　　图 5-4　减水剂分子在水溶液中的行为

(2) 减水剂的减水机理

水泥加水拌和后，由于水泥颗粒间分子引力的作用，产生许多絮状物，形成絮凝结构(见图 5-5)，其中包裹了许多拌和水，从而降低了混凝土拌和物的流动性。

若向水泥浆体中加入减水剂，则减水剂的憎水基团定向吸附于水泥颗粒表面，亲水基团指向水溶液。于是，一方面使水泥颗粒表面带上了相同的电荷，加大了水泥颗粒间的静电斥力，导致了水泥颗粒相互分散(见图 5-6(a))，絮凝状结构中包裹的游离水被释放出来，从而有效地增加了混凝土拌和物的流动性；另一方面，由于亲水基对水的亲和力较大，因此在水泥颗粒表面形成一层稳定的溶剂化水膜，包裹在水泥颗粒周围，增加了水泥颗粒间的滑动能力，使拌和物流动性增大；同时，水膜又将水泥颗粒隔开，使水泥颗粒的分散程度增大(见图 5-6(b))。综合以上两种作用，混凝土拌和物在不增加用水量的情况下，增大了流动性。

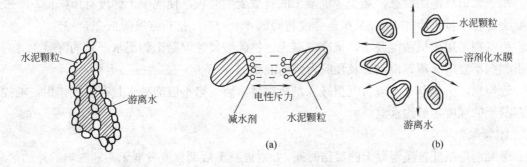

图 5-5　水泥浆的絮凝结构　　　　图 5-6　减水剂作用示意图

(3) 减水剂的技术经济效果

① 在原配合比不变的条件下，即用水量和水灰比不变时，可以增大混凝土拌和物的坍落度(约 100～200 mm)，且不影响混凝土的强度。

② 在保持流动性和水泥用量不变时，可显著减少拌和用水量(约 10%～20%)，从而降低水灰比，使混凝土的强度得到提高(约提高 15%～20%)，早期强度提高约 30%～50%。

③ 保持混凝土强度和流动性不变，可节约水泥用量 10%～15%。

④ 提高了混凝土的耐久性。

由于减水剂的掺入，显著地改善了混凝土的孔结构，使混凝土的密实度提高，透水性可降低 40%～80%，从而提高了混凝土的抗渗、抗冻、抗化学腐蚀等能力。

⑤ 掺入减水剂后，还可以改善混凝土拌和物的泌水、离析现象，减慢水泥水化放热速度，延缓混凝土拌和物的凝结时间。

2) 引气剂

引气剂是指在搅拌过程中能引入大量分布均匀的、稳定而封闭的微小气泡的外加剂。引气剂在每 1 m³ 混凝土中可生成 500～3000 个直径为 50～1250 μm(大多在 200 μm 以下)的独立气泡。

(1) 引气剂的分子结构特性

引气剂为憎水性表面活性物质，它能在水泥—水—空气的界面定向排列，形成单分子吸附膜，提高泡膜的强度，并使气泡排开水分而吸附于固相粒子表面，因而能使搅拌过程混进的空气形成微小而稳定的气泡，均匀分布于混凝土中。

(2) 引气剂对混凝土的作用

① 改善混凝土拌和物的和易性。

大量微小封闭的球状气泡在混凝土拌和物内形成，如同滚珠一样，减少了颗粒间的摩擦阻力，减少了泌水和离析，改善了混凝土拌和物的保水性、黏聚性。

② 显著提高混凝土的抗渗性、抗冻性。

大量均匀分布的封闭气泡切断了混凝土中的毛细管渗水通道，改变了混凝土的孔结构，使混凝土抗渗性显著提高。

③ 降低混凝土强度。

由于大量气泡的存在，减少了混凝土的有效受力面积，使混凝土强度有所降低。一般混凝土的含气量每增加 1%，其抗压强度将降低 4%～5%，抗折强度降低 2%～3%。

引气剂可用于抗渗混凝土、抗冻混凝土、抗硫酸侵蚀混凝土和泌水严重的混凝土等，但引气剂不宜用于蒸养混凝土及预应力钢筋混凝土。

近年来，引气剂逐渐被引气型减水剂所代替，因为它不但能减水且有引气作用，能提高混凝土的强度，节约水泥。

3) 缓凝剂

缓凝剂是指能延缓混凝土的凝结时间，并对混凝土后期强度发展无不利影响的外加剂。缓凝剂的缓凝作用是由于在水泥颗粒表面形成了不溶性物质，使水泥悬浮体的稳定程度提高并抑制水泥颗粒凝聚，因而延缓了水泥的水化和凝聚。

缓凝剂具有缓凝、减水、降低水化热和增强作用，对钢筋也无锈蚀作用，主要适用于大体积混凝土、炎热气候下施工的混凝土、需长时间停放或长距离运输的混凝土。缓凝剂不宜用于在日最低气温 5℃以下施工的混凝土，也不宜单独用于有早强要求的混凝土及蒸养混凝土。常用的缓凝剂有酒石酸钠、柠檬酸、糖蜜、含氧有机酸和多元醇等，其掺量一般为水泥质量的 0.01%～0.20%。掺量过大会使混凝土长期不硬，强度严重下降。

4) 早强剂

能提高混凝土早期的强度，并对后期强度无显著影响的外加剂，称为早强剂。

早强剂能加速水泥的水化和硬化，缩短养护周期，使混凝土在短期内即能达到拆模强度，从而提高模板和场地的周转率，加快施工进度。早强剂常用于混凝土的快速低温施工，特别适用于冬季施工或紧急抢修工程。

常用的早强剂有：氯化物系(如 $CaCl_2$，$NaCl$)、硫酸盐系(如 Na_2SO_4)等。但掺加了氯化钙的早强剂，会加速钢筋的锈蚀，为此对氯化钙的掺加量应加以限制，通常对于配筋混凝土不得超过 1%，无筋混凝土掺量亦不宜超过 3%。为了防止氯化钙对钢筋的锈蚀，氯化钙早强剂一般与阻锈剂($NaNO_2$)复合使用。

5) 防冻剂

防冻剂是指在规定温度下，能显著降低混凝土冰点，使混凝土液相不冻结或仅部分冻结，以保证水泥的水化作用，并在一定时间内获得预期强度的外加剂。

常用的防冻剂有氯盐类(氯化钙、氯化钠)；氯盐阻锈类(以氯盐与亚硝酸钠阻锈剂复合而成)；无氯盐类(以硝酸盐、亚硝酸盐、碳酸盐、乙酸钠或尿素复合而成)。

氯盐类防冻剂适用于无筋混凝土；氯盐阻锈类防冻剂适用于钢筋混凝土；无氯盐类防冻剂可用于钢筋混凝土工程和预应力钢筋混凝土工程。硝酸盐、亚硝酸盐、碳酸盐易引起钢筋的腐蚀，故不适用于预应力钢筋混凝土以及与镀锌钢材或与铝铁相接触部位的钢筋混凝土结构。

防冻剂用于负温条件下施工的混凝土。目前国产防冻剂适于在 0～-15℃的气温下使用，当在更低气温下施工时，应增加相应的混凝土冬季施工措施，如暖棚法、原料(砂、石、水)预热法等。

4．外加剂的选择和使用

在混凝土中掺入外加剂，可明显改善混凝土的技术性能，取得显著的技术经济效果。但若选择和使用不当，会造成事故。因此，在选择和使用外加剂时，应注意以下几点。

1) 外加剂品种的选择

外加剂品种、品牌很多，效果各异，特别是对于不同品种的水泥效果不同。在选择外加剂时，应根据工程需要、现场的材料条件，并参考有关资料，通过试验确定。

2) 外加剂掺量的确定

混凝土外加剂均有适宜掺量，掺量过小，往往达不到预期效果；掺量过大，则会影响混凝土质量，甚至造成质量事故。因此，应通过试验试配确定最佳掺量。

3) 外加剂的掺加方法

外加剂的掺量很少，必须保证其均匀分散，一般不能直接加入混凝土搅拌机内。对于可溶于水的外加剂，应先配成一定浓度的溶液，随水加入搅拌机。对不溶于水的外加剂，应与适量水泥或砂混合均匀后再加入搅拌机内。另外，外加剂的掺入时间对其效果的发挥也有很大影响，为保证减水剂的减水效果，施工中可视工程的具体要求，选择同掺、后掺、分次掺入等掺加方法。

5.3 混凝土的主要技术性能

混凝土的主要技术性能包括：新拌混凝土的和易性(工作性)；硬化后混凝土的力学性质(包括强度和变形性能)和耐久性。

5.3.1 新拌混凝土的和易性

1. 和易性的概念及内容

尚未凝结硬化的混凝土称为新拌混凝土或混凝土拌和物。新拌混凝土的工作性(亦称和易性)，是指混凝土拌和物易于施工操作(如拌和、运输、浇筑、振捣)且能够形成均匀、密实、稳定的混凝土的性能。

和易性是混凝土的一项综合技术性质，具体包括流动性、黏聚性和保水性。

- 流动性：拌和物在自重或机械振捣作用下，易于产生流动并能均匀密实填满模板的性能。流动性反映混凝土拌和物的稀稠程度，直接影响施工的难易程度和混凝土的浇筑质量。

黏聚性：拌和物内部材料之间有一定的凝聚力，在自重和一定的外力作用下，能保持整体性和稳定性而不会产生分层和离析现象的性能。

保水性：拌和物具有一定的保持内部水分的能力。保水性差，拌和物容易泌水，并在混凝土内形成贯通的泌水通道，不但影响混凝土的密实性、降低强度，还会影响混凝土的抗渗性、抗冻性和耐久性。

流动性、黏聚性和保水性既相互联系又相互矛盾。流动性过大，将影响黏聚性和保水性，反之亦然。因此实际工程中应在流动性基本满足施工的条件下，力求保证黏聚性和保水性，从而得到和易性满足要求的拌和物。

2. 和易性的检验方法

目前国内外尚无能够全面反映混凝土拌和物和易性的测定方法。按国标《普通混凝土拌和物性能试验方法标准》(GB/T 50080—2002)的规定，混凝土拌和物的流动性可采用坍落度和维勃稠度两种试验方法。在工地和试验室，通常是在测定拌和物流动性的同时，辅以直观经验评定黏聚性和保水性。

1) 坍落度法

坍落度法适用于骨料最大粒径不大于 40 mm、坍落度值不小于 10 mm 的塑性和流动性混凝土拌和物稠度的测定。测法是将拌和物按规定的试验方法装入坍落度筒内，然后按规定的方法垂直提起坍落度筒，测量筒高与坍落后混凝土试体中心点之间的高差(见图 5-7)，即为混凝土拌和物的坍落度，以 mm 为单位(精确至 5 mm)。

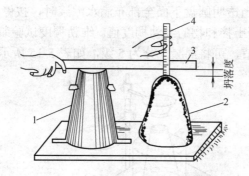

图 5-7　混凝土拌和物坍落度试验

1—坍落度筒；2—拌和物试体；3—木尺；4—钢尺

测定坍落度的同时，必须辅助直观评定拌和物的黏聚性、保水性，以综合评价拌和物的和易性。做法：用捣棒在已坍落的混凝土拌和物锥体一侧轻轻敲打，若锥体整体渐渐下沉，则表示黏聚性良好；若锥体突然倒坍、部分崩裂或发生离析现象，则表示黏聚性不好。保水性是以混凝土拌和物中稀浆析出的程度来评定的，坍落度筒提起后，如有较多的稀浆从底部析出，锥体部分也因失浆而骨料外露，则表明拌和物保水性不好；如坍落度筒提起后无稀浆或仅有少量稀浆由底部析出，则表示此混凝土拌和物保水性良好。

对于石子最大粒径大于 40 mm 的混凝土拌和物，目前尚无一个理想的试验方法，国外做法是先将大于 40 mm 的石子筛除后再用本法试验。

按《混凝土质量控制标准》GB 50164—2011 的规定：混凝土坍落度实测值与要求坍落度之间的允许偏差应符合表 5-13 中的规定，混凝土按坍落度的分级如表 5-14 所示。

表 5-13　混凝土实测坍落度和要求坍落度之间的允许偏差

混凝土要求坍落度/mm	允许偏差/mm	混凝土要求坍落度/mm	允许偏差/mm
≤40	±10	≥100	±30
50～90	±20		

表 5-14　混凝土按坍落度的分级

级　别	坍落度/mm
S1	10～40
S2	50～90
S3	100～150
S4	160～210
S5	≥220

注：坍落度检验结果，在分级评定时，其表达取舍至临近的 10 mm。

2) 维勃稠度法

该方法适用于骨料最大粒径不大于 40 mm、坍落度小于 10 mm、维勃稠度在 5～30 s 之间的混凝土拌和物稠度的测定。测法是按坍落度试验方法，将新拌混凝土装入坍落度筒内,再拔去坍落度筒,并在新拌混凝土顶上置一透明圆盘。开动振动台的同时,启动秒表并观察拌和物下落情况。当透明圆盘下面全部布满水泥浆时,按停秒表,记录时间,以秒计(精确至1秒),即为混凝土拌和物的维勃稠度值。维勃稠度试验装置如图5-8所示。根据混凝土拌和物的维勃稠度值,可将混凝土分为5级,如表5-15所示。

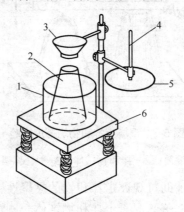

图 5-8 混凝土维勃稠度试验装置

1—圆柱形容器;2—坍落度筒;3—漏斗;4—测杆;5—透明圆盘;6—振动台

表 5-15 混凝土按维勃稠度分级

级 别	维勃稠度/s
V_0	≥31
V_1	30～21
V_2	20～11
V_3	10～6
V_4	5～3

3. 混凝土拌和物流动性的选择

当设计图纸上标明有工作性指标(稠度)的要求时,可按所要求的坍落度值进行配合比设计。当设计图纸上没有标明坍落度要求时,则可根据结构物的类型及施工条件选择合理的坍落度值。具体应根据结构物构件断面尺寸、钢筋疏密和振捣方式来确定。当构件断面尺寸较小、钢筋较密或人工振捣时,应选择较大的坍落度,以使浇捣密实,保证施工质量;反之,对于构件断面尺寸较大,钢筋配置稀疏,采用机械振捣时,尽可能选用较小的坍落度,以节约水泥。一般情况下,混凝土灌注时的坍落度可根据表5-16选用。

生产预制构件时往往采用坍落度小于10 mm的干硬性混凝土,此时混凝土稠度应以维勃稠度(s)计量。混凝土所需的维勃稠度值应根据结构或构件的种类及振实条件按生产经验或经过试验确定。

目前,许多单位已经开始采用流动性混凝土并且取得了较好的效果。一般情况下,流动性混凝土的坍落度以100～150 mm为宜。泵送高度较大以及在炎热气候下施工时可采用坍落度为150～180 mm或更大的混凝土。

表 5-16 混凝土灌注时的坍落度

序号	结构种类	坍落度/mm	
		振动器捣实	人工捣实
1	基础或地基等的垫层	10~30	20~40
	无配筋的大体积结构(挡土墙、基础、厚大块体等)或配筋稀疏的结构	10~30	35~50
2	板、梁和大型及中型截面的柱子等	35~50	55~70
3	配筋密列的结构(薄壁、斗仓、筒仓、细柱等)	55~70	75~90
4	配筋密列的其他结构	75~90	90~120

注：其他情况的工作性指标，可按下列说明选定。
① 使用干硬性混凝土时采用的工作度，应根据结构种类和振捣设备通过试验后确定。
② 需要配制大坍落度混凝土时，应掺用外加剂。
③ 浇注在曲面或斜面的混凝土的坍落度，应根据实际情况试验选定，避免流淌。
④ 轻骨料混凝土的坍落度，可相应减少 10~20 mm。

4．影响混凝土拌和物工作性的主要因素

主要因素有：组成材料自身的性质、组成材料间的用量比例、环境条件、搅拌方式和搅拌时间、外加剂等。

1) 组成材料性质的影响

(1) 水泥品种

水泥对拌和物和易性的影响主要反映在需水量上。而水泥的品种、细度、矿物组成及混合材料的掺量等都会影响水泥的需水量。需水量不同，在相同配合比时，拌和物稠度也有所不同，需水量大者，其拌和物的坍落度较小。一般普通水泥混凝土拌和物比矿渣水泥和火山灰水泥的工作性好；矿渣水泥拌和物的流动性虽大，但黏聚性差，易泌水离析；火山灰水泥流动性小，但黏聚性最好。

(2) 骨料的种类、粗细程度和颗粒级配

河砂和卵石多呈卵圆形，表面光滑无棱角，拌制的混凝土拌和物比碎石拌制的拌和物流动性好。采用较大粒径的、级配良好的砂石，因其总表面积和空隙率小，包裹骨料表面和填充空隙用的水泥浆用量小，因此拌和物的流动性也较好。

2) 组成材料间用量比例的影响

(1) 水灰比

水灰比即水的用量与水泥用量之比。水灰比的大小决定水泥浆的稠度，水灰比越小，水泥浆越稠，当水泥浆与骨料用量一定时，混凝土拌和物的流动性便越小。当水灰比过小时，由于水泥浆干稠，会导致施工困难，影响混凝土的浇筑质量；反之，水灰比过大，水泥浆过稀，拌和物会产生流浆、离析现象。因此，水灰比不宜过小或过大，应根据混凝土的强度和耐久性要求合理地选用。

(2) 集浆比

骨料(也称集料)与水泥浆的用量比称为集浆比。在骨料量一定的情况下，集浆比的大小可用水泥浆的数量表示，集浆比越小，表示水泥浆用量越多，拌和物的流动性越大。但水泥浆过多，不仅不经济，而且会使拌和物的均匀、稳定性变差，出现流浆现象。

无论是提高水灰比还是减小集浆比，实质都是增加拌和物的用水量。可见，用水量是对混凝土拌和物稠度起决定性作用的因素。实验证明，在骨料用量一定的情况下，所需拌和用水量基本上是一定的，即使水泥用量有所变动(每立方米混凝土用量增减 50～100kg)也无影响，这一关系称为恒定用水量法则。

必须指出，在施工中为了保证混凝土的强度和耐久性，不准用单纯改变用水量的办法来使拌和物达到施工要求的稠度。

(3) 砂率

砂率是混凝土中砂的质量占砂、石总质量的百分率。砂在混凝土拌和物中起着填充粗骨料空隙的作用。与粗骨料比，砂具有粒径小、比表面积大的特点。因而，砂率的改变会使骨料的总表面积和空隙率都有显著的变化。砂率和混凝土拌和物坍落度的关系如图 5-9(a)所示。从图中可以看出，当砂率过大时，骨料的空隙率和总表面积增大，在水泥浆用量一定的条件下，拌和物的流动性减小；而当砂率过小时，虽然骨料的总表面积减小，但由于拌和物中砂浆量不足，不能在粗骨料的周围形成足够的起润滑作用的砂浆层，使拌和物的流动性降低。更严重的是影响了混凝土拌和物的黏聚性与保水性，使拌和物显得干涩、粗骨料离析、水泥浆流失，甚至出现溃散等不良现象。当砂率适宜时，砂不但填满石子的空隙，而且还能保证粗骨料间有一定厚度的砂浆层以便减小粗骨料的滑动阻力，使拌和物有较好的流动性，这个适宜的砂率称为合理砂率。采用合理砂率时，在用水量和水泥用量一定的情况下，能使拌和物获得最大的流动性、良好的稳定性；或者在保证拌和物获得所要求的流动性及良好的均匀稳定性时，水泥用量最小，如图 5-9(b)所示。可通过试验确定。

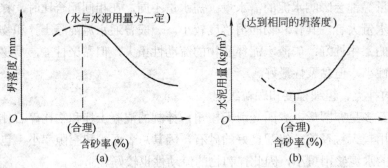

图 5-9 合理砂率

3) 环境条件

环境因素对拌和物和易性的影响主要有温度、湿度和风速。

(1) 温度：拌和物的流动性随着温度的升高而减小，温度升高 10℃，坍落度减小 20～40mm，这是由于温度升高会加速水泥的水化，增加水分的蒸发，夏季施工必须注意这一点。

(2) 湿度和风速：湿度和风速会影响拌和物水分的蒸发速率，因而影响坍落度。风速越大、大气的湿度越小，拌和物的坍落度损失越快。

4) 搅拌方式和搅拌时间

(1) 搅拌方式:《混凝土结构工程施工规范》(GB 50666—2011)规定,根据搅拌机的类型和不同容量,规定最小搅拌时间为 1~3 min。在较短的时间内,搅拌得越完全、越彻底,混凝土拌和物的和易性越好。因此用强制式搅拌机比自落式搅拌机的拌和效果好;高频搅拌机比低频搅拌机拌和的效果好。

(2) 搅拌时间:由于混凝土拌和后水泥立即水化,使水化产物不断增多、游离水逐渐减少,因此拌和物的流动性将随着时间的增长而不断降低。拌和物从搅拌到捣实的这段时间里,随着时间的增加,坍落度将逐渐减小,称为坍落度损失,如图 5-10 所示。

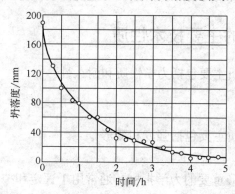

图 5-10 坍落度随时间的损失关系图

实际施工中,搅拌时间不足,拌和物的工作性就差,质量也不均匀;适当延长搅拌时间,可以获得较好的和易性,但搅拌时间过长,流动性反而降低,严重时会影响混凝土的浇筑和捣实。

5) 外加剂

在拌制混凝土时,掺用外加剂(减水剂、引气剂)能使混凝土拌和物在不增加水泥和水用量的条件下,显著提高流动性,且具有较好的均匀性、稳定性。

5. 改善新拌混凝土和易性的措施

1) 调节混凝土的材料组成

(1) 采用适宜的水泥品种和掺和材料。

(2) 改善砂、石(特别是石子)的级配,尽量采用较粗的骨料。

(3) 采用合理砂率,尽可能降低砂率,有利于提高混凝土的质量和节约水泥。

(4) 当混凝土拌和物坍落度太小时,维持水灰比不变,适当增加水泥浆的用量,加入外加剂等;当拌和物坍落度太大,但黏聚性良好时,可保持砂率不变,适当增加砂、石用量。

2) 掺加各种外加剂

在拌和物中加入少量外加剂(如减水剂、引气剂等),能使拌和物在不增加水泥浆用量的条件下,有效地改善工作性,增大流动性,改善黏聚性,降低泌水性;并且由于改变了混凝土结构,还能提高混凝土的耐久性。

3) 改进拌和物的施工工艺

采用高效率的搅拌设备和振捣设备,既可以改善拌和物的和易性,又可在较小的坍落度情况下获得较高的密实度。

考虑到工程实际,在施工中因原材料(水泥、砂、石)已限定,砂率往往已采用合理砂率值,因此,在保证混凝土质量的前提下,只能采取减小集浆比(即保持水灰比不变,增加水泥浆用量)或掺入外加剂的措施来改善拌和物的和易性。现代商品混凝土,在远距离运输时,为了减小坍落度损失,还经常采用二次加水法,即在搅拌站拌和时只加入大部分的水,剩下少部分等在快到施工现场时再加入,然后迅速搅拌以获得较好的坍落度。

5.3.2 硬化混凝土的主要技术性质

硬化混凝土的技术性质主要包括力学性质和耐久性。

1. 力学性质

硬化混凝土的力学性质主要包括强度和变形。

1) 强度

强度是硬化后混凝土最重要的力学指标,通常用于评定和控制混凝土的质量,或者作为评价原材料、配合比、工艺过程和养护条件等影响程度的指标。混凝土的强度包括抗压、抗拉、抗剪、抗折强度以及握裹强度等,其中以抗压强度最大,工程中可以根据抗压强度的大小来估计其他强度值。

(1) 立方体抗压强度标准值和强度等级

① 立方体抗压强度

按照标准制作方法制成边长为 150 mm 的立方体试件,立即用不透水的薄膜覆盖表面。拆模后在标准养护条件(温度为 20℃±2℃,相对湿度为 95% 以上的标准养护室中养护,或在温度为 20℃±2℃ 的不流动的 $Ca(OH)_2$ 饱和溶液中养护)下,养护至 28 d 龄期,按照标准测定方法测定其抗压强度值,即为混凝土立方体试件抗压强度(简称立方体抗压强度),以 f_{cu} 表示,按下式计算,以 MPa(即 N/mm^2)计:

$$f_{cu} = \frac{F}{A} \tag{5-4}$$

式中:F——试件破坏荷载,N;

A——试件承压面积,mm^2。

一组三个试件,按照混凝土强度评定方法确定每组试件的强度代表值(见实验篇)。

按照《混凝土结构工程施工质量验收规范》(GB 50204—2015)的规定,混凝土立方体试件的最小尺寸应根据粗骨料的最大粒径确定,当采用非标准尺寸试件时,应将其抗压强度乘以换算系数(见表 5-17),折算为标准试件的立方体抗压强度。

表 5-17　试件尺寸换算系数

骨料最大粒径/mm	试件尺寸/mm	换算系数
≤31.5	100×100×100	0.95
≤40	150×150×150	1.00
≤63	200×200×200	1.05

② 立方体抗压强度标准值($f_{cu,k}$)

立方体抗压强度标准值是按照标准方法制作和养护的边长为 150 mm 的立方体试件,在 28 d 龄期用标准试验方法测得的抗压强度总体分布中的一个值,强度低于该值的百分率不超过 5%(即具有 95%保证率的抗压强度值),单位为 MPa,以 $f_{cu,k}$ 表示。

用立方体抗压强度标准值表征混凝土的强度,对于实际工程来讲,大大提高了结构的安全性。

③ 强度等级

强度等级是根据立方体抗压强度标准值来确定的。强度等级用符号 C 和立方体抗压强度标准值两项内容表示。例如"C30"即表示混凝土立方体抗压强度标准值 $f_{cu,k}$=30 MPa。

我国现行规范《混凝土结构设计规范》(GB 50010—2002)规定:普通混凝土按立方体抗压强度标准值划分为 C15、C20、C25、C30、C35、C40、C45、C50、C55、C60、C65、C70、C75 和 C80 共 14 个等级。

(2) 抗折强度(f_{cf})

道路路面或机场道面用水泥混凝土,以抗折强度(或称抗弯强度)为主要强度指标,抗压强度为参考强度指标。

道路水泥混凝土抗折强度是以标准操作方法制备成 150 mm×150 mm×550 mm 的梁形试件,在标准条件下,经养护 28 d 后,按三分点加荷方式,如图 5-11 所示,测定其抗折强度(f_{cf}),按式(5-5)计算,以 MPa 计:

$$f_{cf} = \frac{FL}{bh^2} \tag{5-5}$$

式中:F——试件破坏荷载,N;
　　　L——支座间距,mm;
　　　b——试件宽度,mm;
　　　h——试件高度,mm。

(3) 轴心抗压强度(f_{cp})

在实际工程中,立方体的钢筋混凝土结构形式是极少的,大部分是棱柱体或圆柱体型。为使测得的混凝土强度接近混凝土结构的实际情况,在钢筋混凝土结构计算中,计算轴心受压构件时,都是采用混凝土的轴心抗压强度(f_{cp})作为依据。

我国现行标准《公路工程水泥及水泥混凝土试验规程》(JTG E30—2005)规定,采用 150 mm×150 mm×300 mm 的棱柱体作为测定轴心抗压强度的标准试件,轴心抗压强度(f_{cp})按式(5-6)计算,以 MPa 计:

$$f_{cp} = \frac{F}{A} \tag{5-6}$$

式中：F——试件破坏荷载，N；

A——试件承压面积，mm^2。

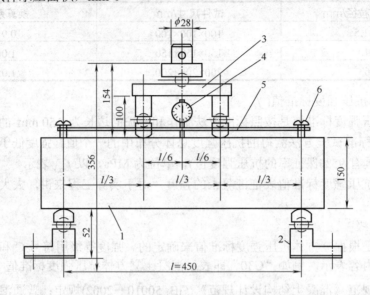

图 5-11 水泥混凝土抗折强度和抗折模量试验装置图(尺寸单位：mm)

1—试件；2—支座；3—加荷支座；4—千分表；5—千分表架；6—螺杆

轴心抗压强度 f_{cp} 比同截面的立方体抗压强度 f_{cu} 小，并且棱柱体试件的高宽比越大，轴心抗压强度越小。当高宽比达到一定值之后，强度就不再降低。在立方体抗压强度 $f_{cu}=10\sim55$ MPa 范围内，轴心抗压强度 $f_{cp}\approx(0.7\sim0.8)f_{cu}$。

(4) 劈裂抗拉强度(f_{ts})

混凝土是一种脆性材料，直接受拉时，很小的变形就会产生脆性破坏。通常其抗拉强度只有抗压强度的 1/10~1/20，且随着混凝土强度等级的提高，比值有所降低。钢筋混凝土结构设计中，不考虑混凝土承受的拉力(结构中的拉力由钢筋承受)，但抗拉强度对于混凝土的抗裂性具有重要意义，它是结构设计中确定混凝土抗裂度的重要指标；有时还用抗拉强度间接衡量混凝土与钢筋间的黏结强度。测定混凝土抗拉强度的方法，有轴心抗拉试验法及劈裂试验法两种。由于轴心抗拉试验结果的离散性很大，故一般多采用劈裂法。

我国现行标准《公路工程水泥及水泥混凝土试验规程》(JTG E30—2005)规定：采用 150 mm×150 mm×150 mm 的立方体作为标准试件，在立方体试件中心面内用圆弧为垫条施加两个方向相反、均匀分布的压应力，如图 5-12 和图 5-13 所示。当压力增大至一定程度时，试件就沿此平面劈裂破坏，这样测得的强度称为劈裂抗拉强度，简称劈拉强度(f_{ts})。劈拉强度按式(5-7)计算，以 MPa 计：

$$f_{ts}=\frac{2F}{\pi A}=\frac{0.637F}{A} \tag{5-7}$$

式中：F——试件破坏荷载，N；

A——试件劈裂面面积，mm^2。

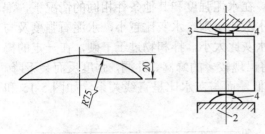

图 5-12　劈裂抗拉试验装置(尺寸单位/mm)　　图 5-13　劈裂试验时垂直于受力面的应力分布
1—上压板；2—下压板；3—垫层；4—垫条

关于劈裂抗拉强度 f_{ts} 与标准立方体抗压强度 f_{cu} 之间的关系，我国有关部门进行了对比试验，得出经验公式：

$$f_{ts} = 0.35 f_{cu}^{3/4} \tag{5-8}$$

(5) 影响混凝土强度的因素

影响水泥混凝土强度的因素可归纳为：材料性质及其组成、施工条件、养护条件和试验条件四个方面。

① 材料性质及其组成

材料组成是影响混凝土强度的内因，主要取决于组成材料的质量及其在混凝土中的比例。实验表明，混凝土受压破坏基本分为如图 5-14 所示的三种情况。图 5-14(a)表示混凝土破坏是由于硬化水泥砂浆的破坏，而石子毫无破坏。这种破坏一般在硬化砂浆强度较低的情况下出现，如低强度混凝土。

图 5-14(b)是用天然砂、石作粗细骨料的普通混凝土中出现最多的破坏情况，即沿着石子与硬化水泥砂浆的黏结面破坏。

图 5-14(c)表示粗骨料和硬化砂浆体均被压坏，这种情况只有在高强混凝土或轻骨料混凝土中出现。

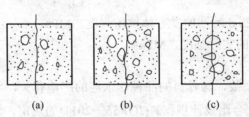

图 5-14　混凝土受压破坏示意图

可见，混凝土强度主要决定于水泥石的强度及其与骨料间的黏结强度，而水泥石强度及其与骨料的黏结强度又与水泥强度、水灰比及骨料的性质有关。

a. 水泥的强度。水泥是混凝土的胶结材料，水泥强度的大小直接影响着混凝土强度的高低。在配合比相同的条件下，水泥强度越高，水泥石的强度及其与骨料的黏结力越大，制成的混凝土强度也越高。试验证明，混凝土的强度与水泥强度成正比例关系。

b. 水灰比。在拌制混凝土时，为了获得必要的流动性，常需加入较多的水(约占水泥质量的 40%～70%)。水泥完全水化所需的结合水，一般只占水泥质量的 10%～25%。当混凝土硬化后，多余的水分或残留在混凝土中，或蒸发并在混凝土内部形成各种不同尺寸的孔隙，使混凝土的密实度和强度大大降低。因此，在水泥强度和其他条件相同的情况下，混凝土强度主要取决于水灰比，这一规律常称为水灰比定则。水灰比越小，水泥石强度及与骨料的黏结强度越大，混凝土强度越高。但若水灰比太小，拌和物过于干硬，在一定的捣实成型条件下，无法保证浇灌质量，混凝土中将出现较多的蜂窝、孔洞，强度反而会下降。试验表明，混凝土的强度随水灰比的增大而降低，而与灰水比呈直线关系，如图5-15和图5-16所示。

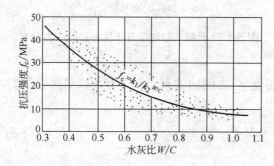 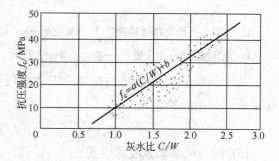

图 5-15　混凝土的抗压强度与水灰比的关系　　图 5-16　混凝土的抗压强度与灰水比的关系

c. 粗骨料的特征。粗骨料的形状和表面性质与强度有着直接的关系。碎石表面粗糙，与水泥石的黏结力较大；而卵石表面光滑，与水泥石的黏结力较小。当水灰比小于0.4时，用碎石配制的混凝土比用卵石配制的混凝土强度约高38%。但随着水灰比增大，两者的差异就不明显了。在我国现行混凝土强度公式中，对表面粗糙、有棱角的碎石以及表面光滑浑圆的卵石，它们的回归系数α_a、α_b均不相同。

1930年，瑞士学者J.鲍罗米(Bolomey)提出混凝土抗压强度与水泥强度和灰水比的直线关系。我国根据大量的对混凝土材料的研究和工程实践经验统计，提出灰水比(C/W)、水泥实际强度(f_{ce})与混凝土28d立方体抗压强度($f_{cu,28}$)的关系公式：

$$f_{cu,28} = \alpha_a f_{ce} \left(\frac{C}{W} - \alpha_b \right) \tag{5-9}$$

式中：$f_{cu,28}$——混凝土28d龄期的立方体抗压强度，MPa；

f_{ce}——水泥28d的实际强度，MPa；

C/W——灰水比；

α_a、α_b——回归系数，与骨料的品种、水泥的产地有关，可通过历史资料统计计算得到。按《普通混凝土配合比设计规程》(JGJ 55—2011)的规定，无实验统计资料时，混凝土强度回归系数取值如表5-18所示。

表 5-18　回归系数α_a、α_b选用表

骨料类别	回归系数	
	α_a	α_b
碎石	0.53	0.49
卵石	0.20	0.13

一般水泥厂为了保证水泥的出厂强度等级，其实际抗压强度往往比其强度等级要高一些，当无法取得水泥 28 d 实际抗压强度数值时，用式(5-10)计算：

$$f_{ce} = \gamma_c \cdot f_{ce,g} \tag{5-10}$$

式中：f_{ce}——水泥强度等级的标准值，MPa；

γ_c——水泥强度等级的富余系数，该值按各地区实际统计资料确定，可取 1.10～1.16；

$f_{ce,g}$——水泥强度等级值。

d. 集浆比。集浆比对混凝土的强度也有一定的影响，特别是对高强度的混凝土更为明显。实验证明，水灰比一定，增加水泥浆用量，可增大拌和物的流动性，使混凝土易于成型，强度提高。但过多的水泥浆体，易使硬化的混凝土产生较大的收缩，形成较多的孔隙，反而降低了混凝土的强度。

② 施工条件

施工条件是确保混凝土结构均匀密实、硬化正常、达到设计强度的基本条件。采用机械搅拌比人工搅拌的拌和物更均匀；采用机械捣固比人工捣固更密实，特别是在拌制低流动性混凝土时效果更明显；而用强制式搅拌机又比自由落体式搅拌机效果更好。施工方式对混凝土抗压强度的影响如图 5-17 所示。

③ 养护条件

a. 温度。温度对混凝土早期强度的影响尤为显著。一般，当温度在 4～40℃范围内，养护温度提高，可以促进水泥的溶解、水化和硬化，提高混凝土的早期强度如图 5-18 所示。

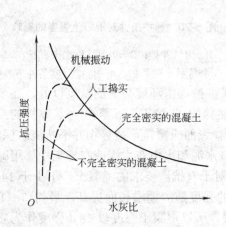

图 5-17 施工方式对混凝土抗压强度的影响

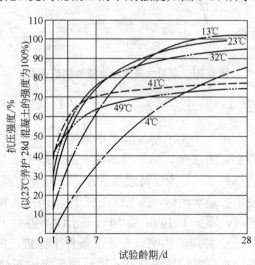

图 5-18 养护温度对混凝土强度的影响

不同品种的水泥，对温度有不同的适应性，因此需要有不同的养护温度。对于硅酸盐水泥和普通水泥，若养护温度过高(40℃以上)，水泥水化速率加快，生成的大量水化产物来不及转移、扩散，而使水化反应变慢，混凝土后期强度反而降低。而对于掺入大量混合材料的水泥(如矿渣、火山灰、粉煤灰水泥等)而言，因为有二次水化反应，提高养护温度不但能加快水泥的早期水化速度，而且对混凝土后期强度增长有利。

养护温度过低，混凝土强度发展缓慢，当温度降至 0℃以下时，混凝土中的水分将结冰，水泥水化反应停止，这时不但混凝土强度停止增长，而且由于孔隙内水分结冰而引起体积膨胀(约9%)，对孔壁产生相当大的膨胀压力，导致混凝土已获得的强度受到损失，严重时会导致混凝土崩溃。混凝土强度与冻结龄期的关系如图5-19所示。

实践证明，混凝土冻结时间越早，强度损失越大，所以在冬季施工时要特别注意保温养护。因为混凝土在融化后强度虽然会继续增长，但与未受冻的混凝土相比其强度要低得多。

b. 湿度的影响。养护的湿度是决定水泥能否正常水化的必要条件。湿度对混凝土强度的影响如图5-20所示。适宜的湿度，有利于水化反应的进行，混凝土强度增长较快；如果湿度不够，混凝土会失水干燥，甚至停止水化。这不仅会严重降低混凝土的强度，而且会因水泥水化作用未能完成，使混凝土结构疏松，渗水性增大，或形成干缩裂缝，从而影响混凝土的耐久性。

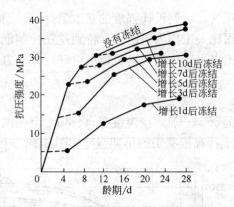

图5-19 混凝土强度与冻结龄期的关系

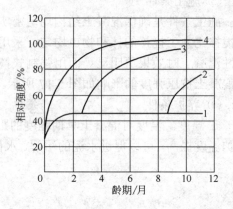

图5-20 养护条件对混凝土强度的影响

1—空气养护；2—9个月后水中养护；
3—3个月后水中养护；4—标准湿度条件下养护

所以，为了使混凝土正常硬化，在成型后除了维持周围环境必需的温度以外，还要保持必需的湿度。施工现场养护的混凝土多采用自然养护(自然条件下养护)，其养护的温度随气温变化，为保持潮湿状态，在混凝土凝结以后，表面应覆盖草袋等物并不断浇水保湿。使用普通水泥时，浇水保湿应不少于7 d；使用矿渣水泥和火山灰水泥或在施工中掺用减水剂时，不少于14 d；如用矾土水泥不得少于3 d；对于有抗渗要求的混凝土，不少于14 d。

c. 龄期的影响。在正常条件下养护，混凝土的强度随龄期增长而提高，最初 7~14 d内，强度增长较快，28 d以后增长缓慢并趋于平缓，所以混凝土强度以28 d强度作为质量评定的依据。但强度增长速度因水泥品种和养护条件而不同，如矿渣水泥 7 d 的强度约为 28 d 的 42%~54%，普通水泥 7 d 强度约为 28 d 的 58%~65%，但 28 d 以后两种水泥强度的增长基本相同。

④ 试验条件的影响

a. 试件的形状：试件受压面积相同而高度不同时，高宽比越大，抗压强度越小。原因是压力机压板与试件间的摩擦力，束缚了试件的横向膨胀作用，有利于强度的提高，如图 5-21所示。离承压面越近，束缚力越大，致使试件破坏后，形成较完整的棱锥体，是束缚作用的结果，如图 5-22 所示。

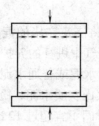 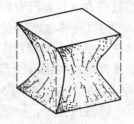

图 5-21　压力机压板对试件的约束作用　　　　图 5-22　试件破坏后残存的棱柱体

b. 试件的尺寸：混凝土的配合比相同，试件尺寸越小，测得的强度越高。因为尺寸增大时，内部孔隙、缺陷等出现的概率也大，导致有效受力面积的减小和应力集中，引起混凝土强度降低。

c. 试件表面状态：表面光滑平整，压力值较小；当试件表面有油脂类润滑剂时，测得的强度值明显降低。由于束缚力大大减少，造成试件出现直裂破坏如图 5-23 所示。

图 5-23　不受压板约束时试件的破坏情况

d. 加荷速度：加荷速度越快，测得的强度值越大，当加荷速度超过 1.0 MPa/s 时，这种趋势更加显著。因此，我国标准规定混凝土抗压强度的加荷速度为 0.3~0.8 MPa/s，且应连续均匀地加荷。

(6) 提高混凝土强度的措施

实际施工中为了加快施工进度，提高模板的周转效率，常需提高混凝土的早期强度，可采取以下几种方法。

① 采用高强度等级水泥和早强型水泥。硅酸盐水泥和普通水泥的早期强度较其他水泥高；对于紧急抢修工程、桥梁拼装接头、严寒的冬季施工以及其他要求早期强度高的结构物，则可优先选用早强型水泥配制混凝土。

② 采用水灰比较小、用水量较少的干硬性混凝土。

③ 采用质量合格、级配良好的碎石及合理砂率。

④ 掺加外加剂和掺和料。

常用的外加剂有普通减水剂、高效减水剂、早强剂等。具有高活性的掺和料，如超细粉煤灰、硅灰等，可以与水泥的水化产物进一步发生反应，产生大量的凝胶物质，使混凝土更趋密实，强度得到进一步提高。

⑤ 改进施工工艺，提高混凝土的密实度。

降低水灰比，采用机械振捣的方式，增加混凝土的密实度，提高混凝土强度。

⑥ 采用湿热处理。

湿热处理就是提高水泥混凝土养护时的温度和湿度，以加快水泥的水化，提高早期强度。常用的湿热处理方法有蒸汽养护和蒸压养护。

a. 常压蒸汽养护(简称蒸汽养护或蒸养)。蒸汽养护是指将浇筑完毕的混凝土构件经 1～3h 预养后，在 90%以上的相对湿度、60℃以上的饱和水蒸气中进行的养护。

不同品种的水泥配制的混凝土其蒸养适应性不同。硅酸盐水泥或普通水泥混凝土一般在 60～80℃条件下，恒湿养护时间 5～8 h 为宜；矿渣水泥、火山灰质水泥、粉煤灰水泥等配制的混凝土，蒸养适应性好，一般蒸养温度达 90℃、蒸养时间不宜超过 12 h。

b. 高压蒸汽养护(简称蒸压养护或压蒸)。蒸压养护是指将浇筑好的混凝土构件静停 8～10h 后，放入蒸压釜内，通入高温、高压(175℃和 8 个大气压)饱和蒸汽进行的养护。饱和水蒸气使水泥的水化、硬化速度加快，混凝土的强度得到提高。

2) 变形

混凝土的变形，主要包括非荷载作用下的变形及荷载作用变形。

(1) 非荷载作用下的变形

① 沉降收缩

混凝土拌和物在刚成型后，固体颗粒下沉，表面产生泌水而使混凝土的体积减小，又称塑性收缩，其收缩值约为 1%。在桥梁墩台等大体积混凝土中，由于沉降收缩可能产生沉降裂缝。

② 化学收缩

由于水泥水化产物的体积比水化反应前物质的总体积(包括水的体积)要小，因而会使混凝土产生的收缩。化学收缩是不能恢复的，收缩值随龄期增长而增加，40 d 以后渐趋稳定，但收缩率一般很小(在 $4\sim100\times10^{-6}$ mm/mm)，在限制应力下不会对结构物产生破坏作用，但会在混凝土内部产生微细裂缝。

③ 干湿变形

干湿变形是混凝土最常见的非荷载变形，主要表现为干缩湿胀。

混凝土在干燥空气中硬化时，随着水分的逐渐蒸发，体积将逐渐发生收缩。而在水中或潮湿条件下养护时，混凝土的干缩将减少或略产生膨胀，如图 5-24 所示。但混凝土收缩值较膨胀值大，当混凝土产生干缩后，即使长期放在水中，仍有残留变形，残余收缩为收缩量的 30%～60%。在一般工程设计中，通常采用混凝土的线收缩值为 $1.5\times10^{-3}\sim2.0\times10^{-4}$。

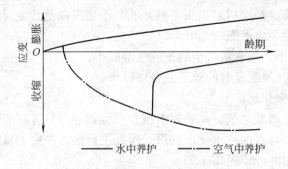

图 5-24 混凝土的湿涨干缩变形

混凝土干缩后会在表面产生细微裂缝。当干缩变形受到约束时，常会引起构件的翘曲或开裂，影响混凝土的耐久性。因此，应通过调节骨料级配、增大粗骨料的粒径、减少水泥浆用量、选择合适的水泥品种、采用振动捣实、加强早期养护等措施来减小混凝土的干缩。

④ 碳化收缩

水泥水化生成的氢氧化钙与空气中的二氧化碳发生反应,从而引起混凝土体积减小的收缩称为碳化收缩。碳化收缩的程度与空气的相对湿度有关,当相对湿度为30%~50%时,收缩值最大。碳化收缩过程常伴随着干燥收缩,在混凝土表面产生拉应力,导致混凝土表面产生微细裂缝。

⑤ 温度变形

混凝土具有热胀冷缩的性质,温度膨胀系数为 10×10^{-5} mm/(mm·℃),即温度升高1℃,每米膨胀 0.01 mm。温度变形对大体积混凝土和大面积工程极为不利。

因为混凝土是热的不良导体,水泥水化初期产生的大量水化热难于散发,浇筑大体积混凝土时内外部温差可达 50~80℃,这将使混凝土由于内部显著的体积膨胀和外部的冷却收缩,而在表面产生较大的拉应力。当外部混凝土所受拉应力一旦超过混凝土当时的极限抗拉强度,就会产生裂缝。因此大体积混凝土工程,应采用低热水泥,减少水泥用量,采用人工降温等措施,尽可能降低混凝土的发热量。一般纵长的钢筋混凝土结构,应每隔一段距离设置一道长度伸缩缝,或采取在结构物中设置温度钢筋等措施。

(2) 荷载作用变形

① 弹-塑性变形与弹性模量

混凝土在荷载作用下,应力与应变的关系为如图 5-25 所示的曲线。其变形模量随应力的增加而减小。因此,工程上采用割线弹性模量上任一点与原点连线的斜率,它表示所选择点的实际变形,很容易测得。

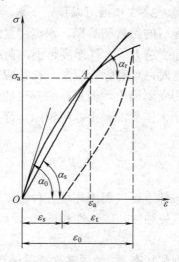

图 5-25 混凝土应力-应变曲线

混凝土的弹性模量主要取决于骨料和水泥石的弹性模量。它们之间弹性模量的关系为:水泥石<混凝土<骨料。

当混凝土中骨料含量较多、水泥石的水灰比较小、养护较好、龄期较长时，混凝土的弹性模量就较大。蒸汽养护的混凝土比标准条件下养护的略低，强度等级为 C10～C60 的混凝土，其弹性模量为 $(1.75\sim3.60)\times10^4$ MPa。

② 徐变

混凝土在长期荷载作用下，除了产生瞬间的弹性变形和塑性变形外，还会产生随时间而增长的非弹性变形。这种在长期荷载作用下，随时间而增长的变形称为徐变，也称蠕变。混凝土的变形与荷载作用时间的关系如图 5-26 所示。

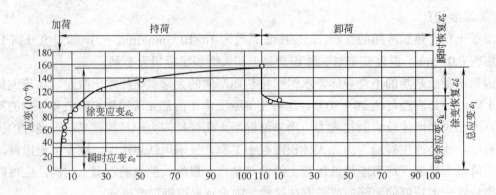

图 5-26 混凝土的变形与荷载作用时间的关系曲线

当卸荷后，混凝土将产生稍小于原瞬时应变的恢复，称为瞬时恢复。其后还有一个随时间而减小的应变恢复称为徐变恢复。最后残留下来不能恢复的应变称为残余变形。

一般认为，混凝土的徐变是由于水泥石中的凝胶体，在长期荷载作用下的黏性流动所引起的，以及凝胶体内吸附水在长期荷载作用下向毛细孔迁移的结果。混凝土的徐变在受荷初期增长较快，以后逐渐变慢，2～3 年后可以稳定下来。

徐变的产生主要取决于水泥石的数量和龄期。水泥用量越大，水灰比越大，养护越不充分，龄期越短的混凝土，其徐变越大；大气湿度越小，荷载应力越大，徐变越大。

混凝土在受压、受拉或受弯时，均有徐变现象。在预应力钢筋混凝土桥梁构件中，混凝土的徐变可使钢筋的预加应力受到损失，但是，徐变也能消除钢筋混凝土的部分应力集中，使应力较均匀地分布，对于大体积混凝土，能消除一部分由于温度变形所产生的破坏应力。

2. 混凝土的耐久性

耐久性是指混凝土在使用条件下抵抗周围环境各种因素长期作用的能力。混凝土耐久性主要包括抗冻性、抗渗性、抗侵蚀性、碳化性和抗碱-骨料反应等。

1) 抗冻性

抗冻性是指混凝土在吸水饱和状态下，经受多次冻融循环作用仍能保持外观的完整性，强度也不严重降低的性能。

混凝土的抗冻性通常用抗冻等级来表示。抗冻等级以标准养护 28 d 龄期的混凝土标准试件，饱水后，在 $-15\sim+20$℃ 条件下进行冻融循环，以同时满足强度损失不超过 25%、质量损失不超过 5% 时的最大冻融循环次数来表示。混凝土的抗冻等级有 F10、F15、F25、F50、

F100、F150、F200、F250 及 F300 共九个等级,分别表示混凝土所能承受冻融循环的最大次数不小于 10、15、25、50、100、150、200、250、300 次。《普通混凝土配合比设计规程》(JGJ 55—2011)中规定,抗冻等级等于或大于 F50 级的混凝土称为抗冻混凝土。

混凝土受冻融破坏的原因,是由于混凝土内部孔隙中的水在负温下结冰后体积膨胀形成的静压力,当这种压力产生的内应力超过混凝土的抗拉强度,混凝土便产生裂缝,多次冻融循环使裂缝不断扩展直至破坏。

混凝土抗冻性主要取决于混凝土的结构特征、混凝土的孔隙率及孔隙特征(孔的数量、孔径大小、分布、开口连通与闭合口等)和含水程度等因素。较密实的或具有闭口孔隙的混凝土是比较抗冻的,即提高抗冻性的关键是提高混凝土的密实度或改变混凝土的孔隙特征,尤其要防止早期受冻。

2) 抗渗性

抗渗性是指混凝土抵抗水、油等液体在压力作用下渗透的性能。它直接影响混凝土的抗冻性和抗侵蚀性。

混凝土的抗渗性用抗渗等级来表示。它是以 28 d 龄期的标准试件,按标准试验方法试验,以试件所能承受的最大静水压力来确定。混凝土的抗渗等级共有 P4、P6、P8、P10、P12 五个等级,它们分别表示能抵抗 0.4、0.6、0.8、1.0、1.2 MPa 的静水压力而不渗水。《普通混凝土配合比设计规程》(JGJ 55—2011)中规定,抗渗等级等于或大于 P6 级的混凝土称为抗渗混凝土。

混凝土渗水的主要原因是由于内部孔隙形成连通的渗水通道。提高抗渗性应通过选择适当的水泥品种和足够的水泥用量、降低水灰比、加强振捣和养护等途径,改善混凝土中的孔隙结构,减少连通孔隙。

3) 抗侵蚀性

当混凝土所处环境中含有侵蚀性介质时,混凝土便会遭受侵蚀,通常有软水侵蚀、硫酸盐侵蚀、镁盐侵蚀、碳酸侵蚀、一般酸侵蚀与强碱侵蚀等。随着混凝土在地下工程、海岸与海洋工程等恶劣环境中的大量应用,对混凝土的抗侵蚀性提出了更高的要求。

混凝土的抗侵蚀性与所用水泥品种、混凝土的密实度和孔隙特征等有关。密实和孔隙封闭的混凝土,环境水不易侵入,抗侵蚀性较强。提高混凝土抗侵蚀性的主要措施,是合理选择水泥品种,降低水灰比,提高混凝土密实度和改善孔结构。

4) 混凝土的碳化

混凝土的碳化,是指混凝土内水泥石中的氢氧化钙与空气中的二氧化碳,在湿度适宜时发生化学反应,生成碳酸钙和水,也称中性化。混凝土的碳化,是二氧化碳由表及里逐渐向混凝土内部扩散的过程。碳化引起水泥石化学组成及组织结构的变化,对混凝土的碱度、强度和收缩产生影响。

碳化对混凝土性能既有有利的影响,也有不利的影响。其不利影响,首先是碱度降低,减弱了对钢筋的保护作用。这是因为混凝土中水泥水化生成大量的氢氧化钙,使钢筋处在碱性环境中而在表面生成一层钝化膜,保护钢筋不易腐蚀。但当碳化深度穿透混凝土保护层而达到钢筋表面时,钢筋钝化膜被破坏而发生锈蚀,此时产生体积膨胀,致使混凝土保护层产生开裂,开裂后的混凝土更有利于二氧化碳、水、氧等有害介质的进入,加剧了碳化的进行和钢筋的锈蚀,最后导致混凝土产生顺着钢筋开裂而破坏。另外,碳化作用会增加混凝土的收缩，引起混凝土表面产生拉应力而出现微细裂缝，从而降低混凝土的抗拉、抗折强度及抗渗能力。

碳化作用对混凝土也有一些有利影响，即碳化作用产生的碳酸钙填充了水泥石的孔隙，以及碳化时放出的水分有助于未水化水泥的水化，从而可提高混凝土碳化层的密实度，对提高抗压强度有利。如混凝土预制桩往往利用碳化作用来提高桩的表面硬度。

影响碳化速度的主要因素有：环境中二氧化碳的浓度、水泥品种、水灰比和环境湿度等。二氧化碳浓度高(如铸造车间)，碳化速度快；当环境中的相对湿度在50%～75%时，碳化速度最快，当相对湿度小于25%或在水中时碳化将停止；水灰比小的混凝土较密实，二氧化碳和水不易侵入，碳化速度就减慢；掺混合材的水泥碱度较低，碳化速度随混合材料掺量的增多而加快。

在实际工程中，为减少碳化作用对钢筋混凝土结构的不利影响，可采取以下措施。

(1) 在钢筋混凝土结构中采用适当的保护层，使碳化深度在建筑物设计年限内达不到钢筋表面。

(2) 根据工程所处环境及使用条件，合理选择水泥品种。

(3) 使用减水剂，改善混凝土的和易性，提高混凝土的密实度。

(4) 采用水灰比小，单位水泥用量较大的混凝土配合比。

(5) 加强施工质量控制，加强养护，保证振捣质量，减少或避免混凝土出现蜂窝等质量事故。

(6) 在混凝土表面涂刷保护层，防止二氧化碳侵入等。

5) 碱-骨料反应

碱-骨料反应是指水泥中的碱性氧化物(Na_2O、K_2O)水解后形成的碱与骨料中的活性SiO_2之间发生反应，在骨料表面生成碱-硅酸凝胶(Na_2SiO_3)，并从周围介质中吸收水分而膨胀(约增大3倍以上)，导致混凝土开裂破坏的反应。

碱-骨料反应进行得很慢，其引起的破坏往往经过若干年后才会出现。为了避免发生碱-骨料反应，首先应通过专门的试验检验骨料中活性二氧化硅的含量是否对混凝土的质量有害，若确定有可能发生碱-骨料反应，应按GB 175—2007中的规定，限制水泥中($Na_2O+0.658K_2O$)不大于 0.6%。也可采用掺入活性混合材料及掺入引气剂等方法来减轻碱-骨料反应的破坏作用。

碱-骨料反应可导致高速公路路面或大型桥梁墩台的开裂和破坏，已引起世界各国的普遍关注。

现已确认，我国活性骨料分布甚广，在长江流域、辽宁葫芦岛等地均有潜在活性骨料。最近，北京市对混凝土桥梁的破坏情况进行了调查，分析确认在多数受损伤的城市桥梁混凝土构件中均发生了碱-骨料反应。

综上所述，水泥混凝土的耐久性在很大程度上与混凝土的密实度有关。《普通混凝土配合比设计规程》(JGJ 55—2011)中，对混凝土的"最大水胶比"和"最小胶凝材料用量"进行了限制，以确保混凝土的耐久性，如表5-19所示。

表 5-19　普通混凝土的最大水胶比和最小胶凝材料用量

最大水胶比	最小胶凝材料用量/(kg/m³)		
	素混凝土	钢筋混凝土	预应力混凝土
0.60	250	280	300
0.55	280	300	300
0.50		320	
≤0.45		330	

注：摘自《普通混凝土配合比设计规程》(JGJ 55—2011)

5.4　混凝土的质量控制与强度评定

5.4.1　混凝土的质量控制

混凝土质量控制的目的是要生产出质量合格的混凝土，即所生产的混凝土应能按规定的保证率满足设计要求的技术性质。

混凝土质量控制包括以下两个过程。

1. 混凝土生产前的初步控制

生产前除了人员配备、设备调试外，应对组成材料的质量、配合比、稠度等内容进行控制。

1) 原材料的质量控制

(1) 水泥。

水泥进场时应对其品种、级别、出厂日期、包装等进行检查，并应对其强度、安定性及其他必要的性能指标进行复检，特别是过期或受潮的水泥，应经试验鉴定合格后才能使用。

(2) 骨料。

在施工现场，各级骨料应分别堆放，防止混杂及混入泥土等杂质。注意检查骨料的级配、粗骨料的最大粒径和针片状颗粒的含量；在气温变化较大、雨后或储备条件变动等情况下，要增加骨料表面含水率的检验次数，并及时调整各项材料的配合比例。

2) 原材料的计量控制

(1) 干料的计量。

水泥、砂、石子、混合材料干料的配合比，应采用质量法计量，严禁采用容积法代替质量法。

(2) 计量仪表。

计量仪表要求灵敏、准确。施工中可根据具体条件选用简易磅秤、电动磅秤、杠杆式连续计量装置和电子秤等计量器具。使用电子秤的注意事项如表 5-20 所示。

表 5-20　使用电子秤的注意事项

序号	项目	要点
1	环境温度	控制在-50～40℃
2	相对湿度	应小于 85%
3	电源电压	控制在 220 V±10%
4	工作时间	可连续工作 24 h
5	称量精度	通常为 1%
6	过载能力	传感器过载能力仅为额定能力的 120%

2. 混凝土生产过程中的质量控制

混凝土的生产过程包括称量、搅拌、运输、浇筑、振捣、养护及拆模等内容。

(1) 投料时允许的称量误差如表 5-21 所示。

表 5-21　投料时允许的称量误差

材料名称	允许误差/%
水泥、混合材料、外加剂	≤±2
砂、石子	≤±3

(2) 检查拌和物的稠度。

① 检查拌和物组成材料的质量和用量，每一工作班至少两次。

② 检查混凝土在拌制地点及浇筑地点的稠度，每一工作班至少两次。评定时应以浇筑地点的检测值为准(若混凝土从出料起至浇筑入模时间不超过 15 min，其稠度可只在搅拌地点取样检测)。

(3) 混凝土的搅拌时间应随时检查，最短搅拌时间如表 5-22 所示。

表 5-22　混凝土搅拌的最短时间

单位：s

混凝土的坍落度/mm	搅拌机机型	搅拌机容量/L		
		<250	250～500	>500
≤40	自落式	90	120	150
	强制式	60	90	120
>40 且<100	自落式	90	90	120
	强制式	60	60	90
≥100	强制式	60		

(4) 混凝土从搅拌机中卸出到浇筑完毕的延续时间不宜超过表 5-23 中的规定。

表 5-23　混凝土从搅拌机中卸出到浇筑完毕的延续时间

单位：min

气温	延续时间		
	预拌混凝土搅拌站	施工现场	混凝土制品厂
≤25℃	150	120	90
>25℃	120	90	60

(5) 养护。温度、湿度和养护时间是养护过程中控制的三大要素。

混凝土养护方法通常分为自然养护和加热养护两类。自然养护适用于当地当时气温在5℃以上的条件下现场浇筑整体式结构工程，有覆盖浇水养护、薄膜布养护、养护剂养护和蓄水养护等具体方法；加热养护适用于预制厂生产预制构件和混凝土冬期施工时采用，有蒸汽养护、热模养护、电热养护、红外线养护和太阳能养护等具体方法。应根据本地区气温情况、设备条件和生产方式选用。

(6) 拆模。混凝土必须养护至表面强度达到 1.2 MPa 以上，方可准许在其上行人或安装模板和支架。否则将损伤构件边角，严重时可能破坏混凝土的内部结构而造成工程质量事故。底模及其支架拆除时的混凝土强度应符合设计要求，当无设计要求时，混凝土强度应符合表 5-24 中的要求。

表 5-24　底模拆除时的混凝土强度要求

构件类型	构件跨度/m	达到设计的混凝土立方体抗压强度标准值的百分率(%)
板	≤2	≥50
	>2，≤8	≥75
	>8	≥100
梁、拱、壳	≤8	≥75
	>8	≥100
悬臂构件	—	≥100

5.4.2　混凝土的强度评定

考虑到影响混凝土强度的因素是随机变化的，因此，工程中采用数理统计的方法评定混凝土的质量。在混凝土生产管理过程中，由于混凝土的抗压强度与其他性能有较好的相关性，能较好地反映混凝土整体的质量情况，因此，工程上常以混凝土抗压强度作为评定和控制其质量的主要指标。

1. 混凝土强度的波动规律——正态分布

同一种混凝土进行系统的随机抽样，若以强度为横坐标、以某一强度出现的概率为纵坐标绘图，则得到的曲线符合正态分布规律，如图 5-27 所示。

正态分布曲线有以下特点。

(1) 曲线呈钟形对称。

对称轴和曲线的最高峰均出现在平均强度处。

表明混凝土强度接近其平均强度时出现的次数最多，远离对称轴的强度测定值出现的概率逐渐减小，最后趋近于零。

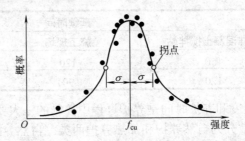

图 5-27　混凝土强度正态分布曲线

(2) 曲线和横坐标之间所包围的面积为概率的总和，等于100%；对称轴两边出现的概率相等，各为50%。

(3) 在对称轴两边的曲线上各有一个拐点。两拐点间的曲线向下弯曲，拐点以外的曲线向上弯曲，并以横坐标轴为渐近线。

正态分布曲线矮而宽，表示强度数据的离散程度大，说明施工控制水平差；反之，曲线高而窄，表示强度数据的分布集中，说明施工控制水平高，如图5-28所示。

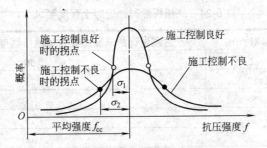

图 5-28　平均值相同而 σ 值不同的正态分布曲线

2. 评定混凝土施工水平的指标

评定混凝土施工水平的指标主要包括正常生产控制条件下混凝土强度的标准差、变异系数和强度保证率等。

1) 平均强度

$$\bar{f}_{cu} = \frac{\sum\limits_{i}^{n} f_{cu,i}}{n} \tag{5-11}$$

式中：$f_{cu,i}$——第 i 组试件的抗压强度，MPa；

$\bar{f}_{cu}$——n 组抗压强度的算术平均值，MPa。

平均强度反映混凝土总体强度的平均值，但不能反映混凝土强度的波动情况。

2) 混凝土强度标准差（σ）

混凝土强度标准差又称均方差，按下式计算：

$$\sigma = \sqrt{\frac{\sum_{i=1}^{n}(f_{cu,i} - \overline{f}_{cu})^2}{n-1}} = \sqrt{\frac{\sum_{i=1}^{n} f_{cu,i}^2 - n\overline{f}_{cu}^2}{n-1}} \qquad (5\text{-}12)$$

式中：n——试验组数，$n \geq 25$；

$f_{cu,i}$——第 i 组试件的抗压强度，MPa；

$\overline{f}_{cu}$——n 组抗压强度的算术平均值，MPa；

σ——n 组抗压强度的标准差，MPa。

σ 值是正态分布曲线上拐点至对称轴的垂直距离，是评定混凝土质量均匀性的一种指标，如图 5-28 所示。由图可见，σ 值小，曲线高而窄，说明混凝土质量控制较稳定，生产管理水平较高；σ 值大，曲线矮而宽，表明强度值离散性大，施工质量控制差。但 σ 值过小，意味着不经济。因此我国混凝土强度检验评定标准仅规定了 σ 值的上限。σ 的取值如表 5-25 所示。

表 5-25 σ 的取值表

混凝土强度等级	≤C20	C25～C40	C50～C55
σ/MPa	4.0	5.0	6.0

3) 变异系数（C_v）

变异系数又称离散系数，按下式计算：

$$C_v = \frac{\sigma}{\overline{f}_{cu}} \qquad (5\text{-}13)$$

C_v 也是用来评定混凝土质量均匀性的一种指标，C_v 值越小，表明混凝土质量越稳定。一般情况下，$C_v \not> 0.2$，应尽量控制在 0.15 以下。

4) 强度保证率（P）

强度保证率是指混凝土强度总体中大于等于设计强度等级（$f_{cu,k}$）的概率，在混凝土强度正态分布曲线图中以阴影面积表示，如图 5-29 所示。

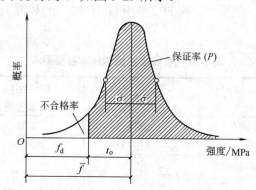

图 5-29 混凝土强度保证率

工程上 $P(\%)$ 值可根据统计周期内混凝土试件强度不低于要求强度等级的组数 N_0 与试件总数 $N(N \geq 25)$ 之比求得，即

$$P = \frac{N_0}{N} \times 100\% \qquad (5\text{-}14)$$

我国在《混凝土强度检验评定标准》中规定，根据统计周期内混凝土强度 σ 值和保证率 $P(\%)$，可将混凝土生产单位的生产管理水平划分为优良、一般、差三个等级，如表 5-26 所示。

表 5-26　混凝土生产管理水平(GB50107—2010)

生产状况	质量等级					
	优　良		一　般		差	
混凝土强度等级	<C20	≥20	<20	≥C20	<20	≥20
预拌混凝土厂和预制混凝土构件厂	混凝土强度标准差 σ/MPa					
	≤3.0	≤3.5	≤4.0	≤5.0	>4.0	>5.0
集中搅拌混凝土的施工现场	≤3.5	≤4.0	≤4.5	≤5.5	>4.5	>5.5
预拌混凝土厂和预制混凝土构件厂及集中搅拌混凝土的施工现场	强度不低于要求强度等级的百分率 P/%					
	≥95		>85		≤85	

3. 混凝土强度评定方法

1) 验收批的条件

实际生产中，混凝土强度的检验评定是分批进行的。构成同一验收批的混凝土的质量状态应满足下列要求。

(1) 强度等级相同。
(2) 龄期相同。
(3) 生产工艺条件(搅拌方式、运输条件和浇筑形式)基本相同。
(4) 配合比基本相同。

2) 验收批的批量和样本容量

同批混凝土试件组的数量称样本容量，而它所代表的该批混凝土的数量，即为被验收混凝土的批量。

对不同的评定方法，混凝土验收的试件组数(样本容量)和混凝土的批量要求如表 5-27 所示。

表 5-27　验收批容量和样本容量要求

生产状况	评定方法	试件组数(样本容量)	代表混凝土数量(验收批量)/m³
预拌混凝土厂、预制混凝土构件厂施工现场集中搅拌混凝土	方差已知统计法	3组	最大为300
	方差未知统计法	≥10组	最少为1000
零星生产的预制构件厂或现场搅拌批量不大的混凝土	非统计法	1~9组	最大为900

3) 强度评定方法

(1) 统计方法。

① 标准差已知的统计方法。

该方法适用于混凝土的生产条件在较长时间内能保持一致，且同一品种混凝土的强度变异性能较稳定的情形。要求检验期不应超过三个月，该期内强度数据由连续三组试件代表一个验收批*，其强度应同时符合下列要求：

$C_x \not> C_{20}$ 时，$m_{f_{cu}} \geq f_{cu,k} + 0.7\sigma_0$

$f_{cu,min} \geq f_{cu,k} - 0.7\sigma_0$

$f_{cu,min} \geq 0.85 f_{cu,k}$

$C_x > C_{20}$ 时，$m_{f_{cu}} \geq f_{cu,k} + 0.7\sigma_0$

$f_{cu,min} \geq f_{cu,k} - 0.7\sigma_0$

$f_{cu,min} \geq 0.90 f_{cu,k}$

式中：$m_{f_{cu}}$——同一验收批混凝土强度平均值；

$f_{cu,k}$——设计的混凝土强度标准值；

$f_{cu,min}$——同一验收批混凝土强度的最小值；

σ_0——验收批混凝土强度的标准差。

$$\sigma_0 = \frac{0.59}{m}\sum_{i=1}^{m}\Delta f_{cu,i} \quad (i=1 \sim m) \tag{5-15}$$

式中：$\Delta f_{cu,i}$——前一检验期内第 i 验收批混凝土试件立方体抗压强度中最大值与最小值之差，MPa；

m——前一检验期内验收批的总批数。

*：混凝土试样应在浇注地点随机抽取。

② 标准差已知的统计方法评定实例。

某混凝土预制件厂生产的构件，混凝土强度等级为 C30，前一统计期 16 批的 48 组试件的强度批极差如表 5-28 所示。按标准差已知统计法，评定现生产各批混凝土强度(见表 5-29)是否合格。

表 5-28 前期各批混凝土强度极差值

批 号	1	2	3	4	5	6	7	8
$\Delta f_{cu,i}$/MPa	3.5	6.2	8.0	4.5	5.5	7.6	3.8	4.6
批 号	9	10	11	12	13	14	15	16
$\Delta f_{cu,i}$/MPa	5.2	6.2	5.0	3.8	9.6	6.0	4.8	5.0

表 5-29 对现生产各批混凝土的强度进行评定

批号	每批三组试件强度代表值 $f_{cu,i}$/MPa			强度平均值 $m_{f_{cu}}$	评定结果
	1	2	3		
1	38.6	38.4	34.2	37.4	+
2	35.2	30.8	28.8	31.6	−
3	39.4	38.2	38.0	38.5	+
4	38.2	36.0	25.0	33.1	−
⋮	⋮	⋮	⋮	⋮	⋮
15	40.2	38.2	36.4	38.3	+

解：a. 求极差和：$\sum_{i=1}^{m}\Delta f_{cu,i} = 3.5+6.2+8.0+\cdots+6.0+4.8+5.0 = 89.3(\text{MPa})$

b. 求标准差：$\sigma_0 = \dfrac{0.59}{16}\sum_{i=1}^{16}\Delta f_{cu,i} = \dfrac{0.59}{16}\times 89.3 \approx 3.3(\text{MPa})$

c. 求验收界限：

平均值验收界限：
$$m_{f_{cu}} = f_{cu,k} + 0.7\sigma_0 = 30 + 0.7\times 3.3 = 32.3(\text{MPa})$$

最小值验收界限：
$$f_{cu,min} = f_{cu,k} - 0.7\sigma_0 = 30 - 0.7\times 3.3 \approx 27.7(\text{MPa})$$
$$0.90 f_{cu,k} = 0.9\times 30 = 27.0(\text{MPa})$$

在这两个值中取较大值作为最小验收界限：
$$f_{cu,min} = 27.7(\text{MPa})$$

d. 强度检测结果的评定

需被验收的15批混凝土实测强度代表值列于表5-29中。

③ 标准差未知的统计方法。

当混凝土的生产条件在较长时间内不能保持基本一致，且混凝土强度变异性不能保持稳定时，或前一检验期内同一品种混凝土没有足够的混凝土强度数据用以确定验收批混凝土强度标准差 σ_0，但验收混凝土的强度数据较多(组数≥10)时，由生产单位自行评定的一种方法。

验收条件：
$$\begin{cases} m_{f_{cu}} \geqslant f_{cu,k} + \lambda_1 S_{f_{cu}} \\ f_{cu,min} \geqslant \lambda_2 f_{cu,k} \end{cases} \tag{5-16}$$

式中：λ_1、λ_2——合格性判定系数(见表5-30)；

$S_{f_{cu}}$——验收批混凝土强度标准差；

$$S_{f_{cu}} = \sqrt{\dfrac{\sum_{i=1}^{n} f_{cu,i}^2 - n m_{f_{cu}}^2}{n-1}} \tag{5-17}$$

$f_{cu,i}$——验收批第 i 组试件强度值；

n——验收批混凝土试件的总组数。

当 $S_{f_{cu}}$ 计算值小于 2.5 MPa 时，应取 2.5 MPa。

表5-30 混凝土强度的合格性判定系数

系 数	试件组数		
	10～14	15～19	≥20
λ_1	1.15	1.05	0.95
λ_2	0.90	0.85	

④ 标准差未知统计法评定实例。

某工程现场集中搅拌的 C20 级混凝土,共取得 18 组强度数据(见表 5-31),按标准差未知统计方法评定该批混凝土的强度是否合格。

表 5-31 混凝土强度代表值

序 号	1	2	3	4	5	6	7	8	9
$f_{cu,i}$/MPa	25.0	27.0	26.0	22.0	24.0	20.0	17.0	21.0	23.0
序 号	10	11	12	13	14	15	16	17	18
$f_{cu,i}$/MPa	29.0	30.0	18.0	27.0	28.0	22.0	20.0	19.0	21.0

解:a. 计算实测强度的平均值($m_{f_{cu}}$)及标准差($S_{f_{cu}}$)

$$m_{f_{cu}} = \frac{1}{n}\sum_{i=1}^{n} f_{cu,i} = 1/18(25.0+27.0+\cdots+19.0+21.0) = 23.3 \text{(MPa)}$$

$$S_{f_{cu}} = \sqrt{\frac{\sum_{i=1}^{n} f_{cu,i}^2 - nm_{f_{cu}}^2}{n-1}} = \sqrt{\frac{(25^2+27^2+\cdots+21^2)-18\times23.3^2}{18-1}}$$

=3.77 MPa>2.5 MPa;故取用标准差 3.77 MPa。

b. 根据试件组数(n=18)选定合格性判定系数

λ_1=1.05;λ_2=0.85

c. 计算验收值界限

"平均值"验收界限:$m_{f_{cu}} = f_{cu,k} + \lambda_1 S_{f_{cu}}$ =20+1.05×3.77=23.96(MPa);

最小值验收界限:$f_{cu,min} = \lambda_2 f_{cu,k}$ =0.85×20=17.0(MPa)。

d. 平均值及最小值计算

平均值:$m_{f_{cu}} = \frac{1}{n}\sum_{i=1}^{n} f_{cu,i}$ =23.3MPa<23.96MPa;

最小值:$f_{cu,min}$=17.0=[$f_{cu,min}$]=17.0(MPa)。

e. 评定

由于平均值条件不满足,最小值条件满足,所以该批混凝土评为不合格。即该批混凝土没有达到 C20 的要求。

(2) 非统计方法。

小批量零星生产的混凝土,其试件的数量有限,不具备统计方法评定混凝土强度条件时,采用非统计方法。非统计方法其强度应同时满足下列要求:

$$\left.\begin{array}{l} m_{f_{cu}} \geqslant 1.15 f_{cu,k} \\ f_{cu,min} \geqslant 0.95 f_{cu,k} \end{array}\right\} \tag{5-18}$$

4. 混凝土强度的合格性判定

(1) 当检验结果满足合格条件时,则该批混凝土强度判为合格;当不能满足上述规定时,则该批混凝土判为不合格。

(2) 由不合格批混凝土制成的结构或构件，应进行鉴定。对经检验不合格的结构或构件必须及时处理。

(3) 当对混凝土试件强度的代表性有怀疑时，可采用从结构或构件中钻取试样的方式或采用非破损检验方法，按有关标准的规定对结构或构件中混凝土的强度进行推定。

(4) 结构或构件拆模、出池、出厂、吊装、预应力筋张拉或放张，以及施工期间需短暂负荷时的混凝土强度，应满足设计要求或现行国家标准的有关规定。

5.5 混凝土的配合比设计

混凝土的配合比即组成混凝土各种材料的用量比例。配合比设计就是通过计算、实验等方法和步骤确定混凝土中各种组分间用量比例的过程。混凝土配合比的表示方法有两种：①单位用量表示法——以 $1m^3$ 混凝土中各种材料的用量(kg)表示；②相对用量表示法——以水泥的质量为1，其他材料的用量与水泥相比较，并按"水泥：细骨料：粗骨料：水灰比"的顺序排列表示，如表 5-32 所示。

表 5-32 混凝土配合比表示方法

配合比表示方法	组成材料			
	水泥	砂	石	水
单位用量表示/(kg/m³)	300	720	1200	180
相对用量表示/(kg/m³)	1	2.40	4.00	0.60

5.5.1 配合比设计的基本要求

1. 施工工作性的要求

混凝土拌和物应满足拌和、运输、浇筑、捣实等操作要求，具体确定工作性(坍落度或维勃稠度)，要考虑结构物断面尺寸和形状、配筋的疏密以及施工方法等。

2. 设计强度的要求

硬化后的混凝土应满足结构设计或施工进度所要求的强度和其他有关力学性能的要求。设计时，要考虑到结构物的重要性、施工单位的施工水平等因素，采用一个适当的"配制强度"，以满足设计强度的要求。

3. 耐久性的要求

硬化后的混凝土必须满足抗冻性、抗渗性等耐久性的要求。为保证结构的耐久性，设计中应考虑允许的"最大水灰比"和"最小水泥用量"。

4. 经济性的要求

在全面保证混凝土质量的前提下，尽量节约水泥，合理利用原材料，降低混凝土的成本。

5.5.2 配合比设计的方法及步骤

1. 三个参数及其确定原则

根据各组成材料在混凝土中的作用及对混凝土性能的影响，材料间用量的比例关系通常可用三个参数表示：① 水灰比——水与水泥用量之比；② 砂率——砂与砂石总量之比；③单位用水量——水泥净浆与骨料之间的对比关系，用 $1m^3$ 混凝土的用水量来表示。水灰比、砂率、单位用水量称为设计的三个参数。三个参数的确定原则如图 5-30 所示。

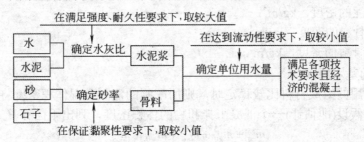

图 5-30 混凝土配合比三个参数的确定原则

2. 配合比设计的基本资料

配合比设计之前，必须掌握混凝土工程的具体性质、原材料性质、施工工艺和施工水平等方面的资料。

1) 原材料情况
(1) 水泥品种和实际强度、密度。
(2) 砂、石特征。砂、石的品种，表观密度及堆积密度，含水率，级配；砂的细度模数、石子的最大粒径、压碎值。
(3) 拌和水水质及水源。
(4) 外加剂品种、名称、特性、适宜剂量。
2) 混凝土强度等级
3) 工程耐久性要求
混凝土所处的环境条件、抗渗、抗冻、耐磨等性能。
4) 施工条件及工程性质
包括搅拌和振捣方式、要求的坍落度、施工单位的施工及管理水平、构件形状及尺寸、钢筋的最小净距等。

3. 配合比设计的方法与原理

混凝土配合比设计的方法有体积法(或称绝对体积法)和质量法(又称假定体积密度法)两种，其中以体积法为最基本的方法。

1) 体积法的基本原理

假定混凝土拌和物的体积等于各组成材料绝对体积和混凝土拌和物中所含空气的体积之和。在计算 $1m^3$ 混凝土拌和物的各组成材料用量时，可列出下式：

$$V_h = V_c + V_w + V_s + V_g + V_k$$

式中：V_h、V_c、V_w、V_s、V_g、V_k——分别表示 1 m³ 混凝土拌和物的体积和相应的水泥、水、砂、石、空气的体积。

又假定混凝土拌和物中空气的体积含量为α%，则上式可改写为

$$\frac{m_{c0}}{\rho_c} + \frac{m_{w0}}{\rho_w} + \frac{m_{s0}}{\rho_s} + \frac{m_{g0}}{\rho_g} + 10\alpha = 1000(\text{L}) \tag{5-19}$$

式中：m_{c0}、m_{w0}、m_{s0}、m_{g0} 分别表示 1m³ 混凝土中水泥、水、砂和石子的重量。

α——混凝土含气量的百分数(%)，在不使用引气型外加剂时，α=1；
ρ_w——水的密度，kg/m³；
ρ_c——水泥的密度，kg/m³；
ρ_s——细骨料的密度，kg/m³；
ρ_g——粗骨料的密度，kg/m³。

2) 质量法的基本原理

当混凝土所用的组成材料比较稳定时，则所配制的混凝土湿体积密度将接近一个固定值，这就可以先假设(即估计)一个混凝土拌和物的体积密度，列出下面计算式：

$$m_{c0} + m_{g0} + m_{s0} + m_{w0} = m_{cp}$$

式中：m_{c0}——每立方米混凝土的水泥用量，kg；
m_{g0}——每立方米混凝土的粗骨料用量，kg；
m_{s0}——每立方米混凝土的细骨料用量，kg；
m_{w0}——每立方米混凝土的用水量，kg；
m_{cp}——每立方米混凝土拌和物的假定重量(kg)，其值可根据施工单位积累的试验资料确定。如缺乏资料时，可根据骨料的表观密度、粒径及混凝土强度等级，在 2350～2450 kg/m³ 的范围内取值。表 5-33 仅供参考。

表 5-33 混凝土假定湿体积密度参考表

混凝土强度等级	≤C15	C20～C30	≥C35
假定湿体积密度/(kg/m³)	2300～2350	2350～2400	2450

4. 混凝土配合比设计的步骤

混凝土配合比设计分四步进行，此过程共需确定四个配合比。

第一步：计算——确定初步配合比；

第二步：试配、试验、调整——确定基准配合比；

第三步：成型、养护、测定强度——确定实验室配合比；

第四步：换算——确定施工配合比。

1) 计算——确定初步配合比

根据原始资料，利用我国现行的配合比设计方法，按《普通混凝土配合比设计规程》(JGJ 55—2011)，初步计算出各组成材料的用量比例。当以混凝土的抗压强度为设计指标时，计算步骤如下：

(1) 确定混凝土的配制强度($f_{cu,o}$)。

① 计算配制强度。

所配制的混凝土要满足设计强度等级的要求，必须满足 95% 的强度保证率。试验证明，

若以设计强度为混凝土的配制强度,则混凝土的强度保证率仅有 50%。所以混凝土的配制强度必须大于其设计强度等级。综合考虑强度保证率、施工单位的混凝土管理水平,配制强度可按式(5-20)来确定:

$$f_{cu,o} \geqslant f_{cu,k} + 1.645\sigma \tag{5-20}$$

式中: $f_{cu,o}$——混凝土的配制强度,MPa;

$f_{cu,k}$——混凝土立方体抗压强度标准值(即设计要求的混凝土强度等级),MPa;

1.645——对应于 95%强度保证率的保证率系数;

σ——混凝土强度标准差,MPa。

σ 是评定混凝土质量均匀性的一种指标。σ 值越小,说明混凝土质量越稳定,强度均匀性越好,表明该单位施工质量管理水平越高。

② 混凝土强度标准差σ的确定。

a. 计算。

当生产或施工单位具有近期同类混凝土(指强度等级相同,配合比和生产工艺条件基本相同的混凝土)28d 的抗压强度统计资料时,σ 可按下式计算:

$$\sigma = \sqrt{\frac{\sum_{i=1}^{n} f_{cu,i}^2 - n m_{f_{cu}}^2}{n-1}} \tag{5-21}$$

式中: $f_{cu,i}$——统计周期内,同类混凝土第 i 组试件的抗压强度值,MPa;

$m_{f_{cu}}$——统计周期内,同类混凝土 n 组试件的抗压强度平均值,MPa;

n——统计周期内相同强度等级的混凝土试件组数,$n \geqslant 30$ 组。

注: ① 对预拌混凝土或混凝土预制件厂,统计周期可取为一个月。

② 对现场拌制混凝土的施工单位,统计周期可根据实际情况确定,但不宜超过 3 个月。

③ 当混凝土强度等级不大于 C30 级,其强度标准差计算值小于 3.0 MPa 时,计算配制强度时的标准差应取 3.0 MPa;当混凝土强度等级大于 C30 且小于 C60 级,其强度标准差计算值小于 4.0 MPa 时,计算配制强度时的标准差应取 4.0 MPa。

b. 查表

若生产或施工单位不具有近期混凝土强度统计资料时,σ 可根据要求的强度等级按表 5-34 中的规定取用。

表 5-34 标准差σ值

强度等级/MPa	≤C20	C25~C45	C50~C55
标准差/MPa	4.0	5.0	6.0

(2) 计算水灰比(W/C)。

① 按混凝土要求强度等级计算水灰比。

根据已确定的混凝土配制强度 $f_{cu,o}$,按下式计算水灰比:

$$f_{cu,o} = \alpha_a f_{ce} \left(\frac{C}{W} - \alpha_b \right) \tag{5-22}$$

式中: $f_{cu,o}$——混凝土的配制强度,MPa;

α_a、α_b——混凝土强度回归系数,根据使用的水泥和粗、细骨料经过试验得出的灰水比与混凝土强度关系式确定。若无上述试验统计资料时,可采用表 5-35 中的数值。

W/C——混凝土所要求的水灰比;

f_{ce}——水泥 28 d 的实际抗压强度值,MPa。无实际强度时,按式(5-23)计算。

$$f_{ce} = \gamma_c \cdot f_{ce,g} \tag{5-23}$$

式中:γ_c——水泥强度等级值的富余系数,该值按各地区水泥品种、产地、牌号统计得出,通常取 1.12~1.16。

$f_{ce,g}$——水泥强度等级标准值,MPa。

表 5-35 回归系数 α_a、α_b 的选用表

石子品种系数	碎 石	卵 石
α_a	0.53	0.49
α_b	0.20	0.13

由式(5-22)得

$$\frac{W}{C} = \frac{\alpha_a \cdot f_{ce}}{f_{cu,o} + \alpha_a \cdot \alpha_b \cdot f_{ce}} \tag{5-24}$$

② 按混凝土要求的耐久性校核水灰比。

按式(5-24)计算所得的水灰比,是按强度要求计算得到的结果。在确定采用的水灰比时,还应根据混凝土所处的环境条件、耐久性要求的允许最大水灰比(参考表 5-19)进行校核。如按强度计算的水灰比大于耐久性允许的最大水灰比,应采用允许的最大水灰比。

(3) 选定单位用水量(m_{w0})。

① 水灰比在 0.40~0.80 范围时,根据粗骨料的品种、粒径及施工要求的混凝土拌和物稠度,按表 5-36 和表 5-37 直接选取用水量或先内插求得水灰比后再选取相应的用水量。

表 5-36 干硬性混凝土的用水量   单位:kg/m³

项 目	指 标	拌和物稠度					
		卵石最大粒径/mm			碎石最大粒径/mm		
		10	20	40	16	20	40
维勃稠度	16~20	175	160	145	180	170	155
	11~15	180	165	150	185	175	160
	5~10	185	170	155	190	180	165

表 5-37 塑性混凝土的用水量   单位:kg/m³

项 目	指 标	拌和物稠度							
		卵石最大粒径/mm				碎石最大粒径/mm			
		10	20	31.5	40	16	20	31.5	40
坍落度	10~30	190	170	160	150	200	185	175	165
	35~50	200	180	170	160	210	195	185	175

续表

项目	指标	拌和物稠度							
		卵石最大粒径/mm				碎石最大粒径/mm			
		10	20	31.5	40	16	20	31.5	40
坍落度	55~70	210	190	180	170	220	205	195	185
	75~90	215	195	185	175	230	215	205	195

注:① 摘自《普通混凝土配合比设计规程》(JGJ 55—2011);
② 本表用水量系采用中砂时的平均值。采用细砂时,每立方米混凝土用水量可增加 5~10 kg; 采用粗砂时,则可减少 5~10 kg;
③ 掺用各种外加剂或掺合料时,用水量应相应调整。

② 水灰比小于 0.40 的混凝土以及采用特殊成型工艺的混凝土用水量应通过试验确定。使用查表法选择用水量,还应考虑下列诸因素的影响。

a. 水泥中混合材品种的影响。水泥在生产时如采用火山灰或沸石代替部分混合材,则在配制混凝土时就应增加用水量。

b. 骨料质量的影响。对风化颗粒多,质量差的骨料,用水量也需适当增加。

c. 施工条件的影响。在空气干燥、炎热或远距离运输的情况下,也应适当增加用水量。

(4) 计算单位水泥用量(m_{c0})。

① 按强度要求计算单位用灰量。

每立方米混凝土拌和物的用水量(m_{w0})选定后,可根据强度或耐久性要求已确定的水灰比(W/C)值计算水泥单位用量。

$$m_{c0} = \frac{m_{w0}}{W/C} \tag{5-25}$$

② 按耐久性要求校核单位用灰量。

根据耐久性要求,普通水泥混凝土的最小水泥用量,依结构物所处环境条件确定,具体如表 5-19 所示。

按强度要求由式(5-25)计算出的单位水泥用量,应不低于表 5-19 中规定的最小水泥用量。

(5) 选定砂率(β_s)。

① 试验。

通过试验,考虑混凝土拌和物的坍落度、黏聚性及保水性等特征,确定合理砂率。

② 查表。

如无使用经验,可根据粗骨料的品种、最大粒径和混凝土拌和物的水灰比按表 5-38 确定。

表 5-38 混凝土的砂率 单位:%

水灰比 (W/C)	卵石最大粒径/mm			碎石最大粒径/mm		
	10	20	40	16	20	40
0.40	26~32	25~31	24~30	30~35	29~34	27~32
0.50	30~35	29~34	28~33	33~38	32~37	30~35

续表

水灰比 (W/C)	卵石最大粒径/mm			碎石最大粒径/mm		
	10	20	40	16	20	40
0.60	33~38	32~37	31~36	36~41	35~40	33~38
0.70	36~41	35~40	34~39	39~44	38~43	36~41

注：① 本表数值系中砂的选用砂率，对细砂或粗砂，可相应地减小或增大砂率；
② 只用一个单粒级粗骨料配制混凝土时，砂率应适当增大；
③ 对薄壁构件，砂率取偏大值；
④ 本表中的砂率是指砂与骨料总量的质量比；
⑤ 本表适用于坍落度为 10~60 mm 的混凝土。对于坍落度大于 60 mm 的混凝土砂率，可按经验确定，也可在表 5-38 的基础上，按坍落度每增大 20 mm，砂率增大 1% 的幅度予以调整。坍落度小于 10 mm 的混凝土，其砂率应经试验确定。

(6) 计算粗、细骨料单位用量（m_{g0}、m_{s0}）。

粗、细骨料的单位用量，可用质量法或体积法求得。

① 质量法：联立混凝土拌和物的假定体积密度和砂率两个方程，可解得 1 m³ 混凝土的粗、细骨料用量。

$$\left. \begin{array}{l} m_{c0} + m_{g0} + m_{s0} + m_{w0} = m_{cp} \\ \beta_s = \dfrac{m_{s0}}{m_{s0} + m_{g0}} \times 100\% \end{array} \right\} \quad (5\text{-}26)$$

式中：β_s——混凝土的砂率，%。

② 体积法：联立 1 m³ 混凝土拌和物的体积和混凝土的砂率两个方程，可解得 1 m³ 混凝土的粗、细骨料用量。

$$\left. \begin{array}{l} \dfrac{m_{c0}}{\rho_c} + \dfrac{m_{w0}}{\rho_w} + \dfrac{m_{s0}}{\rho_s} + \dfrac{m_{g0}}{\rho_g} + 0.01\alpha = 1 \\ \beta_s = \dfrac{m_{s0}}{m_{s0} + m_{g0}} \times 100\% \end{array} \right\} \quad (5\text{-}27)$$

注意： 以上配合比计算公式及表格，均以材料在干燥状态（含水率小于 0.5% 的细骨料或含水率小于 0.2% 的粗骨料）下计。

一般认为：质量法比较简便，不需要各种组成材料的密度资料，如施工单位已积累了当地常用材料所组成的混凝土假定体积密度资料，亦可得到准确的结果。体积法由于是根据各组成材料实测的密度来进行计算的，所以能获得较为精确的结果，但工作量相对较大。

2) 试配，调整，测定和易性，确定基准配合比

初步配合比计算过程中，使用了经验公式和经验数据。按此配合比拌制的混凝土，和易性能否满足工程要求，必须通过试验加以验证和调整。

(1) 试配的要点。

混凝土试配应满足《普通混凝土配合比设计规程》(JGJ 55—2011) 的规定，如表 5-39 所示。

表 5-39　混凝土配合比试配要点

序号	项目	要点
1	设备工艺	应与生产时的条件相同
2	材料	应与实际生产所用材料相同，并使用干燥骨料
3	每盘拌和量	① 粗骨料：最大粒径≤31.5 mm 时，总量≥20 L；最大粒径=40 mm 时，总量≥25 L ② 机械搅拌：总量≥额定搅拌量的1/4
4	试配项目及次序	①工作性；②体积密度；③强度

(2) 工作性不符的调整。

新拌混凝土工作性不符的调整方法如表 5-40 所示。

表 5-40　新拌混凝土工作性不符的调整方法

试配混凝土的实测情况	调整方法
混凝土较稀，实测坍落度大于设计要求	保持砂率不变，增加骨料，每减少 10 mm 坍落度，增加骨料 2%～5%；或保持水灰比不变，减少水和水泥
混凝土较稠，实测坍落度小于设计要求	保持水灰比不变，增加水泥浆，每增大 10 mm 坍落度，需增加水泥浆 5%～8%
由于砂浆过多，引起坍落度过大	降低砂率
砂浆不足以包裹石子，黏聚性、保水性不良	单独加砂，即增大砂率

(3) 基准配合比的确定。

① 计算调整后拌和物的总重：经过调整后，和易性已满足要求的拌和物的总质量为 $C_{拌}+S_{拌}+G_{拌}+W_{拌}$（即水泥、砂、石、水的实际拌和用量）。

② 测定和易性满足设计要求的拌和物的实际体积密度 $\rho_{c,t}$，kg/m³。

③ 计算混凝土的基准配合比（以 1 m³ 混凝土各材料用量计，kg）。

$$\left.\begin{aligned}C_{基}&=\frac{C_{拌}}{C_{拌}+S_{拌}+G_{拌}+W_{拌}}\times\rho_{c,t}\\S_{基}&=\frac{S_{拌}}{C_{拌}+S_{拌}+G_{拌}+W_{拌}}\times\rho_{c,t}\\G_{基}&=\frac{G_{拌}}{C_{拌}+S_{拌}+G_{拌}+W_{拌}}\times\rho_{c,t}\\W_{基}&=\frac{W_{拌}}{C_{拌}+S_{拌}+G_{拌}+W_{拌}}\times\rho_{c,t}\end{aligned}\right\} \quad (5\text{-}28)$$

基准配合比是和易性调整合格后的混凝土各材料之间的用量比例，可作为检验混凝土强度的依据。

3) 强度的检验与调整

(1) 强度的测试及调整。

按基准配合比配制的混凝土虽然满足了和易性要求，但强度能否满足要求，必须按

表 5-41 中所述方法确定。

表 5-41 混凝土强度的测试及调整要点

序号	项目		要点
1	试块制作		以符合工作性要求的配合比为标准,制作三组试块:一组按基准配合比;另两组水灰比分别增加和减少 0.05,用水量不变,砂率可增加或减少 1%
2	养护		① 标准养护 28 d ② 可用强度早期推定法推定
3	调整	满足要求	选择符合要求的一组配合比作为试验室配合比
		强度较低	绘制的关系曲线应为一直线,或通过计算求出与要求的混凝土配制强度相对应的灰水比。
		强度过高	其中用水量 $W'_{基}$ 为基准配合比中的用水量;水泥用量 $C'_{基}$ 用 W'_u 乘以选定的灰水比;粗、细骨料用量 $G'_{基}$、$S'_{基}$ 取基准配合比中的粗、细骨料用量,并按选定的灰水比做适当的调整

(2) 体积密度的调整。

当经试配确定配合比后,四种材料的体积之和不一定等于 1 m³,还应进行校正。

① 计算混凝土的湿体积密度($\rho_{c,c}$)。

$$\rho_{c,c} = C_{基} + G_{基} + S_{基} + W_{基}$$

② 计算混凝土的校正系数 δ。

$$\delta = \frac{\rho_{c,t}}{\rho_{c,c}} \tag{5-29}$$

式中:$\rho_{c,t}$——混凝土的实测湿体积密度;

$\rho_{c,c}$——混凝土的计算湿体积密度。

当 $\left|\dfrac{\rho_{c,t} - \rho_{c,c}}{\rho_{c,c}}\right| \leqslant 2\%$ 时,取基准配合比为实验室配合比;

当 $\left|\dfrac{\rho_{c,t} - \rho_{c,c}}{\rho_{c,c}}\right| \geqslant 2\%$ 时,需考虑校正系数 δ 值确定实验室配合比。

③ 实验室配合比的确定。

经过上述调整后,得到同时满足混凝土拌和物和易性和强度要求的配合比,即为实验室配合比。

以 1m³ 混凝土的材料用量计为:$C_{实} = \delta C_{基}$;$S_{实} = \delta S_{基}$;$G_{实} = \delta G_{基}$;$W_{实} = \delta W_{基}$

4) 换算——确定施工配合比

混凝土的实验室配合比是以干燥状态骨料为基准,而施工现场砂、石材料多为露天堆放,都含有一定量的水。故在现场,应考虑骨料的实际含水率,将实验室配合比换算成施工配合比后,再用于施工。

设施工现场的砂、石含水率分别为 $a\%$、$b\%$,则施工配合比的各种材料单位用量(以 1 m³ 混凝土计):

$$\left.\begin{array}{l}C_{施} = C_{实}\\ S_{施} = S_{实} \cdot (1+a\%)\\ G_{施} = G_{实} \cdot (1+b\%)\\ W_{施} = W_{实} - S_{实} \cdot a\% - G_{实} \cdot b\%\end{array}\right\} \quad (5\text{-}30)$$

说明：① 在商品混凝土拌和站、预制构件厂及施工现场，必须根据新进场的原材料情况和天气情况，及时地、经常地进行施工配合比的换算。

② 现场拌制混凝土时，有时水泥以袋为单位，1 袋水泥质量为 50 kg，故常将水泥用量取 50 kg 的倍数(袋数)，其他材料称量可根据与水泥用量的比例关系换算出。

5.5.3 配合比设计例题

【题目1】 试设计钢筋混凝土结构用混凝土配合比

[原始资料]

(1) 已知混凝土设计强度等级为 C30。无强度历史统计资料，要求混凝土拌和物坍落度为 35～50 mm。结构所在地区属寒冷地区。

(2) 组成材料：可供应硅酸盐水泥，强度等级为 42.5 级；密度 ρ_c =3.10 g/cm³，强度富裕系数 γ_c =1.1；砂为中砂，表观密度 ρ_s' =2.65 g/cm³；碎石最大粒径为 31.5 mm，表观密度 ρ_g' =2.70 g/cm³。

[设计要求]

(1) 按题给资料计算初步配合比。

(2) 按初步配合比在实验室进行材料调整得出实验室配合比。

[设计步骤]

1. 计算初步配合比

1) 确定混凝土配制强度($f_{cu,o}$)

按题意：设计要求混凝土强度 $f_{cu,k}$ 为 30 MPa，无历史统计资料，按表 5-34，取标准差 σ =5.0 MPa。

按下式计算混凝土配制强度：

$$f_{cu,o} = f_{cu,k} + 1.645\sigma = 30 + 1.645 \times 5.0 = 38.2 (\text{MPa})$$

2) 计算水灰比(W/C)

(1) 按强度要求计算水灰比。

① 计算水泥实际强度。

已知采用强度等级为 42.5 级的硅酸盐水泥，$f_{ce,k}$ =42.5 MPa，水泥强度富余系数为 1.1，则水泥实际强度为

$$f_{ce} = \gamma_c f_{ce,k} = 1.1 \times 42.5 = 46.75 (\text{MPa})$$

② 计算水灰比。

水泥的实际强度取 46.8 MPa。由于本单位没有混凝土强度回归系数统计资料，所以采用表 5-35 中的数据，碎石 α_a =0.53，α_b =0.20，按下式计算水灰比：

$$\frac{W}{C} = \frac{\alpha_a f_{ce}}{f_{cu,o} + \alpha_a \alpha_b f_{ce}} = \frac{0.53 \times 46.8}{38.2 + 0.53 \times 0.20 \times 46.8} = 0.57$$

(2) 按耐久性校核水灰比。

根据混凝土所处环境条件属于寒冷地区，查表 5-19，允许最大水灰比为 0.60。按强度计算的水灰比小于要求的最大值，符合耐久性要求，故采用计算的水灰比 0.57 继续下面的计算。

3) 确定单位用水量(m_{w0})

由题意已知，要求混凝土拌和物坍落度为 35～50 mm，碎石最大粒径为 31.5 mm。查表 5-37，选用混凝土用水量 m_{w0} =185 kg/m³。

4) 计算单位水泥用量(m_{c0})

(1) 按强度计算单位用灰量。

已知混凝土单位用水量为 185 kg/m³，水灰比 W/C=0.57，则单位用灰量为

$$\frac{m_{c0}}{W/C} = \frac{185}{0.57} = 325(kg/m^3)$$

(2) 按耐久性校核单位用灰量。

根据混凝土所处环境条件属寒冷地区配筋混凝土，查表 5-19，最小水泥用量不低于 290 kg/m³。按强度计算单位用灰量 325 kg/m³，符合耐久性要求。采用单位用灰量为 325 kg/m³。

5) 选定砂率(β_s)

按前已知骨料采用碎石，最大粒径为 31.5 mm，水灰比 W/C=0.57。查表 5-38，选定混凝土砂率取 32%。

6) 计算砂石用量(m_{s0}、m_{g0})

(1) 采用质量法。

已知：单位用灰量为 325 kg/m³，单位用水量为 185 kg/m³，混凝土拌和物假定体积密度为 2400 kg/m³，砂率为 32%。将有关数据代入下列方程组中：

$$\begin{cases} m_{c0} + m_{g0} + m_{s0} + m_{w0} = m_{cp} \\ \beta_s = \frac{m_{s0}}{m_{s0} + m_{g0}} \times 100\% \end{cases}$$

$$\begin{cases} 325 + m_{g0} + m_{s0} + 185 = 2400 \\ 32\% = \frac{m_{s0}}{m_{s0} + m_{g0}} \times 100\% \end{cases}$$

解得

m_{s0} =605(kg/m³)

m_{g0} =1285(kg/m³)

按质量法计算的初步配合比以质量法表示为

m_{c0} =325kg/m³

m_{w0} =185kg/m³

m_{s0} =605kg/m³

m_{g0} =1285kg/m³

按比例法表示为

水泥：砂：石：水=1：1.86：3.95：0.57

(2) 按体积法计算。

$$\begin{cases} \dfrac{m_{c0}}{\rho_c}+\dfrac{m_{w0}}{\rho_w}+\dfrac{m_{s0}}{\rho_s}+\dfrac{m_{g0}}{\rho_g}+0.01\alpha=1 \\ \beta_s=\dfrac{m_{s0}}{m_{s0}+m_{g0}}\times 100\% \end{cases}$$

将已知数据代入上述方程组计算

$$\begin{cases} \dfrac{325}{3100}+\dfrac{185}{1000}+\dfrac{m_{s0}}{2650}+\dfrac{m_{g0}}{2700}+0.01\times 1=1 \\ 32\%=\dfrac{m_{s0}}{m_{s0}+m_{g0}}\times 100\% \end{cases}$$

解得 m_{s0} =610(kg/m³)； m_{g0} =1296(kg/m³)。

用体积法解得的混凝土初步配合比以质量法表示为

m_{c0} =325kg/m³； m_{w0} =185kg/m³； m_{s0} =610kg/m³； m_{g0} =1296kg/m³

以比例法表示为

水泥：砂：石：水=1：1.88：3.99：0.57

由上面的计算可知，用体积法和质量法计算，结果有一定的差别，这种差别在工程上是允许的。在配合比计算时，可任选一种方法进行设计，无须同时用两种方法计算。为了计算快捷简便，则可选用质量法设计；若强调结果的相对准确性，则选择体积法设计。

2．调整工作性，提出基准配合比

1) 计算试拌材料用量

考虑粗骨料的最大粒径为 31.5 mm，混凝土拌和物的最少搅拌量为 20 L。按体积法计算的初步配合比计算出试拌 20 L 拌和物各种材料的用量：

水泥　　325×0.02=6.5(kg)

水　　　185×0.02=3.7(kg)

砂　　　610×0.02=12.2(kg)

碎石　　1296×0.02=25.92(kg)

2) 调整工作性

按计算材料用量拌制混凝土拌和物，测定其坍落度为 10 mm，未满足题目给的施工和易性要求。为此，保持水灰比不变，增加 5%的水泥浆。再经拌和测定坍落度为 40 mm，黏聚性和保水性均良好，满足施工和易性要求。此时混凝土拌和物各组成材料的实际用量为

水泥　　6.5(1+5%)=6.83(kg)

水　　　3.7(1+5%)=3.89(kg)

砂=12.2(kg)

碎石=25.92(kg)

3) 提出基准配合比

调整工作性后，混凝土拌和物的基准配合比为：

$C_{基}$ ： $S_{基}$ ： $G_{基}$ =6.83：12.2：25.92=1：1.79：3.80

W/C =0.57。

3. 检验强度、确定实验室配合比

1) 检验强度

采用水灰比分别为 0.52、0.57、0.62 的三组配合比，分别拌制三组混凝土拌和物。砂、碎石、水用量保持不变，则三组拌和物的水泥用量分别为 A 组 7.48 kg，B 组 6.83 kg，C 组 6.27 kg。除基准配合比一组外，其他两组亦经测定坍落度、黏聚性和保水性均合格。

按三组配合比拌制混凝土并成型标准试件，在标准条件下养护 28 d 后，按规定方法测定其立方体抗压强度值，列于表 5-42 中。

表 5-42 不同水灰比的混凝土强度值

组 别	水灰比/(W/C)	灰水比/(C/W)	28 d 后立方体抗压强度 $f_{cu,28}$/MPa
A	0.52	2.04	45.3
B	0.57	1.85	39.5
C	0.62	1.69	34.2

根据表 5-42 的试验结果，绘制混凝土 28 d 后立方体抗压强度($f_{cu,28}$)与灰水比(C/W)关系图，如图 5-31 所示。

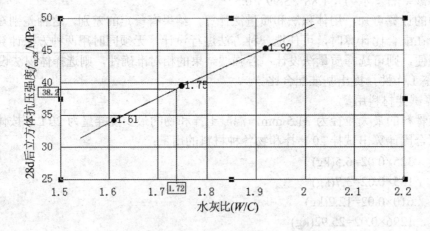

图 5-31 混凝土 28d 后强度与灰水比的关系

由图 5-31 可知，相应混凝土配制强度 $f_{cu,o}$=38.2 MPa 的灰水比为 1.72，即水灰比为 0.58。

2) 确定实验室配合比

按强度试验结果修正配合比，各材料用量为

用水量　　　$W_{基}$=185(1+0.05)=194(kg)

水泥用量　　$C_{基}$=194÷0.58=334(kg)

砂、石用量按体积法：

$$\begin{cases} \dfrac{S_{基}}{2650} + \dfrac{G_{基}}{2700} = 1 - \dfrac{334}{3100} - \dfrac{194}{1000} - 0.01 \\ \dfrac{S_{基}}{S_{基}+G_{基}} \times 100\% = 32\% \end{cases}$$

解得：砂用量　　$S_{基}$=592(kg)

碎石用量　　　$G'_{基}$=1258(kg)

修正后配合比　　　$C_{基}:S_{基}:G_{基}$=334:592:1258=1:1.77:3.77

水灰比=194÷334=0.58

计算湿体积密度　　　$\rho_{c,c}$ = 334 + 194 + 592 + 1258 = 2378(kg/m³)

实测湿体积密度　　　$\rho_{c,t}$ = 2450(kg/m³)

修正系数　　　δ = 2450/2378=1.03

$$\left|\frac{\rho_{c,t}-\rho_{c,c}}{\rho_{c,c}}\right|\times 100\% = \left|\frac{2450-2378}{2378}\right|\times 100\% = 3\% > 2\%$$

故需按实测湿体积密度校正各种材料用量：

水泥用量　　　$C_{实} = \delta C_{基}$ = 334×1.03=344(kg/m³)

水用量　　　$W_{实} = \delta W_{基}$ = 194×1.03=200(kg/m³)

砂用量　　　$S_{实} = \delta S_{基}$ = 592×1.03=610(kg/m³)

碎石用量　　　$G_{实} = \delta G_{基}$ = 1258×1.03=1296(kg/m³)

实验室配合比为　　　$C_{实}:S_{实}:G_{实}$=344:610:1296

W/C=0.55。

4．换算施工配合比

根据工地实测，砂的含水率为5%，碎石的含水率为1%，各种材料的用量为

水泥用量　　　$C_{施} = C_{实}$

砂用量　　　$S_{施} = S_{实}\cdot(1+a\%)$=610(1+5%)=640.5(kg/m³)

碎石用量　　　$G_{施} = G_{实}\cdot(1+b\%)$=1296(1+1%)=1308.96(kg/m³)

水用量　　　$W_{施} = W_{实} - S_{实}\cdot a\% - G_{实}\cdot b\%$=200-(610×5%+1296×1%)=157(kg/m³)

施工配合比为　　　$C_{施}:S_{施}:G_{施}:W_{施}$=1:1.86:3.80:0.46

【题目2】流动性、大流动性混凝土的配合比设计

已知混凝土设计强度等级为 C30。无强度历史统计资料，泵送施工要求混凝土拌和物入泵时的坍落度为(150±10) mm。现场搅拌所用原材料如下。

普通水泥，强度等级为 42.5 级；水泥实际强度 f_{ce}=45.0 MPa；

河砂：中砂，表观密度 ρ_s=2630 kg/m³；

碎石：5～20 mm 连续级配，最大粒径为 20 mm，表观密度 ρ_g=2690 kg/m³；

粉煤灰：磨细Ⅱ级干排灰，表观密度=2200 kg/m³；

JT-38 型高效泵送剂；掺量为水泥重量的 0.8%时，减水率为 16%；

水：可饮用水。

说明：流动性混凝土是指拌和物的坍落度为 100～150 mm 的混凝土，大流动性混凝土则指拌和物坍落度等于或大于 160 mm 的混凝土。配合比设计中，流动性、大流动性混凝土的用水量应按下列步骤计算：以坍落度 90 mm 的用水量为基础，按坍落度每增大 20 mm 用水量增加 5kg，计算出未掺外加剂时的混凝土的用水量。

[设计步骤]
1. 计算初步配合比
(1) 确定混凝土配制强度($f_{cu,o}$)。
按题意：设计要求混凝土强度 $f_{cu,k}$ 为 30 MPa，无强度历史统计资料，按表 5-34，取标准差 σ =5.0 MPa。按下式计算混凝土配制强度：
$$f_{cu,o} = f_{cu,k} + 1.645\sigma = 30 + 1.645 \times 5.0 = 38.2 \text{MPa}$$
(2) 确定水灰比(W/C)。
水泥的实际强度为 45.0 MPa，由于本单位没有混凝土强度回归系数统计资料，采用碎石 α_a =0.53，α_b =0.20，按下式计算水灰比：
$$\frac{W}{C} = \frac{\alpha_a f_{ce}}{f_{cu,o} + \alpha_a \alpha_b f_{ce}} = \frac{0.53 \times 45.0}{38.2 + 0.53 \times 0.20 \times 45.0} = 0.55$$
(3) 确定单位用水量(m_{w0})。
已知：施工要求泵送混凝土拌和物入泵时的坍落度为(150±10) mm，碎石最大粒径为 20 mm；现场搅拌并泵送，故可不考虑坍落度经时损失，查表 5-37，计算混凝土用水量为 232 kg/m³；由于采用 JT-38 型高效泵送剂，其减水率为 16%，故实际用水量为
$$m_{w0} = 232(1-0.16) = 195(\text{kg/m}^3)$$
(4) 计算单位水泥用量(m_{c0})。
已知混凝土单位用水量为 195 kg/m³，水灰比 W/C =0.55，则单位用灰量为
$$\frac{m_{c0}}{W/C} = \frac{195}{0.55} = 355(\text{kg/m}^3)$$
水泥用量 355 kg/m³＞300 kg/m³ 的要求，符合规范规定。
(5) 选定砂率(β_s)。
考虑每增加坍落度值 20 mm，砂率增大 1%，初步选定砂率为 41%。
(6) 计算泵送剂用量(m_{bs})
已知 JT-38 型高效泵送剂掺量为水泥重量的 0.8%，可得
$$m_{bs} = 375 \times 0.008 = 3.0(\text{kg/m}^3)$$
(7) 计算砂、石用量。
将已知条件代入体积法的计算式中，可得
$$\begin{cases} \dfrac{355}{3100} + \dfrac{195}{1000} + \dfrac{m_{s0}}{2630} + \dfrac{m_{g0}}{2690} + 0.01 \times 1 = 1 \\ 41\% = \dfrac{m_{s0}}{m_{s0} + m_{g0}} \times 100\% \end{cases}$$
解得 m_{s0} =748(kg/m³)
　　　m_{g0} =1076(kg/m³)
用体积法解得的混凝土初步配合比以质量表示为
m_{c0} =355 kg/m³
m_{w0} =195 kg/m³
m_{s0} =748 kg/m³

m_{g0} =1076 kg/m³

m_{bs} =3.0 kg/m³

2．试配、调整及配合比的确定

按普通混凝土的试配步骤及确定方法提出试验室配合比(此处略)。

5.5.4 掺和料普通混凝土

有时为了改善混凝土拌和物的性能，经常掺入一些掺和材料。用于混凝土中的掺和材料常有磨细的粉煤灰、粒化高炉矿渣以及火山灰质混合材料。

1．泵送混凝土

1) 泵送混凝土的定义

泵送混凝土是指混凝土拌和物的坍落度不小于 80 mm，在混凝土泵的推动下沿输送管道进行输送并在管道出口处直接浇注的混凝土。泵送混凝土适应于狭窄的施工场地以及大体积混凝土结构物和高层建筑的施工。它能一次完成垂直运输和水平运输，生产效率高、节省劳动力，是国内外建筑施工广泛采用的一种混凝土。

2) 泵送混凝土对组成材料的要求

泵送混凝土拌和物必须具有较好的可泵性。所谓的可泵性，即拌和物具有顺利通过管道、摩擦阻力小、不离析、不阻塞和均匀、稳定性良好的性能。为达到这些性能要求，选择混凝土原材料时应做到以下几点。

(1) 水泥。

水泥宜选用硅酸盐水泥、普通硅酸盐水泥、矿渣硅酸盐水泥或粉煤灰硅酸盐水泥，而不宜采用火山灰质硅酸盐水泥。

(2) 粗骨料。

粗骨料应采用连续级配，针、片状颗粒的含量不宜大于 10%；最大粒径与输送管径之比宜符合表 5-43 的规定。

表 5-43 粗骨料最大粒径与输送管径之比(JGJ 55—2011)

粗骨料品种	粗骨料最大粒径与输送管径之比	泵送高度/m
碎石	≤1：3.0	<50
	≤1：4.0	50～100
	≤1：5.0	>100
卵石	≤1：2.5	<50
	≤1：3.0	50～100
	≤1：4.0	>100

(3) 细骨料。

宜选用中砂，小于 0.315 mm 的颗粒含量应大于 15%，小于 0.15 mm 筛孔的颗粒含量应大于等于 5%。

(4) 外加剂及掺和料。

为了保证泵送混凝土的可泵性,应往混凝土中掺入适量的泵送剂或减水剂,并要掺入一定比例的粉煤灰或其他活性的外掺剂,外加剂或外掺剂的具体掺量由试验确定。

3) 泵送混凝土的配合比设计

(1) 坍落度的确定。

① 泵送混凝土拌和物入泵坍落度不宜小于 100 mm,具体可参照表 5-44。

表 5-44 泵送混凝土入泵坍落度

泵送高度/m	<30	30～60	60～100	>100
坍落度/mm	100～140	140～160	160～180	180～200

② 泵送混凝土试配时要求的坍落度值应按下式计算:

$$T_t = T_p + \Delta T$$

式中:T_t——试配时要求的坍落度值,mm;

T_p——入泵时要求的坍落度值,mm;

ΔT——试验测得在预计时间内的坍落度经时损失值,mm。

(2) 配合比设计的基本步骤——与普通水泥混凝土的配合比设计基本相同。

(3) 配合比设计的注意事项。

① 用水量与水泥和矿物掺和料的总量之比不宜大于 0.60。

② 水泥和矿物掺和料的总量不宜小于 300 kg/m³。

③ 砂率值应高于普通混凝土,其幅度可以为每增加 20 mm 的坍落度,砂率值提高 1%,一般为 35%～45%。

④ 掺用引气型外加剂时,其混凝土含气量不宜大于 4%。

2. 粉煤灰混凝土

1) 粉煤灰混凝土的定义及优点

粉煤灰混凝土是指掺入一定量粉煤灰的混凝土。

在混凝土中掺入一定量的粉煤灰后,由于粉煤灰中大量的具有较小表面积的微珠的润滑作用和粉煤灰本身良好的火山灰性和潜在的水硬性,能有效地改善拌和物的和易性,提高混凝土的强度,降低混凝土的工程造价。粉煤灰混凝土的优点具体可概括如下。

(1) 改善水泥混凝土的工作性,提高工程质量。使混凝土具有流动性大、黏聚性好、离析和泌水减少等特点。减少模板接缝处的渗浆,易于抹面,制品的外观质量好。

(2) 提高混凝土的抗渗性、抗冻性、抗腐蚀性和耐久性。

(3) 降低混凝土的成本,使用高强度等级水泥制作低强度混凝土时,可节约水泥;混凝土后期强度提高较快,一般比 28 d 标准强度增长 20%～30%,半年至一年的强度增长可达 50%～70%。

(4) 改善了混凝土的可泵性,扩大了泵送使用范围;降低了泵送压力,减少了机械磨损。

2) 粉煤灰的质量标准及适于掺加的范围

用于混凝土中的粉煤灰,按其质量分为Ⅰ、Ⅱ、Ⅲ三个等级。其品质标准应满足表 5-45 的规定。

表 5-45 拌制水泥混凝土用粉煤灰的分级表

单位：%

等级	质量指标/%				适用范围
	细度(45 μm 方孔筛筛余)	烧失量	需水量比	SO_3 含量	
Ⅰ	≤12	≤5	≤95	≤3	Ⅰ级粉煤灰适用于后张预应力钢筋混凝土构件和跨度小于 6 m 的先张预应力钢筋混凝土构件
Ⅱ	≤25	≤8	≤105	≤3	普通钢筋混凝土和轻骨料钢筋混凝土
Ⅲ	≤45	≤15	≤115	≤3	无筋混凝土和砂浆；若经试验符合有关要求，也可用于钢筋混凝土

注：用于预应力混凝土、钢筋混凝土及设计强度等级 C30 及以上的无筋混凝土的粉煤灰等级，如经试验论证，可采用比表列规定低一级的粉煤灰。

3) 粉煤灰的掺量

(1) 粉煤灰的最大掺量如表 5-46 所示。

表 5-46 粉煤灰取代水泥的最大限量

单位：%

混凝土种类	粉煤灰取代水泥的最大限量			
	硅酸盐水泥	普通水泥	矿渣水泥	火山灰水泥
预应力钢筋混凝土	25	15	10	—
钢筋混凝土、高强混凝土、抗冻混凝土、蒸养混凝土	30	25	20	15
中、低强度混凝土，泵送混凝土，大体积混凝土，地下、水下混凝土	50	40	30	20
碾压混凝土	65	55	45	35

注：① 掺量及取代水泥率均按基准混凝土水泥用量计。
② 粉煤灰宜与外加剂复合使用，以改善混凝土的工作性和耐久性。

(2) 粉煤灰取代水泥率如表 5-47 所示。

表 5-47 对应于混凝土强度的粉煤灰取代水泥率 f

单位：%

混凝土强度等级或类别	取代普通水泥	取代矿渣水泥	粉煤灰级别
≤C15	15~25	10~20	Ⅲ级
C20	10~15	10	Ⅰ~Ⅱ级
C25~C30	15~20	10~15	
预应力混凝土	<15	<10	Ⅰ级

注：①以 42.5 级水泥配制的混凝土取表中下限值，以 52.5 级水泥配制的混凝土取表中上限值。
②预应力混凝土只用于后张法或跨度小于 6 m 的先张法预应力混凝土构件。

(3) 粉煤灰取代水泥的超量系数如表 5-48 所示。

表 5-48 粉煤灰超量系数选用表

粉煤灰级别	超量系数 k	备 注
Ⅰ	1.1～1.4	混凝土强度为 C25 以下取上限 为 C25 以上取下限
Ⅱ	1.3～1.7	
Ⅲ	1.5～2.0	

4) 设计原则与步骤

(1) 配合比设计原则。

即以基准混凝土(未掺粉煤灰的混凝土)的配合比为基础,按等稠度、等强度等级的原则,用超量取代法进行计算。

所谓的"等稠度""等强度等级",是指配成的粉煤灰混凝土拌和物具有与基准混凝土拌和物相同的坍落度和硬化后指定龄期的相等的抗压强度等级。

所谓的"超量取代法"是指粉煤灰总掺入量中,一部分取代等质量的水泥,超量部分粉煤灰取代等体积的砂,即粉煤灰的掺入量=取代水泥量×超量系数。

(2) 配合比设计步骤。

① 选择取代率,计算水泥用量。

根据基准混凝土配合比,查表 5-47,选择适当的粉煤灰取代水泥率,计算水泥用量。

$$m_c = m_{c0}(1-f) \tag{5-31}$$

式中：m_c——粉煤灰取代水泥后的水泥用量,kg;

m_{c0}——基准混凝土水泥用量,kg;

f——粉煤灰取代水泥率,%。

② 计算粉煤灰的掺入量。

按表 5-48 确定超量系数,按下式计算粉煤灰的掺入量 m_f(kg)。

$$m_f = k(m_{c0} - m_c) \tag{5-32}$$

式中：m_c、m_{c0}——意义同前;

k——粉煤灰超量系数。

③ 计算粉煤灰超出水泥的体积。

先算出每立方米粉煤灰混凝土中水泥、粉煤灰的绝对体积,并按下式求出粉煤灰超出水泥的体积(此体积即为粉煤灰取代细骨料的体积)。

$$V_s = \frac{m_f}{\rho_f} - \frac{m_{c0} - m_c}{\rho_c} \tag{5-33}$$

式中：m_c、m_{c0}、m_f——意义同前。

ρ_f、ρ_c——分别为粉煤灰、水泥的密度。

V_s——粉煤灰超出水泥的体积,m³。

④ 计算砂的实际用量。

$$m_s = m_{s0} - V_s \rho_s \tag{5-34}$$

式中：V_s——粉煤灰超出水泥的体积,m³;

m_s ——砂在粉煤灰混凝土中的实际用量，kg；

m_{s0} ——基准混凝土中砂的用量，kg；

ρ_s ——砂的密度。

⑤ 水和粗骨料的用量同基准混凝土的用量：$m_w = m_{w0}$；$m_g = m_{g0}$。

⑥ 求出粉煤灰混凝土的配合比：$m_c : m_s : m_g : m_f : m_w$。

【设计例题】

计算掺粉煤灰混凝土的配合比。已知碎石混凝土的强度等级为 C20，水泥强度等级为 32.5 级，碎石最大粒径为 30mm，水灰比为 0.60，坍落度为 35~50 mm，砂率为 35%，1 m³ 基准混凝土的各材料用量为 m_{w0} =185 kg，m_{c0} =308 kg，m_{s0} =667 kg，m_{g0} = 1240 kg，现要掺加Ⅱ级粉煤灰。

计算步骤：按等强度原则，以基准混凝土配合比为基础，用超量取代法进行计算调整。

① 查表 5-47，选取每立方米混凝土中粉煤灰取代的水泥率 f=10%。

② 求粉煤灰混凝土的水泥用量：$m_c = m_{c0}(1-f)$ =308(1-0.1)=277(kg)；其中 308-277= 31(kg)为取代水泥的粉煤灰质量。

③ 查表 5-48，选取粉煤灰超量系数：k=1.4。

④ 计算用于取代的粉煤灰的总质量：

$m_f = k(m_{c0} - m_c)$ =1.4(308-277)=43(kg)。其中 43-31=12(kg)是用于取代砂的粉煤灰用量。

⑤ 计算每立方米粉煤灰混凝土中，粉煤灰取代水泥的绝对体积，并按式 $V_s = \dfrac{m_f}{\rho_f} - \dfrac{m_{c0} - m_c}{\rho_c}$

求出粉煤灰超出水泥的体积，并扣除同体积的砂的用量，得出粉煤灰混凝土的砂用量：

$$V_s = \dfrac{m_f}{\rho_f} - \dfrac{m_{c0} - m_c}{\rho_c} = \dfrac{43}{2200} - \dfrac{308-277}{3100} = 0.0195 - 0.01 = 0.0095 (m^3)$$

$$m_s = m_{s0} - V_s \rho_s = 667 - 0.0095 \times 2650 = 642 (kg)$$

⑥ 取 $m_g = m_{g0}$ =1240 kg；$m_w = m_{w0}$ =185 kg。则粉煤灰混凝土的计算表观密度为

$$\rho_{c,c} = m_c + m_f + m_s + m_g + m_w = 277+43+642+1240+185 = 2387 (kg/m^3)$$

⑦ 若经试配坍落度调整后，实测粉煤灰混凝土的表观密度为 2410 kg/m³，则其校正系数为

$$K = 2410/2387 = 1.01$$

则每立方米粉煤灰混凝土中各种材料的实际用量为

$$m_f = 43 \times 1.01 = 43 (kg)$$

$$m_c = 277 \times 1.01 = 280 (kg)$$

$$m_w = 185 \times 1.01 = 187 (kg)$$

$$m_s = 642 \times 1.01 = 648 (kg)$$

$$m_g = 1240 \times 1.01 = 1252 (kg)$$

则粉煤灰混凝土的配合比为

$$m_c : m_s : m_g : m_f : m_w = \dfrac{280}{280} : \dfrac{648}{280} : \dfrac{1252}{280} : \dfrac{43}{280} : \dfrac{187}{280} = 1 : 2.31 : 4.47 : 0.15 : 0.67$$

5) 粉煤灰混凝土的应用

粉煤灰混凝土在土木工程中的应用有着广泛的前景,其技术、经济和社会效益都十分显著。主要用于:

(1) 钻孔桩粉煤灰水下混凝土、大体积混凝土、高强度高泵程预应力混凝土等。

(2) 修筑振碾式混凝土路面。

这种路面是采用掺加粉煤灰的干硬性混凝土,以振动压路机振动碾压后形成的结构,能够节约水泥25%~30%,仅为塑性混凝土的60%~70%。

与普通混凝土路面相比,这种路面用水量少,稠度低,能节约大量水泥,施工进度快,养护时间短,经济效益显著。

(3) 加筋挡墙工程。

加筋粉煤灰混凝土挡墙是由混凝土面板、筋带及粉煤灰填料组成的,在软土地基中适应性较强。

5.6 其他品种混凝土

5.6.1 轻混凝土

轻混凝土,是指干体积密度小于2000 kg/m³的混凝土,包括轻骨料混凝土、多孔混凝土和无砂大孔混凝土。在此仅介绍轻骨料混凝土。

《轻骨料混凝土技术规程》(JGJ 51—2002)规定,用轻粗骨料、轻砂(或普通砂)、水泥和水配制而成的混凝土,称为轻骨料混凝土。而按其细骨料不同,又分为全轻混凝土(粗、细骨料均为轻骨料)和砂轻混凝土(细骨料全部或部分为普通砂)。

1. 轻骨料

轻骨料可分为轻粗骨料和轻细骨料。凡粒径大于5 mm,堆积密度小于1000 kg/m³的轻质骨料,称为轻粗骨料;凡粒径不大于5 mm,堆积密度小于1000 kg/m³的轻质骨料,称为轻细骨料(或轻砂)。

轻骨料按其来源可分为工业废料轻骨料,如粉煤灰陶粒、自燃煤矸石、膨胀矿渣珠、煤渣及其轻砂;天然轻骨料,如浮石、火山渣及其轻砂;人造轻骨料,如页岩陶粒、黏土陶粒、膨胀珍珠岩及其轻砂。按其粒形可分为圆球型、普通型和碎石型三种。

轻骨料的技术要求,主要包括堆积密度、强度、颗粒级配和吸水率等四项。此外,对耐久性、安定性、有害杂质含量也提出了要求。

1) 堆积密度

轻骨料堆积密度的大小,将影响轻骨料混凝土的体积密度和性能。轻粗骨料按其堆积密度(kg/m³)分为300、400、500、600、700、800、900、1000八个密度等级;轻细骨料分为500、600、700、800、900、1000、1100、1200八个密度等级。

2) 粗细程度与颗粒级配

保温及结构保温轻骨料混凝土用的轻粗骨料,其最大粒径不宜大于 40 mm。结构轻骨料混凝土用的轻粗骨料,其最大粒径不宜大于 20 mm。

轻粗骨料的级配应符合表 5-49 的要求,其自然级配的空隙率不应大于 50%。

表 5-49 轻粗骨料的级配

项 目		筛孔尺寸			
		d_{min}	$0.5d_{max}$	d_{max}	$2d_{max}$
累计筛余(按质量计,%)	圆球型的及单一粒级	≥90	不规定	≤10	0
	普通型的混合级配	≥90	30～70	≤10	0
	碎石型的混合级配	≥90	40～60	≤10	0

轻砂的细度模数不宜大于 4.0;其大于 5 mm 的累计筛余量不宜大于 10%。

3) 强度

轻粗骨料的强度对轻骨料混凝土的强度有很大影响。《轻骨料混凝土技术规程》(JGJ 51—2002)规定,采用筒压法测定轻粗骨料的强度,称筒压强度。

它是将轻骨料装入一带底的圆筒内,上面加冲压模(见图 5-32),取冲压模压入深度为 20 mm 时的压力值,除以承压面积,即为轻粗骨料的筒压强度值。对不同密度等级的轻粗骨料,其筒压强度应符合表 5-50 的规定。

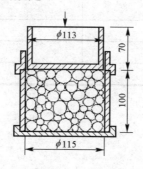

图 5-32 筒压强度测定方法示意图(单位:mm)

表 5-50 轻粗骨料的筒压强度及强度等级

密度等级	筒压强度 f_a/MPa		强度等级 f_{ak}/MPa	
	碎石型	普通和圆球型	普通型	圆球型
300	0.2/0.3	0.3	3.5	3.5
400	0.4/0.5	0.5	5.0	5.0
500	0.6/1.0	1.0	7.5	7.5
600	0.8/1.5	2.0	10	15
700	1.0/2.0	3.0	15	20
800	1.2/2.5	4.0	20	25
900	1.5/3.0	5.0	25	30
1000	1.8/4.0	6.5	30	40

注:碎石型天然轻骨料取斜线以左值;其他碎石型轻骨料取斜线以右值。

筒压强度不能直接反映轻骨料在混凝土中的真实强度，它是一项间接反映粗骨料颗粒强度的指标。因此，规程还规定了采用强度等级来评定粗骨料的强度，如表 5-50 所示。轻粗骨料的强度越高，其强度等级也越高，适用于配制较高强度的轻骨料混凝土。所谓强度等级，即某种轻粗骨料配制混凝土的合理强度值，所配制的混凝土的强度不宜超过此值。

4) 吸水率

轻骨料的吸水率一般比普通砂石大，因此将导致施工中混凝土拌和物的坍落度损失较大，并且影响到混凝土的水灰比和强度发展。在设计轻骨料混凝土配合比时，如果采用干燥骨料，则必须根据骨料吸水率大小，再多加一部分被骨料吸收的附加水量。规程规定，轻砂和天然轻粗骨料的吸水率不做规定；其他轻粗骨料的吸水率不应大于22%。

5) 有害物质含量及其他性能

轻骨料中严禁混入煅烧过的石灰石、白云石及硫化铁等不稳定的物质。轻骨料的有害物质含量和其他性能指标应不大于表 5-51 所列的规定值。

表 5-51 轻骨料性能指标

项目名称	指标
抗冻性(F15 质量损失/%)	5
安定性(沸煮法，质量损失/%)	5
烧失量[①]轻粗骨料(质量损失/%)	4
轻砂(质量损失/%)	5
硫酸盐含量(按 SO_3 计/%)	1
氯盐含量(按 Cl 计/%)	0.02
含泥量[②](质量百分数)	3
有机杂质(比色法检验)	不深于标准色

注：① 煤渣烧失量可放宽至 15%；
② 不宜含有黏土块。

2. 轻骨料混凝土的技术性质

1) 和易性

轻骨料具有体积密度小、表面多孔粗糙、吸水性强等特点，因此，其混凝土拌和物的和易性与普通混凝土有明显的不同。轻骨料混凝土拌和物的黏聚性和保水性好，但流动性差。若加大流动性，则骨料上浮，易离析。同时，因骨料吸水率大，使得加在混凝土中的水一部分将被轻骨料吸收，余下部分供水泥水化和赋予拌和物流动性。因而拌和物的用水量应由两部分组成：一部分为使拌和物获得要求流动性的用水量，称为净用水量；另一部分为轻骨料 1 小时的吸水量，称为附加水量。

2) 体积密度

轻骨料混凝土按其干体积密度分为 14 个等级，即由 600~1900，每增加 100 kg/m³ 为一个等级，而每个密度等级有一定的变化范围，如 800 密度等级的变化范围为 760~850 kg/m³，900 密度等级的为 860~950 kg/m³，其余依次类推。某一密度等级的轻骨料混凝土的密度标准值，则取该密度等级变化范围的上限，即取其密度等级值加 50 kg/m³。如 1900 的密度等级，其密度标准值取 1950 kg/m³。

3) 抗压强度

轻骨料混凝土按其立方体抗压强度标准值划分为十三个强度等级：LC5.0、LC7.5、LC10、LC15、LC20、LC25、LC30、LC35、LC40、LC45、LC50、LC55 和 LC60。

轻骨料混凝土按其用途可分为三大类，如表 5-52 所示。

表 5-52　轻骨料混凝土按用途分类

类别名称	混凝土强度等级的合理范围	混凝土密度等级的合理范围	用　途
保温轻骨料混凝土	LC5.0	≤800	主要用于保温的围护结构或热工构筑物
结构保温轻骨料混凝土	LC5.0 LC7.5 LC10 LC15	800～1400	主要用于既承重又保温的围护结构
结构轻骨料混凝土	LC15 LC20 LC25 LC30 LC35 LC40 LC45 LC50 LC55 LC60	1400～1900	主要用于承重构件或构筑物

轻骨料强度虽低于普通骨料，但轻骨料混凝土仍可达到较高强度。原因在于轻骨料表面粗糙而多孔，轻骨料的吸水作用使其表面呈低水灰比，提高了轻骨料与水泥石的界面黏结强度，使弱结合面变成了强结合面，混凝土受力时不是沿界面破坏，而是轻骨料本身先遭到破坏。对低强度的轻骨料混凝土，也可能是水泥石先开裂，然后裂缝向骨料延伸。因此，轻骨料混凝土的强度，主要取决于轻骨料的强度和水泥石的强度。

4) 弹性模量与变形

轻骨料混凝土的弹性模量小，一般为同强度等级普通混凝土的 50%～70%。这有利于改善建筑物的抗震性能和抵抗动荷载的作用。增加混凝土组分中普通砂的含量，可以提高轻骨料混凝土的弹性模量。

轻骨料混凝土的收缩和徐变，约比普通混凝土相应大 20%～50% 和 30%～60%，热膨胀系数比普通混凝土小 20% 左右。

5) 热工性

轻骨料混凝土具有良好的保温性能。当其体积密度为 1000 kg/m³ 时，导热系数为 0.28W/(m·K)，当体积密度为 1400 kg/m³ 和 1800 kg/m³ 时，导热系数相应为 0.49W/(m·K) 和

0.87W/(m·K)。当含水率增大时，导热系数也将随之增大。

3. 轻骨料混凝土的配合比设计及施工要点

(1) 轻骨料混凝土的配合比设计，除应满足强度、和易性、耐久性、经济等方面的要求外，还应满足体积密度的要求。

(2) 轻骨料混凝土的水灰比以净水灰比表示，净水灰比，是指不包括轻骨料1 h吸水量在内的净用水量与水泥用量之比。配制全轻混凝土时，允许以总水灰比表示。总水灰比是指包括轻骨料1 h吸水量在内的总用水量与水泥用量之比。

(3) 轻骨料易上浮，不易搅拌均匀。因此，应采用强制式搅拌机，且搅拌时间要比普通混凝土略长一些。

(4) 为减少混凝土拌和物坍落度损失和离析，应尽量缩短运距。拌和物从搅拌机卸料起到浇筑入模的间隔时间，不宜超过45 min。

(5) 为减少轻骨料上浮，施工中最好采用加压振捣，且振捣时间以捣实为准，不宜过长。

(6) 浇筑成型后应及时覆盖并洒水养护，以防止表面失水太快而产生网状裂缝。养护时间视水泥品种而不同，应不少于7~14 d。

(7) 轻骨料混凝土在气温5℃以上的季节施工时，可根据工程需要，对轻粗骨料进行预湿处理，这样拌制的拌和物和易性和水灰比比较稳定。预湿时间可根据外界气温和骨料的自然含水状态确定，一般应提前半天或一天对骨料进行淋水预湿，然后滤干水分进行投料。

4. 轻骨料混凝土的应用

轻骨料混凝土的体积密度比普通混凝土减少了1/4~1/3，隔热性能改善，可使结构尺寸减小，增加建筑物使用面积，降低基础工程费用和材料运输费用，其综合效益良好。因此，轻骨料混凝土主要适用于高层和多层建筑、软土地基、大跨度结构、抗震结构、要求节能的建筑和旧建筑的加层等。

5.6.2 防水混凝土(抗渗混凝土)

防水混凝土是指抗渗等级等于或大于P6级的混凝土，主要用于水工工程、地下基础工程、屋面防水工程等。

防水混凝土一般是通过混凝土组成材料的质量改善，合理选择混凝土配合比和骨料级配，以及掺加适量外加剂，达到混凝土内部密实或是堵塞混凝土内部毛细管通路，使混凝土具有较高的抗渗性。目前，常用的抗渗混凝土有普通抗渗混凝土、外加剂抗渗混凝土和膨胀水泥抗渗混凝土。

1. 普通抗渗混凝土

普通抗渗混凝土，是以调整配合比的方法，提高混凝土自身密实性以满足抗渗要求的混凝土。其原理是在保证和易性前提下减小水灰比，以减小毛细孔的数量和孔径，同时适当提高水泥用量和砂率，在粗骨料周围形成质量良好和数量足够的砂浆包裹层，使粗骨料彼此隔离，以阻隔沿粗骨料相互连通的渗水孔网。

根据《普通混凝土配合比设计规程》(JGJ 55—2011)的规定,普通抗渗混凝土的配合比设计应符合以下技术要求。

(1) 水泥宜采用普通硅酸盐水泥,强度不应小于 42.5 MPa,其品种应按设计要求选用。

(2) 粗骨料宜采用连续级配,其最大公称粒径不宜大于 40 mm,其含泥量不得超过 1.0%,泥块含量不得大于 0.5%。

(3) 1 m³ 混凝土的水泥用量不宜过小,含掺和料应不小于 320 kg。

(4) 砂率不宜过小,为 35%~45%,坍落度为 35~50 mm。

(5) 水灰比对混凝土的抗渗性有很大影响,除应满足强度要求外,还应符合表 5-53 的规定。

表 5-53 抗渗混凝土的最大水灰比

抗渗等级	最大水灰比	
	C20~C30 混凝土	C30 以上混凝土
P6	0.60	0.55
P8~P12	0.55	0.50
P12 以上	0.50	0.45

2. 外加剂抗渗混凝土

外加剂抗渗混凝土,是在混凝土中掺入适宜品种和数量的外加剂,改善混凝土内部结构,隔断或堵塞混凝土中的各种孔隙、裂缝及渗水通道,以达到改善抗渗性的一种混凝土。常用的外加剂有引气剂、防水剂、膨胀剂、减水剂或引气减水剂等。

掺用引气剂的抗渗混凝土,其含气量宜控制在 3%~5%。进行抗渗混凝土配合比设计时,尚应增加抗渗性能试验,并应符合下列规定。

(1) 试配要求的抗渗水压值应比设计值提高 0.2 MPa。

(2) 试配时,宜采用水灰比最大的配合比作抗渗试验,其试验结果应符合下式要求:

$$P_t \geq \frac{P}{10} + 0.2$$

式中:P_t——6 个试件中 4 个未出现渗水时的最大水压值,MPa;

P ——设计要求的抗渗等级值。

(3) 掺引气剂的混凝土还应进行含气量试验,试验结果含气量应符合 3%~5%的要求。

3. 膨胀水泥抗渗混凝土

膨胀水泥抗渗混凝土,是采用膨胀水泥配制而成的混凝土。由于这种水泥在水化过程中能形成大量的钙矾石,会产生一定的体积膨胀,在有约束的条件下,能改善混凝土的孔结构,使毛细孔径减小,总孔隙率降低,从而使混凝土密实度、抗渗性提高。

5.6.3 聚合物混凝土

聚合物混凝土是指由有机聚合物、无机胶凝材料和骨料结合而成的一种新型混凝土。聚合物混凝土体现了有机聚合物和无机胶凝材料的优点,克服了水泥混凝土的一些缺点。

聚合物混凝土按其组合及制作工艺可分为以下三种。

1. 聚合物水泥混凝土

用聚合物乳液(和水分散体)拌和物,并掺入砂或其他骨料制成的混凝土,称聚合物水泥混凝土(PCC)。聚合物的硬化和水泥的水化同时进行,聚合物能均匀分布于混凝土内,填充水泥水合物和骨料之间的空隙,与水泥水化物结合成一个整体,从而改善混凝土的抗渗性、耐蚀性、耐磨性及抗冲击性,并可提高抗拉及抗折强度。由于其制作简单,成本较低,故实际应用较多。目前主要用于现场浇注无缝地面、耐腐蚀性地面及修补混凝土路面、机场跑道面层和做防水层。

2. 聚合物浸渍混凝土

聚合物浸渍混凝土(PIC)是以混凝土为基材(被浸渍的材料),而将聚合物有机单体渗入混凝土中,然后再用加热或放射线照射的方法使其聚合,使混凝土与聚合物形成一整体。

在聚合物浸渍混凝土中,聚合物填充了混凝土的内部空隙,除了全部填充水泥浆中的毛细孔外,很可能也大量进入了胶孔,形成了连续的空间网络相互穿插,使聚合物混凝土形成了完整的结构。因此,这种混凝土具有高强度(抗压强度可达 200 MPa 以上,抗拉强度可达 10 MPa 以上)、高防水性(几乎不吸水、不透水),以及抗冻性、抗冲击性、耐蚀性和耐磨性都有显著提高的特点。

这种混凝土适用于要求高强度、高耐久性的特殊结构,特别适用于储运液体的有筋管、无筋管、坑道等。在国外已用于耐高压的容器,如原子堆、液化天然气贮罐等。

3. 聚合物胶结混凝土

聚合物胶结混凝土又称树脂混凝土,是以合成树脂为胶结材料的一种聚合物混凝土。常用的合成树脂是环氧树脂、不饱和聚酯树脂等热固性树脂。这种混凝土具有较高的强度、良好的抗渗性、抗冻性、耐蚀性及耐磨性,并且有很强的黏结力,缺点是硬化时收缩大,耐火性差。这种混凝土适用于机场跑道面层、耐腐蚀的化工结构、混凝土构件的修复、堵缝材料等,但考虑到树脂的成本,目前限制了其在工程中的实际应用。

5.6.4 纤维混凝土

纤维混凝土是以普通混凝土为基体,外掺各种短切纤维材料而组成的复合材料。纤维材料按材质分有钢纤维、碳纤维、玻璃纤维、石棉及合成纤维等。按纤维弹性模量分,纤维材料有高弹性模量纤维,如钢纤维、玻璃纤维、碳纤维等;低弹性模量纤维,如尼龙纤维、聚乙烯纤维等。在纤维混凝土中,纤维的含量、纤维的几何形状及其在混凝土中的分布状况,对纤维混凝土的性能有重要影响。通常,纤维的长径比为 70~120,掺加的体积率为 0.3%~8%。纤维在混凝土中起增强作用,可提高混凝土的抗压、抗拉、抗弯强度和冲击韧性,并能有效地改善混凝土的脆性。纤维混凝土的冲击韧性约为普通混凝土的 5~10 倍,初裂抗弯强度提高 2.5 倍,劈裂抗拉强度提高 2.5 倍。混凝土掺入钢纤维后,抗压强度提高不大,但从受压破坏形式来看,破坏时无碎块、不崩裂,基本保持原来的外形,有较大的吸收变形的能力，也改善了韧性，是一种良好的抗冲击材料。目前，纤维混凝土主要用于飞机跑道、高速公路、桥面、水坝覆面、桩头、屋面板、墙板、军事工程等要求高耐磨性、高抗冲击性和抗裂的部位及构件。

5.6.5 高强混凝土

强度等级在 C60 及其以上的混凝土称为高强混凝土。高强混凝土的特点是强度高、耐久性好、变形小，能适应现代工程结构向大跨度、重载、高耸发展和承受恶劣环境条件的需要。使用高强混凝土可获得明显的工程效益和经济效益。

1. 高强混凝土的组成材料

1) 水泥

配制高强混凝土时，应选用质量稳定、强度等级不低于 42.5 级的硅酸盐水泥或普通硅酸盐水泥。水泥矿物成分中 C_3A 的含量特别是 C_3S 的含量一定要高；细度按比表面积计，应达到 4000~6000 cm^2/g 以上。混凝土的水泥用量不应大于 550 kg/m^3；水泥和矿物掺和料的总量不应大于 600 kg/m^3。

2) 水

采用磁化水拌和。磁化水是普通水以一定速度流经磁场，由于磁化作用提高水的活性。用磁化水拌制混凝土，磁化水容易进入水泥颗粒内部，使水泥水化更完全、充分，因而可提高混凝土强度 30%~50%。

3) 骨料

(1) 粗骨料

应选择坚强岩石轧制的碎石，岩石强度应为混凝土强度等级的 2 倍以上。碎石宜呈近似正立方体形状，有棱角，以保证形成具有高内摩擦力的骨架。碎石表面组织应粗糙，使其与水泥石具有优良的黏结力。对 C60 级的混凝土，其粗骨料 D_{max} 不大于 31.5 mm，高于 C60 的混凝土，D_{max} 不大于 25 mm，针、片状颗粒不宜大于 5.0%；含泥量不宜大于 0.5%。

(2) 细骨料

细骨料与粗骨料应能组成密实的矿质混合料。细度模数宜为 2.6~3.0，含泥量不大于 2.0%，泥块含量不大于 0.5%。其他指标应符合《建筑用砂》(GB/T 14684—2011)的规定。

4) 外加剂

采用优质的高效减水剂或缓凝高效减水剂。

5) 矿物掺和料

掺用活性较好的矿物掺和料，且宜将矿物掺和料复合使用。

2. 高强混凝土的配合比特点

高强混凝土配合比的计算方法和步骤可按《普通混凝土配合比设计规程》(JGJ 55—2011)中的有关规定进行。

1) 水灰比

基准配合比中的水灰比，可据现有试验资料选取，一般小于 0.35，对 C80~C100 的超高强混凝土水灰比宜小于 0.30，对 C100 以上的特高强混凝土水灰比宜小于 0.26。

2) 用水量

掺高效减水剂后，用水量宜控制在 160～180 kg/m³；对于 C80～C100 的超高强混凝土，其用水量宜控制在 130～150 kg/m³。

3) 水泥用量

水泥用量一般控制在 400～500 kg/m³，最大不应超过 550 kg/m³，水泥和矿物掺和料的总量不应大于 600 kg/m³。

4) 砂率

砂率一般控制在 29%～35%，对于泵送工艺宜控制在 33%～42%。

5) 掺粉煤灰

采用超量取代法计算粉煤灰高强混凝土配合比。

说明：保罗米公式不适于配制高强混凝土。

5.6.6 商品混凝土

商品混凝土亦称预拌混凝土商品，其特点是集中拌制、商品化供应，把混凝土这一主要建筑材料，从备料、拌制到运输的一系列生产环节，从传统的施工系统中分离出来，成为一个独立经营的生产企业。

与现场搅拌混凝土相比，商品混凝土的价格较高，但其综合的社会效益、经济效益都比现场搅拌的混凝土高。具体反映在以下几个方面。

1. 它是社会进步，文明施工的体现

混凝土的研制、生产、使用经历了 170 年的发展历史。商品混凝土采用集中搅拌，是混凝土生产由粗放型生产向集约化大生产的转变。它实现了混凝土生产的专业化、商品化和社会化，是建筑业依靠技术进步改变小生产方式，实现建筑工业化的一项重要改革。

2. 它是建设工程质量的要求

在现场搅拌混凝土，水、水泥、骨料等无法称量只能依靠操作人员的经验施工，容易出现质量事故。而商品混凝土生产，是由专业技术人员在独立的试验室严格按照配合比，采用微机控制方式，通过电子计量，准确地生产出符合建筑设计要求的各种强度等级的混凝土。尤其是使用了外加剂和活性掺和料生产的高强度混凝土，不但大大加快了施工进度，而且从根本上解决了现场搅拌混凝土容易造成的质量隐患。

3. 它是城市文明建设的标志

广泛使用商品混凝土，能大大减小噪音、粉尘、道路污染问题，解决施工扰民和施工现场脏、乱、差等问题，也减轻了城市道路的交通压力。近几年来，凡受到建筑管理部门表彰的工地，均使用了商品混凝土。

4. 它是社会效益和经济效益的追求

由于生产商品混凝土属营利行业，救活了一批改制的构件厂等企业，养活了一批职工，起到了稳定社会的作用；使用商品混凝土，可以减少建筑材料贮运损耗和生产工艺损耗；

集中生产比分散生产可节约 10%以上；减少了工地用工和各种管理费用；加快工程进度能产生巨大的综合效益；特别是高强度混凝土的使用，使建筑结构断面减少，扩大了使用面积，大幅度减少了建筑材料，降低了投资成本，带来的经济效益和社会效益是无法估量的。

但是，我国商品混凝土的发展无论从数量上讲，还是从质量上讲，与发达国家相比，都还处于起步阶段。目前，商品混凝土在我国发展极不平衡，地区差异较大。在北京、上海、广州、大连、厦门等大城市，商品混凝土的使用量比较大，占这些城市混凝土总用量的 60%～80%，已经接近或达到发达国家的水平。而在西部地区，有的省份还没有一家商品混凝土搅拌站。有的省市即使有商品混凝土搅拌站，由于种种原因，也未充分发挥作用。因此国家在"九五"期间提出了"巩固东部、发展中西部"的发展商品混凝土的方针。

随着科技的进步，大规模生产水平的提高，商品混凝土的价格也会有所降低，使用商品混凝土是建筑业进步的必然趋势。

到 2006 年全国所有的城区将一律禁止现场搅拌混凝土，以改变目前城市里的因现场搅拌混凝土而灰尘四扬、泥水横流、污染环境的现状。

5.6.7 绿色混凝土

1. 绿色混凝土的定义

绿色混凝土也称环保混凝土，是一种能长草的混凝土，它是利用特殊配比的混凝土形成植物根系可生长的空间，并通过采用化学和植物生长技术，创造出能使植物生长的条件。

2. 绿色混凝土的护砌材料

近几年研究开发的新材料和新技术，创造性地利用建筑废砖石等材料，开发出符合水利堤防等土木建筑工程要求的环保型绿色混凝土护砌材料。这种材料的特点如下。

(1) 有较高的技术含量。在混凝土中加入了采用高新技术特殊制造并处理的合成纤维，并采用纳米级聚合物等高分子材料进行改性，使混凝土的各项性能都有不同程度的改善。

(2) 满足工程的特殊要求。这种护砌材料疏密有机结合，结构合理稳定，克服了单纯的草皮护坡等方式存在的稳定性不好及抗风浪冲击性差的缺点。

(3) 板块空隙率适合植物生长的需要。通过对废砖石的破碎和筛分，选择出合适的骨料平均粒径，使得板块的空隙率、绝对平均孔径满足植物根系生长的要求。

(4) 肥料缓释、水分保留、高碱性水环境条件的改善得到有效解决。植物能在这种混凝土板块上较好地发芽生长并穿透到土壤中。

(5) 表面固土能力较好。用于堤防建设时，在混凝土板块上面黏附一层特种土工合成材料，有效地减少了风吹雨淋对表面客土和草籽的不利影响，有益于植物发芽成长。

(6) 外表美观耐久。在六角外框的表面，可涂上抗老化处理彩色面料，颜色可以根据周围环境进行搭配和选择，也可以拼成各种各样的图案，改变了混凝土材料灰黑的旧面孔，使堤防在夏天绿草如茵，冬季五彩缤纷，成为城镇一道亮丽的风景线。

这种绿色建筑材料除了可用于堤防迎水面植被护坡工程外，还可以用来制造植被型路面砖、植被型墙体、植被型屋顶压载材料、绿色停车场和晨练运动场地等，对改善城镇生态环境，实现城市立体绿化，减少城市热岛效应也将发挥重要作用。

3. 绿色混凝土的特点

这种环保混凝土有着非常显著的环境效益。不但实现了在混凝土上长草的幻想，使以往荒芜的堤防充满了绿色的生机，而且减少了因开采沙石而毁坏自然环境以及堆放建筑垃圾造成的生态环境恶化。同时，由于大量采用了廉价的建筑废砖石作混凝土骨料，并利用新研制的专用构件成型机连续进行浇注成型，节省了模板和施工场地费用。

5.7 混凝土发展动态

5.7.1 钢纤维混凝土

钢纤维混凝土(Steel Fiber Reinforced Concrete，SFRC)是在普通混凝土中掺入少量低碳钢、不锈钢的纤维后形成的一种比较均匀而多向配筋的混凝土。钢纤维的掺入量按体积一般为1%～2%，而按重量计每立方米混凝土中掺70～100 kg 的钢纤维，钢纤维的长度宜为25～60 mm，直径为0.25～1.25 mm，长度与直径的最佳比值为50～700。

与普通混凝土相比，钢纤维混凝土不仅能改善抗拉、抗剪、抗弯、抗磨和抗裂性能，而且能大大增强混凝土的断裂韧性和抗冲击性能，显著提高结构的疲劳性能及其耐久性，尤其是韧性可增加10～20倍。美国对钢纤维混凝土与普通混凝土力学性能比较的试验结果如表5-54所示。

表 5-54 钢纤维混凝土与普通混凝土力学性能比较表

物理力学性质指标	普通混凝土	钢纤维混凝土
极限抗弯拉强度/MPa	2～5.5	5～26
极限抗压强度/MPa	21～35	35～56
抗剪强度/MPa	2.5	4.2
弹性模量/MPa	2×10^4～3.5×10^4	1.5×10^4～3.5×10^4
热膨胀系数/(m/(m·K))	9.9～10.8	10.4～11.1
抗冲击力/(N·m)	480	1380
抗磨指数	1	2
抗疲劳限值	0.5～0.55	0.80～0.95
抗裂指标比	1	7
韧性	1	10～20
耐冻融破坏指标数	1	1.9

我国对钢纤维混凝土与普通混凝土的力学性能做了比较试验，当钢纤维掺入量为15%～20%、水灰比为0.45时，其抗拉强度增长50%～70%，抗弯强度增长120%～180%，抗冲击强度增长10～20倍，抗冲击疲劳强度增长15～20倍，抗弯韧性增长约14～20倍，耐磨损性能也明显改善。

由此可以看出，与素混凝土相比，SFRC 具有更优越的物理和力学性能：①较高的弹性模量和较高的抗拉、抗压、抗弯拉、抗剪强度；②卓越的抗冲击性能；③抗裂和抗疲劳性能优异；④能明显改善变形性能；⑤韧性好；⑥抗磨与耐冻融有改观；⑦强度和重量比增大，施工简便，材料性价比高，具有优越的应用前景和经济性。

(水利工程网 www.shuigong.com，作者：宋名海，上传：yeguiren，来源：网易行业 2005-02-25)

5.7.2 高性能混凝土

高性能混凝土是由高强混凝土发展而来的，但高性能混凝土对混凝土技术性能的要求比高强混凝土更多、更广泛。高性能混凝土的发展一般可分为以下三个阶段。

1. 振动加压成型的高强混凝土——工艺创新

在高效减水剂问世以前，为获得高强混凝土，一般采用降低 W/C(水灰比)，强力振动加压成型。即将机械压力加到混凝土上，挤出混凝土中的空气和剩余水分，减少孔隙率。但该工艺不适合现场施工，难以推广，只在混凝土预制板、预制桩的生产广泛采用，并与蒸压养护共同使用。

2. 掺高效减水剂配置高效混凝土——第五组分创新

20 世纪 50 年代末期出现高效减水剂使高强混凝土进入一个新的发展阶段。代表性的有萘系、三聚氰胺系和改性木钙系高效减水剂，这三个系类均是普遍使用的高效减水剂。

采用普通工艺，掺加高效减水剂，降低水灰比，可获得高流动性、抗压强度为 60～100 MPa 的高强混凝土，是高强混凝土获得广泛的发展和应用。但是，仅用高效减水剂配制的混凝土，具有坍落度损失较大的问题。

3. 采用矿物外加剂配制高性能混凝土——第六组分创新

20 世纪 80 年代矿物外加剂异军突起，发展成为高性能混凝土的第六组分，它与第五组分相得益彰，成为高性能混凝土不可缺少的部分。就现在而言，配制高性能混凝土的技术路线主要是在混凝土中同时掺入高效减水剂和矿物外加剂。

配制高性能混凝土的矿物外加剂，是具有高比表面积的微粉辅助胶凝材料。例如：硅灰、细磨矿渣微粉、超细粉煤灰等，它是利用微粉填隙作用形成细观的紧密体系，并且改善界面结构，提高界面黏结强度。

(缪昌文，东南大学教授级高工，博导)

复习思考题

1. 什么是混凝土？混凝土为什么能在工程中得到广泛应用？
2. 混凝土的各组成材料在混凝土硬化前后都起什么作用？
3. 配制混凝土时，应如何选择混凝土的品种和强度等级？
4. 如何评定砂石骨料的粗细程度和颗粒级配？有何工程意义？

5. 粗骨料的最大粒径对混凝土配合组成和技术性质有什么影响？如何确定最大粒径？

6. 叙述混凝土拌和物和易性的含义，影响和易性的主要因素和改善和易性的措施，并叙述坍落度和维勃稠度测定方法和适用范围。

7. 配制混凝土时，采用合理砂率，有何技术经济意义？

8. 混凝土立方体抗压强度、立方体抗压强度标准值、混凝土的强度等级的含义和三者之间的关系如何？

9. 影响水泥混凝土强度的主要因素及提高强度的主要措施是什么？引起混凝土产生变形的因素有哪些？采用什么措施可减小混凝土的变形？

10. 简述混凝土耐久性的含义，它包括哪些内容？工程上如何保证混凝土的耐久性？

11. 水泥混凝土组成设计包括哪些内容？在设计时应如何满足四项基本要求和掌握三项参数？

12. 试述我国现行的混凝土配合比设计方法及其内容和步骤。

13. 水泥混凝土试配强度与什么因素有关？它在配合比设计中有何作用？如何确定它？

14. 当按初步配合比配制的混凝土流动性及强度不能满足要求时，应如何调整？

15. 何谓减水剂？减水机理如何？在混凝土中掺入减水剂有何技术经济效果？

16. 轻骨料混凝土与普通混凝土相比有何特点？

17. 为什么常用超量取代法设计粉煤灰混凝土的配合比？

18. 根据砂的颗粒级配表，画出每个级配区的级配曲线，并计算每个级配区边界线的细度模数。

19. 根据混凝土计算配比，试拌 12 L，其各材料用量如下：水泥 3.85 kg，水 2.1 kg，砂 7.6 kg，石子 15.7 kg，调整和易性时增加水泥浆 10%，测得混凝土湿体积密度为 2400 kg/m³，计算调整后每立方米混凝土中各种材料的用量。

20. 分析评定题

设计强度为 C30 的水泥混凝土，施工抽检了 10 组试件，其 28 d 的抗压强度(标准尺寸试件、标准养护)如下：

30.5，28.4，36.0，35.5，36.0，38.0，35.0，29.0，38.0，33.8。

试评定该结果是否满足设计要求。取判定系数 k_1=1.7，k_2=0.9。

21. 若计算配合比每方混凝土材料用量为水=195 kg，水泥=390 kg，砂=588 kg，石子=1176 kg/m³，经试拌坍落度大于设计要求。

(1) 按每方混凝土减少 5 kg 水，计算调整后每方混凝土的材料用量；

(2) 若实测密度为 2425 kg/m³，计算密度调整后每方混凝土的材料用量；

(3) 若现场每盘混凝土用两袋水泥，请计算每盘混凝土的材料用量。

(4) 若现场砂的含水量为 4%，石子含水量为 1.5%，计算每盘混凝土的材料用量。

22. 某混凝土计算配合比经调整后各材料的用量为：42.5R 普通硅酸盐水泥 4.5 kg，水 2.7 kg，砂 9.9 kg，碎石 18.9 kg，又测得拌和物密度为 2380 kg/m³，试求：

(1) 每立方米混凝土的各材料用量；

(2) 当施工现场砂子含水率为 3.5%，石子含水率为 1%时，求施工配合比；

(3) 如果把实验室配合比直接用于施工现场，则现场混凝土的实际配合比将如何变化？对混凝土的强度将产生什么影响？

第6章 建筑砂浆

学习内容与目标

- 理解建筑砂浆的材料组成、技术标准。
- 掌握砌筑砂浆的技术性质及配合比设计方法。

建筑砂浆在土木建筑工程中是一种用量大、用途广泛的建筑材料,是由无机胶凝材料、细骨料和水按比例配制而成的。无机胶凝材料包括水泥、石灰、石膏等,细骨料为天然砂。砂浆与混凝土的主要区别是组成材料中没有粗骨料,因此建筑砂浆也称为细骨料混凝土。

根据不同用途,建筑砂浆主要可以分为砌筑砂浆和抹面砂浆,抹面砂浆包括普通抹面砂浆、装饰砂浆、特种砂浆等。根据使用胶凝材料的不同,砂浆又可以分为水泥砂浆、石灰砂浆、石膏砂浆和混合砂浆,混合砂浆有水泥石灰砂浆、水泥黏土砂浆和石灰黏土砂浆等。

6.1 砌 筑 砂 浆

将砖、石、砌块等黏结成为砌体的砂浆称为砌筑砂浆。它的作用主要是把分散的块状材料胶结成坚固的整体,提高砌体的强度、稳定性;使上层块状材料所受的荷载能够均匀地传递到下层;填充块状材料之间的缝隙,提高建筑物的保温、隔声和防潮等性能。

6.1.1 砌筑砂浆的组成材料

1. 胶凝材料

砌筑砂浆主要的胶凝材料是水泥。砂浆所用水泥品种,应根据砂浆的用途来选择普通水泥、矿渣水泥、火山灰水泥、粉煤灰水泥和砌筑水泥等。特种砂浆可以选择白色或彩色硅酸盐水泥、膨胀水泥等。配制水泥砂浆时,所选择水泥的强度等级不宜大于32.5级;水泥混合砂浆采用的水泥,其强度等级不宜大于42.5级。水泥强度等级过高,将使砂浆中水泥用量过少,导致保水性不良。

石灰、石膏和黏土亦可作为砂浆的胶凝材料,也可与水泥混合使用配制混合砂浆,以节约水泥并能够改善砂浆的和易性。

2. 水

配制砂浆用水应符合现行行业标准《混凝土用水标准》(JGJ 63—2006)的规定。应选用不含有害杂质的洁净水来拌制砂浆。

3. 砂

砌筑砂浆砂的选用应符合建筑用砂的技术性质要求。由于砂浆层较薄，对砂子的最大粒径应有限制。用于毛石砌体的砂浆，宜选用粗砂，砂子最大粒径应小于砂浆层厚度的 1/4～1/5；用于砖砌体使用的砂浆，宜选用中砂，最大粒径不大于 2.5mm；用于抹面及勾缝的砂浆应使用细砂。为保证砂浆的质量，应选用洁净的砂，砂中黏土杂质的含量不宜过大，一般规定：砂的含泥量不应超过 5%，其中水泥混合砂浆砂的含泥量不应超过 10%。

4. 掺加料及外加剂

为了改善砂浆的和易性和节约水泥，可在砂浆中加入一些无机掺加料，如石灰膏、黏土膏、粉煤灰等，与水泥混用配置混合砂浆，如水泥石灰砂浆、水泥黏土砂浆、粉煤灰砂浆等。掺加料均需用 3 mm×3 mm 的网过筛。为了保证砂浆的质量，须将石灰先制成石灰膏，并且沉入量应控制在 12 cm 左右，必须经过陈伏，再掺入砂浆中搅拌均匀。消石灰粉不得直接用于砌筑砂浆。掺加料加入前都应经过一定的加工处理或检验。

在水泥砂浆或混合砂浆中，可掺入减水剂、膨胀剂、微沫剂等外加剂改善砂浆的性能。常用微沫剂用来改善砂浆的和易性和替代部分石灰。当水泥石灰砂浆使用微沫剂时，石灰用量可减少约一半。水泥黏土砂浆中不宜掺入微沫剂。

6.1.2 砌筑砂浆的主要技术性质

砌筑砂浆的技术性质，包括新拌砂浆的和易性、硬化后砂浆的强度和黏结强度，以及抗冻性、收缩值等指标。这里仅介绍和易性、强度和黏结力。

1. 新拌砂浆的和易性

和易性是指新拌制的砂浆拌和物的工作性，即在施工中易于操作而且能保证工程质量的性质，包括流动性和保水性两方面。和易性好的砂浆，在运输和操作时，不会出现分层、泌水等现象，而且容易在粗糙的砖、石、砌块表面上铺成均匀、薄薄的一层，保证灰缝既饱满又密实，能够将砖、砌块、石块很好地黏结成整体。而且可操作的时间较长，有利于施工操作。

1) 流动性

砂浆的流动性又称稠度，是指砂浆在自重或外力作用下流动的性能。流动性的大小用"沉入度"表示，通常用砂浆稠度测定仪测定。沉入度越大，表示砂浆的流动性越好。

砂浆流动性的选择与砌体种类、施工方法及天气情况有关。流动性过大，说明砂浆太稀。过稀的砂浆不仅铺砌困难，而且硬化后强度降低；流动性过小，砂浆太稠，难于铺平。一般情况下多孔吸水的砌体材料或干热的天气，砂浆的流动性应大些；而密实不吸水的材料或湿冷的天气，其流动性应小些。砂浆的流动性可按表 6-1 选用。

表 6-1 砌筑砂浆的稠度

砌体种类	砂浆稠度/mm
烧结普通砖砌体、蒸压粉煤灰砖砌体	70～90
混凝土实心砖、混凝土多孔砖砌体、普通混凝土小型空心砌块砌体、灰砂砖砌体	50～70
烧结多孔砖、空心砖砌体、轻骨料小型空心砌块砌体、蒸压加气混凝土砌块砌体	60～80
石砌体	30～50

2) 保水性

新拌砂浆能够保持水分的能力称为保水性。保水性也指砂浆中各项组成材料不易离析的性质，即搅拌好的砂浆在运输、存放、使用的过程中，水与胶凝材料及骨料分离快慢的性质。保水性良好的砂浆水分不易流失，易于摊铺成均匀密实的砂浆层；反之，保水性差的砂浆，在施工过程中容易泌水、分层离析，使流动性变差；同时由于水分易被砌体吸收，影响胶凝材料的正常硬化，从而降低砂浆的黏结强度。

砂浆的保水性用分层度表示，用砂浆分层度筒测定。将拌好的砂浆装入内径为 150 mm、高为 300 mm 的有底圆筒内测其稠度，静置 30min 后取圆筒底部 1/3 砂浆再测稠度。两次稠度的差值即为分层度。保水性好的砂浆分层度以 10～30 mm 为宜。分层度小于 10 mm 的砂浆，虽保水性良好，无分层现象，但往往是由于胶凝材料用量过多，或砂过细，以至于过于黏稠不易施工或易发生干缩裂缝，尤其不宜做抹面砂浆；分层度大于 30 mm 的砂浆，保水性差，易于离析，不宜采用。

2. 硬化后砂浆的强度和强度等级

砂浆的强度的确定方法是：取 3 个 70.7 mm×70.7 mm×70.7 mm 的立方体试块，在标准条件(温度为 20℃±2℃，相对湿度≥90%)下养护 28d 后，用标准试验方法测得它们的抗压强度(MPa)，取其平均值，若最大值或最小值与平均值相差 15%，则取中间值作为测定结果；若两个测值与中间的差值均超过中间值的 15%，则该组试件的试验结果无效。

水泥砂浆的强度等级划分为 M30、M25、M20、M15、M10、M7.5、M 共七个等级；水泥混合砂浆的强度等级可分为 M15、M10、M7.5、M5。符号 M20 表示养护 28 d 后的立方体试件抗压强度平均值不低于 20 MPa。

影响砂浆的抗压强度的因素很多，其中主要的影响因素是原材料的性能和用量，以及砌筑层(砖、石、砌块)的吸水性，最主要的材料是水泥。砂的质量、掺和材料的品种及用量、养护条件(温度和湿度)都会影响砂浆的强度和强度增长。

1) 用于黏结吸水性较小、密实的底面材料(如石材)的砂浆

其强度取决于水泥强度和水灰比，与混凝土类似，计算公式为

$$f_{m,o} = 0.29 f_{ce}\left(\frac{C}{W} - 0.4\right)$$

式中：$f_{m,o}$——砂浆 28 d 抗压强度平均值，MPa；

f_{ce}——水泥的实测强度，MPa；

C/W——灰水比。

2) 用于黏结吸水性较大的底面材料(如砖、砌块)的砂浆

砂浆中一部分水分会被底面吸收，由于砂浆必须具有良好的和易性，因此，不论拌和时用水多少，经底层吸水后，留在砂浆中的水分大致相同，可视为常量。在这种情况下，砂浆的强度取决于水泥强度和水泥用量，可不必考虑水灰比；可用下面的经验公式：

$$f_{m,o} = \frac{\alpha f_{ce} Q_c}{1000} + \beta$$

式中：$f_{m,o}$——砂浆的试配强度(MPa)，精确至 0.1 MPa；

Q_c——每立方米砂浆的水泥用量(kg)，精确至 1 kg；

f_{ce}——水泥 28d 时的实测强度值(MPa)，精确至 0.1 MPa；

α、β——砂浆的特征系数，其中 α=3.03，β=-15.09，也可由当地的统计资料计算($n \geqslant 30$)获得。

砌筑砂浆的强度等级应根据工程类别及不同砌体部位选择。在一般的建筑工程中，办公楼、教学楼及多层商店等工程宜用 M5～M10 的砂浆；平房宿舍、商店等工程多用 M2.5～M5 的砂浆；食堂、仓库、地下室及工业厂房等多用 M2.5～M10 的砂浆；检查井、雨水井、化粪池等可用 M5 砂浆。特别重要的砌体才使用 M10 以上的砂浆。

3. 砂浆的黏结力

由于砖石等砌体是靠砂浆黏结为一整体的，所以砂浆黏结得越牢固，则整个砌体的强度、耐久性及抗震性越好。一般来说，砂浆的抗压强度越高，其黏结力越强。砌筑前，保持基层材料一定的润湿程度也有利于提高砂浆的黏结力。此外，黏结力大小还与砖石表面状态、清洁程度及养护条件等因素有关。粗糙的、洁净的、湿润的表面黏结力较好。因此在砌筑前应做好有关的准备工作。

6.1.3　砌筑砂浆的配合比设计

砂浆配合比用每立方米砂浆中各种材料的用量来表示。可以通过查有关资料或手册来选取或通过 JGJ 98—2010 中的设计方法进行计算，然后再进行试拌调整。

1. 水泥混合砂浆配合比设计

1) 确定砂浆的试配强度

$$f_{m,o} = k f_2$$

式中：$f_{m,o}$——砂浆的试配强度(MPa)，精确至 0.1 MPa；

f_2——砂浆强度等级值(MPa)，精确至 0.1 MPa；

k——系数，按表 6-2 取值。

2) 砂浆强度标准差的确定

(1) 当有统计资料时，砂浆强度标准差应按下式计算。

$$\sigma = \sqrt{\frac{\sum_{i=1}^{n} f_{m.i}^2 - n\mu_{fm}^2}{n-1}}$$

式中：$f_{m.i}$——统计周期内同一品种砂浆第 i 组试件的强度(MPa)；

μ_{fm}——统计周期内同一品种砂浆 n 组试件强度的平均值(MPa)；

n——统计周期内同一品种砂浆 n 组试件的总组数，$n \geqslant 25$。

(2) 当不具有近期统计资料时，可按表 6-2 选取。

表 6-2　砌筑砂浆强度标准差 σ 选用表(JGJ 98—2010)

施工水平	不同强度等级对应的标准差 σ/MPa							k
	M5	M7.5	M10	M15	M20	M25	M30	
优良	1.00	1.50	2.00	3.00	4.00	5.00	6.00	1.15
一般	1.25	1.88	2.50	3.75	5.00	6.25	7.50	1.20
较差	1.50	2.25	3.00	4.50	6.00	7.50	9.00	1.25

3) 计算水泥用量 Q_c

$$Q_c = \frac{1000(f_{m,o} - \beta)}{\alpha \cdot f_{ce}}$$

式中：Q_c——1 m³ 砂浆的水泥用量(kg)，精确至 1 kg；

f_{ce}——水泥的实测强度(MPa)，精确至 0.1 MPa；

α、β——砂浆的特征系数，$\alpha = 3.03$，$\beta = -15.09$。

无法取得水泥的实测值时，可按下式计算：

$$f_{ce} = \gamma_c \cdot f_{ce,k}$$

4) 计算石灰膏用量 Q_D

$$Q_D = Q_A - Q_c$$

式中：Q_D——1 m³ 砂浆的石灰膏用量(kg)，精确至 1 kg；石灰膏使用时稠度为 120 mm±5 mm。

Q_A——1 m³ 砂浆中水泥和石灰膏的总量(kg)，精确至 1 kg；可为 350 kg。

5) 确定砂子用量 Q_S

每立方米砂浆中的砂用量，应以干燥状态(含水率<0.5%)的堆积密度值作为计算值。当含水率>0.5%时，应考虑砂的含水率。

6) 确定用水量 Q_W

每立方米砂浆中的用水量，根据砂浆稠度等要求可选用 210～310 kg。

注：① 混合砂浆中的用水量，不包括石灰膏中的水；
② 当采用细砂或粗砂时，用水量分别取上限或下限；
③ 稠度小于 70 mm 时，用水量可小于下限；
④ 施工现场气候炎热或干燥季节，可酌情增加用水量。

2. 水泥砂浆配合比选用

水泥砂浆材料用量可按表 6-3 选用。

表 6-3　每立方米水泥砂浆材料用量　　　　　　　　　　单位：kg

强度等级	水泥用量 Q_c	用砂量 Q_s	用水量 Q_w
M5	200~230		
M7.5	230~260		
M10	260~290	$1\,m^3$ 砂子的堆积密度数值	270~330
M15	290~330		
M20	340~400		
M25	360~410		
M30	430~480		

注：① M15 及 M15 以下强度等级水泥砂浆，水泥强度等级为 32.5 级；M15 以上强度等级水泥砂浆，水泥强度等级为 42.5 级。

② 当采用细砂或粗砂时，用水量分别取上限或下限；

③ 稠度小于 70mm 时，用水量可小于下限；

④ 施工现场气候炎热或干燥季节，可酌情增加用水量；

⑤ 试配强度应按公式计算。

3. 砂浆配合比试配、调整和确定

(1) 采用与工程实际相同的材料和搅拌方法试拌砂浆：选用基准配合比及基准配合比中水泥用量分别增减 10%，共三个配合比，分别试拌。

(2) 按砂浆性能实验方法测定砂浆的沉入度和分层度。当不能满足要求时应使和易性满足要求。

(3) 分别制作强度试件(每组三个试件)，标准养护到 28 d，测定砂浆的抗压强度，选用符合设计强度要求且水泥用量最少的砂浆配合比作为砂浆配合比。

(4) 根据拌和物的表观密度，校正材料的用量，保证每立方米砂浆中的用量准确。一般情况下水泥砂浆拌和物的体积密度不应小于 1900 kg/m³，水泥混合砂浆拌和物的体积密度不应小于 1800 kg/m³。

4. 配合比设计实例

某砌筑工程用水泥石灰混合砂浆，要求砂浆的强度等级为 M7.5，稠度为 70~90 mm。所用原材料为：水泥——32.5 级矿渣硅酸盐水泥，富余系数为 1.0；砂——中砂，堆积密度为 1450 kg/m³，含水率为 2%；石灰膏——稠度为 120 mm。施工水平一般。试计算砂浆的配合比。

解　(1) 计算试配强度 $f_{m,o}$

$$f_{m,o} = kf_2 = 1.20 \times 7.5 = 9(\text{MPa})$$

式中：f_2=7.5MPa

　　　k=1.20

(2) 计算水泥用量 Q_c

$$Q_{\text{c}} = \frac{1000(f_{\text{m,o}} - \beta)}{\alpha \cdot f_{\text{ce}}}$$

式中：$f_{\text{m,o}}$ =8.63 MPa
α =3.03、β =-15.09
f_{ce} =32.5×1=32.5 MPa

$$Q_{\text{C}} = \frac{1000(f_{\text{m,0}} - \beta)}{\alpha \cdot f_{\text{ce}}} = \frac{1000(9 + 15.09)}{3.03 \times 32.5} = 245(\text{kg})$$

(3) 计算石灰膏用量 Q_{D}

$$Q_{\text{D}} = Q_{\text{A}} - Q_{\text{C}}$$

式中取 Q_{A}=350 kg，则

$$Q_{\text{D}}=350-245=105(\text{kg})$$

(4) 计算砂子用量 Q_{s}

$$Q_{\text{s}}=1450\times(1+2\%)=1479(\text{kg})$$

(5) 确定用水量 Q_{w}

可选取 300 kg，扣除砂中所含水量，拌和用水量为

$$Q_{\text{w}}=300-1450\times2\%=271(\text{kg})$$

砂浆试配时各材料的用量比例：

$$Q_C : Q_D : Q_S : Q_W = 245 : 105 : 1479 : 271 = 1 : 0.43 : 6.04 : 1.11$$

6.2 抹面砂浆

凡涂抹在建筑物或建筑构件表面的砂浆，统称为抹面砂浆。根据其功能的不同，抹面砂浆分为普通抹面砂浆、装饰砂浆和具有某些特殊功能的抹面砂浆(如绝热、防水、耐酸砂浆等)三大类。

对抹面砂浆要求具有良好的和易性，容易抹成均匀平整的薄层，便于施工。还要有较高的黏结强度，砂浆层应能与底面黏结牢固，长期不致开裂或脱落，故需要多用一些胶凝材料。处于潮湿环境或易受外力作用部位(如地面、墙裙等)，还应具有较高的耐水性和强度。

6.2.1 普通抹面砂浆

普通抹面砂浆是建筑工程中用量最大的抹面砂浆。其功能主要是保护建筑物和墙体，抵抗风、雨、雪等自然环境和有害杂质的侵蚀，提高耐久性；同时可使建筑物达到表面平整、清洁和美观的效果。

抹面砂浆通常分为两层或三层进行施工，各层的作用和要求不同，所以每层选用的砂浆也不同。底层抹灰的作用是使砂浆与底面牢固地黏结，要求砂浆具有良好的和易性和较高的黏结强度，而且保水性要好，否则水分就容易被吸收而影响黏结力。中层抹灰主要是用来找平，有时可省去不做。面层抹灰主要起装饰作用，要达到平整美观的效果。

对于勒脚、女儿墙或栏杆等暴露部分及湿度大的内墙面多用配合比为 1∶2.5 的水泥砂浆。

普通抹面砂浆的配合比可参考表 6-4。

表 6-4 各种抹面砂浆配合比参考表

材 料	配合比(体积比)	应用范围
石灰∶砂	1∶2～1∶4	用于砖石墙表面(檐口、勒脚、女儿墙以及潮湿房间的墙除外)
石灰∶黏土∶砂	1∶1∶4～1∶1∶8	干燥环境的墙表面
石灰∶石膏∶砂	1∶0.4∶2～1∶1∶3	用于不潮湿房间木质表面
石灰∶石膏∶砂	1∶0.6∶2～1∶1∶3	用于不潮湿房间的墙及顶棚
石灰∶石膏∶砂	1∶2∶2～1∶2∶4	用于不潮湿房间的线脚及其他修饰工程
石灰∶水泥∶砂	1∶0.5∶4.5～1∶1∶5	用于檐口、勒脚、女儿墙外脚以及比较潮湿的部位
水泥∶砂	1∶3～1∶2.5	用于浴室、潮湿车间等墙裙、勒脚等或地面基层
水泥∶砂	1∶2～1∶1.5	用于地面、顶棚或墙面面层
水泥∶砂	1∶0.5～1∶1	用于混凝土地面随时压光
水泥∶石膏∶砂∶锯末	1∶1∶3∶5	用于吸声粉刷
水泥∶白石子	1∶2～1∶1	用于水磨石(打底用 1∶2.5 水泥砂浆)

6.2.2 装饰抹面砂浆

涂抹在建筑物内外墙表面,以提高建筑物装饰艺术性为主要目的的抹面砂浆统称为装饰砂浆。它是常用的装饰手段之一。装饰砂浆的底层和中层抹灰与普通抹面砂浆基本相同,主要是装饰砂浆的面层,要选用具有一定颜色的胶凝材料和骨料以及采用某种特殊的操作工艺,使表面呈现出各种不同的色彩、线条与花纹等装饰效果。

装饰砂浆所采用的胶凝材料有普通水泥、矿渣水泥、火山灰水泥、白水泥和彩色水泥,或在常用的水泥中掺加耐碱矿物颜料配成彩色水泥以及石灰、石膏等。骨料常采用大理石、花岗石等有色石渣或玻璃、陶瓷碎粒。

常用装饰砂浆的施工工艺如下所述。

1. 拉毛

先用水泥砂浆作底层,再用水泥石灰砂浆作面层,在砂浆未凝结之前,用抹刀将表面拍拉成凹凸不平的形状,一般适用于有声学要求的礼堂剧院等室内墙面,也常用于外墙面、阳台栏板或围墙饰面。

2. 水磨石

用普通水泥、白色水泥或彩色水泥拌和各种色彩的大理石渣做面层,硬化后表面磨平抛光。水磨石多用于地面装饰,有现浇和预制两种。水磨石色彩丰富,抛光后更接近于磨光的天然石材,除可用作地面之外,还可预制做成楼梯踏步、窗台板、柱面、台面、踢脚板和地面板等多种建筑构件。水磨石一般都用于室内。

3. 水刷石

原材料与水磨石相同,用颗粒细小(约 5 mm)的石渣所拌成的砂浆做面层,在水泥初始凝固时,即喷水冲刷表面,把面层水泥浆冲刷掉,使石渣半露而不脱落。水刷石多用于建筑物的外墙装饰,具有天然石材尤其是花岗岩的质感,经久耐用。

4. 干粘石

将彩色石粒、玻璃碎粒直接黏在水泥砂浆面层上即可得到干粘石、干粘玻璃。要求石渣黏结牢固、不脱落。干黏石的装饰效果与水刷石相似,但色彩更加丰富,而且避免了湿作业,又能提高工效,应用广泛。

5. 斩假石

斩假石又称为剁假石,制作情况与水刷石基本相同。是在水泥砂浆基层上涂抹水泥石砂浆,待硬化后,表面用斧刀剁毛并露出石渣,使其形成天然花岗石粗犷的效果。主要用于室外柱面、勒脚、栏杆、踏步等处的装饰。

装饰砂浆还可采取喷涂、弹涂、辊压等工艺方法。可做成多种多样的装饰面层,操作很方便,施工效率可大大提高。

6.2.3 特种抹面砂浆

1. 防水砂浆

防水砂浆是一种制作防水层的高抗渗性砂浆。砂浆防水层又称刚性防水层,仅适用于不受振动和具有一定刚度的混凝土或砖石砌体的表面,广泛用于地下建筑和蓄水池等建筑物的防水,对于变形较大或可能发生不均匀沉陷的建筑物,不宜采用砂浆防水层。

防水砂浆可用普通水泥砂浆制作,也可以在水泥砂浆中掺入防水剂来提高砂浆的抗渗能力。常用的防水剂有氯化物金属盐类防水剂、金属皂类防水剂和水玻璃类防水剂等。

防水砂浆的防渗效果在很大程度上取决于施工质量,因此施工时要严格控制原材料的质量和配合比。配制防水砂浆时先将水泥和砂子干拌均匀,再把量好的防水剂溶于拌和水中与水泥、砂搅拌均匀后即可使用。涂抹时,每层厚度约 5 mm 左右,共涂抹 4~5 层,约 20~30 mm 厚。在涂抹前先在润湿清洁的底面上抹一层纯水泥浆,然后抹一层 5 mm 厚的防水砂浆,在初凝前用木抹子压实一遍,第二、三、四层都是同样的操作方法,最后一层进行压光。抹完后要加强养护,保证砂浆的密实性,以获得理想的防水效果。

防水砂浆按其组成成分可分为多层抹面水泥砂浆(也称五层抹面法或四层抹面法)、掺防水剂防水砂浆、膨胀水泥防水砂浆及掺聚合物防水砂浆四类。

2. 保温砂浆

保温砂浆又称绝热砂浆,是采用水泥、石灰、石膏等胶凝材料与膨胀珍珠岩或膨胀蛭石、陶砂等轻质多孔骨料按一定比例配合制成的砂浆。保温砂浆具有质轻和良好的绝热性能,其导热系数约为 0.07~0.10 W/(m·K),可用于屋面绝热层、绝热墙壁或供热管道的绝热层等处。常用的保温砂浆有水泥膨胀珍珠岩砂浆、水泥膨胀蛭石砂浆、水泥石灰膨胀蛭石砂浆等。

3. 吸声砂浆

与绝热砂浆类似，吸声砂浆由轻质多孔骨料配合制成，具有良好的吸声性能。还可以用水泥、石膏、砂、锯末(体积比为 1∶1∶3∶5)配制吸声砂浆，或在石灰、石膏砂浆中掺入玻璃纤维、矿物棉等松软纤维材料配制。吸声砂浆可用于室内墙壁和吊顶的吸声处理。

4. 耐酸砂浆

用水玻璃(硅酸钠)与氟硅酸钠拌制成耐酸砂浆，有时也可掺入石英岩、花岗岩、铸石等粉状细骨料。水玻璃硬化后具有很好的耐酸性能。耐酸砂浆多用作衬砌材料、耐酸地面和耐酸容器的内壁防护层。

5. 聚合物砂浆

在水泥砂浆中加入有机聚合物乳液配制成的砂浆称为聚合物砂浆。聚合物砂浆一般具有黏结力强、干缩率小、脆性低、耐蚀性好等特点，用于修补和防护工程。常用的聚合物乳液有氯丁橡胶乳液、丁苯橡胶乳液、丙烯酸树脂乳液等。

6.3 建筑砂浆的发展动态

保温砂浆的应用现状及前景

随着环保和节能意识的增强，建筑节能正在成为世界建筑业的发展趋势，因此，建筑围护结构的绝热性能日益受到重视。保温砂浆通过改变其容重和厚度可以调节墙体围护结构的热阻，改善其热工性能，目前已成为我国重要的建筑节能技术措施之一，正在迅速发展并广泛应用于工业与民用建筑中。

建筑能耗主要来自建筑物的外围护结构，因此，实施建筑节能的关键是改善外围护结构的热工性能。如设保温层，使用抹面和砌筑保温砂浆以增加外围护结构的热阻值，改善围护结构的热工性能，实现节约能源的目的。其中，保温砂浆是建筑节能领域的重要功能材料之一，由于其热工性能较好，质量轻、施工方便、工程造价低，关键是可以通过改变保温砂浆容重和涂抹厚度调节墙体热阻值，因此被确定为建筑节能措施之一。

目前，我国广泛应用的保温砂浆按主要的组成来分，主要有硅酸盐保温砂浆、有机硅保温砂浆和聚苯颗粒保温砂浆。这些保温砂浆兼具了砂浆本身及保温材料的双重功能，干燥后形成有一定强度的保温层，起到了增加保温效果的作用。与传统砂浆相比，优点在于导热系数低，保温效果显著，特别适用于其他保温材料难以解决的异形设备保温，而且具有生产工艺简单、能耗低等特点，应用前景十分广阔。初步预测，我国目前每年需用保温砂浆 4000 万立方米，国内许多省市也相继颁布了有关的建筑节能法规，必将促进保温砂浆的应用和研制。

(黄继红，吕子义. 节能建筑中应用保温砂浆的性能分析. 工业建筑，2005(35)：724)

复习思考题

1．砌筑砂浆的组成材料有哪些？对组成材料有哪些要求？

2．砌筑砂浆的主要技术性质有哪些？

3．新拌砂浆的和易性包括哪些含义？各用什么指标表示？砂浆的和易性不良对其质量有何影响？

4．测定砌筑砂浆强度的标准试件尺寸是多少？如何确定砂浆的强度等级？影响砂浆强度的主要因素有哪些？

5．何谓抹面砂浆？抹面砂浆在功能上与砌筑砂浆有何不同？

6．某工程需配制 M7.5，稠度为 70～100 mm 的砌筑砂浆，采用强度等级为 32.5 的普通水泥，石灰膏的稠度为 120 mm，含水率为 2%的砂，堆积密度为 1450 kg/m³，施工水平优良。试确定该砂浆的配合比。

第7章 金属材料

学习内容与目标

- 掌握建筑钢材的机械性能(拉伸性能、冷弯性能、冲击韧性);冷加工时效的原理、目的及应用。
- 了解钢材的冶炼方法及其对钢材质量的影响,钢材的分类及建筑钢材的类型;熟悉钢材的化学成分与钢材性能的关系,建筑钢材的标准及类型,建筑钢材防火、防腐的原理及方法,以及铝合金的应用。

金属材料具有强度高、密度大、易于加工、导热和导电性良好等特点,可制成各种铸件和型材,能焊接或铆接,便于装配和机械化施工。因此,金属材料广泛应用于铁路、桥梁、房屋建筑等各种工程中,是主要的建筑材料之一。尤其是近年来,高层和大跨度结构迅速发展,金属材料在建筑工程中的应用越来越多。

用于建筑工程中的金属材料主要有建筑钢材、铝合金和不锈钢。尤其是建筑钢材,作为结构材料具有优异的力学性质,具有较高的强度,良好的塑性和韧性,材质均匀,性能可靠,具有承受冲击和振动荷载的能力,可切割、焊接、铆接或螺栓连接,因此在建筑工程中得到广泛应用。

7.1 钢的冶炼及钢的分类

7.1.1 钢的冶炼

钢是由生铁冶炼而成的。生铁是由铁矿石、熔剂(石灰石)、燃料(焦炭)在高炉中经过还原反应和造渣反应而得到的一种铁碳合金。其中碳、磷和硫等杂质的含量较高。生铁脆、强度低、塑性和韧性差,不能用焊接、锻造、轧制等方法加工。

炼钢的过程是把熔融的生铁进行氧化,使碳含量降低到预定的范围,其他杂质降低到允许范围。在理论上凡含碳量在2%以下,含有害杂质较少的铁、碳合金都可称为钢。在炼钢的过程中,采用的炼钢方法不同,除掉杂质的速度就不同,所得钢的质量也就有差别。目前国内主要有转炉炼钢法、平炉炼钢法和电炉炼钢法三种炼钢方法。

转炉炼钢法以熔融的铁水为原料,不需燃料,由转炉底部或侧面吹入高压热空气,使铁水中的杂质在空气中氧化,从而除去杂质。空气转炉法的缺点是吹炼时容易混入空气中的氮、氢等杂质,同时熔炼时间短,杂质含量不易控制,因此,质量差,国内已不采用。采用以纯氧代替空气吹入炉内的纯氧顶吹转炉炼钢法,克服了空气转炉法的一些缺点,能有效地除去磷、硫等杂质,使钢的质量明显提高。

平炉炼钢法以固体或液体生铁、铁矿石或废钢为原料,用煤气或重油作燃料在平炉中进行冶炼,杂质是靠与铁矿石、废钢中的氧或吹入的氧作用而除去的。由于熔炼时间长,杂质含量控制精确,清除较彻底,钢材的质量好,化学成分稳定(偏析度小),力学性能可靠,用途广泛。但成本较转炉钢高,冶炼周期长。

电炉炼钢法以电为能源迅速加热生铁或废钢原料。此种方法熔炼温度高,温度可自由调节,清除杂质容易。因此,电炉钢的质量最好,但成本高。电炉炼钢法主要用于冶炼优质碳素钢及特殊合金钢。

在冶炼过程中,由于氧化作用时部分铁被氧化,钢在熔炼过程中不可避免有部分氧化铁残留在钢水中,降低了钢的质量。因此在炼钢后期精炼时,需在炉内或钢包中加入脱氧剂(锰(Mn)、硅(Si)、铝(Al)、钛(Ti))进行脱氧处理,使氧化铁还原为金属铁。钢水经脱氧后才能浇铸成钢锭,轧制成各种钢材。

根据脱氧方法和脱氧程度的不同,钢材可分为沸腾钢(F)、镇静钢(Z)、半镇静钢(b)和特殊镇静钢(TZ)。

沸腾钢是一种脱氧不完全的钢,一般在钢锭模中,钢水中的氧和碳作用生成一氧化碳,产生大量一氧化碳气体,引起钢水沸腾,故称沸腾钢。钢中加入锰铁和少量的铝作为脱氧剂,冷却快,有些有害气体来不及逸出,钢的结构不均匀,晶粒粗细不一,质地差,偏析度大,但表面平整清洁,生产效率高,成本低。

镇静钢除采用锰(Mn)脱氧外,再加入硅铁和铝进行完全脱氧,在浇注和凝固过程中,钢水呈静止状态,故称镇静钢。镇静钢冷却较慢,当凝固时碳和氧之间不发生反应,各种有害物质易于逸出,品质较纯,结构均匀,晶粒组织紧密坚实,偏析度小,成本高,质量好,在相同的炼钢工艺条件下屈服强度比沸腾钢高。

半镇静钢系加入适量的锰铁、硅铁、铝作为脱氧剂,脱氧程度介于沸腾钢和镇静钢之间。

特殊镇静钢在钢中应含有足够的形成细晶粒结构的元素。

7.1.2 钢材的分类

钢的品种繁多,为了便于掌握和选用,现将钢的一般分类归纳如下。

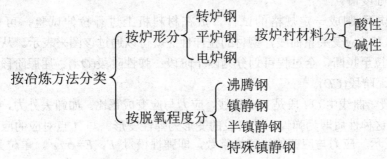

按化学成分分类 {
　碳素钢 { 低碳钢(含碳量<0.25%)
　　　　中碳钢(含碳量 0.25%～0.60%)
　　　　高碳钢(含碳量>0.60%) }
　合金钢 { 低合金钢(合金元素总量<5%)
　　　　中合金钢(合金元素总量 5%～10%)
　　　　高合金钢(合金元素总量>10%) }
}

按质量分类 {
　普通碳素钢(含硫量≤0.055%～0.065%，含磷量≤0.045%～0.085%)
　优质碳素钢(含硫量≤0.03%～0.045%，含磷量≤0.035%～0.04%)
　高级优质钢(含硫量≤0.02%～0.03%，含磷量≤0.027%～0.035%)
}

按用途分类 {
　结构钢 { 建筑工程用结构钢
　　　　机械制造用结构钢 }
　工具钢：用于制作刀具、量具、模具
　特殊钢：不锈钢、耐酸钢、耐热钢、耐磨钢、磁钢等
}

7.2 钢材的主要技术性能

钢材的性能主要包括力学性能、工艺性能和化学性能等。力学性能包括拉伸性能、塑性、冲击性能、疲劳强度、硬度等。工艺性能反映金属材料在加工制造过程中所表现出来的性质，如冷弯性能、焊接性能、热处理性能等。只有了解、掌握钢材的各种性能，才能做到正确、经济、合理地选择和使用钢材。

7.2.1 钢材的力学性能

1. 拉伸性能

钢材的强度可分为拉伸强度、压缩强度、弯曲强度和剪切强度等几种。通常以拉伸强度作为最基本的强度值。

将低碳钢(软钢)制成一定规格的试件，放在材料机上进行拉伸试验，可以绘出如图 7-1 所示的应力—应变关系曲线，钢材的拉伸性能就可以通过该图来表示。从图中可以看出，低碳钢受拉至拉断，全过程可划分为四个阶段：弹性阶段(*OA*)、屈服阶段(*AB*)、强化阶段(*BC*)和颈缩阶段(*CD*)。

(1) 弹性阶段。曲线中 *OA* 段是一条直线，应力与应变成正比。如卸去外力，试件能恢复原来的形状，这种性质即为弹性，此阶段的变形为弹性变形。与 *A* 点对应的应力称为弹性极限，以 σ_p 表示。应力与应变的比值为常数，即弹性模量 E，$E=\sigma/\varepsilon$，单位为 MPa。

弹性模量反映钢材抵抗弹性变形的能力，是钢材在受力条件下计算结构变形的重要指标。

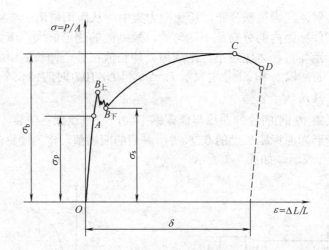

图 7-1　低碳钢受拉的应力-应变图

(2) 屈服阶段。应力超过 A 点后，应力、应变不再成正比关系，开始出现塑性变形。应力增长滞后于应变的增长，当应力达到 $B_上$ 点后(上屈服点)，瞬时下降至 $B_下$ 点(下屈服点)，变形迅速增加，而此时外力则大致在恒定的位置波动，直到 B 点。这就是所谓的"屈服现象"，似乎钢材不能承受外力而屈服，所以 AB 段称为屈服阶段。与 $B_下$ 点(此点较稳定，易测定)对应的应力称为屈服点(屈服强度)，用 σ_s 表示。

钢材受力大于屈服点后，会出现较大的塑性变形，已不能满足使用要求，因此屈服强度是设计中钢材强度取值的依据，是工程结构计算中非常重要的一个参数。

(3) 强化阶段。当应力超过屈服强度后，由于钢材内部组织中的晶格发生了畸变，阻止了晶格进一步滑移，钢材得到强化，所以钢材抵抗塑性变形的能力又重新提高，$B \to C$ 呈上升曲线，称为强化阶段。对应于最高点 C 的应力值(σ_b)称为极限抗拉强度，简称抗拉强度。

显然，σ_b 是钢材受拉时所能承受的最大应力值，屈服强度和抗拉强度之比(即屈强比 $=\sigma_s/\sigma_b$)能反映钢材的利用率和结构安全可靠程度。屈强比越小，其结构的安全可靠程度越高，但屈强比过小，又说明钢材强度的利用率偏低，造成钢材浪费。建筑结构合理的屈强比一般为 0.60~0.75。

《混凝土结构工程施工质量验收规范》(GB 50204—2002)规定：钢筋的抗拉强度实测值与屈服强度实测值的比值不应小于 1.25，钢筋的屈服强度实测值与强度标准值的比值不应大于 1.3。

(4) 颈缩阶段。试件受力达到最高点 C 点后，其抵抗变形的能力明显降低，变形迅速发展，应力逐渐下降，试件被拉长，在有杂质或缺陷处，断面急剧缩小，直至断裂。故 CD 段称为颈缩阶段。

将拉断后的试件拼合起来，测定出标距范围内的长度 L_1(mm)，L_1 与试件原标距 L_0(mm)之差为塑性变形值，它与 L_0 之比称为伸长率(δ)，如图 7-2 所示。伸长率的计算式如下：

$$\delta = \frac{L_1 - L_0}{L_0} \times 100\% \tag{7-1}$$

伸长率 δ 是衡量钢材塑性的一个重要指标，δ 越大，说明钢材的塑性越好。而一定的塑性变形能力，可保证应力重新分布，避免应力集中，从而钢材用于结构的安全性越大。

塑性变形在试件标距内的分布是不均匀的，颈缩处的变形最大，离颈缩部位越远其变形越小。所以原标距与直径之比越小，则颈缩处伸长值在整个伸长值中的比重越大，计算出来的 δ 值越大。通常以 δ_5 和 δ_{10} 分别表示 $L_0=5d_0$ 和 $L_0=10d_0$ 时的伸长率（d_0 为钢材直径）。对于同一种钢材，其 δ_5 大于 δ_{10}。

中碳钢与高碳钢(硬钢)的拉伸曲线与低碳钢不同，屈服现象不明显，难以测定屈服点，则规定产生残余变形为原标距长度的 0.2%时所对应的应力值，作为硬钢的屈服强度，也称条件屈服点，用 $\sigma_{0.2}$ 表示，如图 7-3 所示。

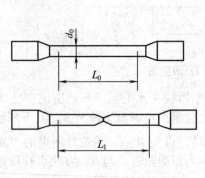

图 7-2　钢材拉伸试件图

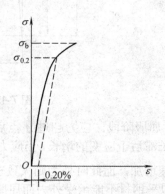

图 7-3　中碳钢、高碳钢的 σ-ε 图

2. 冲击性能

冲击性能是指钢材抵抗冲击荷载而不被破坏的能力。规范规定冲击韧度以刻槽的标准试件，在冲击试验的摆锤冲击下，以破坏后缺口处单位面积上所消耗的功(J/cm²)来表示，符号为 α_K。如图 7-4 所示，α_K 越大，冲断试件消耗的能量越多，钢材的冲击韧度越好。

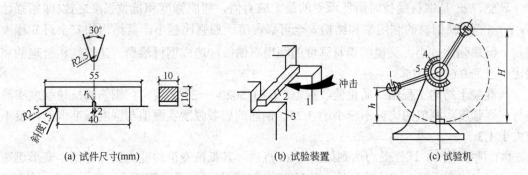

(a) 试件尺寸(mm)　　(b) 试验装置　　(c) 试验机

图 7-4　冲击韧性试验图

1—摆锤；2—试件；3—试验台；4—指针；5—刻度盘；H—摆锤扬起高度；h—摆锤向后摆动高度

钢材的冲击韧度与钢的化学成分、冶炼及加工有关。一般来说，钢中的硫、磷含量较高，夹杂物以及焊接中形成的微裂纹等都会降低冲击韧度。此外，钢的冲击韧度还受温度和时间的影响。试验表明，开始时随温度的下降，冲击韧度降低很小，此时破坏的钢件断口呈韧性断裂状；当温度降至某一温度范围时，α_K 突然发生明显下降，如图 7-5 所示，钢材开始呈脆性断裂，这种性质称为冷脆性，发生冷脆性时的温度称为脆性临界温度。它的

数值越低，钢材的低温冲击性能越好。所以在负温下使用的结构，应当选用脆性临界温度较低的钢材。由于脆性临界温度的测定较复杂，故规范中通常是根据气温条件规定-20℃或-40℃的负温冲击指标。

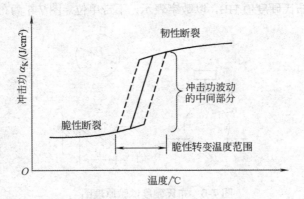

图 7-5　钢的脆性转变温度

钢材随时间的延长表现出强度提高，塑性和冲击韧性下降的现象称为时效。因时效作用，冲击韧性还将随时间的延长而下降。一般完成时效的过程可达数十年，但钢材如经冷加工或使用中受震动和荷载的影响，时效可迅速发展。因时效导致钢材性能改变的程度称时效敏感性。时效敏感性越大的钢材，经过时效后冲击韧性的降低就越显著。为了保证安全，对于承受动荷载的重要结构，应当选用时效敏感性小的钢材。

因此，对于直接承受动荷载，而且可能在负温下工作的重要结构，必须按照有关规范要求进行钢材的冲击韧性检验。

3. 疲劳强度

钢材承受交变荷载的反复作用时，可能在远低于抗拉强度时突然发生破坏，这种破坏称为疲劳破坏。钢材疲劳破坏的指标用疲劳强度，或称疲劳极限表示。疲劳强度是试件在交变应力作用下，不发生疲劳破坏的最大应力值，一般把钢材承受交变荷载 $10^6 \sim 10^7$ 次时不发生破坏的最大应力作为疲劳强度。在设计承受反复荷载且须进行疲劳验算的结构时，应当了解所用钢材的疲劳强度。

测定疲劳强度时，应根据结构使用条件确定采用的循环类型(如拉-拉型、拉-压型等)、应力比值(最小与最大应力之比，又称应力特征值 ρ)和周期基数。例如，测定钢筋的疲劳极限时，通常采用的是承受大小改变的拉应力循环；应力比值通常为非预应力筋 0.1～0.8，预应力筋 0.7～0.85；周期基数为 200 万次或 400 万次。

研究表明，钢材的疲劳破坏是拉应力引起的，首先在局部开始形成微细裂纹，其后由于裂纹尖端处产生应力集中而使裂纹迅速扩展直至钢材断裂。因此，钢材的内部成分的偏析和夹杂物的多少以及最大应力处的表面光洁程度、加工损伤等，都是影响钢材疲劳强度的因素。疲劳破坏经常是突然发生的，因而具有很大的危险性，往往会造成严重事故。

4. 硬度

硬度是指金属材料抵抗硬物压入表面的能力，即材料表面抵抗塑性变形的能力。它通常与抗拉强度有一定的关系。目前测定钢材硬度的方法有很多，相应的有布氏硬度(HB)和洛氏硬度(HRC)。常用的方法是布氏法，其硬度指标是布氏硬度值。

布氏法的测定原理是：用直径为 D(mm)的淬火钢球以 P(N)的荷载将其压入试件表面，经规定的持续时间后卸载，即得直径为 d(mm)的压痕，以压痕表面积 F(mm^2)除以荷载 P，所得的应力值即为试件的布氏硬度值 HB，以数字表示，不带单位。图 7-6 为布氏硬度测定原理图。

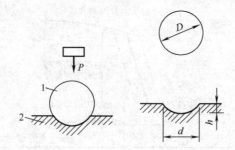

图 7-6 布氏硬度试验原理图

1—钢球；2—试件；P—施加于钢球上的荷载；D—钢球直径；d—压痕直径；h—压痕深度

各类钢材的 HB 值与抗拉强度之间有较好的相关性。材料的强度越高，塑性变形抵抗力越强，硬度值也就越大。由试验得出当碳素钢的 HB＜175 时，其抗拉强度与布氏硬度的经验关系式为 $\sigma_b = 0.36$ HB；HB＞175 时，其抗拉强度与布氏硬度的经验关系式为 $\sigma_b = 0.35$ HB。

根据这一关系，可以直接在钢结构上测出钢材的 HB 值，并估算该钢材的 σ_b 值。

建筑钢材常以屈服强度、抗拉强度、伸长率、冲击韧性等性质作为评定牌号的依据。

7.2.2 钢材的工艺性能

良好的工艺性能，可以保证钢材顺利通过各种加工，而使钢材制品的质量不受影响。冷弯、冷拉、冷拔及焊接性能均是建筑钢材的重要工艺性能。

1. 冷弯性能

冷弯性能是反映钢材在常温下受弯曲变形的能力。其指标以试件弯曲的角度 α 和弯心直径对试件厚度(或直径)的比值(d/a)来表示，如图 7-7 和图 7-8 所示。

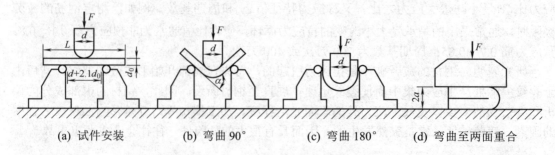

(a) 试件安装　　(b) 弯曲 90°　　(c) 弯曲 180°　　(d) 弯曲至两面重合

图 7-7 钢筋冷弯

试验时采用的弯曲角度越大，弯心直径对试件厚度(或直径)的比值越小，表示对冷弯性能的要求越高。冷弯检验是按规定的弯曲角度和弯心直径进行试验，试件的弯曲处不发生裂缝、裂断或起层，即认为冷弯性能合格。

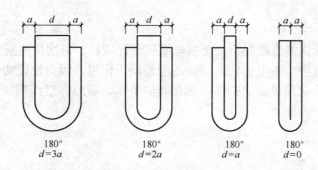

图 7-8　钢材冷弯规定弯心

相对于伸长率而言，冷弯是对钢材塑性更严格的检验，它能揭示钢材是否存在内部组织不均匀、内应力和夹杂物等缺陷，并且能揭示焊件在受弯表面是否存在未熔合、微裂纹及夹杂物等缺陷。

2. 焊接性能

焊接是各种型钢、钢板、钢筋的重要连接方式。建筑工程的钢结构有 90%以上是焊接结构。焊接结构的质量取决于焊接工艺、焊接材料及钢材本身的焊接性能。焊接性能好的钢材，焊口处不易形成裂纹、气孔、夹渣等缺陷；焊接后的焊头牢固，硬脆倾向小，特别是强度不低于原有钢材。

钢材可焊性能的好坏，主要取决于钢的化学成分。碳含量高将增加焊接接头的硬脆性，碳含量小于 0.25%的碳素钢具有良好的可焊性。因此，碳含量较低的氧气转炉或平炉镇静钢应为首选。

钢筋焊接应注意的问题是：冷拉钢筋的焊接应在冷拉之前进行；焊接部位应清除铁锈、熔渣、油污等；应尽量避免不同国家的进口钢筋之间或进口钢筋与国产钢筋之间的焊接。

7.3　冷加工强化与时效对钢材性能的影响

7.3.1　冷加工强化处理

将钢材在常温下进行冷加工(如冷拉、冷拔或冷轧)，使之产生塑性变形，从而提高屈服强度，这个过程称为冷加工强化处理。经强化处理后的钢材塑性和韧性会降低。由于塑性变形中会产生内应力，故钢材的弹性模量降低。

建筑工地或预制构件厂常利用该原理对钢筋或低碳盘条按一定的方法进行冷拉或冷拔加工，以提高屈服强度，节约钢材。

1. 冷拉

冷拉是指将热轧钢筋用冷拉设备加力进行张拉，使之伸长。钢材经冷拉后，屈服强度可提高 20%~30%，可节约钢材 10%~20%，钢材经冷拉后屈服阶段缩短，伸长率降低，材质变硬。

2. 冷拔

冷拔是指将光面钢筋通过硬质合金拔丝模孔强行拉拔。每次拉拔断面缩小应在10%以下。钢筋在冷拔过程中，不仅受拉，同时还受到挤压作用，因而拉拔的作用比纯冷拉作用强烈。经过一次或多次冷拔后的钢筋，表面光洁度高，屈服强度提高40%～60%，但塑性大大降低，具有硬钢的性质。

7.3.2 时效

钢材经冷加工后，在常温下存放15～20 d或加热至100～200℃，保持2 h左右，其屈服强度、抗拉强度及硬度进一步提高，而塑性及韧性继续降低，这种现象称为时效。前者称为自然时效，后者称为人工时效。

7.4 钢材的化学性能

7.4.1 不同化学成分对钢材性能的影响

钢是铁碳合金，由于原料、燃料、冶炼过程等因素使钢材中存在大量的其他元素，如硅、硫、磷、氧等。合金钢是为了改性而有意加入一些元素制成的，如锰、硅、矾、钛等。

1. 碳

碳是决定钢材性质的主要元素，对钢材力学性质的影响如图7-9所示。当含碳量低于0.8%时，随着含碳量的增加，钢的抗拉强度和硬度提高，而塑性及韧性降低。同时，还将使钢的冷弯、焊接及抗腐蚀等性能降低，并增加钢的冷脆性和时效敏感性。

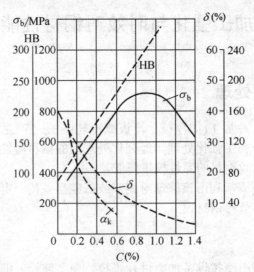

图7-9 含碳量对热轧碳素钢的影响

2. 磷、硫

磷与碳相似，能使钢的塑性和韧性下降，特别是低温下冲击韧性下降更为明显。常把这种现象称为冷脆性。磷的偏析较严重，磷还能使钢的冷弯性能降低，可焊性变差。但磷可使钢材的强度、耐蚀性提高。

硫在钢材中以 FeS 形式存在，在钢的热加工时易引起钢的脆裂，称为热脆性。硫的存在还会使钢的冲击韧度、疲劳强度、可焊性及耐蚀性降低。因此，硫的含量要严格控制。

3. 氧、氮

氧、氮也是钢中的有害元素，会显著降低钢的塑性和韧性，以及冷弯性能和可焊性。

4. 硅、锰

硅和锰是在炼钢时为了脱氧去硫而有意加入的元素。硅是钢的主要合金元素，含量在 1%以内，可提高强度，对塑性和韧性没有明显影响。但含硅量超过 1%时，冷脆性增加，可焊性变差。锰能消除钢的热脆性，改善热加工性能，显著提高钢的强度，但其含量不得大于 1%，否则可降低塑性及韧性，可焊性变差。

5. 铝、钛、钡、铌

铝、钛、钡、铌均是炼钢时的强脱氧剂。适时加入钢内，可改善钢的组织，细化晶粒，显著提高强度和改善韧性。

7.4.2 钢材的锈蚀

钢材的锈蚀，是指其表面与周围介质发生化学反应或电化学作用而遭到侵蚀并破坏的过程。

钢材在存放中严重锈蚀，不仅截面积减小，而且局部锈坑的产生，会造成应力集中，促使结构破坏。尤其在有冲击荷载、循环交变荷载的情况下，将产生锈蚀疲劳现象，使疲劳强度大为降低，出现脆性断裂。

根据钢材表面与周围介质的不同作用，锈蚀可分为下述两类。

1. 化学锈蚀

化学锈蚀是指钢材表面与周围介质直接发生反应而产生锈蚀。这种腐蚀多数是氧气作用，在钢材的表面形成疏松的氧化物。在常温下，钢材表面被氧化，形成一层薄薄的、钝化能力很弱的氧化保护膜。在干燥环境下化学腐蚀进展缓慢，对保护钢筋是有利的。但在湿度和温度较高的条件下，这种腐蚀进展很快。

2. 电化学锈蚀

建筑钢材在存放和使用中发生的锈蚀主要属于这一类。例如，存放在湿润空气中的钢材，表面被一层电解质水膜所覆盖。由于表面成分、晶体组织不同、受力变形、平整度差等的不均匀性，使邻近局部产生电极电位的差别，构成许多微电池，在阳极区，铁被氧化成 Fe^{2+} 离子进入水膜中。由于水中溶有来自空气的氧，故在阴极区氧将被还原为 OH 离子。

两者结合成为不溶于水的 $Fe(OH)_2$，并进一步氧化成为疏松易剥落的红棕色铁锈 $Fe(OH)_3$。因为水膜离子浓度提高，阴极放电快，锈蚀进行较快，故在工业大气的条件下，钢材较容易锈蚀。钢材锈蚀时，会伴随体积增大，最严重的可达原体积的 6 倍。在钢筋混凝土中，会使周围的混凝土胀裂。

埋于混凝土中的钢筋，因处于碱性介质的条件(新浇混凝土的 pH 值约为 12.5 或更高)，而形成碱性氧化保护膜，故不致锈蚀。但应注意，当混凝土保护层受损后碱度降低，或锈蚀反应将强烈地被一些卤素离子，特别是氯离子所促进，对保护钢筋是不利的，它们能破坏保护膜，使锈蚀迅速发展。

7.4.3 钢材的防锈

1. 保护层法

在钢材表面施加保护层，使钢与周围介质隔离，从而防止生锈。保护层可分为金属保护层和非金属保护层。

金属保护层是用耐蚀性较强的金属，以电镀或喷镀的方法覆盖钢材表面，如镀锌、镀锡、镀铬等。

非金属保护层是用有机或无机物质作保护层。常用的是在钢材表面涂刷各种防锈涂料，常用底漆有红丹、环氧富锌漆、铁红环氧底漆、磷化底漆等；面漆有灰铅油、醇酸磁漆、酚醛磁漆等。此外还可采用塑料保护层、沥青保护层及搪瓷保护层等，薄壁钢材可采用热浸镀锌或镀锌后加涂塑料涂层，这种方法的效果最好，但价格较高。

涂刷保护层之前，应先将钢材表面的铁锈清除干净，目前一般的除锈方法有三种：钢丝刷除锈、酸洗除锈及喷砂除锈。

钢丝刷除锈采取人工用钢丝刷或半自动钢丝刷将钢材表面的铁锈全部刷去，直至露出金属表面为止。这种方法的工作效率较低，劳动条件差，除锈质量不易保证。酸洗除锈是将钢材放入酸洗槽内，分别除去油污、铁锈，直至构件表面全呈铁灰色，并清除干净，保证表面无残余酸液。这种方法较人工除锈彻底，工效亦高。若酸洗后作磷化处理，则效果更好。喷砂除锈是将钢材通过喷砂机而将其表面的铁锈清除干净，直至金属表面呈灰白色为止，不得存在黄色。这种方法除锈比较彻底，效率亦高，在较发达的国家中已普遍采用，是一种先进的除锈方法。

2. 制成合金钢

钢材的化学性能对耐锈蚀性有很大影响。如在钢中加入合金元素铬、镍、钛、铜等，制成不锈钢，可以提高耐锈蚀能力。

7.5 常用建筑钢材

建筑钢材可分为钢筋混凝土用钢材和钢结构用型钢。

目前钢筋混凝土结构用钢主要有：热轧钢筋、冷轧带肋钢筋、冷轧扭钢筋、冷拉钢筋和预应力混凝土用钢丝及钢绞线等。

7.5.1 钢筋混凝土用钢材

1. 热轧钢筋

混凝土结构用热轧钢筋有较高的强度,具有一定的塑性、韧性、可焊性。热轧钢筋主要有用 Q235 和 Q300 轧制的光圆钢筋和用合金钢轧制的带肋钢筋两类。

为使我国钢筋标准与国际接轨,新国标《钢筋混凝土用钢 带肋钢筋》(GB 1499.2—2007)规定,热轧带肋钢筋的牌号由 HRB 和牌号的屈服点最小值构成。H、R 和 B 分别为热轧(Hot rolled)、带肋(Ribbed)和钢筋(Bars)三个单词的首字母。热轧带肋钢筋分为 HRB335、HRB400 和 HRB500 三个牌号。新标准取消了原Ⅶ级 RL 钢筋,增加了 HRB500 钢筋,调整了 HRB335、HRB400 钢筋的性能要求,补充了 HRB500 钢筋的性能要求。为更好地满足建筑功能的要求,对混凝土结构材料的要求趋向高强度(轻质)、良好的工程性能(可加工性等)和耐久性。混凝土从常用的 C20~C30 发展到 C40~C60 或更高,钢筋的抗拉强度从几百兆帕发展到上千兆帕(预应力钢绞线 f_{ptk}=1860 N/mm²)。但必须要有相应条件采用高强材料才会有高的建筑功能效果和显著的经济效益。由表 7-1 可知,不同强度级别的钢筋仍是混凝土结构所必不可少的钢种。尤其根据我国的实际情况,仍需大量碳素结构钢(即Ⅰ级钢筋)。特别是小直径的圆盘条,仍是技术成熟、经济性较好的钢筋品种。因此,不能以强度级别或某项性能指标作为选择钢筋的唯一标准。钢筋的强度级别和规格应根据市场的需求系列化生产和发展。

表 7-1 混凝土结构常用钢筋强度等级

	标 准	牌 号	屈服强度/(N/mm²)	抗拉强度/(N/mm²)	伸长率(%)
中国标准	GB 1499.1—2008	HPB235	≥235	≥370	δ_5≥25
		HPB300	≥300	≥420	
	GB 1499.2—2007	HRB335	≥335	≥455	δ_5≥17
		HRB400	≥400	≥540	δ_5≥16
		HRB500	≥500	≥630	δ_5≥15
国际标准	ISO 6935—1:1991(E)	PB240	240(上屈服)	264	δ_5=20
		PB300	300(上屈服)	330	δ_5=16
	ISO 6935—2:1991(E)	RB300	300(上屈服)	330	δ_5=16
		RB400	400(上屈服)	440	δ_5=14
		RB500	500(上屈服)	550	δ_5=14

对钢筋的分类或定义,不同的划分标准有不同的定义。与混凝土结构设计直接相关的是按屈服强度和抗拉强度分为热轧钢筋 HPB235、HPB300、HRB335、HRB400、HRB500,级别越大强度越高。而以钢筋的塑性区分为"硬钢"和"软钢",以生产方式不同分为冷加工和热轧钢筋。

钢筋的弯曲性能应达到按表 7-2 规定的弯心直径弯 180°后,钢筋受弯曲部位表面不会产生裂纹。

表 7-2 钢筋的工艺性能

牌 号	公称直径 d/mm	弯曲试验的弯心直径
HRB335 HRBF335	6~25 28~40 >40~50	3a 4a 5a
HRB400 HRBF400	6~25 28~40 >40~50	4a 5a 6a
HRB500 HRBF500	6~25 28~40 >40~50	6a 7a 8a

2. 冷轧带肋钢筋

热轧圆盘条经冷轧后，在其表面带有沿长度方向均匀分布的三面或两面横肋，即成为冷轧带肋钢筋。钢筋冷轧后允许进行低温回火处理。根据 GB 13788—2008 的规定，冷轧带肋钢筋按抗拉强度分为四个牌号，分别为 CRB550、CRB650、CRB800 和 CRB970。C、R、B 分别为冷轧、带肋、钢筋三个单词的首位字母，数值为抗拉强度的最小值。冷轧带肋钢筋的力学性能及工艺性能如表 7-3 所示。与冷拔碳钢丝相比较，冷轧带肋钢筋具有强度高、塑性好，与混凝土黏结牢固，节约钢材，质量稳定等优点。CRB550 宜用作普通钢筋混凝土结构；其他牌号宜用在预应力混凝土中。

表 7-3 冷轧带肋钢筋的力学性能表

级别代码	屈服点≥ σ_s/MPa	抗拉强度 ≥σ_b/MPa	伸长率/% ≥		弯曲试验 (180°)	反复弯曲 次数	应力松弛 $\sigma=0.7\sigma_b$ 1000 h≤%
			δ_{10}	δ_{100}			
CRB550	500	550	8.0	—	D=3d	—	—
CRB650	585	650	—	4.0		3	8
CRB800	720	800	—	4.0		3	8
CRB970	875	970	—	4.0		3	8

冷轧带肋钢筋克服了冷拉、冷拔钢筋握裹力低的缺点，同时具有与冷拉、冷拔相近的强度，因此在中、小型预应力混凝土结构构件和普通混凝土结构构件中得到了越来越广泛的应用。从 20 世纪 70 年代起一些发达国家已大量生产应用，并有国家标准。国际标准化组织(ISO)也制定了国际标准。冷轧带肋钢筋作为一种建筑钢材，已纳入各国的混凝土结构规范，广泛用于建筑工程、高速公路、机场、市政、水电管线中。我国在 20 世纪 80 年代后期，开始引进生产设备并研制开发了冷轧带肋钢筋。目前这种钢筋在我国大部分地区得到了推广应用。

3. 冷轧扭钢筋

随着建筑工程中混凝土强度的提高，对钢筋强度的要求也要相应提高。我国自 1979 年开始研制冷轧扭钢筋，历经三次较大的材料性能改进，目前已统一规格型号，优化了性能指标,并编制了《冷轧扭钢筋混凝土构件技术规程》(JGJ 115—2006)和《冷轧扭钢筋》(JG 3046—1998),为全国更广泛地应用好冷轧扭钢筋创造了条件。

冷轧扭钢筋是用低碳钢热轧圆盘条,经专用钢筋冷轧扭机调直、冷轧并冷扭一次成形,具有规定截面形状和节距的连续螺旋状钢筋。冷轧扭钢筋有两种类型:Ⅰ型(矩形截面)$Φ^t$6.5、8、10、12、14;Ⅱ型(菱形截面)$Φ^t$12,标记符号 $Φ^t$ 为原材料(母材)轧制前的公称直径(d)。

冷轧扭钢筋的型号标记由产品名称的代号、特性代号、主参数代号和改型代号四部分组成。

标记示例:LZN$Φ^t$10(Ⅰ)冷轧扭钢筋,标志直径为 10 mm,矩形截面。

冷轧扭钢筋的原材料宜优选低碳钢无扭控冷热轧盘条(高速线材),也可选用符合国家标准的低碳热轧圆盘条,即 Q235、Q215 系列,且含碳量控制在 0.12%~0.22%之间。要重视热轧圆盘条中的硫、磷含量对轧制后性能的影响。冷轧扭钢筋的力学性能如表 7-4 所示。

表 7-4 冷轧扭钢筋的力学性能

规格/mm	抗拉强度/MPa	弹性模量/(N/mm²)	伸长率 $δ_{10}$/%	抗压强度设计值/MPa	冷弯 180°(弯心直径=3d)
$Φ^t$6.5~$Φ^t$12	≥580	1.9×10⁵	≥4.5	360	受弯部位表面不得产生裂纹

4. 冷拉钢筋

冷拉钢筋是用热轧钢筋加工而成的。钢筋在常温下经过冷拉可达到除锈、调直、提高强度、节约钢材的目的。

热轧钢筋经冷拉和时效处理后,其屈服点和抗拉强度提高,但塑性、韧性有所降低。为了保证冷拉钢材的质量,而不使冷拉钢筋脆性过大,冷拉操作应采用双控法,即控制冷拉率和冷拉应力,如冷拉至控制应力而未超过控制冷拉率,则属合格;若达到控制冷拉率,未达到控制应力,则钢筋应降级使用。

冷拉钢筋的技术性质应符合表 7-5 的要求。

表 7-5 冷拉钢筋的力学性能

钢筋级别	钢筋直径/mm	屈服强度/MPa ≥	抗拉强度/MPa ≥	伸长率 $δ_{10}$/% ≥	冷弯 弯曲角度	冷弯 弯曲直径
Ⅰ级	≤12	280	370	11	180°	3d
Ⅱ级	≤25	450	510	10	90°	3d
	28~40	430	490	10	90°	4d
Ⅲ级	8~40	500	570	8	90°	5d
Ⅳ级	10~28	700	835	6	90°	5d

5. 钢丝与钢绞线

1) 钢丝

将直径为 6.5~8 mm 的 Q235 圆盘条,在常温下通过截面小于钢筋截面的钨合金拔丝模，以强力拉拔工艺拔制成直径为 3 mm、4 mm 或 5 mm 的圆截面钢丝，称为冷拔低碳钢丝，如图 7-10 所示。

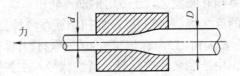

图 7-10 钢筋冷拔示意图

冷拔低碳钢丝的性能与原料强度和引拔后的截面总压缩率有关。其力学性能应符合国家标准的规定，如表 7-6 所示。由于冷拔低碳钢丝的塑性大幅度下降，硬脆性明显，目前，已限制该类钢丝的一些应用。

表 7-6 冷拔低碳钢丝力学性能(JC/T 540—2006)

项 次	钢丝级别	直径/mm	抗拉强度/MPa		伸长率/% (标距100 mm)	反复弯曲 (180°)次数
			Ⅰ组	Ⅱ组	≥	
1	甲	5	650	600	3	4
		4	700	650	2.5	
2	乙	3.0、4.0、5.0、6.0	550		2	4

注：① 甲级钢丝采用符合Ⅰ级热轧钢筋标准的圆盘条冷拔值。
② 预应力冷拔低碳钢丝经机械调直后，抗拉强度标准值降低 50 MPa。

冷拔低碳钢丝按力学性能分为甲级和乙级两种。甲级钢丝为预应力钢丝，按其抗拉强度分为Ⅰ级和Ⅱ级，适用于一般工业与民用建筑中的中小型冷拔钢丝先张法预应力构件的设计与施工。乙级为非预应力钢丝，主要用作焊接骨架、焊接网、架立筋、箍筋和构造钢筋。

用作预应力混凝土构件的钢丝，应逐盘取样进行力学性能检验，凡伸长率不合格者，不准用于预应力混凝土构件。

2) 钢绞线

预应力钢绞线一般是用 7 根钢丝在绞线机上以一根钢丝为中心，其余 6 根钢丝围绕着进行螺旋状绞合，再经低温回火制成，如图 7-11 所示。钢绞线具有强度高、与混凝土黏结性能好、断面面积大、使用根数少，在结构中排列布置方便、易于锚固等优点，多用于大跨度结构、重载荷的预应力混凝土结构中。

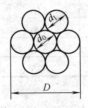

图 7-11 预应力钢绞线截面图

D—钢绞线直径；d_0—中心钢丝直径；d_1—外层钢丝直径

7.5.2 钢结构用钢材

1. 普通碳素结构钢

普通碳素结构钢简称碳素结构钢。它包括一般结构钢和工程用热轧钢板、钢带、型钢等。现行国家标准《碳素结构钢》(GB/T 700—2006)具体规定了它的牌号表示方法、代号和符号、技术要求、试验方法和检验规则等。

1) 牌号表示方法

标准中规定：碳素结构钢按屈服点的数值(MPa)分为 195、215、235、255 和 275 共五种；按硫磷杂质的含量由多到少分为 A、B、C 和 D 四个质量等级；按照脱氧程度不同分为特殊镇静钢(TZ)、镇静钢(Z)和沸腾钢(F)。钢的牌号由代表屈服点的字母 Q、屈服点数值、质量等级和脱氧程度四个部分按顺序组成。对于镇静钢和特殊镇静钢，在钢的牌号中予以省略。如 Q235-A·F，表示屈服点为 235 MPa 的 A 级沸腾钢；Q235-C 表示屈服点为 235MPa 的 C 级镇静钢。

2) 技术要求

碳素结构钢的技术要求包括化学成分、力学性能、冶炼方法、交货状态及表面质量五个方面，碳素结构钢的化学成分、力学性能和冷弯性能试验指标应分别符合表 7-7、表 7-8 和表 7-9 的要求。

表 7-7 碳素结构钢的化学成分(GB/T 700—2006)

牌号	等级	化学成分(质量分数)(%)，不大于					脱氧方法
		C	Mn	Si	S	P	
Q195	—	0.12	0.50	0.30	0.040	0.035	F、Z
Q215	A	0.15	1.20	0.35	0.050	0.045	F、Z
	B				0.045		
Q235	A	0.22	1.40	0.35	0.050	0.045	F、Z
	B	0.20*			0.045		
	C	0.17			0.040	0.040	Z
	D				0.035	0.035	TZ
Q275	A	0.24	1.50	0.35	0.050	0.045	F、Z
	B	0.21 或 0.22			0.045		Z
	C	0.20			0.040	0.040	Z
	D				0.035	0.035	TZ

注：*经需方同意，Q235B 的碳含量可不大于 0.22%。

碳素结构钢的冶炼方法采用氧气转炉、平炉或电炉。一般为热轧状态交货，表面质量也应符合有关规定。

3) 钢材的性能

从表 7-8、表 7-9 中可知，钢材随钢号的增大，碳含量增加，强度和硬度相应提高，而塑性和韧性则降低。

表 7-8 碳素结构钢的力学性能(GB/T 700—2006)

牌号	等级	屈服点 σ_s/MPa 钢材厚度(或直径)/mm						抗拉强度 σ_b/MPa	伸长率 δ_5/% 钢材厚度(直径)/mm					温度/℃	V形冲击功(纵向)/J
		≤16	>16~40	>40~60	>60~100	>100~150	>150~200		≤40	>40~60	>60~100	>100~150	>150		
		≥							≥						≥
Q195	—	195	185	—	—	—	—	315~430	33	—	—	—	—	—	—
Q215	A	215	205	195	185	175	165	335~450	31	30	29	27	26	—	—
	B													+20	27
Q235	A	235	225	215	215	195	185	370~500	26	25	24	22	21	—	—
	B													+20	27
	C													0	
	D													-20	
Q275	A	275	265	255	245	225	215	410~540	22	21	20	18	17	—	—
	B													+20	27
	C													0	
	D													-20	

表 7-9 碳素结构钢的冷弯性能试验指标(GB/T 700—2006)

牌号	试样方向	冷弯试验 B=2a 180°	
		钢材厚度(或直径)/mm	
		≤60	>60~100
		弯心直径 d	
Q195	纵	0	—
	横	0.5a	
Q215	纵	0.5a	1.5a
	横	a	2a
Q235	纵	a	2a
	横	1.5a	2.5a
Q275	纵	1.5a	2.5a
	横	2a	3a

注：B 为式样宽度，a 为钢材厚度(或直径)。

建筑工程中应用广泛的是 Q235 号钢。其含碳量为 0.14%～0.22%，属低碳钢，具有较高的强度，良好的塑性、韧性及可焊性，综合性良好，能满足一般钢结构和钢筋混凝土用钢要求，且成本较低。在钢结构中主要使用 Q235 钢轧制成的各种型钢、钢板。

Q195、Q215 号钢，强度低，塑性和韧性较好，易于冷加工，常用作钢钉、铆钉、螺栓及铁丝等。Q215 号钢经冷加工后可代替 Q235 号钢使用。

Q275 号钢，强度较高，但塑性、韧性较差，可焊性也差，不易焊接和冷弯加工，可用于轧制钢筋、作螺栓配件等，但更多用于机械零件和工具等。

2. 低合金高强度结构钢

低合金高强度结构钢是在碳素结构钢的基础上，添加少量的一种或几种合金元素(总含量小于 5%)的一种结构钢。尤其近年来研究采用铌、钒、钛及稀土金属微合金化技术，不但大大提高了强度，改善了各项物理性能，而且降低了成本。

1) 牌号的表示方法

根据国家标准《低合金高强度结构钢》(GB/T 1591—2008)的规定，共有八个牌号。所加元素主要有锰、硅、钒、钛、铌、铬、镍及稀土元素。其牌号的表示方法由屈服点字母 Q、屈服点数值、质量等级(A、B、C、D 和 E 五个等级)三个部分组成。

2) 技术要求

低合金高强度结构钢的化学成分、力学性能如表 7-10 和表 7-11 所示。

表 7-10 低合金高强度结构钢的化学成分(GB/T 1591—2008)

牌号	质量等级	化学成分(%)										
		C≤	Mn≤	Si≤	P≤	S≤	V≤	Nb≤	Ti≤	Al≥	Cr≤	Ni≤
Q345	A	0.20	1.70	0.50	0.035	0.035	0.15	0.07	0.20	—	0.30	0.50
	B	0.20	1.70	0.50	0.035	0.035	0.15	0.07	0.20	—	0.30	0.50
	C	0.20	1.70	0.50	0.030	0.030	0.15	0.07	0.20	0.015	0.30	0.50
	D	0.18	1.70	0.50	0.030	0.025	0.15	0.07	0.20	0.015	0.30	0.50
	E	0.18	1.70	0.50	0.025	0.020	0.15	0.07	0.20	0.015	0.30	0.50
Q390	A	0.20	1.70	0.50	0.035	0.035	0.20	0.07	0.20	—	0.30	0.50
	B	0.20	1.70	0.50	0.035	0.035	0.20	0.07	0.20	—	0.30	0.50
	C	0.20	1.70	0.50	0.030	0.030	0.20	0.07	0.20	0.015	0.30	0.50
	D	0.20	1.70	0.50	0.030	0.025	0.20	0.07	0.20	0.015	0.30	0.50
	E	0.20	1.70	0.50	0.025	0.020	0.20	0.07	0.20	0.015	0.30	0.50
Q420	A	0.20	1.70	0.50	0.045	0.045	0.20	0.07	0.20	—	0.30	0.80
	B	0.20	1.70	0.50	0.040	0.040	0.20	0.07	0.20	—	0.30	0.80
	C	0.20	1.70	0.50	0.035	0.035	0.20	0.07	0.20	0.015	0.30	0.80
	D	0.20	1.70	0.50	0.030	0.030	0.20	0.07	0.20	0.015	0.30	0.80
	E	0.20	1.70	0.50	0.025	0.025	0.20	0.07	0.20	0.015	0.30	0.80
Q460	C	0.20	1.80	0.60	0.030	0.030	0.20	0.11	0.20	0.015	0.30	0.80
	D	0.20	1.80	0.60	0.030	0.025	0.20	0.11	0.20	0.015	0.30	0.80
	E	0.20	1.80	0.60	0.025	0.020	0.20	0.11	0.20	0.015	0.30	0.80
Q500	C	0.18	1.80	0.60	0.030	0.030	0.12	0.11	0.20	0.015	0.60	0.80
	D	0.18	1.80	0.60	0.030	0.025	0.12	0.11	0.20	0.015	0.60	0.80
	E	0.18	1.80	0.60	0.025	0.020	0.12	0.11	0.20	0.015	0.60	0.80
Q550	C	0.18	2.00	0.60	0.030	0.030	0.12	0.11	0.20	0.015	0.80	0.80
	D	0.18	2.00	0.60	0.030	0.025	0.12	0.11	0.20	0.015	0.80	0.80
	E	0.18	2.00	0.60	0.025	0.020	0.12	0.11	0.20	0.015	0.80	0.80
Q620	C	0.18	2.00	0.60	0.030	0.030	0.12	0.11	0.20	0.015	1.00	0.80
	D	0.18	2.00	0.60	0.030	0.025	0.12	0.11	0.20	0.015	1.00	0.80
	E	0.18	2.00	0.60	0.025	0.020	0.12	0.11	0.20	0.015	1.00	0.80
Q690	C	0.18	2.00	0.60	0.030	0.030	0.12	0.11	0.20	0.015	1.00	0.80
	D	0.18	2.00	0.60	0.030	0.025	0.12	0.11	0.20	0.015	1.00	0.80
	E	0.18	2.00	0.60	0.025	0.020	0.12	0.11	0.20	0.015	1.00	0.80

注：表中的 Al 为全铝含量。如化验酸溶铝时，其含量应不小于 0.010%。

表 7-11 低合金高强度结构钢的力学性能(GB/T 1591—2008)

牌号	质量等级	屈服点 σ_s/MPa 厚度(直径、边长)/mm ≤16	>16~40	>40~63	>63~80	抗拉强度(≤40mm) σ_b/MPa	伸长率 δ_s(%) (≤40mm)	冲击功(A_{kv})(纵向)/J +20℃ (12~150mm)	0℃ (12~150mm)	-20℃ (12~150mm)	-40℃ (12~150mm)	180°弯曲试验 d=弯心直径 a=试样厚度(直径) 钢材厚度(直径)/mm ≤16	>16~100
Q345	A	≥345	≥335	≥325	≥315	470~630	≥20	—	—	—	—	d=2a	d=3a
	B	≥345	≥335	≥325	≥315	470~630	≥20	≥34	—	—	—	d=2a	d=3a
	C	≥345	≥335	≥325	≥315	470~630	≥21	—	≥34	—	—	d=2a	d=3a
	D	≥345	≥335	≥325	≥315	470~630	≥21	—	—	≥34	—	d=2a	d=3a
	E	≥345	≥335	≥325	≥315	470~630	≥21	—	—	—	≥34	d=2a	d=3a
Q390	A	≥390	≥370	≥350	≥330	490~650	≥20	—	—	—	—	d=2a	d=3a
	B	≥390	≥370	≥350	≥330	490~650	≥20	≥34	—	—	—	d=2a	d=3a
	C	≥390	≥370	≥350	≥330	490~650	≥20	—	≥34	—	—	d=2a	d=3a
	D	≥390	≥370	≥350	≥330	490~650	≥20	—	—	≥34	—	d=2a	d=3a
	E	≥390	≥370	≥350	≥330	490~650	≥20	—	—	—	≥34	d=2a	d=3a
Q420	A	≥420	≥400	≥380	≥360	520~680	≥19	—	—	—	—	d=2a	d=3a
	B	≥420	≥400	≥380	≥360	520~680	≥19	≥34	—	—	—	d=2a	d=3a
	C	≥420	≥400	≥380	≥360	520~680	≥19	—	≥34	—	—	d=2a	d=3a
	D	≥420	≥400	≥380	≥360	520~680	≥19	—	—	≥34	—	d=2a	d=3a
	E	≥420	≥400	≥380	≥360	520~680	≥19	—	—	—	≥34	d=2a	d=3a
Q460	C	≥460	≥440	≥420	≥400	550~720	≥17	—	≥34	—	—	d=2a	d=3a
	D	≥460	≥440	≥420	≥400	550~720	≥17	—	—	≥34	—	d=2a	d=3a
	E	≥460	≥440	≥420	≥400	550~720	≥17	—	—	—	≥34	d=2a	d=3a
Q500	C	≥500	≥480	≥470	≥450	610~770	≥17	—	≥55	—	—		
	D	≥500	≥480	≥470	≥450	610~770	≥17	—	—	≥47	—		
	E	≥500	≥480	≥470	≥450	610~770	≥17	—	—	—	≥31		
Q550	C	≥550	≥530	≥520	≥500	670~830	≥16	—	≥55	—	—		
	D	≥550	≥530	≥520	≥500	670~830	≥16	—	—	≥47	—		
	E	≥550	≥530	≥520	≥500	670~830	≥16	—	—	—	≥31		
Q620	C	≥620	≥600	≥590	≥570	710~880	≥15	—	≥55	—	—		
	D	≥620	≥600	≥590	≥570	710~880	≥15	—	—	≥47	—		
	E	≥620	≥600	≥590	≥570	710~880	≥15	—	—	—	≥31		
Q690	C	≥690	≥670	≥660	≥640	770~940	≥14	—	≥55	—	—		
	D	≥690	≥670	≥660	≥640	770~940	≥14	—	—	≥47	—		
	E	≥690	≥670	≥660	≥640	770~940	≥14	—	—	—	≥31		

在钢结构中常采用低合金高强度结构钢轧制型钢、钢板,建造桥梁、高层及大跨度建筑。

3. 钢结构用型钢、钢板

钢结构构件一般应直接选用各种型钢。构件之间可直接或附连接钢板进行连接。连接方式有铆接、螺栓连接或焊接。

型钢有热轧和冷轧成形两种。钢板也有热轧(厚度为 0.35~200 mm)和冷轧(厚度为 0.2~5 mm)两种。

1) 热轧型钢

热轧型钢有 H 型钢、部分 T 型钢、工字钢、槽钢、Z 型钢和 U 型钢等。

我国建筑用热轧型钢主要采用碳素结构钢 Q235-A(碳量约为 0.14%～0.22%)。在钢结构设计规范中，推荐使用低合金钢，主要有两种：Q345(16Mn)及 Q390(15MnV)。热轧型钢用于大跨度、承受动荷载的钢结构中。

热轧型钢的标记方式为一组符号，包括型钢名称、横断面主要尺寸、型钢标准号及钢号与钢种标准等。例如，用碳素结构钢 Q235-A 轧制的，尺寸为 160 mm×16 mm 的等边角钢，其标识为

$$热轧等边角钢 \frac{160 \times 160 \times 16 - GB9787 - 1988}{Q235 - A - GB/T700 - 2006}$$

2) 冷弯薄壁型钢

冷弯薄壁型钢通常是用 2～6 mm 薄钢板冷弯或模压而成，有角钢、槽钢等开口薄壁型钢及方形、矩形等空心薄壁型钢，主要用于轻型钢结构。其标识方法与热轧型钢相同。

3) 钢板、压形钢板

用光面轧辊机轧制成的扁平钢材，以平板状态供货的称钢板，以卷状供货的称钢带。按轧制温度不同，钢板分为热轧和冷轧两种；按厚度，热轧钢板分为厚板(厚度大于 4 mm)和薄板(厚度为 0.35～4 mm)，冷轧钢板只有薄板(厚度为 0.2～4 mm)一种。

建筑用钢板及钢带主要是碳素结构钢。一些重型结构、大跨度桥梁、高压容器等也采用低合金钢板。

薄钢板经冷压或冷轧成波形、双曲形、V 形等形状，称为压形钢板。彩色钢板、镀锌薄钢板、防腐薄钢板等都可用于制作压形钢板。其特点是：质量轻、强度高、抗震性能好、施工快、外形美观等。压形钢板主要用于围护结构、楼板、屋面等。

7.5.3 钢材的选用

1. 荷载性质

对经常处于低温的结构，易产生应力集中，引起疲劳破坏，需选用材质高的钢材。

2. 使用温度

经常处于低温状态的结构，钢材易发生冷脆断裂，特别是焊接结构，冷脆倾向更加显著，应该要求钢材具有良好的塑性和低温冲击韧性。

3. 连接方式

焊接结构在温度变化和受力性质改变时，易导致焊缝附近的母体金属出现冷、热裂纹，促使结构早期破坏，所以，焊接结构对钢材的化学成分和机械性能要求应严格。

4. 钢材厚度

钢材力学性能一般随厚度增大而降低，钢材经多次轧制后，钢的内部结晶组织更为紧密，强度更高，质量更好。故一般结构用的钢材厚度不宜超过 40 mm。

5. 结构重要性

选择钢材要考虑结构使用的重要性，如大跨度结构和重要的建筑物结构，须相应选用质量更好的钢材。

7.6 建筑钢材的防火

火灾是一种违反人们意志，在时间和空间上失去控制的燃烧现象。燃烧的三个要素是：可燃物、氧化剂和点火源。一切防火与灭火措施的基本原理，就是根据物质燃烧的条件，阻止燃烧三要素同时存在。

建筑物是由各种建筑材料建造起来的，这些建筑材料在高温下的性能直接关系到建筑物的火灾危险性大小，以及发生火灾后火势扩大蔓延的速度。对于结构材料而言，在火灾高温作用下力学强度的降低还直接关系到建筑的安全。

7.6.1 建筑钢材的耐火性

建筑钢材是建筑材料的三大主要材料之一，可分为钢结构用钢材和钢筋混凝土结构用钢材两类。它是在严格的技术控制下生产的材料，具有强度大、塑性和韧性好、品质均匀、可焊可铆，制成的钢结构重量轻等优点。但就防火而言，钢材虽然属于不燃性材料，耐火性能却很差，耐火极限只有 0.15 h。

建筑钢材遇火后，力学性能的变化体现如下。

1. 强度的降低

在建筑结构中广泛使用的普通低碳钢在高温下的性能如图 7-12 所示。抗拉强度在 250～300℃时达到最大值(由于蓝脆现象引起)；温度超过 350℃，强度开始大幅度下降，在 500℃时约为常温时的 1/2，600℃时约为常温时的 1/3。屈服点在 500℃时约为常温的 1/2。由此可见，钢材在高温下强度降低很快。此外，钢材的应力-应变曲线形状随温度升高发生很大变化，温度升高，屈服平台降低，且原来呈现的锯齿形状逐渐消失。当温度超过 400℃后，低碳钢特有的屈服点消失。

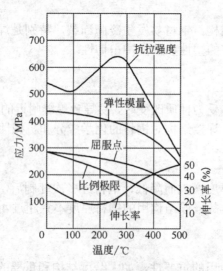

图 7-12 普通低碳钢高温力学性能

普通低合金钢是在普通碳素钢中加入一定量的合金元素冶炼成的。这种钢材在高温下的强度变化与普通碳素钢基本相同，在200～300℃的温度范围内极限强度增加，当温度超过300℃后，强度逐渐降低。

冷加工钢筋是普通钢筋经过冷拉、冷拔、冷轧等加工强化过程得到的钢材，其内部晶格构架发生畸变，强度增加而塑性降低。这种钢材在高温下，内部晶格的畸变随着温度升高而逐渐恢复正常，冷加工所提高的强度也逐渐减少和消失，塑性得到一定恢复。因此，在相同的温度下，冷加工钢筋强度降低值比未加工钢筋大很多。当温度达到300℃时，冷加工钢筋强度约为常温时的1/2；400℃时强度急剧下降，约为常温时的1/3；500℃左右时，其屈服强度接近甚至小于未冷加工钢筋的相应温度下的强度。

高强钢丝用于预应力钢筋混凝土结构。它属于硬钢，没有明显的屈服极限。在高温下，高强钢丝的抗拉强度的降低比其他钢筋更快。当温度在150℃以内时，强度不降低；温度达350℃时，强度降低约为常温时的1/2；400℃时强度约为常温时的1/3；500℃时强度不足常温时的1/5。

预应力混凝土构件，由于所用的冷加工钢筋的高强钢丝在火灾高温下强度下降，明显大于普通低碳钢筋和低合金钢筋，因此耐火性能远低于非预应力混凝土构件。

2. 变形的加大

钢材在一定温度和应力作用下，随时间的推移，会发生缓慢塑性变形，即蠕变。蠕变在较低温度时就会产生，在温度高于一定值时比较明显，对于普通低碳钢这一温度为300～350℃，对于合金钢为400～450℃，温度越高，蠕变现象越明显。蠕变不仅受温度的影响，而且也受应力大小的影响。若应力超过了钢材在某一温度下的屈服强度时，蠕变会明显增大。

普通低碳钢弹性模量、伸长率、截面收缩率随温度的变化情况如图7-12所示，可见高温下钢材塑性增大，易于产生变形。

钢材在高温下强度降低很快，塑性增大，加之其热导率大(普通建筑钢的热导率高达67.63 W/(m·K))，是造成钢结构在火灾条件下极易在短时间内破坏的主要原因。试验研究和大量火灾实例表明，一般建筑钢材的临界温度为540℃左右。而对于建筑物的火灾，火场温度大约在800～1000℃。因此处于火灾高温下的裸露钢结构往往在10～15 min，自身温度就会上升到钢的极限温度540℃以上，致使强度和载荷能力急剧下降，在纵向压力和横向拉力作用下，钢结构发生扭曲变形，导致建筑物的整体坍塌毁坏。而且变形后的钢结构是无法修复的。

为了提高钢结构的耐火性能，通常可采用防火隔热材料(如钢丝网抹灰、浇注混凝土、砌砖块、泡沫混凝土块)包覆、喷涂钢结构防火涂料等方法。

7.6.2 钢结构防火涂料

钢结构防火涂料(包括预应力混凝土楼板防火涂料)主要用作不燃烧体构件的保护性材料，该类防火涂料涂层较厚，并具有密度小、热导率低的特性，所以在火焰作用下具有优良的隔热性能，可以使被保护的构件在火焰高温作用下材料强度降低缓慢，不易产生结构变形，从而提高钢结构或预应力混凝土楼板的耐火极限。

1. 钢结构防火涂料的分类及品种

钢结构防火涂料按所使用胶黏剂的不同可分为有机防火涂料和无机防火涂料两类，其分类如下。

$$
\text{钢结构防火涂料}\begin{cases}\text{有机}\begin{cases}\text{膨胀型}\\\text{非膨胀型}\end{cases}\\\text{无机——非膨胀型}\end{cases}
$$

我国现行标准《钢结构防火涂料》(GB 14907—2002)将钢结构防火涂料按使用厚度分为：厚型(H 型，涂层厚度大于 7 mm 且小于或等于 45 mm)、薄型(B 型，涂层厚度大于 3 mm 且小于或等于 7 mm)和超薄型(CB 型，涂层厚度小于或等于 3 mm)。20 世纪 90 年代开始出现了超薄型钢结构防火涂料，并且已成为目前我国钢结构防火涂料研究及生产单位竞相研制的热点。薄涂型钢结构防火涂料的涂层厚度一般为 4~7 mm，有一定的装饰效果，高温时涂层膨胀增厚，具有耐火隔热作用，耐火极限可达 0.5~1.5 h。这种涂料又称钢结构膨胀防火涂料。厚涂型钢结构防火涂料的厚度一般为 8~45 mm，粒状表面，密度较小，热导率低，耐火极限可达 0.5~3.0 h。这种涂料又称钢结构防火隔热涂料。

薄涂型钢结构防火涂料的主要品种有：NB 型——室内薄型钢结构防火涂料、WB 型——室外薄型钢结构防火涂料等。

2. 钢结构防火涂料的阻火原理

钢结构防火涂料的阻火原理有三个：一是涂层对钢基材起屏蔽作用，使钢结构不至于直接暴露在火焰高温中；二是涂层吸热后部分物质分解放出水蒸气或其他不燃气体，起到消耗热量、降低火焰温度和延缓燃烧速度、稀释氧气的作用；三是涂层本身多孔轻质和受热后形成碳化泡沫层，阻止了热量迅速向钢基材传递，推迟了钢基材强度的降低，从而提高了钢结构的耐火极限。据研究，涂层经膨胀发泡后，热导率最低可降至 0.233 W/(m·K)，仅为钢材自身热导率的 1/290。

3. 钢结构防火涂料的性能

钢结构防火涂料主要有物理、化学及机械性能，包括在容器中的状态、干燥时间、初期干燥抗裂性、外观和颜色、黏结强度、抗压强度、干密度、耐曝热性、耐湿热性、耐冻融循环性和耐火极限等。各类防火涂料的性能特点如表 7-12 所示。

表 7-12 现有钢结构防火涂料的性能特点

种 类	厚度/mm	优 点	缺 点
厚型	8~45	① 耐火极限高，可达 3 h ② 主要成分为无机材料，耐久性相对较好 ③ 原材料来源广、价格低，产品单位质量价格较低 ④ 遇火后不会放出有害人体健康的有毒气体 ⑤ 袋装出厂，运输方便	① 涂层厚、自重大、黏结力不好时极易剥落 ② 表面粗糙，装饰性差 ③ 涂层厚，施工时需用金属丝网加固，增加施工费用，施工周期长 ④ 水泥基涂料需养护

续表

种 类	厚度/mm	优 点	缺 点
薄型	4～7	① 涂层薄、质轻、黏结力好 ② 表面光滑，可调出各种颜色，装饰性好 ③ 单位面积用量少，价格低 ④ 施工简便，无须金属丝网加固，干燥快 ⑤ 抗震动，抗挠曲性强 ⑥ 耐火极限最高可达 2 h	① 耐火极限较厚型涂料低 ② 主要成分为有机材料，遇火时可能会释放出有害气体及烟雾，有待研究 ③ 因主要成分为有机材料，耐老化、耐久性有待进一步研究 ④ 用于室外的产品不多，有待研究开发
超薄型	≤3	① 涂层更薄，装饰性较薄型涂料更好，颜色丰富，可达到一般建筑涂料的效果 ② 兼具薄型涂料的优点	① 同样有薄型涂料的缺点 ② 目前还没有用于室外钢结构的防火保护产品，应用受到了限制

钢结构防火涂料的防火性能为耐火极限。

4. 钢结构防火涂料的选用原则

选用钢结构防火涂料时，应考虑结构类型、耐火极限要求、工作环境等。选用原则如下。

(1) 裸露网架钢结构、轻钢屋架，以及其他构件截面小、振动挠曲变化大的钢结构，当要求其耐火极限在 1.5 h 以下时，宜选用薄涂型钢结构防火涂料，装饰要求较高的建筑宜首选超薄型钢结构防火涂料。

(2) 室内隐蔽钢结构、高层等性质重要的建筑，当要求其耐火极限在 1.5 h 以上时，应选用厚涂型钢结构防火涂料。

(3) 露天钢结构，必须选用适合室外使用的钢结构防火涂料。

室外使用环境比室内严酷得多，涂料在室外要经受日晒雨淋、风吹冰冻，因此应选用耐水、耐冻融、耐老化、强度高的防火涂料。

一般来说，非膨胀型比膨胀型的耐候性好。而非膨胀型中蛭石、珍珠岩颗粒型厚质涂料，若采用水泥为胶黏剂比水玻璃为胶黏剂的要好。特别是水泥用量较多，密度较大的，更适宜用于室外。

(4) 注意不要把饰面型防火涂料用于保护钢结构。饰面型防火涂料适用于木结构和可燃基材，一般厚度小于 1 mm，薄薄的涂膜对于可燃材料能起到有效的阻燃和防止火焰蔓延的作用，但其隔热性能一般达不到大幅度提高钢结构耐火极限的作用。

对钢结构进行防火保护的措施很多，但涂覆防火涂料是目前相对简单而有效的方法。随着高科技建筑材料的发展，对建筑材料功能性要求的提高，防火涂料的使用已暴露出不足，如安全性问题；防火涂料中阻燃成分可能释放有害气体，对火场中的消防人员、群众会产生危害。

7.7 铝和铝合金

铝具有银白色，属于有色金属。作为化学元素，铝在地壳组成中的含量仅次于氧和硅，占第三位，约为 8.13%。

7.7.1 铝的主要性能

1. 铝的冶炼

铝在自然界中以化合态存在,炼铝的主要原料是铝矾土,其主要成分是一水铝($Al_2O_3 \cdot H_2O$)和三水铝($Al_2O_3 \cdot 3H_2O$),另外还含有少量氧化铁、石英、硅酸盐等,其中三氧化二铝的含量高达 47%~65%。

铝的冶炼是先从铝矿石中提炼出三氧化二铝,提炼氧化铝的方法有电热法、酸法和碱法。然后再由氧化铝通过电解得到金属铝。电解铝一般采用熔盐电解法,主要电解质为水晶石(Na_3AlF_6),并加入少量的氟化钠、氟化铝,以调节电解液成分。电解出来的铝尚含有少量铁、硫等杂质,为了提高品质再用反射炉进行提纯,在 730~740℃下保持 6~8 h 使其再熔融,分离出杂质,然后把铝液浇入铸锭制成铝锭。高纯度铝的纯度可达 99.996%,普通纯铝的纯度在 99.5%以上。

2. 纯铝的特性

铝属于有色金属中的轻金属,密度为 2.7 g/cm³,是钢的 1/3。铝的熔点低,为 660℃。铝的导电性和导热性均很好。

铝的化学性质很活泼,它和氧的亲和力很强,在空气中表面容易生成一层氧化铝薄膜,起保护作用,使铝具有一定的耐腐蚀性。但由于自然生成的氧化铝膜层很薄(一般小于 0.1 μm)。因而其耐蚀性亦有限。纯铝不能与卤族元素接触,不耐碱,也不耐强酸。

铝的电极电位较低,如与电极电位高的金属接触并且有电解质存在时,会形成微电池,产生电化学腐蚀。所以用于铝合金门窗等铝制品的连接件应当用不锈钢件。

固态铝呈面心立方晶格,具有很好的塑性(伸长率 $\delta=40\%$),易于加工成型。但纯铝的强度和硬度很低,不能满足使用要求,故工程中不用纯铝制品。

在生产实践中,人们发现向熔融的铝中加入适量的某些合金元素制成铝合金,再经冷加工或热处理,可以大幅度提高其强度,甚至极限抗拉强度可高达 400~500MPa,相近于低合金钢的强度。铝中最常加入的合金元素有铜(Cu)、镁(Mg)、硅(Si)、锰(Mn)、锌(Zn)等。这些元素有时单独加入,有时配合加入,从而制得各种各样的铝合金。铝合金克服了纯铝强度和硬度过低的不足,又仍能保持铝的轻质、耐腐蚀、易加工等优良性能,故在建筑工程中尤其在装饰领域中的应用越来越广泛。

表 7-13 为铝合金与碳素钢的性能比较。由表可知,铝合金的弹性模量约为钢的 1/3,而其比强度却为钢的 2 倍以上。由于弹性模量低,铝合金的刚度和承受弯曲的能力较小。铝合金的线膨胀系数约为钢的 2 倍,但因其弹性模量小,所以由温度变化引起的内应力并不大。

表 7-13 铝合金与碳素钢的性能比较

项 目	铝合金	碳素钢
密度 $\rho/(g/cm^3)$	2.7~2.9	7.8
弹性模量 E/MPa	63 000~80 000	210 000~220 000
屈服点 σ_s/MPa	210~500	210~660

续表

项 目	铝合金	碳素钢
抗拉强度 σ_b/MPa	380～550	320～800
比强度(σ_s/ρ)/MPa	73～190	27～77
比强度(σ_b/ρ)/MPa	140～220	41～98

7.7.2 铝合金的分类

根据铝合金的成分及生产工艺特点，通常将其分为变形铝合金和铸造铝合金两类。

变形铝合金是指这类铝合金可以进行热态或冷态的压力加工，即经过轧制、挤压等工序，可制成板材、管材、棒材及各种异型材使用。这类铝合金要求其具有相当高的塑性。铸造铝合金则是将液态铝合金直接浇注在砂型或金属模型内，铸成各种形状复杂的制件。对这类铝合金则要求其具有良好的铸造性，即具有良好的流动性、小的收缩性及高的抗热裂性等。

变形铝合金又可分为不能热处理强化和可以热处理强化两种。前者不能用淬火的方法提高强度，如 Al—Mn、Al—Mg 合金；后者可以通过热处理的方法来提高其强度，如 Al—Cu—Mg(硬铝)、Al—Zn—Mg(超硬铝)、Al—Si—Mg(锻铝)合金等。不能热处理强化的铝合金一般是通过冷加工(辗压、拉拔等)过程而达到强化的，它们具有适中的强度和优良的塑性，易于焊接，并有很好的抗蚀性，我国统称之为防锈铝合金。可热处理强化的铝合金，其机械性能主要靠热处理来提高，而不是靠冷加工强化来提高。热处理能大幅度提高强度而不降低塑性。用冷加工强化虽然能提高强度，但会使塑性迅速降低。

7.7.3 铝合金的牌号

1. 铸造铝合金的牌号

目前应用的铸造铝合金有铝硅(Al-Si)、铝铜(Al-Cu)、铝镁(Al-Mg)及铝锌(Al-Zn)四个组系。铸造铝合金的牌号用汉语拼音字母"ZL"(铸铝)和三位数字组成，如 ZL101、ZL201 等。三位数字中的第一位数(1～4)表示合金组别。其中 1 代表铝硅合金，2 代表铝铜合金、3 代表铝镁合金，4 代表铝锌合金。后面两位数表示该合金的顺序号。

2. 变形铝合金的牌号

变形铝合金可分为防锈铝合金、硬铝合金、超硬铝合金、锻铝合金和特殊铝合金等几种，旧规范里通常以汉语拼音字母作为代号，相应表示为 LF、LY、LC、LD 和 LT。变形铝合金的牌号用其代号加顺序号表示，如 LF12、LD13 等。目前建筑工程中应用的变形铝合金型材，主要是由锻铝合金(LD)和特殊铝合金(LT)制成。

根据制定的《变形铝及铝合金牌号表示方法》(GB/T 16474—2011)，凡是化学成分与变形铝合金国际牌号注册协议组织(简称国际牌号注册组织)命名的合金相同的所有合金，其牌号直接采用国际四位数字体系牌号，未与国际四位数字体系牌号的变形铝合金接轨的，采用四位字符牌号(试验铝合金在四位字符牌号前加 x)。四位字符牌号的第一、第三、第四位为阿拉伯数字,第二位为英文大写字母。第一位数字表示铝合金组别,如 2xxx-Al-CU 系、3xxx-Al-Mn 系、4xxx-Al-Si 系、5xxx-Al-Mg 系、6xxx-Al-Mg-Si 系、7xxx-Al-Zn 系、8xxx-Al-其他元素、9xxx-备用系。这样,我国变形铝合金的牌号表示法,与国际上较通用的方法基本一致。新、旧牌号对照如表 7-14 所示。

表 7-14 变形铝及铝合金新旧牌号对照

新牌号	旧牌号	新牌号	旧牌号	新牌号	旧牌号	新牌号	旧牌号
1A99	原 LG5	2A20	曾用 LY20	4043A		6B02	原 LD2-1
1A97	原 LG4	2A21	曾用 214	4047		6A51	曾用 651
1A95		2A25	曾用 225	4047A		6101	
1A93	原 LG3	2A49	曾用 149	5A01	曾用 LF15	6101A	
1A90	原 LG2	2A50	原 LD5	5A02	原 LF2	6005	
1A85	原 LG1	2B50	原 LD6	5A03	原 LF3	6005A	
1080		2A70	原 LD7	5A05	原 LF5	6351	
1080A		2B70	曾用 LD7-1	5B05	原 LF10	6060	
1070		2A80	原 LD8	5A06	原 LF6	6061	原 LD30
1070A	代 L1	2A90	原 LD9	5B06	原 LF14	6063	原 LD31
1370		2004		5A12	原 LF12	6063A	
1060	代 L2	2011		5A13	原 LF13	6070	原 LD2-2
1050		2014		5A30	曾用 LF16	6181	
1050A	代 L3	2014A		5A33	原 LF33	6082	
1A50	原 LB2	2214		5A41	原 LF41	7A01	原 LB1
1350		2017		5A43	原 LF43	7A03	原 LC3
1145		2017A		5A66	原 LT66	7A04	原 LC4
1035	代 L4	2117		5005		7A05	曾用 705
1A30	原 L4-1	2218		5019		7A09	原 LC9
1100	代 L5-1	2618		5050		7A10	原 LC10
1200	代 L5	2219	曾用 LY19、147	5251		7A15	曾用 LC15
1235		2024		5052		7A19	曾用 LC19
2A01	原 LY1	2124		5154		7A31	曾用 183-1
2A02	原 LY2	3A21	原 LF21	5154A		7A33	曾用 LB733
2A04	原 LY4	3003		5454		7A52	曾用 LC52
2A06	原 LY6	3103		5554		7003	原 LC12
2A10	原 LY10	3004		5754		7005	
2A11	原 LY11	3005		5056	原 LF5-1	7020	
2B11	原 LY8	3105		5356		7022	
2A12	原 LY12	4A01	原 LT1	5456		7050	
2B12	原 LY9	4A11	原 LD11	5082		7075	

续表

新牌号	旧牌号	新牌号	旧牌号	新牌号	旧牌号	新牌号	旧牌号
2A13	原LY13	4A13	原LT13	5182		7475	
2A14	原LD10	4A17	原LT17	5083	原LF4	8A06	原L6
2A16	原LY16	4004		5183		8011	曾用LT98
2B16	曾用LY16-1	4032		5086		8090	
2A17	原LY17	4043		6A02	原LD2		

注："原"指化学成分与新牌号的相同;"代"指与新牌号的化学成分相似;"曾用"指已经鉴定,工业生产时曾经用过的牌号。

7.7.4 铝合金的应用

1. 铝合金门窗

铝合金门窗是将按特定要求成型并经表面处理的铝合金型材,经下料、打孔、铣槽、攻丝等加工,制得门窗框料构件,再加连接件、密封件、开闭五金件等一起组合装配而成。铝合金门窗按其结构与开启方式可分为推拉窗(门)、平开窗(门)、悬挂窗、回转窗、百叶窗和纱窗等。

1) 铝合金门窗的性能要求

铝合金门窗产品通常要进行以下主要性能的检验。

(1) 强度。测定铝合金门窗的强度是在压力箱内进行的,通常用窗扇中央最大位移量小于窗框内沿高度的 1/70 时所能承受的风压等级表示。如 A 类(高性能窗)平开铝合金窗的抗风压强度值为 3000~3500 Pa。

(2) 气密性。气密性是指在一定压力差的条件下,铝合金门窗空气渗透性的大小。通常是放在专用压力试验箱中,使窗的前后形成 10 Pa 以上的压力差,测定每平方米面积的窗在每小时内的通气量,如 A 类平开铝合金窗的气密性为 $0.5\sim1.0\ m^3/(m^2\cdot h)$,而 B 类(中等性能窗)为 $1.0\sim1.5\ m^3/(m^2\cdot h)$。

(3) 水密性。水密性是指铝合金门窗在不渗漏雨水的条件下所能承受的脉冲平均风压值。通常在专用压力试验箱内,对窗的外侧施加周期为 2 s 的正弦脉冲风压,同时向窗面以每分钟每平方米喷射 4 L 的人工降雨,连续进行 10 min 的风雨交加试验后,在室内一侧不应有可见的渗漏水现象。例如 A 类平开铝合金窗的水密性为 450~500 Pa,而 C 类(低性能窗)为 250~350 Pa。

(4) 隔热性。铝合金门窗的隔热性能常按其传热阻值(m·K/W)分为 3 级,即 Ⅰ 级＞0.50,Ⅱ 级＞0.33,Ⅲ 级＞0.25。

(5) 隔声性。铝合金门窗的隔声性能常用隔声量(dB)表示。即是在音响试验室内对其进行音响透过损失试验。隔声铝合金门窗的隔声量在 26~40 dB 以上。

(6) 开闭力。铝合金窗装好玻璃后,窗户打开或关闭所需的外力应在 49 N 以下,以保证开闭灵活方便。

2) 铝合金门窗的技术标准

随着铝合金门窗的生产和应用，我国已颁布了铝合金门窗的国家标准《铝合金门窗》(GB/T 8478—2008)，取代原来的一系列有关标准：《推拉铝合金门》(GB 8480—87)、《推拉铝合金窗》(GB 8481—87)、《铝合金地弹簧门》(GB 8482—87)等。

(1) 产品代号。根据有关标准规定，铝合金门窗的产品代号如表 7-15 所示。

表 7-15 铝合金门窗的产品代号

产品名称	平开铝合金窗		平开铝合金门		推拉铝合金窗		推拉铝合金门	
	不带纱窗	带纱窗	不带纱窗	带纱窗	不带纱窗	带纱窗	不带纱窗	带纱窗
代号	PLC	APLC	PLM	SPLM	TLC	ATLC	TLM	STLM
产品名称	滑轴平开窗		固定窗		上悬窗		中悬窗	
代号	HPLC		GLC		SLC		CLC	
产品名称	下悬窗		立转窗					
代号	XLC		LLC					

(2) 品种规格。平开铝合金门窗和推拉铝合金门窗的品种规格如表 7-16 所示。

表 7-16 铝合金门窗的品种规格

单位：mm

名 称	洞口尺寸		厚度基本尺寸系列
	高	宽	
平开铝合金窗	600, 900, 1200, 1500, 1800, 2100	600, 900, 1200, 1500, 1800, 2100	40, 45, 50, 55, 60, 65, 70
平开铝合金门	2100, 2400, 2700	800, 900, 1000, 1200, 1500, 1800	40, 45, 50, 55, 60, 70, 80
推拉铝合金窗	600, 900, 1200, 1500, 1800, 2100	1200, 1500, 1800, 2100, 2400, 2700, 3000	40, 50, 60, 70, 80, 90
推拉铝合金门	2100, 2400, 2700, 3000	1500, 1800, 2100, 2400, 3000	70, 80, 90

安装铝合金门窗采用预留洞口然后安装的方法，预留洞口尺寸应符合《建筑门窗洞口尺寸系列》(GB 5824—2008)的规定。因此，设计选用铝合金门窗时，应注明门窗的规格型号。铝合金门窗的规格型号是以门窗的洞口尺寸表示的。例如洞口宽和高分别为 1800 mm 和 2100 mm 的门，规格型号为"1821"；若洞口宽、高均为 900 mm 的窗，其规格型号则为"0909"。

(3) 产品分类及等级。铝合金门窗按其抗风压强度、气密性和水密性三项性能指标，将产品分为 A、B、C 三类，每类又分为优等品、一等品和合格品三个等级。另外，按隔声性能，凡空气声计权隔声量≥25 dB 时为隔声门窗；按绝热性能，凡传热阻值≥0.25 m·K/W 时为绝热门窗。

(4) 技术要求。对铝合金门窗的技术要求包括材料、表面处理、装配要求和表面质量等几个方面。所用型材应符合 GB 5237—2004 的有关规定。特别强调的是，选用的附件材料除不锈钢外，应经防腐蚀处理，以避免与铝合金型材发生接触腐蚀。

2. 铝合金装饰板

用于装饰工程的铝合金板，其品种和规格很多。按表面处理方法分有阳极氧化处理及喷涂处理两种装饰板。按常用的色彩分有银白色、古铜色、金色、红色、蓝色等。按几何尺寸分，有条形板和方形板，条形板的宽度多为80～100 mm，厚度为0.5～1.5 mm，长度为6.0 m左右。按装饰效果分，则有铝合金花纹板、铝合金波纹板、铝合金压型板、铝合金浅花纹板、铝合金冲孔板等。

(1) 铝合金压型板。铝合金压型板是目前应用十分广泛的一种新型铝合金装饰材料。它具有质量轻、外形美观、耐久性好、安装方便等优点，通过表面处理可获得各种色彩，主要用于屋面和墙面等。

(2) 铝合金花纹板。铝合金花纹板采用防锈铝合金等坯料，用特制的花纹轧辊轧制而成。花纹美观大方、不易磨损、防滑性能好、防腐蚀性能强、便于冲洗，通过表面处理可得到各种颜色。铝合金花纹板广泛用于公共建筑的墙面装饰、楼梯踏板等处。

7.8 金属材料的发展动态

随着全球应用技术研究的深入以及新型防火涂料和隔热材料的不断问世，钢结构作为建筑结构的一种形式，以其强度高、自重轻、有优越的变形性能和抗震性而被世人瞩目；从施工角度上，有施工周期短、结构形式灵活等优点，因而在建筑行业尤其在高层乃至超高层建筑中得到了广泛应用，显示出其强大的生命力。

1. 高层、重型钢结构

世界第一幢高层钢结构房屋是建于1885年的美国芝加哥的一幢高55 m的10层家庭保险公司大楼。1889年在法国巴黎建成了高320.175 m的埃菲尔铁塔，促使高层钢结构技术得到迅速发展。1934年在中国上海建成国际饭店、上海大厦等几幢钢结构大楼。众所周知，高层钢结构建筑是一个国家经济实力和科技水平的反映，又往往当作一个城市的标志性建筑。随着改革开放，我国自20世纪80年代到90年代末，已建成和在建的高层钢结构建筑已有近40幢，总面积约320万平方米，钢材用量约30万吨，资金约600亿元人民币。一大批高层钢结构建筑耸立在北京、上海、深圳、大连、天津等地。我国的高层建筑钢结构已跨入国际行列，获得了较大成功及良好的效益。这个时期的代表作品：世界第三高度(420.15 m)的上海金茂大厦、国际领先水平的深圳赛格大厦(72层、高291 m)，全部采用钢管混凝土柱；采用国产钢材、国内设计、制造及施工的大连世贸中心。

重型工业厂房建设近几年也有所增加，主要分布在钢铁、造船、电子、汽车、水利、发电等行业。

2. 大跨度空间钢结构

近年来，以网架和网壳为代表的空间结构继续大量发展，不仅用于民用建筑，而且用于工业厂房、候机楼、体育馆、展览中心、大剧院、博物馆等，在使用范围、结构形式、安装施工方法等方面均具有中国建筑结构的特色。采用圆钢管、矩形钢管制作空间桁架、拱架及斜拉网架结构，加上波浪形屋面，成为各地新颖和富有现代特色的标志性建筑。最近在悬索和膜的张拉结构研究开发和工程应用方面取得了新的进展，预应力空间结构开始得到应用。

3. 轻钢结构

近几年来，我国轻型钢结构建筑发展较快，主要用于轻型的工业厂房，棉花和粮食仓库，码头和保税区仓库，农产品、建材、家具等各类交易市场，体育场馆，展览厅及活动房屋，加层建筑等。轻钢结构是相对于重钢结构而言的，其类型有门式钢架、拱形波纹钢屋盖结构等。

4. 钢—混凝土组合结构

众所周知，钢—混凝土组合结构是充分发挥钢材和混凝土两种材料各自优点的合理组合，不但具有优异的静、动力学性能，而且能节约大量钢材、降低工程造价和加快施工进度，是符合我国建筑结构发展方向的一种比较新颖的结构形式。自20世纪80年代开始，钢—混凝土组合结构在我国的发展十分迅速，已广泛应用于冶金、造船、电力、交通等部门的建筑中，并以迅猛的势头进入了桥梁工程和高层与超高层建筑中。

5. 钢结构住宅

我国住宅建设逐步成为国民经济的支柱产业。在建设部、中国钢铁工业协会及中国钢结构协会的推动下，我国钢结构住宅建筑产业快速发展。目前北京、天津、山东、安徽、上海、广东、浙江等地建了大量低层、多层、高层钢结构住宅试点示范工程，体现了钢结构住宅发展的良好势头。

6. 桥梁钢结构

近十年来，钢结构桥梁由于具有许多优点而被众多工程采用，突破了以往仅在大跨度桥梁采用钢结构的局面。目前钢结构桥梁均由中国自行设计、制造、施工。近几年竣工的大跨度钢结构桥梁主要有：1993年建成的九江长江大桥，1993年建成的上海杨浦公路斜拉桥，1996年竣工的长江西陵峡公路悬索桥。还有许多城市和大江大河上建设的斜拉桥、悬索桥、钢管混凝土桥梁以及城市立交桥和行人过街天桥均采用钢结构桥梁。

7. 城市交通、环保、公共设施

随着城市建设和交通的发展、环保工程的投入、文化体育等公共设施的建设、旧城市的更新改造，从城市铁路车站、候车亭、立体停车库、商亭、护栏、垃圾箱到路边的标志、广告牌等，每一项都需要钢结构。

8. 塔桅、管道、容器及特种构筑物

345 m高的跨长江输电铁塔，10～30万立方米的煤气、天然气、石油储罐对我国的经济建设都不可缺少，每年需要钢材200万吨左右。其他如高炉、焦炉、炼油、化工反应器、除尘等特种构筑物每年需钢材50万吨左右。

9. 建筑钢结构的发展需求

建筑钢结构是近年来发展很快的一个行业，特别是在高层钢结构、轻钢厂房钢结构、塔桅钢结构、大型公共建筑的网架结构等方面，发展十分迅速。

钢结构建筑，对钢材的质量、品种、规格和功能有特定的要求。根据国际和国内有关建筑钢结构的技术标准，需求比较大的钢材有以下几种。

在材质要求上，国产 Q235、Q345 的普通碳素钢和低合金钢，日本产 SS400 和 SM490 钢，美国产 A36、A572-Cr50 钢等，为我国建筑钢结构所广泛采用。

在板材方面，各类彩板、镀锌板、BHP 的各类板材，在建筑钢结构方面使用广泛。建筑钢结构的主柱、箱形柱梁等使用广泛，大量使用中厚板。特别是 40 mm 以上的厚板，是长期以来国内短缺的产品。

在各类型钢方面，H 钢、薄型 C 形钢、T 形钢以及工字钢、槽钢、角钢等，在钢结构建筑中也大量采用。特别是 H 钢采用更加广泛，目前全国每年的需求量在 50 万吨以上。

复习思考题

1. 冶炼方法对钢材品质有何影响？何谓镇静钢和沸腾钢？它们各有何优缺点？
2. 伸长率表示钢材的什么性质？如何计算？对同一种钢材来说，δ_5 和 δ_{10} 哪个值大？
3. 何谓屈强比？说明钢材的屈服点和屈强比的实用意义。并解释 $\sigma_{0.2}$ 的含义。
4. 简述钢材的化学成分对钢材性能的影响。碳素钢的组织与其含碳量有何关系？
5. 何谓钢材的冷加工强化和时效处理？钢材经冷加工处理和时效处理后，其机械性能有何变化？工程中常对钢筋进行冷拉、冷拔处理的主要目的是什么？
6. 碳素结构钢有几个牌号，建筑工程中常用的牌号是哪个？为什么？碳素结构钢随各牌号的增大，其主要技术性质是如何变化的？
7. 试述低合金高强度结构钢的优点。
8. 试解释下列钢牌号的含义：
    (1) Q235-A·F；(2) Q255-B；(3) Q215-B·Z；(4) Q345(16Mn)
9. 钢筋混凝土用热轧带肋钢筋有几个牌号？各牌号钢筋的应用范围如何？
10. 钢材的锈蚀原因及防腐措施有哪些？
11. 为什么钢材需要防火？防火应采取哪些措施？
12. 简述铝合金的分类。建筑工程中常用的铝合金制品有哪些？其主要技术性能如何？

第8章 墙体材料

本章学习内容与目标

- 重点掌握砌墙砖的组成、构造和用途;掌握砌墙砖的技术指标,砌墙砖的检测方法。
- 了解混凝土砌块的种类、作用、组成、构造和特点,对轻型墙板、混凝土大型墙板等新型墙体材料有清楚的认识。

在一般房屋建筑中,墙体材料是主体材料。墙体材料主要是指砖、砌块、墙板等,起承重、传递重量、围护、隔断、防水、保温、隔声等作用,而且墙体的重量占整个建筑物重量的40%~60%。因而,墙体材料是建筑工程中非常重要的材料之一。

传统的墙体材料黏土砖要毁坏大量的农田,影响农业生产。而且黏土砖由于体积小、重量大,因此施工时劳动强度高,生产效率低,也严重影响建筑施工机械化和装配化的实现。为此,墙体材料的改革越来越受到广泛的重视。新型墙体材料发展较快,主要是因地制宜利用工业废料和地方资源。黏土砖也趋向孔多或空心率高的方向发展,使之节约大量农田和能源。总之,墙体材料的改革,向轻质、高强、空心、大块、多样化、多功能方向发展,力求减轻建筑自重,实现机械化、装配化施工,提高劳动生产率。

8.1 砌 墙 砖

砌墙砖是房屋建筑工程中主要的墙体材料,具有一定的抗压和抗折强度,外形多为直角六面体,其公称尺寸为 240 mm×115 mm×53 mm。

砌墙砖的主要品种有烧结普通砖、烧结多孔砖、烧结空心砖和蒸养(压)砖、碳化砖等。

8.1.1 烧结普通砖

根据国家标准《烧结普通砖》(GB 5101—2003)中的规定,以黏土、页岩、煤矸石、粉煤灰等为主要原料,经成型、焙烧而成的实心或孔洞率不大于15%的砖,称为烧结普通砖。

由此可知烧结普通砖的生产工艺为原料→配料调制→制坯→干燥→焙烧→成品。

原料中主要成分是 Al_2O_3 和 SiO_2,还有少量的 Fe_2O_3、CaO 等。原料和成浆体后,具有良好的可塑性,可塑制成各种制品。焙烧时将发生一系列物理化学变化,可发生收缩、烧结与烧熔。焙烧初期,原料中水分蒸发,坯体变干;当温度达450~850℃时,原料中有机杂质燃尽,结晶水脱出并逐渐分解,成为多孔性物质,但此时砖的强度较低;再继续升温至 950~1050℃时,原料中易熔成分开始熔化,出现玻璃液状物,流入不熔颗粒的缝隙中，并将其胶结，使坯体孔隙率降低，体积收缩，密实度提高，强度随之增大，这一过程称为烧结；经烧制后的制品具有良好的强度和耐水性，故烧结砖控制在烧结状态即可。若继续加温，坯体将软化变形，甚至熔融。

焙烧是制砖的关键过程，焙烧时火候要适当、均匀，以免出现欠火砖或过火砖。欠火砖色浅、断面包心(黑心或白心)、敲击声哑、孔隙率大、强度低、耐久性差。过火砖色较深、敲击声脆、较密实、强度高、耐久性好，但容易出现变形砖(酥砖或螺纹砖)。因此国家标准规定不允许有欠火砖、酥砖和螺纹砖。

在焙烧时，若使窑内氧气充足，使之在氧化气氛中焙烧，黏土中的铁元素被氧化成高价的 Fe_2O_3，烧得红砖。若在焙烧的最后阶段使窑内缺氧，则窑内燃烧气氛呈还原气氛，砖中的高价氧化铁(Fe_2O_3)被还原成青灰色的低价氧化铁(FeO)，即烧得青砖。青砖比红砖结实、耐久，但价格较红砖高。

当采用页岩、煤矸石、粉煤灰为原料烧砖时，因其含有可燃成分，焙烧时可在砖内燃烧，不但节省燃料，还使坯体烧结均匀，提高了砖的质量。常常将用可燃性工业废料作为内燃烧制成的砖称为内燃砖。

1. 烧结普通砖的品种与等级

1) 品种

按使用原料不同，烧结普通砖可分为：烧结普通黏土砖(N)、烧结页岩砖(Y)、烧结煤矸石砖(M)和烧结粉煤灰砖(F)。

2) 等级

按抗压强度分为 MU30、MU25、MU20、MU15 和 MU10 五个强度等级。强度、抗风化性能和放射性物质合格的砖，根据尺寸偏差、外观质量、泛霜和石灰爆裂等情况分为优等品(A)、一等品(B)和合格品(C)三个质量等级。优等品的砖适用于清水墙建筑和墙体装饰，一等品与合格品的砖可用于混水墙建筑，中等泛霜砖不得用于潮湿部位。

2. 烧结普通砖的技术要求

1) 外形尺寸与部位名称

砖的外形为直角六面体(又称矩形体)，长 240 mm，宽 115 mm，厚 53 mm，其尺寸偏差不应超过标准规定。因此，在砌筑使用时，包括砂浆缝(10 mm)在内，4 块砖长、8 块砖宽、16 块砖厚都为 1 m，512 块砖可砌 $1m^3$ 的砌体。

一块砖，240 mm×115 mm 的面称为大面，240 mm×53 mm 的面称为条面，115 mm×53 mm 的面称为顶面。

2) 尺寸允许偏差

烧结普通砖的尺寸允许偏差应符合表 8-1 的规定。

表 8-1 烧结普通砖尺寸允许偏差 单位：mm

公称尺寸	优等品		一等品		合格品	
	样本平均偏差	样本极差≤	样本平均偏差	样本极差≤	样本平均偏差	样本极差≤
240	±2.0	6	±2.5	7	±3.0	8
115	±1.5	5	±2.0	6	±2.5	7
53	±1.5	4	±1.6	5	±2.0	6

3) 外观质量

外观质量包括条面高度差、裂纹长度、弯曲、缺棱掉角等各项内容。各项内容均应符合表 8-2 的规定。

表 8-2 烧结普通砖的外观质量 单位：mm

项 目	优等品	一等品	合格品
两条面高度差 ≤	2	3	4
弯曲 ≤	2	3	4
杂质凸出高度 ≤	2	3	4
缺棱掉角的三个破坏尺寸不得同时大于	5	20	30
裂纹长度 ≤			
a.大面上宽度方向及其延伸至条面的长度	30	60	80
b.大面上长度方向及其延伸至顶面的长度或条顶面上水平裂纹的长度	50	80	100
完整面不得少于	二条面和二顶面	一条面和一顶面	—
颜色	基本一致	—	—

4) 强度

强度应符合表 8-3 的规定。

表 8-3 烧结普通砖强度等级 单位：MPa

强度等级	抗压强度平均值 $\bar{f} \geq$	变异系数 $\delta \leq 0.21$ 强度标准值 $f_k \geq$	变异系数 $\delta > 0.21$ 单块最小抗压强度值 $f_{min} \geq$
MU30	30.0	22.0	25.0
MU25	25.0	18.0	22.0
MU20	20.0	14.0	16.0
MU15	15.0	10.0	12.0
MU10	10.0	6.5	7.5

测定烧结普通砖的强度时，试样数量为 10 块，加荷速度为 (5 ± 0.5) kN/s。试验后按下式计算标准差 S、强度变异系数 δ 和抗压强度标准值 f_k。

$$S = \sqrt{\frac{1}{9}\sum_{i=1}^{10}(f_i - \bar{f})^2} \tag{8-1}$$

$$\delta = \frac{S}{\bar{f}} \tag{8-2}$$

$$f_k = \bar{f} - 1.8S \tag{8-3}$$

式中：S——10 块试样的抗压强度标准差，MPa；

δ——强度变异系数，MPa；

$\bar{f}$——10 块试样的抗压强度平均值，MPa；

f_i——单块试样抗压强度测定值，MPa；

f_k——抗压强度标准值，MPa。

5) 抗风化性能

抗风化性能属于烧结砖的耐久性，是用来检验砖的一项主要的综合性能，主要包括抗冻性、吸水率和饱和系数。用它们来评定砖的抗风化性能。

其中抗冻试验是指吸水饱和的砖在-15℃下经 15 次冻融循环，重量损失不超过 2%的规定，并且不出现裂纹、分层、掉皮、缺棱、掉角等冻坏现象，即为抗冻性合格。而饱和系数是砖在常温下浸水 24 h 后的吸水率与 5 h 沸煮吸水率之比，满足规定者为合格。

根据《烧结普通砖》(GB 5101—2003)的规定：风化指数[*]≥12 700 者为严重风化区；风化指数<12 700 者为非严重风化区。我国黑龙江省、吉林省、辽宁省、内蒙古自治区、新疆维吾尔自治区、宁夏回族自治区、甘肃省、青海省、陕西省、山西省、河北省、北京市、天津市属严重风化地区，其他地区是非严重风化地区。

属严重风化地区中的前 5 个地区的砖必须进行冻融试验，其他地区的砖的抗风化性能符合表 8-4 规定时可不做冻融试验，否则进行冻融试验。

表 8-4 烧结普通砖的抗风化规定

砖 种 类	严重风化区				非严重风化区			
	5 h 沸煮吸水率/%≤		饱和系数≤		5 h 沸煮吸水率/%≤		饱和系数≤	
	平均值	单块最大值	平均值	单块最大值	平均值	单块最大值	平均值	单块最大值
黏土砖	18	20	0.85	0.87	19	20	0.88	0.90
粉煤灰砖[①]	21	23	0.85	0.87	23	25	0.88	0.90
页岩砖 煤矸石砖	16	18	0.74	0.77	18	20	0.78	0.80

注：①粉煤灰掺入量(体积比)小于 30%时，抗风化性能指标按黏土砖规定。

6) 泛霜

泛霜也称起霜，是砖在使用过程中的盐析现象。砖内过量的可溶盐受潮吸水而溶解，随水分蒸发而沉积于砖的表面，形成白色粉状附着物，影响建筑美观。如果溶盐为硫酸盐，当水分蒸发并晶体析出时，产生膨胀，使砖面剥落。

要求烧结普通砖优等品无泛霜；一等品不允许出现中等泛霜；合格品不允许出现严重泛霜。

7) 石灰爆裂

石灰爆裂是砖坯中夹杂有石灰石，在焙烧过程中转变成石灰，砖吸水后，由于石灰逐

---

[*] 风化指数是指日气温从正温降至负温或负温升至正温的每年平均天数与每年从霜冻之日起至霜冻消失之日止这一期间降雨总量(以 mm 计)的平均值的乘积。

渐熟化而膨胀产生的爆裂现象。

(1) 优等品：不允许出现最大破坏尺寸大于 2 mm 的爆裂区域。

(2) 一等品：

① 最大破坏尺寸大于 2 mm，且小于或等于 10 mm 的爆裂区域，每组砖样不得多于 15 处。

② 不允许出现最大破坏尺寸大于 10 mm 的爆裂区域。

(3) 合格品：

① 最大破坏尺寸大于 2 mm 且小于或等于 15 mm 的爆裂区域，每组砖样不得多于 15 处。其中大于 10 mm 的不得多于 7 处。

② 不允许出现最大破坏尺寸大于 15 mm 的爆裂区域。

8) 欠火砖、酥砖和螺旋纹砖

产品中不允许有欠火砖、酥砖和螺旋纹砖。

3. 烧结普通砖的性质与应用

烧结普通砖具有强度高、耐久性和隔热、保温性能好等特点，广泛用于砌筑建筑物的内外墙、柱、烟囱、沟道及其他建筑物。

烧结普通砖是传统的墙体材料，在我国一般建筑物墙体材料中一直占有很高的比重，其中主要是烧结黏土砖。由于烧结黏土砖多是毁田取土烧制，加上施工效率低、砌体自重大、抗震性能差等缺点，已远远不能适应现代建筑发展的需要。从 1997 年 1 月 1 日起，原建设部规定在框架结构中不允许使用烧结普通黏土砖，并率先在全国 14 个主要城市中施行。随着墙体材料的发展和推广，在所有建筑物中，烧结普通黏土砖必将被其他轻质墙体材料所取代。

8.1.2 烧结多孔砖和烧结空心砖

在现代建筑中，由于高层建筑的发展，对烧结砖提出了减轻自重，改善绝热和吸声性能的要求，因此出现了烧结多孔砖、空心砖和空心砌块。烧结多孔砖和烧结空心砖的生产与烧结普通砖基本相同，但与烧结普通砖相比，它们具有重量轻、保温性及节能好、施工效率高、节约土、可以减少砌筑砂浆用量等优点，是正在替代烧结普通砖的墙体材料之一。

1. 烧结多孔砖

烧结多孔砖是以黏土、页岩、煤矸石为主要原料，经过制坯成型、干燥、焙烧而成的主要用于承重部位的多孔砖，因而也称为承重孔心砖。由于其强度高、保温性好，一般用于砌筑六层以下建筑物的承重墙。

烧结多孔砖的主要技术要求如下。

1) 规格及要求

砖的外形尺寸为直角六面体(矩形体)，其长度、宽度、高度尺寸应符合下列要求，单位为 mm。

长度：290，240；

宽度：190，180，175，140；

高度：115，90。

砖孔形状有矩形长条孔、圆孔等多种。孔洞要求：孔径≤22 mm、孔数多、孔洞方向应垂直于承压面方向，如图 8-1 所示。

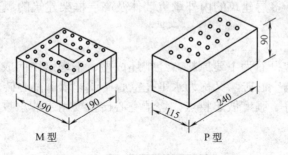

图 8-1 烧结多孔砖

2) 强度等级

根据砖样的抗压强度，烧结多孔砖分为 MU30、MU25、MU20、MU15、MU10 五个强度等级，其强度应符合表 8-5 的规定。

表 8-5 烧结多孔砖强度等级(GB 13544—2011) 单位：MPa

强度等级	抗压强度平均值 $f \geqslant$	变异系数 $\delta \leqslant 0.21$ 强度标准值 $f_K \geqslant$	变异系数 $\delta > 0.21$ 单块最小抗压强度值 $f_{min} \geqslant$
MU30	30.0	22.0	25.0
MU25	25.0	18.0	22.0
MU20	20.0	14.0	16.0
MU15	15.0	10.0	12.0
MU10	10.0	6.5	7.5

3) 其他性能

其他性能包括冻融、泛霜、石灰爆裂、吸水率等内容。其中抗冻性(15 次)是以外观质量来评价是否合格的。

产品的外观质量应符合标准规定，物理性能也应符合标准规定。尺寸允许偏差应符合表 8-6 的规定。

表 8-6 烧结多孔砖尺寸允许偏差 单位：mm

尺 寸	优 等 品		一 等 品		合 格 品	
	样本平均偏差	样本极差≤	样本平均偏差	样本极差≤	样本平均偏差	样本极差≤
长度：290、240	±2.0	6	±2.5	7	±3.0	8
宽度：190、180、175、140、115	±1.5	5	±2.0	6	±2.5	7
高度：90	±1.5	4	±1.7	5	±2.0	6

强度和抗风化性能合格的烧结多孔砖，根据尺寸偏差、外观质量、孔形及孔洞排列、泛霜、石灰爆裂，分为优等品(A)、一等品(B)和合格品(C)三个质量等级。

4) 适用范围

烧结多孔砖适用于多层建筑的内外承重墙体及高层框架建筑的填充墙和隔墙。

2. 烧结空心砖

以黏土、页岩、煤矸石为主要原料，经制坯成型、干燥焙烧而成的主要用于非承重部位的空心砖，称为烧结空心砖，又称为水平孔空心砖或非承重空心砖，如图 8-2 所示。因其具有轻质、保温性好、强度低等特点，烧结空心砖主要用于非承重墙、外墙及框架结构的填充墙等。

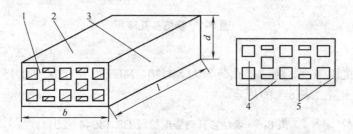

图 8-2　烧结空心砖

1—顶面；2—大面；3—条面；4—肋；5—壁；l—长度；b—宽度；d—高度

烧结空心砖的主要技术要求如下。

1) 规格及要求

烧结空心砖的外形为直角六面体，其长度、宽度、高度尺寸应符合下列要求，单位为 mm。

长度：390，290，240；

宽度：190，180(175)，140，115；

高度：90。

2) 强度等级

根据砖样的抗压强度，烧结空心砖可分为 MU10.0、MU7.5、MU5.0 和 MU3.5 四个强度等级，其强度应符合表 8-7 的规定。

表 8-7　烧结空心砖强度等级(GB 13545—2014)

强度等级	抗压强度/MPa			密度等级范围/(kg/m³)
	抗压强度平均值 $\bar{f} \geq$	变异系数 $\delta \leq 0.21$ 强度标准值 $f_k \geq$	变异系数 > 0.21 单块最小抗压强度值 $f_{min} \geq$	
MU10.0	10.0	7.0	8.0	≤1100
MU7.5	7.5	5.0	5.8	
MU5.0	5.0	3.5	4.0	
MU3.5	3.5	2.5	2.8	

3) 质量及密度等级

按照体积密度，砖可分为 800、900、1000 和 1100 四个密度等级。

4) 其他技术性能

其他技术性能包括泛霜、石灰爆裂、吸水率、冻融等内容。其中抗冻性(15 次)是以外观质量来评价是否合格的。

外观质量等均应符合标准规定。强度、密度、抗风化性能和放射性物质合格的砖，根据尺寸偏差、外观质量、孔洞排列及其结构、泛霜、石灰爆裂、吸水率分为优等品(A)、一等品(B)和合格品(C)三个质量等级。

8.1.3 蒸压蒸养砖

以含二氧化硅为主要成分的天然材料或工业废料(如粉煤灰、煤渣、矿渣等)配以少量石灰与石膏，经拌制、成型、蒸汽养护而成的砖称蒸压蒸养砖，又称硅酸盐砖。

按其工艺和原材料，硅酸盐砖分为：蒸压灰砂砖、蒸压粉煤灰砖、蒸养煤渣砖、免烧砖和碳化灰砂砖等。下面主要介绍蒸压灰砂砖和蒸压粉煤灰砖。

1. 蒸压灰砂砖

以石灰、砂子为主要原料，加入少量石膏或其他着色剂，经制坯设备压制成型、蒸压养护而成的砖，称为蒸压灰砂砖。

1) 灰砂砖的特性

灰砂砖是在高压下成型，又经过蒸压养护，砖体组织致密，具有强度高、大气稳定性好、干缩率小、尺寸偏差小、外形光滑平整等特性。灰砂砖色泽淡灰，如配入矿物颜料，则可制得各种颜色的砖，有较好的装饰效果。灰砂砖主要用于工业与民用建筑的墙体和基础。

2) 产品规格与等级

(1) 产品规格。砖的外形为矩形体。规格尺寸为 240 mm×115 mm×53 mm。

(2) 产品等级。根据抗压强度和抗折强度，强度等级分为 MU25、MU20、MU15 和 MU10 四个等级。根据尺寸偏差和外观质量分为优等品(A)、一等品(B)与合格品(C)三个等级。

3) 应用技术要求

(1) 灰砂砖不得用于长期受热在 200℃以上，受急冷、急热和有酸性介质侵蚀的部位。

(2) 15 级以上的砖可用于基础及其他建筑部位，10 级砖只可用于防潮层以上的建筑部位。

(3) 灰砂砖的耐水性良好，但抗流水冲刷的能力较弱，可长期在潮湿、不受冲刷的环境中使用。

(4) 灰砂砖表面光滑平整，使用时注意提高砖和砂浆间的黏结力。

2. 蒸压粉煤灰砖

粉煤灰砖是以粉煤灰为主要原料，配以适量石灰、石膏，加水经混合搅拌、陈化、轮碾、成型、高压蒸汽养护而制成的。

1) 产品规格和等级

(1) 产品规格。粉煤灰砖为矩形体，其规格为 240 mm×115 mm×53 mm。

(2) 产品等级。根据其抗压强度和抗折强度分为 MU20、MU15、MU10 和 MU7.5 四个强度等级。根据其外观质量、强度、干燥收缩和抗冻性分为优等品、一等品和合格品。一等品强度等级应不低于 MU10，优等品的强度等级应不低于 MU15。

2) 应用技术要求

(1) 在易受冻融和干湿交替作用的建筑部位必须使用一等砖。用于易受冻融作用的建筑部位时要进行抗冻性检验，并采取适当措施，以提高建筑的耐久性。

(2) 用粉煤灰砖砌筑的建筑物，应适当增设圈梁及伸缩缝或采取其他措施，以避免或减少收缩裂缝的产生。

(3) 粉煤灰砖出釜后，应存放一段时间后再用，以减少相对伸缩量。

(4) 长期受高于200℃温度作用，或受冷热交替作用，或有酸性侵蚀的建筑部位不得使用粉煤灰砖。

8.2 混凝土砌块

混凝土砌块是一种用混凝土制成的，外形多为直角六面体的建筑制品，主要用于砌筑房屋、围墙及铺设路面等，用途十分广泛。

砌块是一种新型墙体材料，发展速度很快。由于砌块生产工艺简单，可充分利用工业废料，砌筑方便、灵活，目前已成为代替黏土砖的最好制品。

砌块的品种很多，其分类方法也很多。按其外形尺寸可分为小型砌块、中型砌块和大型砌块；按其材料品种可分为普通混凝土砌块、轻集料混凝土砌块和硅酸盐混凝土砌块；按有无孔洞可分为实心砌块与空心砌块；按其用途可分为承重砌块和非承重砌块；按其使用功能可分为带饰面的外墙体用砌块、内墙体用砌块、楼板用砌块、围墙砌块和地面用砌块等。

以下主要介绍蒸压加气混凝土砌块和混凝土空心砌块等。

8.2.1 蒸压加气混凝土砌块

蒸压加气混凝土砌块，简称加气混凝土砌块，是以水泥、石英砂、粉煤灰、矿渣等为原料，经过磨细，并以铝粉为发气剂，按一定比例配合，经过料浆浇注，再经过发气成型、坯体切割、蒸压养护等工艺制成的一种轻质、多孔建筑墙体材料。

1. 砌块的品种

主要有三类砌块：一是由水泥-矿渣-砂子等原料制成的砌块；二是由水泥-石灰-砂子等原料制成的砌块；三是由水泥-石灰-粉煤灰等原料制成的轻质砌块。

2. 砌块的规格

砌块的规格如下，单位为 mm。

长度：600。

高度：200、240、250、300。

宽度：100、120、125、150、180、200、240、250、300。

3. 砌块等级

砌块按抗压强度来分的强度级别有 A1.0、A2.0、A2.5、A3.5、A5.0、A7.5 和 A10 七个。

砌块按干密度来分，有 B03、B04、B05、B06、B07 和 B08 六个级别。

砌块按尺寸偏差与外观质量、干密度、抗压强度和抗冻性分为优等品(A)、合格品(B)两个等级。

砌块标记顺序是名称(代号 ACB)、强度级别、干密度、规格尺寸、产品等级和标准编号。例如：强度级别为 A3.5、干密度级别为 B05、规格尺寸为 600 mm×200 mm×250 mm 的优等品蒸压加气混凝土砌块，其标记为

ACB　A3.5　B05　600×200×250A　GB 11968

4. 砌块的主要技术性能要求

(1) 砌块尺寸偏差和外观应符合表 8-8 的规定。

表 8-8　砌块的尺寸偏差与外观要求

项　目			优等品(A)	合格品(B)
尺寸允许偏差/mm	长度	L	±3	±4
	宽度	B	±1	±2
	高度	H	±1	±2
缺棱掉角	最小尺寸不得大于/mm		0	30
	最大尺寸不得大于/mm		0	70
	大于以上尺寸的缺棱掉角个数，不多于/个		0	2
裂纹长度	任一面上的裂纹长度不得大于裂纹方向尺寸的		0	1/2
	贯穿一棱二面的裂纹长度不得大于裂纹所在面的裂纹方向尺寸总和的		0	1/3
	大于以上尺寸的裂纹条数，不多于/条		0	2
爆裂、黏模和损坏深度不得大于/mm			10	30
平面弯曲			不允许	
表面疏松、层裂			不允许	
表面油污			不允许	

(2) 砌块不同级别、等级的干体积质量应符合国家有关规定。

(3) 砌块的主要性能应符合表 8-9 的规定。

表 8-9　砌块的性能

性　能		强度级别						
		A1.0	A2.0	A2.5	A3.5	A5.0	A7.5	A10.0
立方体抗压强度值/MPa	平均值	≥1.0	≥2.0	≥2.5	≥3.5	≥5.0	≥7.5	≥10.0
	最小值	≥0.8	≥1.6	≥2.0	≥2.8	≥4.0	≥6.0	≥8.0
砌块的干密度级别/(kg/m³)	优等品	≤300	≤400	≤500	≤600	≤700	≤800	
	合格品	≤325	≤425	≤525	≤625	≤725	≤825	
干燥收缩值	快速法/(mm/m)	≤0.8						
	标准法/(mm/m)	≤0.5						
抗冻性	质量损失/%	≤5.0						
	冻后强度/MPa 优等品(A)	≥0.8	≥1.6	≥2.8	≥4.0	≥6.0	≥8.0	
	合格品(B)			≥2.0	≥2.8	≥4.0	≥6.0	

5. 用途

加气混凝土砌块可用于砌筑建筑的外墙、内墙、框架墙及加气混凝土刚性屋面等。

6. 使用注意事项

(1) 如果没有有效措施，加气混凝土砌块不得用于以下部位。
① 建筑物室内地面标高以下的部位。
② 长期浸水或经常受干湿交替作用的部位。
③ 经常受碱化学物质侵蚀的部位。
④ 表面温度高于80℃的部位。

(2) 加气混凝土外墙面水平方向的凹凸部位应做泛水和滴水，以防积水。墙面应做装饰保护层。

(3) 墙角与接点处应咬砌，并在沿墙角 1 m 左右灰缝内，配置钢筋或网件，外纵墙设置现浇钢筋混凝土板带。

8.2.2 混凝土空心砌块

1. 主要品种与主规格

混凝土空心砌块的品种及主规格尺寸(与国际通用尺寸相一致)主要有以下几种。
(1) 普通混凝土小型空心砌块，其主规格尺寸为 390 mm×190 mm×190 mm。
(2) 轻骨料混凝土小型空心砌块，其主规格尺寸为 390 mm×190 mm×190 mm。
(3) 混凝土中型空心砌块，其主规格尺寸为 1770 mm×790 mm×200 mm。

2. 普通混凝土小型空心砌块

普通混凝土小型空心砌块，简称混凝土小砌块，是以普通砂岩或重矿渣为粗细骨料配制成的普通混凝土，其空心率大于或等于25%的小型空心砌块。

1) 规格尺寸

混凝土小砌块的主规格尺寸为 390 mm×190 mm×190 mm。一般为单排孔，其形状及各部位名称如图 8-3 所示。也有双排孔的，要求其空心率为 25%～50%。

2) 强度等级及质量等级

混凝土小砌块按抗压强度(MPa)划分为 MU7.5、MU10.0、MU15.0、MU20.0 和 MU25.0 五个强度等级。

按其尺寸偏差和外观质量可分为优等品(A)、一等品(B)及合格品(C)三个等级。

3) 主要技术性能及质量指标

混凝土小砌块的质量指标和各项主要技术性能应符合国家标准《普通混凝土小型砌块》(GB 8239—2014)的规定。其中：

(1) 混凝土小砌块的抗压强度应符合表 8-10 的规定。

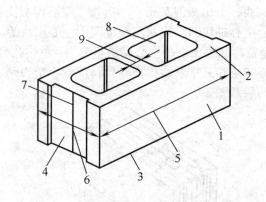

图 8-3　混凝土小砌块示意图

1—条面；2—坐浆面；3—铺浆面；4—顶面；5—长度；6—宽度；7—高度；8—壁；9—肋

表 8-10　混凝土小砌块的抗压强度　　　　　　　　　　　　单位：MPa

强度等级	砌块抗压强度	
	平均值≥	单块最小值≥
MU7.5	7.5	6.0
MU10	10.0	8.0
MU15	15.0	12.0
MU20	20.0	16.0
MU25	25	20.0

(2) 混凝土小砌块的抗冻性在采暖地区一般环境条件下应达到 D15，干湿交替环境条件下应达到 D25。非采暖地区不规定。其相对含水率应达到：潮湿地区≤45%；中等地区≤40%；干燥地区≤35%。其抗渗性也应满足有关规定。

4) 用途与使用注意事项

(1) 用途：混凝土小砌块主要用于各种公用建筑或民用建筑以及工业厂房等建筑的内外体。

(2) 使用注意事项：

① 小砌块采用自然养护时，必须养护 28 d 后方可使用；

② 出厂时小砌块的相对含水率必须严格控制在标准规定范围内；

③ 小砌块在施工现场堆放时，必须采取防雨措施；

④ 砌筑前，小砌块不允许浇水预湿。

3. 轻骨料混凝土小型空心砌块

轻骨料混凝土小型空心砌块是以陶粒、膨胀珍珠岩、浮石、火山渣、煤渣以及炉渣等各种轻粗细骨料和水泥按一定比例混合，经搅拌成型、养护而成的空心率大于 25%、体积密度小于 1400 kg/m³ 的轻质混凝土小砌块。

1) 品种与规格

按轻骨料品种分类，轻骨料混凝土小型空心砌块主要有以下几种：陶粒混凝土空心砌块、珍珠岩混凝土空心砌块、火山渣混凝土空心砌块、浮石混凝土空心砌块、煤矸石混凝土空心砌块、炉渣混凝土空心砌块和粉煤灰陶粒混凝土空心砌块等。

按砌块的排孔数，轻骨料混凝土小型空心砌块可分为：单排孔轻骨料混凝土空心砌块、双排孔轻骨料混凝土空心砌块和三排及四排孔轻骨料混凝土空心砌块。图 8-4 即为三排孔轻骨料混凝土空心砌块的示意图。

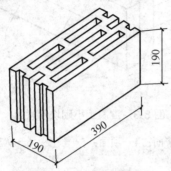

图 8-4　三排孔轻骨料混凝土空心砌块示意图

目前，普遍采用的是煤矸石混凝土空心砌块和炉渣混凝土空心砌块。其主规格尺寸为 390 mm×190 mm×190 mm。其他规格尺寸可由供需双方商定。

2) 强度等级与质量等级

根据轻骨料混凝土小型空心砌块的抗压强度可分为 MU2.5、MU3.5、MU5.0、MU7.5、MU10.0 五个强度级别。

根据尺寸偏差及外观质量可分为一等品(B)和合格品(C)两个等级。

3) 主要技术性能和质量指标

轻骨料混凝土小型空心砌块的技术性能及质量指标应符合国家标准《轻集料混凝土小型空心砌块》(GB/T 15229—2011)各项指标的要求。

(1) 轻骨料混凝土小型空心砌块的尺寸允许偏差和外观质量应分别符合国家标准中的有关规定。

(2) 轻骨料混凝土小型空心砌块的密度等级应满足国家标准的有关规定。强度等级应满足表 8-11 的规定。

表 8-11　强度等级

强度等级	砌块抗压强度等级/MPa		密度等级范围
	平均值	最小值	
2.5	≥2.5	≥2.0	≤800
3.5	≥3.5	≥2.8	≤1000
5.0	≥5.0	≥4.0	≤1200
7.5	≥7.5	≥6.0	≤1200[a] ≤1300[b]
10.0	≥10.0	≥8.0	≤1200[a] ≤1400[b]

a. 除自燃煤矸石掺量不小于砌块质量 35%以外的其他砌块；
b. 自燃煤矸石掺量不小于砌块质量 35%的砌块。

其他如相对含水率、抗冻性等也应满足标准规定。

4) 用途

轻骨料混凝土小型空心砌块是一种轻质高强度能取代普通黏土砖的最有发展前途的墙体材料之一，主要用于工业与民用建筑的外墙及承重或非承重的内墙，也可用于有保温及承重要求的外墙体。

8.3 轻型墙板

轻型墙板是一类新型墙体材料。它改变了墙体砌筑的传统工艺，而采用黏结、组合等方法进行墙体施工，加快了建筑施工的速度。

轻型墙板除轻质外，还具有保温、隔热、隔声、防水及自承重等性能。有的轻型墙板还具有高强、绝热性能，从而为高层、大跨度建筑及建筑工业实现现代化提供了物质基础。

轻型墙板的种类很多，主要包括石膏板、加气混凝土板、玻璃纤维增强水泥板、石棉水泥板、铝合金板、稻草板、植物纤维板及镀塑钢板等类型。

8.3.1 石膏板

石膏板包括纸面石膏板、纤维石膏板等。

1. 纸面石膏板

纸面石膏板是以建筑石膏为主要原料，并掺入某些纤维和外加剂所组成的芯材，以及与芯材牢固地结合在一起的护面纸所组成的建筑板材。主要包括普通纸面石膏板、防火纸面石膏板和防水纸面石膏板三个品种。

根据形状不同，纸面石膏板的板边有矩形(PJ)、45°倒角形(PD)、楔形(PC)、半圆形(PB)和圆形(PY)等五种。

1) 纸面石膏板的规格

纸面石膏板的规格尺寸如下(单位为 mm)。

长度：1500～3660，基本上是间隔300，即有1500、1800、2100、2400、2700、3000、3300、3600 和 3660 等。

宽度：600、900、1200 和 1220。

厚度：9.5、12.0、15.0、18.0、21.0 和 25.0。

其他规格尺寸的纸面石膏板可由生产厂家根据用户需求生产。

2) 纸面石膏板的特点

纸面石膏板具有轻质、高强、绝热、防火、防水、吸声、可加工、施工方便等特点。

3) 纸面石膏板的主要技术性能及要求

(1) 纸面石膏板的技术性能应满足表 8-12 的规定。

表 8-12 纸面石膏板的技术性能要求

项目	板厚/mm	优等品(A) 平均值	优等品(A) 最大(小)值	一等品(B) 平均值	一等品(B) 最大(小)值	合格品(C) 平均值	合格品(C) 最大(小)值
单位面积质量/(kg·m^{-2})	9	8.5	9.5	9.0	10.0	9.5	10.5
	12	11.5	12.5	12.0	13.0	12.5	13.5
	15	14.5	15.5	15.0	16.0	15.5	16.5
	18	18.5	18.5	18.0	19.0	18.5	19.5
断裂荷载/N 纵向断裂荷载	9	392	(353)	353	(318)	353	(318)
	12	539	(485)	490	(441)	490	(441)
	15	686	(617)	637	(573)	637	(573)
	18	833	(750)	784	(706)	784	(706)
横向断裂荷载	9	167	(150)	137	(123)	137	(123)
	12	206	(185)	176	(159)	176	(159)
	15	255	(229)	216	(194)	216	(194)
	18	294	(265)	255	(229)	255	(229)
护面纸与石膏心的黏结(以石膏心的裸露面积)/cm^2		不得大于 0		不得大于 0		不得大于 3	
含水率/%		2.0	2.5	2.0	2.5	3.0	3.5

(2) 外观质量要求。普通纸面石膏板板面需平整，优等品不应有影响使用的波纹、沟槽、污痕和划伤。

(3) 尺寸允许偏差。普通纸面石膏板尺寸允许偏差值应符合表 8-13 的规定。

表 8-13 纸面石膏板尺寸允许偏差　　　　　　　　　　　　　　单位：mm

项目	优等品(A)	一等品(B)	合格品(C)
长度	0, -5	0, -6	0, -6
宽度	0, -4	0, -5	0, -6
高度	±0.5	±0.6	±0.8

4) 用途及使用注意事项

普通纸面石膏板适用于建筑物的围护墙、内隔墙和吊顶。在厨房、厕所以及空气相对湿度经常大于 70% 的潮湿环境中使用时，必须采用相对防潮措施。

防水纸面石膏板的纸面经过防水处理，而且石膏芯材也含有防水成分，因而适用于湿度较大的房间墙面。由于它有石膏外墙衬板、耐水石膏衬板两种，可用于卫生间、厨房、浴室等贴瓷砖、金属板、塑料面砖墙的衬板。

2. 纤维石膏板

纤维石膏板是以石膏为主要原料，加入适量有机或无机纤维和外加剂，经打浆、铺浆脱水、成型以及干燥而成的一种板材。

1) 石膏板的特点

纤维石膏板具有轻质、高强、耐火、隔声、韧性高等性能，可进行锯、刨、钉、黏等加工，施工方便。

2) 石膏板的产品规格及用途

纤维石膏板的规格有两大类：3000 mm×1000 mm×(6～9) mm 和(2700～3000) mm×800 mm×12 mm。

纤维石膏板主要用于工业与民用建筑的非承重内墙、天棚吊顶及内墙贴面等。

8.3.2 蒸压加气混凝土板

蒸压加气混凝土板主要包括蒸压加气混凝土条板和蒸压加气混凝土拼装墙板。

1. 蒸压加气混凝土条板

加气混凝土条板是以水泥、石灰和硅质材料为基本原料，以铝粉为发气剂，配以钢筋网片，经过配料、搅拌、成型和蒸压养护等工艺制成的轻质板材。

1) 条板的特点

加气混凝土条板具有密度小，防火性和保温性能好，可钉、可锯、容易加工等特点。

2) 品种与规格

加气混凝土条板按原材料可分为：水泥-石灰-砂加气混凝土条板；水泥-石灰-粉煤灰加气混凝土条板；水泥-矿渣-砂加气混凝土条板三个主要品种。按密度级别可分为 05 级和 07 级两个等级。

加气混凝土条板的规格可根据用户需求与生产厂家商定。常用的有如下规格(单位：mm)。

长度：外墙板，代号 JQB，产品规格为 1500～1600；隔墙板，代号 JGB，可根据设计需要来定。

厚度：外墙板有 150、175、180、200、240、250 等；隔墙板有 75、100、120、125 等。

宽度：多为 600。

3) 技术性能和质量要求

加气混凝土条板的技术性能及质量要求均应符合《加气混凝土条板墙面抹灰工艺标准》(GY 903—1996)的有关规定。

4) 适用范围

加气混凝土条板主要用于工业与民用建筑的外墙和内隔墙。

2. 蒸压加气混凝土拼装墙板

加气拼装墙板是以加气混凝土条板为主要材料，经条板切锯、黏结和钢筋连接制成的整间外墙板。该墙板具有加气混凝土条板的性能，拼装、安装简便，施工速度快。其规格尺寸可按设计需要进行加工。

墙板拼装有两种形式：一种为组合拼装大板，即小板在拼装台上用方木和螺栓组合锚固成大板；另一种为胶合拼装大板，即板材用黏结力较强的黏结剂黏合，并在板间竖向安置钢筋。

加气混凝土拼装墙板主要应用于大模板体系建筑的外墙。

8.3.3 纤维水泥板

纤维水泥板是以水泥砂浆或净浆作为基材，以非连续的短纤维或连续的长纤维作为增强材料所组成的一种水泥基复合材料。纤维水泥板包括石棉水泥板、石棉水泥珍珠岩板、玻璃纤维增强水泥板和纤维增强水泥平板等。

1. 玻璃纤维增强水泥板

玻璃纤维增强水泥板又称玻璃纤维增强水泥条板。GRC 是 Glass Fiber Rinforced Cement(玻璃纤维增强水泥)的缩写，是一种新型墙体材料，近年来广泛应用于工业与民用建筑中，尤其是在高层建筑物中的内隔墙。该水泥板是用抗碱玻璃纤维作为增强材料，以水泥砂浆为胶结材料，经成型、养护而成的一种复合材料。此水泥板具有强度高、韧性好、抗裂性优良等特点，主要用于非承重和半承重构件，可用来制造外墙板、复合外墙板、天花板及永久性模板等。

2. 玻璃纤维增强水泥轻质多孔墙板

GRC(玻璃纤维增强水泥)轻质多孔墙板是我国近年来发展起来的轻质高强度的新型建筑材料。GRC 轻质多孔墙板的特点是重量轻、强度高，防潮、保温、不燃、隔声、厚度薄，可锯、可钻、可钉、可刨、加工性能良好，原材料来源广，成本低，节省资源。GRC 板价格适中，施工简便，安装施工速度快，比砌砖快 3~5 倍。安装过程中避免了湿作业，改善了施工环境。它的重量为黏土砖的 1/8~1/6，在高层建筑中应用能够大大减轻自重，能缩小基础及主体结构规模，降低总造价。它的厚度为 60~120 mm，条板宽度为 600 mm、900 mm，房间使用面积可扩大 6%~8%(按每间房 16 m^2 计)，因而具有较强的市场竞争力。该产品是一种以低碱特种水泥、膨胀珍珠岩、耐碱玻璃涂胶网格布及建材特种胶黏剂与添加剂配比而成的新型(单排圆孔与双排圆孔)轻质隔声隔墙板。生产工艺过程为原材料计量、混合搅拌、成型、养护、切割、起板，经检验合格即可出厂。

GRC 轻质墙板分为多孔结构及蜂巢结构，适用于工业与民用建筑非承重结构的内墙隔断(在建筑物非承重部位代替黏土砖)。主要用于民用建筑及框架结构的非承重内隔墙，如高层框架结构建筑、公共建筑及居住建筑的非承重隔墙、厨房、浴室、阳台、栏板等。目前 GRC 轻质墙板在国内已大量应用，效果良好，引起国家有关部门、建筑设计施工等单位的高度重视。随着我国建筑业的蓬勃发展，大力发展 GRC 墙材的浪潮方兴未艾，具有广阔的市场前景。

1) 主要技术指标

(1) 产品质量标准：国家标准《玻璃纤维增强水泥轻质多孔隔墙条板》(GB/T 19631—2005)。

(2) 产品规格：长×宽×厚为(2500~3500) mm×600 mm×(90~120) mm。

2) 产品主要性能指标

气干面密度为 75~95kg/m^2；

抗折破坏荷载为 2000~3000N；

干缩率≤0.6mm/m；

抗冲击性≥5次；

吊挂力≥1000N。

3. 石棉水泥板

石棉水泥板是用石棉作为增强材料，水泥净浆作为基材制成的板材。现有平板和半波板两种；按其物理性能可分为一类板、二类板和三类板三类；按其尺寸偏差可分为优等品和合格品两种。其规格品种多，能适应各种需要。

石棉水泥板具有较高的抗拉、抗折强度及防水、耐蚀性能，且锯、钻和钉等加工性能好，干燥状态下还有较高的电绝缘性。主要可作为复合外墙板的外层，或作为隔墙板、吸声吊顶板、通风板和电绝缘板等。

8.3.4 泰柏板

泰柏板是一种轻质复合墙板，是由三维空间焊接钢丝网架和泡沫塑料(聚苯乙烯)芯组成，而后喷涂或抹水泥砂浆制成的一种轻质板材。泰柏板强度高(有足够的轴向和横向强度)、重量轻(以100 mm厚的板材与半砖墙和一砖墙相比，可减少重量54%~76%，从而降低了基础和框架的造价)、不碎裂(抗震性能好以及防水性能好)，具有隔热(保温隔热性能佳，优于两砖半墙的保温隔热性能)、隔声、防火、防震、防潮和抗冻等优良性能，适用于民用、商业和工业建筑作为墙体、地板及屋面等。钢丝网架聚苯乙烯水泥夹心板即：泰柏板，简称GJ板，是一种从美国引进的新型墙体材料，由于技术性能优良，造价低廉而迅速发展，目前已成为工业发达国家的工业、住宅和商业建筑的主要建筑材料之一。现在我国在消化吸收的基础上，研制出适合我国国情的夹芯板生产机组，有了真正意义上的国产建筑复合夹芯板。

泰柏板可任意裁剪、拼装与连接，两侧铺抹水泥砂浆后，可形成完整的墙板。其表面可作为各种装饰面层，可用作各种建筑的内外填充墙，亦可用于房屋加层改造各种异型建筑物，并且可作为屋面板使用(跨度3 m以内)，免做隔热层。采用该墙板可降低工程造价13%以上，增加房屋的使用面积(高层公寓为14%，宾馆为11%，其他建筑根据设计相应减少)。目前，该产品已大量应用在高层框架加层建筑、农村住宅的围护外墙和轻质隔墙、外墙外保温层及低层建筑的承重墙板等处。在建筑设计部门与开发商认可后，在市场作用的推动下，由南向北，从东到西依次推开。在短短的十几年间，我国从美国、韩国、奥地利、比利时、希腊等国引进生产技术和设备。同时，自行研制了钢丝网、钢板网和预埋式钢丝网夹芯板生产技术和设备，目前从事生产和科研的单位有几百家，年产量为1500万 m^2，为推动我国的墙材革新和建筑节能起到了积极作用。

8.4 混凝土大型墙板

混凝土大型墙板是用混凝土预制的重型墙板，主要用于多、高层现浇的或预制的民用房屋建筑的外墙和单层工业厂房的外墙。此墙板的分类方法很多，但按其材料品种可分为普通混凝土空心墙板、轻骨料混凝土墙板和硅酸盐混凝土墙板；按其表面装饰情况可分为不带饰面的一般混凝土外墙板和带饰面的混凝土幕墙板。

8.4.1 轻骨料混凝土墙板

轻骨料混凝土墙板是用陶粒、浮石、火山渣或自燃煤矸石等轻骨料配制成的全轻或砂轻混凝土，经搅拌、成型和养护而制成的预制混凝土墙板。此墙板按其用途可分为内墙板和外墙板。因轻骨料混凝土具有保温性能好等特点，且造价较高，在我国主要用作外墙板。

轻骨料混凝土外墙板按其材料品种可分为以下几种。

(1) 浮石全轻混凝土外墙板，其规格为 3300 mm×2900 mm×320 mm，属民用住宅外墙板。

(2) 页岩陶粒炉下灰混凝土外墙板，其规格为 3300 mm×2900 mm×300 mm，属民用住宅外墙板。

(3) 粉煤灰陶粒珍珠岩砂混凝土外墙板，其规格为 4480 mm×2430 mm×220 mm，属民用住宅外墙板。

(4) 陶粒混凝土外墙板，其规格为(6000～12 000) mm×(1200～1500) mm×(200～230) mm，属工业建筑外墙板。

(5) 浮石全轻混凝土外墙板，其规格为(6000～9000) mm×(1200～1500) mm×(250～300) mm，属工业建筑外墙板。

轻骨料混凝土外墙板主要适用于一般民用住宅建筑的外墙，或工业厂房的外墙。

8.4.2 饰面混凝土幕墙板

饰面混凝土幕墙板，简称幕墙板，是一种带面砖、花岗石或其他装饰材料的预制混凝土外墙板。

幕墙板使用时，是通过连接件安装在建筑物的结构上的，是一种既具有装饰性，又具有保温、隔热、坚固耐久、安装方便等特点的整体外墙材料。

幕墙板的种类很多，按饰面材料可分为面砖饰面幕墙板、花岗石饰面幕墙板和装饰混凝土饰面幕墙板等；按幕墙板的构造分为单一材料板和复合板两类。

饰面幕墙板采用反打一次成型工艺制作；而装饰混凝土饰面幕墙板则是采用特别制造的衬模反铺于模内，然后浇筑混凝土而成。

幕墙板的规格尺寸根据建筑物的外立面进行分块设计，得出幕墙板的高度和宽度。一般来说，层间板的板高与建筑层高相同，板宽在 4 m 以下；横条板的板高为上下窗口的间距，板宽在 6 m 以下。其相应板厚有 80、100、140、150、160 mm 等。

幕墙板的技术要求应符合有关国家规定标准，其中幕墙板的单位面积板的重量视板厚而定。如 140 mm 普通混凝土单一材料板单位面积板重为 340 kg/m^2，而轻骨料混凝土单一材料板单位面积板重为 265 kg/m^2。

饰面混凝土幕墙板主要适用于豪华的、对立面要求高的房屋，高层建筑的外墙体及其他对外饰面有豪华要求的建筑物的外饰面。

墙体改革的发展趋势是：黏土质墙体材料向非黏土质材料发展，实心制品向空心制品发展，小块制品向大中块制品发展，块状制品向板状制品发展，单一墙体向复合墙体发展，重型墙体向轻型墙体发展，现场湿作业向干作业发展。

8.5 墙体材料发展动态

1. 双层动态节能幕墙

双层动态节能幕墙也叫热通道幕墙，按通风原理分为自然通风和强制通风两种系统。由外层幕墙、内层幕墙、遮阳幕墙、进风幕墙和出风装置组成。其设计理念是实现节能、环保，使室内生活、工作与室外自然环境达到融和。

2. 双层动态节能幕墙技术性能

(1) 运用动气热压原理和烟囱效应，让新鲜的空气进入室内，把室内污浊的空气排到室外，并且能够有效防止灰尘进入室内。
(2) 卓越的冬季保温和夏季隔热功能。
(3) 合理采光功能，可根据使用者的需要，调整光线的变化，改善室内环境。
(4) 卓越的隔声降噪功能，可以为使用者创造宁静的工作和生活环境。
(5) 技术含量高，构造特殊，具有良好的视觉美感。

(摘自：江苏建伟幕墙，www.jsjwmq.com)

复习思考题

1. 什么是烧结普通砖、烧结多孔砖和烧结空心砖？
2. 烧结普通砖、烧结多孔砖和烧结空心砖各自的强度等级、质量等级是如何划分的？各自的规格尺寸是多少？主要适用范围如何？
3. 什么是蒸压灰砂砖、蒸压粉煤灰砖？它们的主要用途是什么？
4. 混凝土砌块是如何进行分类的？
5. 加气混凝土砌块的品种、规格、等级各有哪些？其用途是什么？
6. 什么是普通混凝土小型空心砌块、轻骨料混凝土小型空心砌块？它们各有什么用途？
7. 轻型墙板的特点是什么？主要包括哪些种类？
8. 什么是纸面石膏板？其特点、用途各是什么？
9. 什么是纤维石膏板？其主要用途、规格是什么？
10. 什么是加气混凝土条板？具有什么特点？品种规格、用途各是什么？
11. 纤维水泥板有哪几种？
12. 泰柏板具有什么特点？
13. 什么是轻骨料混凝土墙板，饰面混凝土幕墙板？它们各自有什么用途？

第 9 章　建筑防水材料

本章学习内容与目标

- 重点掌握石油沥青的组分与主要技术性质以及二者之间的关系；石油沥青的分类选用及其掺配方法；煤沥青的组成与特性。
- 了解改性石油沥青的性能特点与常见品种以及各种防水材料制品的性能特点和应用。

建筑防水，一般是用防水材料在屋面等部位做成均匀性被膜，利用防水材料的水密性有效地隔绝水的渗透通道。所以建筑防水材料是用于防止建筑物渗漏的一大类材料，被广泛应用于建筑物的屋面、地下室以及水利、地铁、隧道、道路和桥梁等其他有防水要求的工程部位。

建筑防水历来是人们十分关心的问题。随着社会的发展，防水材料也在不断地更新换代，但房屋渗漏问题仍普遍存在。建设部文件规定，新建房屋要保证三年不渗漏；防水材料要保证十年不渗漏。但长期以来，房屋建筑工程中的防水技术却不尽如人意，存在着严重的渗漏现象。建设部曾组织抽查，抽查结果表明：屋面不同程度渗漏的占抽查工程数的 35%，厕浴间不同程度渗漏的占抽查工程数的 39.2%。不少房屋建筑同时存在着屋面、厕浴间和墙面的渗漏现象。有 14 个城市存在不同程度的渗漏，无一渗漏的只有一个城市。

防水是一个涉及设计、材料、施工和维护管理的复杂系统工程，但材料是防水工程的基础，防水材料质量的优劣直接影响建筑物的使用性和耐久性。随工程性质和结构部位的不同，对防水材料的品种、形态和性能的要求也不同。按防水材料的力学性能，防水材料可分为刚性防水材料和柔性防水材料两类。本节主要介绍柔性防水材料。目前，常用的柔性防水材料按形态和功能可分为防水卷材、防水涂料和防水密封材料等几类。为了适应不同的要求，各种防水材料不断涌现，新型防水材料也在迅速发展。

9.1　防水材料的基本材料

生产防水材料的基本材料有石油沥青、煤沥青、改性沥青以及合成高分子材料等。

9.1.1　沥青

沥青是一种有机胶凝材料，它是复杂的大分子碳氢化合物及非金属(氧、硫、氮等)衍生物的混合物。在常温下为黑色或黑褐色液体、固体或半固体，具有明显的树脂特性，能溶于二硫化碳、四氯化碳、苯及其他有机溶剂。沥青与许多材料的表面有良好的黏结力，它不仅能黏附于矿物材料的表面，而且能黏附在木材、钢铁等材料的表面。沥青是一种憎水性材料，几乎不溶于水，而且构造密实，是建筑工程中应用最广泛的一种防水材料；沥青能抵抗一般酸、碱、盐等侵蚀性液体和气体的侵蚀，故广泛应用于防水、防潮、防腐方面。它的资源丰富、价格低廉、施工方便、实用价值很高。在建筑工程上主要用于屋面及地下建筑防水或用于耐腐蚀地面及道路路面等，也可用于制造防水卷材、防水涂料、嵌缝油膏、黏合剂及防锈防腐涂料。沥青已成为建筑中不可缺少的建筑材料。一般用于建筑工程的有石油沥青和煤沥青两种。

1. 石油沥青

石油沥青是由石油原油经蒸馏等炼制工艺提炼出的各种轻质油(如汽油、煤油、柴油等)和润滑油后的残余物，经再加工后的产物。石油沥青的化学成分很复杂，很难把其中的化合物逐个分离出来，且化学组成与技术性质间没有直接的关系，因此，为了便于研究，通常将其中的化合物按化学成分和物理性质比较接近的，划分为若干组分(又称组丛)。

1) 石油沥青的组分

(1) 油分

油分为流动至黏稠的液体，颜色为无色至浅黄色，有荧光，密度为 $0.6\sim1.00$ g/cm^3，分子量为100～500，是沥青分子中分子量最低的化合物，能溶于大多数有机溶剂，但不溶于酒精。在石油沥青中，油分的含量为40%～60%。油分使石油沥青具有流动性。在170℃加热较长时间可挥发。含量越高，沥青的软化点越低，沥青的流动性越大，但温度稳定性差。

(2) 树脂

树脂为红褐色至黑褐色的黏稠半固体，密度为1.00～1.10 g/cm^3，分子量为650～1000，能溶于大多数有机溶剂，但在酒精和丙酮中的溶解度极低，熔点低于 100℃。在石油沥青中，树脂的含量为15%～30%，它使石油沥青具有良好的塑性和黏结性。

(3) 地沥青质

地沥青质为深褐色至黑色的硬、脆的无定形不溶性固体，密度为1.10～1.15 g/cm^3，分子量为2000～6000，除不溶于酒精、石油醚和汽油外，易溶于大多数有机溶剂。在石油沥青中，地沥青质的含量为 10%～30%。地沥青质是决定石油沥青热稳定性和黏性的重要组分，含量越多，软化点越高，也越硬、脆。对地沥青质加热时会分解，逸出气体而成焦炭。

此外，石油沥青中往往还含有一定量的固体石蜡，是沥青中的有害物质，会使沥青的黏结性、塑性、耐热性和稳定性变坏。

石油沥青的性质与各组分之间的比例密切相关。液体沥青中油分高、树脂多，流动性好，而固体沥青中树脂多、地沥青质多，特别是地沥青多，热稳定性和黏性好。

石油沥青中的这几个组分的比例，并不是固定不变的，在热、阳光、空气和水等外界因素作用下，组分在不断改变，即由油分向树脂、树脂向地沥青质转变，油分、树脂逐渐减少，而地沥青质逐渐增多，使沥青流动性、塑性逐渐变小，脆性增加直至脆裂。这个现象称为沥青材料的老化。

2) 石油沥青的主要技术性质

(1) 黏滞性

黏滞性是指石油沥青在外力作用下抵抗变形的性能。黏滞性的大小，反映了胶团之间吸引力的大小，即反映了胶体结构的致密程度。当地沥青质含量较高，有适量树脂，但油分含量较少时，黏滞性较大。在一定温度范围内，当温度升高时，黏滞性随之降低；反之则增大。

表征沥青黏滞性的指标，对于液体沥青是黏滞度，它表示液体沥青在流动时的内部阻力。测试方法是液体沥青在一定温度(25℃或60℃)条件下，经规定直径(3.5或10 mm)的孔漏下 50 mL 所需的秒数。其测试示意如图 9-1 所示。黏滞度大时，表示沥青的稠度大，黏性高。

表征半固体沥青、固体沥青黏滞性的指标是针入度。它是表征某种特定温度下的相对黏度，可看作是常温下的树脂黏度。测试方法是在温度为 25℃ 的条件下，以质量 100 g 的标准针，经 5 s 沉入沥青中的深度(每 0.1 mm 称 1 度)来表示。针入度测定示意如图 9-2 所示。针入度值越大，说明沥青流动性越大，黏滞性越小。针入度的范围在 5~200 度之间。它是很重要的技术指标，是划分沥青牌号的主要依据。

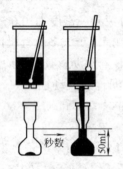
图 9-1　黏度测定示意图

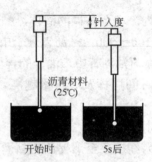
图 9-2　针入度测定示意图

(2) 塑性

塑性是指石油沥青在外力作用时产生变形而不被破坏的性能，沥青之所以能被制成性能良好的柔性防水材料，在很大程度上取决于这种性质。石油沥青中树脂含量大，其他组分含量适当，则塑性较高。温度及沥青膜层厚度也影响塑性。温度升高，塑性增大；膜层增厚，则塑性也增大。在常温下，沥青的塑性较好，对振动和冲击作用有一定的承受能力，因此常将沥青铺作路面。

沥青的塑性用延度(延伸度)表示，常用沥青延度仪来测定。具体测试是将沥青制成 8 字形试件，试件中间最窄处横断面积为 1 cm^2。一般在 25℃ 水中，以每分钟 5 cm 的速度拉伸，至拉断时试件的伸长值即为延度，单位为 cm。其延度测试如图 9-3 所示。延度越大，说明沥青的塑性越好，变形能力越强，在使用中能随建筑物的变形而变形，且不开裂。

(3) 温度敏感性

温度敏感性(温度稳定性)是指石油沥青的黏滞性和塑性随温度升降而变化的性质。温度敏感性越大，则沥青的温度稳定性越低。温度敏感性大的沥青，在温度降低时，很快变成脆硬的物体，受外力作用极易产生裂缝以致被破坏；而当温度升高时即成为液体流淌，失去防水能力。因此，温度敏感性是评价沥青质量的重要指标。

沥青的温度敏感性通常用"软化点"来表示。软化点是指沥青材料由固体状态转变为具有一定流动性膏体的温度。软化点可通过"环球法"试验测定，如图 9-4 所示。将沥青试样装入规定尺寸的铜杯中，上置规定尺寸和质量的钢球，放在水或甘油中，以每分钟升高 5℃的速度加热至沥青软化下垂达 25.4 mm 时的温度(℃)，即为沥青软化点。

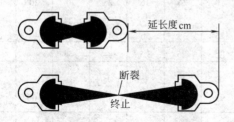

图 9-3　延度测定示意图

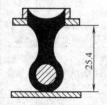

图 9-4　软化点测定示意图

不同的沥青软化点不同，在 25～100℃之间。软化点高，说明沥青的耐热性好，但软化点过高，又不易加工；软化点低的沥青，夏季易产生变形，甚至流淌。所以，在实际应用中，总希望沥青具有高软化点和低脆化点(当温度在非常低的范围时，整个沥青就好像玻璃一样脆硬，一般称作"玻璃态"，沥青由玻璃态向高弹态转变的温度即为沥青的脆化点)。为了提高沥青的耐寒性和耐热性，常常对沥青进行改性，如在沥青中掺入增塑剂、橡胶、树脂和填料等。

(4) 大气稳定性

大气稳定性是指石油沥青在热、阳光、水分和空气等大气因素作用下性能稳定的能力，也即沥青的抗老化性能，是沥青材料的耐久性。在自然气候的作用下，沥青的化学组成和性能都会发生变化，低分子物质将逐渐转变为大分子物质，流动性和塑性逐渐减小，硬脆性逐渐增大，直至脆裂，甚至完全松散而失去黏结力。

石油沥青的大气稳定性常用蒸发损失和针入度变化等试验结果进行评定。蒸发损失少，蒸发后针入度变化越小，则大气稳定性越高，即老化越慢。测定方法是：先测定沥青试样的重量和针入度，然后将试样置于加热损失专用烘箱内，在 160℃下蒸发 5 h，待冷却后再测定其重量及针入度。计算蒸发损失占原重量的百分数称为蒸发损失；计算蒸发后针入度占原针入度的百分数，蒸发损失越小，蒸发后针入度比越大，表示大气稳定性越高，老化越慢。石油沥青技术标准规定：160℃、5 h 的加热损失不超过 1.0%，蒸发后与蒸发前的针入度之比不小于 60%。

3) 石油沥青的分类、标准及应用

(1) 石油沥青的分类及技术标准

根据中国现行标准，石油沥青按用途和性质分为道路石油沥青、建筑石油沥青和防水防潮石油沥青三类。各类按技术性质划分牌号。各牌号的主要技术指标如表 9-1 所示。

表 9-1 各品种石油沥青的技术标准

质量指标	道路石油沥青(SH 0522—2010)					建筑石油沥青(GB/T 494—2010)			防水防潮石油沥青(SH/T 0002—1990)			
	200号	180号	140号	100号	60号	10号	30号	40号	3号	4号	5号	6号
针入度(25℃, 100g, 1/10mm)	200~300	150~200	110~150	80~110	50~80	10~25	26~35	36~50	25~45	20~40	20~40	30~50
延度(25℃), 不小于/cm	20	100	100	90	70	1.5	2.5	3.5	—	—	—	—
软化点(环球法)/℃	30~48	35~48	38~51	42~55	45~58	≮95	≮75	≮60	≮85	≮90	≮100	≮95
针入度指数, 不小于	—	—	—	—	—				3	4	5	6
溶解度(三氯乙烯、三氯甲烷或苯), 不小于(%)	99.0	99.0	99.0	99.0	99.0	99.0	99.0	99.0	98	98	95	92
蒸发损失(163℃, 5 h)不大于(%)	1	1	1	1	1	1	1	1	1	1	1	1
蒸发后针入度比, 不小于(%)	50	60	60	—	—	65	65	65				
闪点(开口), 不低于/℃	180	200	230	230	230	260	260	260	250	270	270	270
脆点, 不高于/℃	—	—	—	—	—	报告	报告	报告	-5	-10	-15	-20

从表 9-1 中可知,道路石油沥青、建筑石油沥青和普通石油沥青的牌号主要是依据针入度大小来划分的。牌号越大,沥青越软;牌号越小,沥青越硬。随着牌号增大,沥青的黏性变小,塑性增大,温度敏感性增大(软化点降低)。防水防潮沥青是按针入度指数划分牌号的,它增加了保证低温变形性能的脆点指标。随着牌号增大,温度敏感性减小,脆点降低,应用温度范围扩大。

(2) 石油沥青的应用

使用石油沥青时,应对其牌号加以鉴别。在施工现场的简易鉴别方法如表 9-2 和表 9-3 所示。

表 9-2 石油沥青外观简易鉴别

沥青形态	外观简易鉴别
固体	敲碎,检查新断口处,色黑而发亮的质好,暗淡的质差
半固体	膏状体。取少许,拉成细丝,丝越细长,其质量越好
液体	黏性强,有光泽,没有沉淀和杂质的较好。也可用一根小木条,轻轻搅动几下后提起,细丝越长的质量越好

表 9-3 石油沥青牌号简易鉴别

牌 号	简易鉴别方法
140~100	质软
60	用铁锤敲,不碎,只变形

续表

牌　号	简易鉴别方法
30	用铁锤敲，成为较大的碎块
10	用铁锤敲，成为较小的碎块

沥青在使用时，应根据当地的气候条件、工程性质(房屋、道路、防腐)、使用部位(屋面、地下)及施工方法具体选择沥青的品种和牌号。对一般温暖地区，受日晒或经常受热部位，为防止受热软化，应选择牌号较小的沥青；在寒冷地区，夏季暴晒、冬季受冻的部位，不仅要考虑受热软化，还要考虑低温脆裂，应选用中等牌号的沥青；对一些不易受温度影响的部位，可选用牌号较大的沥青。当缺乏所需牌号的沥青时，可用不同牌号的沥青进行掺配。

道路石油沥青的黏度低、塑性好，主要用于配制沥青混凝土和沥青砂浆，用于道路路面和工业厂房地面等工程。

建筑石油沥青的黏性较大、耐热性较好、塑性较差，主要用于生产防水卷材、防水涂料、防水密封材料等，广泛应用于建筑防水工程及管道防腐工程。一般屋面用的沥青，软化点应比本地区屋面可能达到的最高温度为20~25℃，可以避免夏季流淌。

防水防潮石油沥青的质地较软，温度敏感性较小，适于做卷材涂复层。

普通石油沥青因含蜡量较高，性能较差，建筑工程中应用很少。

当一种牌号的沥青不能满足使用要求时，可采用两种或两种以上不同牌号的沥青掺配后使用。两种牌号的沥青掺配时，参照下式计算：

$$较软沥青掺量 = \frac{较硬沥青软化点 - 欲配沥青软化点}{较硬沥青软化点 - 较软沥青软化点} \times 100\%$$

$$较硬沥青掺量 = 100\% - 较软沥青掺量$$

三种沥青掺配时，先求出两种沥青的配比，再与第三种沥青进行配比计算。

按计算结果试配，若软化点不能满足要求，应进行调整。

试配调整时，应以计算的掺配比例及相邻的掺配比例分别测出软化点，绘制"掺配比—软化点"曲线，从线上即可确定掺配比。

2. 煤沥青

煤沥青是将煤在隔绝空气的条件下，高温加热干馏得到黏稠状煤焦油，再经蒸馏制取轻油、中油、重油、蒽油，所得残渣为煤沥青。煤沥青实际上是炼制焦炭或制造煤气时所得到的副产品。其化学成分和性质类似于石油沥青，但其质量不如石油沥青，韧性较差，容易因变形而开裂；温度敏感性较大，夏天易软化而冬天易脆裂；含挥发性成分和化学稳定性差的成分多，大气稳定性差，易老化；加热燃烧时，烟呈黄色，含有蒽、萘和酚，有刺激性臭味，有毒性，具有较高的抗微生物腐蚀作用；含表面活性物质较多，与矿物粒料表面的黏附能力较好。煤沥青在一般建筑工程上使用得不多，主要用于铺路、配制黏合剂与防腐剂，也有的用于地面防潮、地下防水等方面。按软化点的不同，煤沥青分为低温沥青、中温沥青和高温沥青，其技术标准《煤沥青》(GB/T 2290—2012)如表9-4所示。

表 9-4 煤沥青的技术条件

指标名称		低温沥青		中温沥青		高温沥青	
		1号	2号	1号	2号	1号	2号
软化点/℃		35~45	46~75	80~90	75~95	95~100	95~120
甲苯不溶物含量(%)		—	—	15~25	≤25	≥24	—
灰分(%)	≤	—	—	0.3	0.5	0.3	—
水分(%)	≤	—	—	5.0	5.0	4.0	5.0
喹啉不溶物含量(%)	≤	—	—	10	—	—	—
结焦值(%)	≥	—	—	45	—	52	—

煤沥青的主要组分为油分、软树脂、硬树脂、游离碳和少量酸和碱物质等。煤沥青是一个复杂的胶体结构,在常温下,游离碳和硬树脂被软树脂包裹成胶团,分散在油分中,当温度升高时,油分的黏度明显下降,也使软树脂的黏度下降。

煤沥青与石油沥青在外观上有些相似,如不加以认真鉴别,易将它们混存或混用,造成防水材料的品质变坏,鉴别法如表 9-5 所示。

表 9-5 煤沥青与石油沥青的简易鉴别法

鉴别方法	煤 沥 青	石 油 沥 青
密度/(g/cm³)	约1.25	接近于1.0
锤击	韧性差(性脆),声音清脆	韧性较好,有弹性感,声哑
燃烧	烟呈黄色,有刺激性臭味	烟无色,无刺激性臭味
溶液颜色	用30~50倍汽油或煤油溶化,用玻璃棒沾一点滴于滤纸上,斑点内棕外黑	按左面方法试验,斑点呈棕色

如石油沥青的某些性质达不到要求,可用煤沥青掺配到石油沥青中制成混合沥青。混合沥青是煤沥青与石油沥青的相互有限互溶的分散体系。体系的稳定性与分散介质的表面张力有关,二者的表面张力越小,混合体系越稳定。随着温度升高,煤沥青与石油沥青的表面张力减小,在接近闪点时它们的表面张力最小,最易混合均匀,如超过闪点易发生火灾,因此混合温度以不超过闪点为宜。如将煤沥青与石油沥青分别溶解在溶剂里配成表面张力接近的溶液,或制成表面张力相近的乳状液和悬浮液,也可配成混合均匀的混合沥青。

3. 改性沥青

沥青具有良好的塑性,能加工成良好的柔性防水材料。但沥青耐热性与耐寒性较差,即高温下强度低,低温下缺乏韧性。这是沥青防水屋面渗漏现象严重、使用寿命短的原因之一。如前所述,沥青是由分子量为几百到几千的大分子组成的复杂混合物,但分子量比通常高分子材料(几万到几百万或以上)小得多,而且其分子量最高(几千)的组分在沥青中的比例比较小,决定了沥青材料的强度不高、弹性不好。为此,常添加高分子的聚合物对沥青进行改性。高分子的聚合物分子和沥青分子相互扩散,发生缠结,形成凝聚的网络混合结构,因而具有较高的强度和较好的弹性。按掺用高分子材料的不同,改性沥青可分为橡胶改性沥青、树脂改性沥青和橡胶树脂共混改性沥青三类。

1) 橡胶改性沥青

在沥青中掺入适量橡胶后，可使沥青的高温变形性小，常温弹性较好，低温塑性较好。常用的橡胶有 SBS 橡胶、氯丁橡胶和废橡胶等。

2) 树脂改性沥青

在沥青中掺入适量树脂后，可使沥青具有较好的耐高低温性、黏结性和不透气性。常用的树脂有 APP(无规聚丙烯)、聚乙烯和聚丙烯等。

3) 橡胶和树脂共混改性沥青

在沥青中掺入适量的橡胶和树脂后，沥青兼具橡胶和树脂的特性。常见的橡胶和树脂共混改性沥青有氯化聚乙烯-橡胶共混改性沥青及聚氯乙烯-橡胶共混改性沥青等。

9.1.2 合成高分子材料

合成高分子材料常作为防水材料，具有抗拉强度高、延伸率大、弹性强、高低温特性好、防水性能优异的特性。合成高分子基防水材料中常用的高分子有三元乙丙橡胶、氯丁橡胶、有机硅橡胶、聚氨酯、丙烯酸酯及聚氯乙烯树脂等。

9.2 防 水 卷 材

防水卷材是一种具有一定宽度和厚度的能够卷曲成卷状的带状定型防水材料。防水卷材是建筑防水工程中应用的主要材料，约占整个防水材料的 90%。防水卷材的品种很多，一般每一种防水卷材均使用多种原材料制成，如沥青防水卷材会用到沥青、纸或纤维织物(作基材)、聚合物(作改性材料)等。可以根据防水卷材中构成防水膜层的主要原料将防水卷材分成沥青防水卷材、合成高分子改性沥青防水卷材和合成高分子防水卷材三类。

9.2.1 沥青防水卷材

沥青防水卷材是以沥青(石油沥青或煤焦油、煤沥青)为主要防水材料，以原纸、织物、纤维毡、塑料薄膜和金属箔等为胎基(载体)，用不同矿物粉料或塑料薄膜等作为隔离材料所制成的防水卷材，通常称之为油毡。胎基是油毡的骨架，使卷材具有一定的形状、强度和韧性，从而保证了在施工中的铺设性和防水层的抗裂性，对卷材的防水效果有直接影响。沥青防水卷材由于卷材质量轻、价格低廉、防水性能良好、施工方便、能适应一定的温度变化和基层伸缩变形，故多年来在工业与民用建筑的防水工程中得到了广泛应用。目前，我国大多数屋面防水工程仍采用沥青防水卷材。通常根据沥青和胎基的种类对油毡进行分类，如石油沥青纸胎油毡和石油沥青玻纤油毡等。

1. 石油沥青纸胎油纸、油毡

凡用低软化点热熔沥青浸渍原纸而制成的防水卷材都称为油纸；在油纸两面再浸涂软化点较高的沥青后，撒上防黏物料即成油毡。表面撒石粉作为隔离材料的称为粉毡，撒云母片作为隔离材料的称为片毡。

油纸主要用于建筑防潮和包装，也可用于多叠层防水层的下层或刚性防水层的隔离层。油毡适用面广，但石油沥青纸胎油毡的防水性能差、耐久年限低。原建设部于1991年6月颁发的《关于治理屋面渗漏的若干规定》的通知中已明确规定"屋面防水材料选用石油沥青油毡的，其设计应不少于三毡四油"。所以，纸胎油毡按规定一般只能做多叠层防水；片毡用于单层防水。石油沥青纸胎油毡按卷重和物理性能分为Ⅰ型、Ⅱ型、Ⅲ型。Ⅰ型、Ⅱ型油毡适用于辅助防水、保护隔离层、临时性建筑防水、防潮及包装等。Ⅲ型油毡适用于屋面工程的多层防水。石油沥青油毡的技术性能如表9-6所示。

表9-6　各种类型的石油沥青油毡的物理性能(GB 326—2007)

项　目			Ⅰ型	Ⅱ型	Ⅲ型
单位面积浸涂材料总量/(g/m²)		≥	600	750	1000
不透水性	压力/MPa	≥	0.02	0.02	0.10
	保持时间/min	≥	20	30	30
吸水率(%)		≤	3.0	2.0	1.0
耐热度			(85±2)℃，2 h涂盖层无滑动、流淌和集中性气泡		
拉力(纵向)/(N/50 mm)		≥	240	270	340
柔度			(18±2)℃，绕φ20 mm圆棒或弯板无裂缝		

2. 煤沥青纸胎油毡

煤沥青纸胎油毡(以下简称油毡)采用低软化点煤沥青浸渍原纸，然后用高软化点煤沥青涂盖油纸两面，再涂或撒隔离材料所制成的一种纸胎防水材料。

煤沥青纸胎油毡按幅宽可分为915 mm和1000 mm两种规格。

油毡按技术要求分为一等品(B)和合格品(C)；按所用隔离材料分为粉状面油毡(F)和片状面油毡(P)两个品种。

油毡的标号分为200号、270号和350号三种，即以原纸每平方米质量克数划分标号。各等级各标号油毡的技术性质应符合《煤沥青纸胎油毡》(JC 505—1992)的规定，如表9-7所示。

表9-7　各标号各等级的煤沥青纸胎油毡的物理性能

指标名称		标号	200号	270号		350号	
		等级	合格品	一等品	合格品	一等品	合格品
可溶物含量/(g/m²)，		≥	450	560	510	660	600
不透水性	压力/MPa，	≥	0.05	0.05		0.10	
	保持时间/min，	≥	15	30	20	30	15
			不渗漏				

续表

指标名称	标　号 等　级		200 号	270 号		350 号	
			合格品	一等品	合格品	一等品	合格品
吸水率(%)(常压法) ≤	粉毡		3.0				
	片毡		5.0				
耐热度/℃			70±2	75±2	70±2	75±2	70±2
			受热 2 h 涂盖层应无滑动和集中性气泡				
拉力/N(25±2℃时，纵向)，≥			250	330	300	380	350
柔度/℃ ≤			18	16	18	16	18
			绕 ϕ20 mm 圆棒或弯板无裂纹				

3. 其他纤维胎油毡

这类油毡是以玻璃纤维布、石棉布、麻布等为胎基，用沥青浸渍涂盖而成的防水卷材。与纸胎油毡相比，其抗拉强度、耐腐蚀性、耐久性都有较大提高。

1) 沥青玻璃布油毡

沥青玻璃布油毡是用中蜡石油沥青或高蜡石油沥青经氧化锌处理后，再配低蜡沥青，用它涂盖玻璃纤维两面，并撒布粉状防黏物料而制成的，它是一种使用无机纤维为胎基的沥青防水卷材。这种油毡的耐化学侵蚀好，玻璃布胎不腐烂，耐久性好，抗拉强度高，有较高的防水性能。

沥青玻璃布油毡按幅宽可分为 900 mm 和 1000 mm 两种规格。

沥青玻璃布油毡的物理性质应符合表 9-8 所规定的技术指标。

表 9-8　石油沥青玻璃布油毡技术性能(JC/T 84—1996)

项　目	等　级		一等品	合格品
可溶物含量/(g/m²)	≥		420	380
耐热度(85±2℃)，2 h			无滑动、起泡现象	
不透水性	压力/Mpa		0.2	0.1
	时间不小于 15 min		无渗漏	
拉力 25±2℃时纵向/N	≥		400	360
柔度	温度/℃	≤	0	5
	弯曲直径 30 mm		无裂纹	
耐霉菌腐蚀性	重量损失(%)	≤	2.0	
	拉力损失(%)	≤	15	

2) 沥青玻纤胎油毡

沥青玻纤胎油毡是以无定向玻璃纤维交织而成的薄毡为胎基，用优质氧化沥青或改性沥青浸涂薄毡两面，再以矿物粉、砂或片状砂砾作为撒布料制成的油毡。沥青玻纤胎油毡由于采用200号石油沥青或渣油氧化成软化点大于90℃、针入度大于25的沥青(或经改性的沥青)，故涂层有优良的耐热性和耐低温性，油毡有良好的抗拉强度，其延伸率比350号纸胎油毡高一倍，吸水率也低，故耐水性好，因此，其使用寿命大大超过纸胎油毡。另外，玻纤胎油毡优良的耐化学性侵蚀和耐微生物腐烂，使耐腐蚀性大大提高。沥青玻纤胎油毡的防水性能优于玻璃布胎油毡。

沥青玻纤胎油毡按单位面积的质量分为15号、25号两个标号，按力学性能分为Ⅰ型、Ⅱ型，可用于屋面及地下防水层、防腐层及金属管道的防腐层等。由于沥青玻纤胎油毡质地柔软，用于阴阳角部位防水处理，边角服帖、不易翘曲、易于黏结牢固。石油沥青玻纤胎防水卷材的物理性能如表9-9所示。

表9-9 石油沥青玻纤胎防水卷材的物理性能(GB/T14686—2008)

序号	项目			指标	
				Ⅰ	Ⅱ
1	可溶物含量/(g/m²) ≥		15号	700	
			25号	1200	
			试验现象	胎基不燃	
2	拉力/(N/50mm) ≥		纵向	350	500
			横向	250	400
3	耐热性			85℃	
				无滑动、流淌、滴落	
4	低温柔度			10℃	5℃
				无裂缝	
5	不透水性			0.1 MPa，30 min不透水	
6	钉杆撕裂强度/N ≥			40	50
7	热老化	外观		无裂纹、无起泡	
		拉力保持率(%) ≥		85	
		质量损失(%) ≤		2.0	
		低温柔度		15℃	10℃
				无裂缝	

9.2.2 合成高分子改性沥青防水卷材

随着科学技术的发展，除了传统的沥青防水卷材外，近年来研制出不少性能优良的新型防水卷材，如各种弹性或弹塑性的高分子改性沥青防水卷材以及以橡胶改性沥青为主的新型防水材料，它们具有使用年限长、技术性能好、冷施工、操作简单、污染性低等特点。可以克服传统的纯沥青纸胎油毡低温柔性差、延伸率较低、拉伸强度及耐久性比较差等缺点，改善其各项技术性能，有效提高防水质量。

合成高分子改性沥青防水卷材，是以合成高分子聚合物改性沥青为涂盖层，纤维织物或纤维毡为胎体，粉状、粒状、片状和薄膜材料为覆盖面制成的可卷曲的片状防水材料，属新型中档防水卷材。

1. 合成高分子改性沥青防水卷材的质量要求

合成高分子改性沥青防水卷材的规格、外观质量、物理性能要求如表 9-10～表 9-12 所示。

表 9-10 合成高分子改性沥青防水卷材的规格

厚度/mm	宽度/mm	每卷长度/m
2.0	≥1000	15.0～20.0
3.0	≥1000	10.0
4.0	≥1000	7.5
5.0	≥1000	5.0

表 9-11 合成高分子改性沥青防水卷材的外观质量要求

项 目	外观质量要求
断裂、皱折、孔洞、剥离	不允许
边缘不整齐、砂砾不均匀	无明显差异
胎体未浸透、露胎	不允许
涂盖不均匀	不允许

表 9-12 合成高分子改性沥青防水卷材的物理性能

项 目		性能要求			
		Ⅰ类	Ⅱ类	Ⅲ类	Ⅳ类
拉伸性能	拉力/N	≥400	≥400	≥50	≥200
	延伸率(%)	≥30	≥5	≥200	≥3
耐热度(85±2℃，2h)		不流淌，无集中性气泡			
柔性(-5～-25℃)		绕规定直径圆棒无裂纹			
不透水性	压力	≥0.2 MPa			
	保持时间	≥30 min			

注：① Ⅰ类指聚酯毡胎体，Ⅱ类指麻布胎体，Ⅲ类指聚乙烯膜胎体，Ⅳ类指玻纤毡胎体；
② 表中柔性的温度范围系表示不同档次产品的低温性能。

2. SBS 改性沥青防水卷材

SBS 改性沥青防水卷材是以聚酯纤维无纺布为胎体，以苯乙烯-丁二烯-苯乙烯弹性体改性沥青为浸渍涂盖层，以塑料薄膜或矿物细料为隔离层制成的防水卷材。这类卷材具有较高的弹性、延伸率、耐疲劳性和低温柔性，主要用于屋面及地下室防水，尤其适用于寒冷地区。以冷法施工或热熔铺贴，适于单层铺设或复合使用。这类卷材的物理性能及其他技术指标如表 9-13 和表 9-14 所示。

表9-13 弹性体改性沥青防水卷材的物理性能(GB 18242—2008)

序号	项目			指标				
				I		II		
				PY	G	PY	G	PYG
1	可溶物含量/(g/m²)≥		3 mm	2100		—		—
			4 mm	2900				—
			5 mm			3500		
			试验现象	—	胎基不燃	—	胎基不燃	—
2	耐热性		℃	90		105		
			≤ mm			2		
			试验现象			无流淌、滴落		
3	低温柔性/℃			−20		−25		
						无裂缝		
4	不透水性 30 min			0.3MPa	0.2MPa	0.3MPa		
5	拉力	最大峰拉力/(N/50 mm)	≥	500	350	800	500	900
		次高峰拉力/(N/50 mm)	≥	—	—	—	—	800
		试验现象		拉伸过程中，试件中部无沥青涂盖层开裂或与胎基分离现象				
6	延伸率	最大峰时延伸率(%)	≥	30	—	40	—	—
		第二峰时延伸率(%)	≥	—	—	—	—	15
7	浸水后质量增加(%) ≤		PE、S	1.0				
			M	2.0				
8	热老化	拉力保持率(%)	≥	90				
		延伸率保持率(%)	≥	80				
		低温柔性/℃		−15		−20		
				无裂缝				
		尺寸变化率(%)	≤	0.7	—	0.7	—	0.3
		质量损失(%)	≤	1.0				
9	渗油性	张数	≤	2				
10	接缝剥离强度/(N/mm)		≥	1.5				
11	钉杆撕裂强度[a]/N		≥	—				300
12	矿物粒料黏附性[b]/g		≤	2.0				
13	卷材下表面沥青涂盖层厚度[c]/mm		≥	1.0				
14	人工气候加速老化	外观		无滑动、流淌、滴落				
		拉力保持率(%)	≥	80				
		低温柔性/℃		−15		−20		
				无裂缝				

a. 仅适用于单层机械固定施工方式卷材。
b. 仅适用于矿物粒料表面的卷材。
c. 仅适用于热熔施工的卷材。

注：PY—聚酯毡；G—玻纤毡；PYG—玻纤增强聚酯毡；PE—聚乙烯膜；S—细砂；M—矿物粒料。

表 9-14 弹性体和塑性体改性沥青防水卷材的单位面积质量、面积及厚度

规格(公称厚度)/mm		3			4			5		
上表面材料		PE	S	M	PE	S	M	PE	S	M
下表面材料		PE	PE、S		PE	PE、S		PE	PE、S	
面积/(m²/卷)	公称面积	10、15			10、7.5			7.5		
	允许偏差	±0.10			±0.10			±0.10		
单位面积质量/(kg/m²)≥		3.3	3.5	4.0	4.3	4.5	5.0	5.3	5.5	6.0
厚度/mm	平均值≥	3.0			4.0			5.0		
	最小单值	2.7			3.7			4.7		

3. APP 改性沥青防水卷材

APP 改性沥青防水卷材是以 APP(无规聚丙烯)树脂改性沥青浸涂玻璃纤维或聚酯纤维(布或毡)胎基,上表面撒以细矿物粒料,下表面覆以塑料薄膜制成的防水卷材。这类卷材的弹塑性好,具有突出的热稳定性和抗强光辐射性,适用于高温和有强烈太阳辐射地区的屋面防水。单层铺设,可冷、热施工。其物理力学性能及技术指标如表 9-14 和表 9-15 所示。

表 9-15 塑性体改性沥青防水卷材的物理性能(GB 18243—2008)

序号	项目			指标				
				I		II		
				PY	G	PY	G	PYG
1	可溶物含量/(g/m²)≥	3 mm		2100		—		
		4 mm		2900				
		5 mm		3500				
		试验现象		—	胎基不燃	—	胎基不燃	—
2	耐热性	℃		110		130		
		≤ mm		2				
		试验现象		无流淌、滴落				
3	低温柔性/℃			−7		−15		
				无裂缝				
4	不透水性 30 min			0.3MPa	0.2MPa	0.3MPa		
5	拉力	最大峰拉力/(N/50 mm)	≥	500	350	800	500	900
		次高峰拉力/(N/50 mm)	≥	—	—	—	—	800
		试验现象		拉伸过程中,试件中部无沥青涂盖层开裂或与胎基分离现象				
6	延伸率	最大峰时延伸率(%)	≥	25	—	40	—	—
		第二峰时延伸率(%)	≥	—	—	—	—	15
7	浸水后质量增加(%) ≤	PE、S		1.0				
		M		2.0				
8	热老化	拉力保持率(%)	≥	90				
		延伸率保持率(%)	≥	80				
		低温柔性/℃		−2		−10		
				无裂缝				
		尺寸变化率(%)	≤	0.7	—	0.7	—	0.3
		质量损失(%)	≤	1.0				

续表

序号	项目			指标				
				I		II		
				PY	G	PY	G	PYG
9	接缝剥离强度/(N/mm)		≥	1.0				
10	钉杆撕裂强度 a/N		≥	—				300
11	矿物粒料黏附性 b/g		≤	2.0				
12	卷材下表面沥青涂盖层厚度 c/mm		≥	1.0				
13	人工气候加速老化	外观		无滑动、流淌、滴落				
		拉力保持率(%)	≥	80				
		低温柔性/℃		−2		−10		
				无裂缝				

a. 仅适用于单层机械固定施工方式卷材。
b. 仅适用于矿物粒料表面的卷材。
c. 仅适用于热熔施工的卷材。

4. 铝箔面石油沥青防水卷材

铝箔面石油沥青防水卷材是以玻璃纤维毡为胎基,用石油沥青为浸渍涂盖层,以银白色铝箔为上表面反光保护层,以矿物粒料和塑料薄膜为底面隔离层制成的防水卷材。

这种卷材对阳光的反射率高,具有一定的抗拉强度和延伸率,弹性好,低温柔性好,在−20~80℃温度范围内适应性较强,抗老化能力强,具有装饰功能,适用于外露防水面层,并且价格较低,是一种中档的新型防水材料。

铝箔面石油沥青防水卷材的物理性能应符合表 9-16 规定的要求。

表 9-16　铝箔面石油沥青防水卷材的物理性能(JC/T 504—2007)

项目	指标	
	30 号	40 号
可溶物含量/(g/m²) ≥	1550	2050
拉力/(N/50mm) ≥	450	500
柔度/℃	5 绕半径 35 mm 圆弧无裂纹	
耐热度	(90±2)℃,2 h 涂盖层无滑动,无起泡、流淌	
分层	(50±2)℃,7 d 无分层现象	

铝箔面石油沥青防水卷材的配套材料如表 9-17 所示。

表 9-17　铝箔面石油沥青防水卷材的配套材料

名称	包装	用量
基层处理剂(底子油)	180 kg/桶	0.2 kg/m²
氯丁系黏结剂(如 404 胶等)	15 kg/桶	0.3 kg/m²
接缝嵌缝膏 CSPE-A	330 mL/筒	20 m/筒

其他常见的还有再生橡胶改性沥青防水卷材、丁苯橡胶改性沥青防水卷材、PVC 改性煤焦油防水卷材等。

9.2.3 合成高分子防水卷材

合成高分子防水卷材是以合成橡胶、合成树脂或它们两者的共混体为基材,加入适量的化学助剂和填充料等,经过塑炼、混炼、压延或挤出成型、硫化、定型、检验、分卷以及包装等工序加工制成的无胎防水材料。这种防水卷材具有抗拉强度高、断裂延伸率大、抗撕裂强度好、耐热耐低温性能优良、耐腐蚀、耐老化、单层施工及冷作业等优点。它是继石油沥青防水卷材之后发展起来的性能更优的新型高档防水材料,目前成为仅次于沥青防水卷材的又一主体防水材料,在屋面、地下及水利工程中均有广泛应用,特别是在中、高档建筑物防水方面更显出其优异性。这种防水卷材在我国虽仅有十余年的发展史,但发展十分迅猛。我国现在可生产三元乙丙橡胶、丁基橡胶、氯丁橡胶、再生橡胶、聚氯乙烯、氯化聚乙烯和氯磺化聚乙烯等几十个品种。其总体的外观质量、规格和物理性能应分别符合表 9-18、表 9-19 和表 9-20 的要求。

表 9-18 合成高分子防水卷材外观质量

项 目	判断标准
折痕	每卷不超过 2 处,总长度不超过 20 mm
杂质	颗粒不允许大于 0.5 mm
胶块	每卷不超过 6 处,每处面积不大于 4 mm^2
缺胶	每卷不超过 6 处,每处不大于 7 mm,深度不超过本身厚度的 30%

表 9-19 合成高分子防水卷材规格

厚度/mm	宽度/mm	长度/m
1.0	≥1000	20
1.2	≥1000	20
1.5	≥1000	20
2.0	≥1000	10

表 9-20 合成高分子防水卷材的物理性能

项 目			性能要求		
			I类	II类	III类
拉伸强度/MPa		≥	7.0	2.0	9.0
断裂伸长率(%)	加筋	≥	—	—	10
	不加筋		450	100	—
低温弯折性/℃	无裂纹		−40	−20	
不透水性	压力/MPa	≥	0.3	0.2	0.3
	保持时间/min	≥	30		
热老化保持率(%) (80±2)℃,168 h	拉伸强度	≥	80%		
	断裂伸长率	≥	70%		

1. 三元乙丙橡胶防水卷材

三元乙丙橡胶防水卷材是以乙烯、丙烯和双环戊二烯三种单体共聚合成的三元乙丙橡胶为主体，掺入适量的丁基橡胶、硫化剂、促进剂、软化剂、补强剂和填充剂等，经密炼、拉片、过滤、挤出(或压延)成型、硫化、检验、分卷、包装等工序加工制成的高弹性防水材料。三元乙丙橡胶防水卷材，与传统的沥青防水材料相比，具有防水性能优异、耐候性好、耐臭氧及耐化学腐蚀性强、弹性和抗拉强度高，对基层材料的伸缩或开裂变形适应性强，质量轻，使用温度范围宽(-60～+120℃)，使用年限长(30～50年)，可以冷施工，施工成本低等优点。这种防水卷材适用于高级建筑防水，既可单层使用，也可复合使用。施工用冷粘法或自粘法。其物理性能如表9-21所示。

表9-21 三元乙丙橡胶防水卷材的物理性能要求

项 目			指 标 值	
			JL1	JF1
断裂拉伸强度/MPa	常温	≥	7.5	4.0
	60℃	≥	2.3	0.8
扯断伸长率/%	常温	≥	450	450
	-20℃	≥	200	200
撕裂强度/(kN/m)		≥	25	18
不透水性，30 min 无渗漏			0.3MPa	0.3MPa
低温弯折性/℃		≤	-40	-30
加热伸缩量/mm	延伸	<	2	2
	收缩	<	4	4
热空气老化 (80℃×168 h)	断裂拉伸强度保持率(%)	≥	80	90
	扯断伸长率保持率(%)	≥	70	70
	100%伸长率外观		无裂纹	无裂纹
耐碱性(10%Ca(OH)$_2$ 常温×168 h)	断裂拉伸强度保持率(%)	≥	80	80
	扯断伸长率保持率(%)	≥	80	90
臭氧老化 (40℃×168 h)	伸长率 40%，500 pphm		无裂纹	无裂纹
	伸长率 20%，500 pphm		—	—
	伸长率 20%，200 pphm			
	伸长率 20%，100 pphm			

注：JL1—硫化型三元乙丙；JF1—非硫化型三元乙丙。

2. 聚氯乙烯(PVC)防水卷材

聚氯乙烯防水卷材是以聚氯乙烯树脂为主要原料，加入一定量的稳定剂、增塑剂、改性剂、抗氧剂及紫外线吸收剂等辅助材料，经捏合、混炼、造粒、挤出或压延等工序制成的防水卷材，是我国目前用量较大的一种卷材。这种卷材具有较高的拉伸和撕裂强度，延伸率较大，耐老化性能好，耐腐蚀性强。其原料丰富，价格便宜，容易黏结，适用于屋面、地下防水工程和防腐工程。单层或复合使用，冷粘法或热风焊接法施工。

聚氯乙烯防水卷材，按有无复合层分类，无复合层的为均质卷材(代号 H)，用纤维单面复合的为带纤维背衬卷材(代号 L)、织物内增强卷材(代号 P)、玻璃纤维内增强卷材(代号 G)、玻璃纤维内增强带纤维背衬卷材(代号 GL)。

卷材长度规格为 15 m，20 m，25 m。

卷材公称宽度规格为 1.00 m，2.00 m。

卷材厚度规格为 1.2 mm，1.5 mm，1.8 mm，2.0 mm。

聚氯乙烯防水卷材的物理力学性能应符合《聚氯乙烯防水卷材》(GB 12952—2011)的规定，如表 9-22 所示。

表 9-22 聚氯乙烯防水卷材的物理力学性能

序号	项目			指标				
				H	L	P	G	GL
1	中间胎基上面树脂层厚度/mm		≥	—	—	0.40		
2	拉伸性能	最大拉力/(N/cm)	≥	—	120	250	—	120
		拉伸强度/MPa	≥	10.0	—	—	10.0	—
		最大拉力时伸长率(%)	≥	—	—	15	—	—
		断裂伸长率/MPa	≥	200	150	—	200	100
3	热处理尺寸变化率(%)		≤	2.0	1.0	0.5	0.1	0.1
4	低温弯折性			-25℃无裂纹				
5	不透水性			0.3 MPa，2 h 不透水				
6	抗冲击性能			0.5 kg·m，不渗水				
7	抗静态荷载			—	—	20 kg 不渗漏		
8	接缝剥离强度/(N/mm)		≥	4.0 或卷材破坏			3.0	
9	直角撕裂强度/(N/mm)		≥	50	—	—	50	—
10	梯形撕裂强度/N		≥	—	150	250	—	220
11	吸水率(70℃，168 h)(%)	浸水后	≤	4.0				
		晾置后	≥	-0.40				
12	热老化(80℃)	时间/h		672				
		外观		无起泡、裂纹、分层、黏结和孔洞				
		最大拉力保持率(%)	≥	—	85	85	—	85
		拉伸强度保持率(%)	≥	85	—	—	85	—
		最大拉力时伸长率保持率(%)	≥	—	—	80	—	—
		断裂伸长率保持率(%)	≥	80	80	—	80	80
		低温弯折性		-20℃无裂纹				
13	耐化学性	外观		无起泡、裂纹、分层、黏结和孔洞				
		最大拉力保持率(%)	≥	—	85	85	—	85
		拉伸强度保持率(%)	≥	85	—	—	85	—
		最大拉力时伸长率保持率(%)	≥	—	—	80	—	—

续表

序号	项目		指标				
			H	L	P	G	GL
13	耐化学性	断裂伸长率保持率(%)	80	80	—	80	80
		低温弯折性	-20℃无裂纹				
14	人工气候加速老化	时间/h	1500				
		外观	无起泡、裂纹、分层、黏结和孔洞				
		最大拉力保持率(%) ≥	—	85	85	—	85
		拉伸强度保持率(%) ≥	85	—	—	85	—
		最大拉力时伸长率保持率(%)≥	—	—	80	—	—
		断裂伸长率保持率(%) ≥	80	80	—	80	80
		低温弯折性	-20℃无裂纹				

3. 氯化聚乙烯防水卷材

氯化聚乙烯防水卷材,是以含氯量为 30%~40%的氯化聚乙烯树脂为主要原料,掺入适量的化学助剂和大量的填充材料,采用塑料(或橡胶)的加工工艺,经过捏合、塑炼及压延等工序加工而成,属于非硫化型高档防水卷材。

氯化聚乙烯防水卷材按有无复合层分类,无复合层的为 N 类,用纤维单面复合的为 L 类,织物内增强的为 W 类。每类产品按理化性能分为Ⅰ型和Ⅱ型。

卷材长度规格为 10 m,15 m,20 m。

卷材厚度规格为 1.2 mm,1.5 mm,2.0 mm。

N 类无复合层氯化聚乙烯防水卷材的物理力学性能应符合《氯化聚乙烯防水卷材》(GB 12953—2003)的规定,如表 9-23 所示。

表 9-23 N 类无复合层氯化聚乙烯防水卷材的物理力学性能

序号	项目		Ⅰ型	Ⅱ型
1	拉伸强度/MPa ≥		5.0	8.0
2	断裂伸长率(%) ≥		200	300
3	热处理尺寸变化率(%) ≤		3.0	纵向 2.5 横向 1.5
4	低温弯折性		-20℃无裂纹	-25℃无裂纹
5	抗穿孔性		不渗水	
6	不透水性		不透水	
7	剪切状态下的黏合性/(N/mm) ≥		3.0 或卷材破坏	
8	热老化处理	外观	无起泡、裂纹、黏结与孔洞	
		拉伸强度变化率(%)	+50 / -20	±20
		断裂伸长率变化率(%)	+50 / -30	±20
		低温弯折性	-15℃无裂纹	-20℃无裂纹

续表

序号	项目		Ⅰ型	Ⅱ型
9	人工气候加速老化	拉伸强度变化率(%)	+50 -20	±20
		断裂伸长率变化率(%)	+50 -30	±20
		低温弯折性	-15℃无裂纹	-20℃无裂纹
10	耐化学侵蚀	拉伸强度变化率(%)	±30	±20
		断裂伸长率变化率(%)	±30	±20
		低温弯折性	-15℃无裂纹	-20℃无裂纹

L类纤维单面复合及W类织物内增强的卷材的物理力学性能应符合《氯化聚乙烯防水卷材》(GB 12953—2003)的规定，如表9-24所示。

表9-24 L类及W类氯化聚乙烯防水卷材的物理力学性能

序号	项目		Ⅰ型	Ⅱ型
1	拉力/(N/cm) ≥		70	120
2	断裂伸长率(%) ≥		125	250
3	热处理尺寸变化率(%) ≤		1.0	
4	低温弯折性		-20℃无裂纹	-25℃无裂纹
5	抗穿孔性		不渗水	
6	不透水性		不透水	
7	剪切状态下的黏合性/(N/mm) ≥	L类	3.0 或卷材破坏	
		W类	6.0 或卷材破坏	
8	热老化处理	外观	无起泡，裂纹、黏结和孔洞	
		拉力/(N/cm) ≥	55	100
		断裂伸长率(%)	100	200
		低温弯折性	-15℃无裂纹	-20℃无裂纹
9	人工气候加速老化	拉力/(N/cm) ≥	55	100
		断裂伸长率(%)	100	200
		低温弯折性	-15℃无裂纹	-20℃无裂纹
10	耐化学侵蚀	拉力/(N/cm) ≥	55	100
		断裂伸长率(%)	100	200
		低温弯折性	-15℃无裂纹	-20℃无裂纹

4. 氯化聚乙烯-橡胶共混防水卷材

氯化聚乙烯-橡胶共混防水卷材是以氯化聚乙烯树脂与合成橡胶为主体，加入硫化剂、促进剂、稳定剂、软化剂及填料等，经塑炼、混炼、过滤、压延或挤出成型及硫化等工序制成的防水卷材。

这类卷材既具有氯化聚乙烯的高强度和优异的耐久性，又具有橡胶的高弹性和高延伸性以及良好的耐低温性能。其性能与三元乙丙橡胶卷材相近，使用年限保证在10年以上，但价格却低得多。与其配套的氯丁黏结剂，较好地解决了与基层黏结的问题。氯化聚乙烯-橡胶共混防水卷材属中、高档防水材料，可用于各种建筑、道路、桥梁、水利工程的防水，尤其适用寒冷地区或变形较大的屋面。单层或复合使用，冷粘法施工。

5. 氯磺化聚乙烯防水卷材

氯磺化聚乙烯防水卷材是以氯磺化聚乙烯橡胶为主，加入适量的软化剂、交联剂、填料、着色剂后，经混炼、压延或挤出、硫化等工序加工而成的弹性防水卷材。

氯磺化聚乙烯防水卷材的耐臭氧、耐老化、耐酸碱等性能突出，且拉伸强度高、耐高低温性好、断裂伸长率高，对防水基层伸缩和开裂变形的适应性强，使用寿命为15年以上，属于中高档防水卷材。氯磺化聚乙烯防水卷材可制成多种颜色，用这种彩色防水卷材做屋面外露防水层可起到美化环境的作用。氯磺化聚乙烯防水卷材特别适用于有腐蚀介质影响的部位做防水与防腐处理，也可用于其他防水工程。

氯磺化聚乙烯防水卷材的技术要求主要有不透水性、断裂伸长率、低温柔性及拉伸强度等。

9.3 建筑防水涂料

建筑防水涂料在常温下呈液态或无固定形状黏稠体，涂刷在建筑物表面后，由于水分或溶剂挥发，或成膜物组分之间发生化学反应，形成一层完整坚韧的膜，使建筑物的表面与水隔绝起防水密封作用。有的防水涂料还兼具装饰功能或隔热功能。

9.3.1 防水涂料的特点与分类

防水涂料大致有如下几个特点。

(1) 整体防水性好。能满足各类屋面、地面、墙面的防水工程的要求。在基材表面形状复杂的情况下，如管道根、阴阳角处等，涂刷防水涂料较易满足使用要求。为了增加强度和厚度，还可以与玻璃布、无纺布等增强材料复合作用，如一布四涂、二布六涂等，更增强了防水涂料的整体防水性和抵抗基层变形的能力。

(2) 温度适应性强。因为防水涂料的品种多，用户选择余地很大，可以满足不同地区气候环境的需要。防水涂层在-30℃低温下不开裂，在80℃高温下不流淌。溶剂型涂料可在负温下施工。

(3) 操作方便，施工速度快。涂料可喷可刷，节点处理简单，容易操作。水乳型涂料在基材稍潮湿的条件下仍可施工。冷施工不污染环境，比较安全。

(4) 易于维修。当屋面发生渗漏时，不必完全铲除整个旧防水层，只需在渗漏部位进行局部修理，或在原防水层上重做一层防水处理。

防水涂料目前主要按成膜物质分类。大致可分为三类，第一类是沥青与改性沥青防水涂料，按所用的分散介质又可分为水乳型和溶剂型两种；第二类是合成树脂和橡胶系防水涂料，按所用的分散介质也可分为溶剂型和水乳型两种；第三类是无机系防水材料，如水泥类、无机铝盐类等。其中以粉末形式存放的，都在现场配制。

根据涂层外观又可分为薄质防水涂料和厚质防水涂料。前者常温时为液体,具有流平性;后者常温时为膏状或黏稠体,不具有流平性。

9.3.2 水乳型沥青基防水涂料

水乳型沥青基防水涂料是以水为介质,采用化学乳化剂和/或矿物乳化剂制得的沥青基防水涂料。产品按性能分为 H 型和 L 型,其技术性能要求如表 9-25 所示。

表 9-25 水乳型沥青基防水涂料物理力学性能(JC/T 408—2005)

项　　目		L	H
固体含量(%) ≥		45	
耐热度/℃		80±2	110±2
		无流淌、滑动、滴落	
不透水性		0.10 MPa,30 min 无渗水	
黏结强度/MPa ≥		0.30	
表干时间/h ≤		8	
实干时间/h ≤		24	
低温柔性 a/℃	标准条件	−15	0
	碱处理		
	热处理	−10	5
	紫外线处理		
断裂伸长率(%)≥	标准条件		
	碱处理	600	
	热处理		
	紫外线处理		

a. 供需双方可以商定温度更低的低温柔度指标。

水乳型沥青基防水涂料,施工安全,不污染环境。施工应用特点如下。

(1) 施工温度一般要求在 0℃以上,最好在 5℃以上;贮存和施工时防止受冻。

(2) 对基层表面的含水率要求不很严格,但应无明水,下雨天不能施工,下雨前 2 h 也不能施工。

(3) 不能与溶剂型防水涂料混用,也不能在料桶中混入油类溶剂,以免破乳影响涂料质量。施工时应注意涂料产品的使用要求,以便保证施工质量。

9.3.3 溶剂型沥青防水涂料

溶剂型沥青防水涂料由沥青、溶剂、改性材料和辅助材料所组成,主要用于防水、防潮和防腐,其耐水性、耐化学侵蚀性均好,涂膜光亮平整,丰满度高。主要品种有:冷底子油、再生橡胶沥青防水涂料、氯丁橡胶沥青防水涂料和丁基橡胶沥青防水涂料等。其中,除冷底子油不能单独用作防水涂料,仅作为基层处理剂以外,其他涂料均为较好的防水涂料。这种防水涂料具有弹性大、延伸性好、抗拉强度高等优点，能适应基层的变形，并有一定的抗冲击和抗老化性。但由于使用有机溶剂，不仅在配制时易引起火灾，且施工时要求基层必须干燥。由于有机溶剂挥发时，还会引起环境污染，加之目前溶剂价格不断上扬，因此，除特殊情况外，已较少使用该种涂料。近年来，着力发展的是水性沥青防水涂料。

9.3.4 合成树脂和橡胶系防水涂料

它属合成高分子防水涂料，是以合成橡胶或合成树脂为主要成膜物质，加入其他辅料而配制成的单组分或多组分防水涂膜材料。此种涂料的产品质量应符合表9-26的要求。

表9-26 合成树脂和橡胶系防水涂料

项目			质量要求	
			Ⅰ类	Ⅱ类
固体含量(%)		≥	94	65
拉伸强度/MPa		≥	1.65	0.5
断裂延伸率(%)		≥	300	400
柔性			-30℃，弯折，无裂纹	-20℃，弯折，无裂纹
不透水性	压力/MPa	≥	0.3	0.3
	保持时间/min	≥	30 不渗透	30 不渗透

注：Ⅰ类为反应固化型防水涂料；Ⅱ类为挥发固化型防水涂料。

合成树脂和橡胶系防水涂料的品种很多，但目前应用比较多的主要有以下几种。

1. 聚氨酯防水涂料

聚氨酯防水涂料有单组分(S)和多组分(M)两种。其中单组分涂料的物理性能和施工性能均不及双组分涂料，故我国自20世纪80年代聚氨酯防水涂料研制成功以来，主要应用双组分聚氨酯防水涂料。双组分聚氨酯防水涂料产品，由甲、乙组分组成，甲组分是聚氨酯预聚体，乙组分是固化剂等多种改性剂组成的液体；两者按一定的比例混合均匀，经过固化反应，形成富有弹性的整体防水膜。

聚氨酯防水涂料按基本性能分为Ⅰ型、Ⅱ型和Ⅲ型聚氨酯防水涂料。

这三类聚氨酯防水涂料形成的薄膜具有优异的耐候性、耐油性、耐碱性、耐臭氧性以及耐海水侵蚀性，使用寿命为9~15年，而且强度高、弹性好、延伸率大(可达250%~500%)。其基本性能应符合《聚氨酯防水涂料》(GB/T 19250—2013)标准，如表9-27所示。

聚氨酯防水涂料与混凝土、马赛克、大理石、木材、钢材、铝合金黏结良好，且耐久性较好。并且聚氨酯防水涂料色浅，可制成铁红、草绿、银灰等彩色涂料，涂膜反应速度易于控制，属于高档防水涂料。该涂料主要用于中高级建筑的屋面、外墙、地下室、卫生间、贮水池及屋顶花园等防水工程。

表 9-27 聚氨酯防水涂料的基本性能

序号	项目			技术指标		
				I	II	III
1	固体含量(%)	≥	单组分	85.0		
			多组分	92.0		
2	表干时间/h		≤	12		
3	实干时间/h		≤	24		
4	流平性 [a]			20 min 时，无明显齿痕		
5	拉伸强度/MPa		≥	2.00	6.00	12.0
6	断裂伸长率(%)		≥	500	450	250
7	撕裂强度/(N/mm)		≥	15	30	40
8	低温弯折性			$-35℃$，无裂纹		
9	不透水性			0.3 MPa，120 min 不透水		
10	加热伸缩率(%)			$-4.0 \sim +1.0$		
11	黏结强度/MPa		≥	1.0		
12	吸水率(%)		≤	5.0		
13	定伸时老化	加热老化		无裂纹及变形		
		人工气候老化 [b]		无裂纹及变形		
14	热处理 (80℃, 168 h)	拉伸强度保持率(%)		$80 \sim 150$		
		断裂伸长率(%)	≥	450	400	200
		低温弯折性		$-30℃$，无裂纹		
15	碱处理 (0.1%NaOH+饱和 $Ca(OH)_2$ 溶液, 168 h)	拉伸强度保持率(%)		$80 \sim 150$		
		断裂伸长率(%)	≥	450	400	200
		低温弯折性	≤	$-30℃$，无裂纹		
16	酸处理 (2%H_2SO_4 溶液, 168 h)	拉伸强度保持率(%)		$80 \sim 150$		
		断裂伸长率(%)	≥	450	400	200
		低温弯折性		$-30℃$，无裂纹		
17	人工气候老化 [b] (1000 h)	拉伸强度保持率(%)		$80 \sim 150$		
		断裂伸长率(%)	≥	450	400	200
		低温弯折性	≤	$-30℃$，无裂纹		
18	燃烧性能 [b]			B_2-E(点火 15 s，燃烧 20 s，Fs≤150mm，无燃烧滴落物引燃滤纸)		

a. 该项性能不适用于单组分和喷涂施工的产品。流平性时间可根据工程要求和施工环境由供需双方商定，并在订货合同与产品包装上明示。
b. 仅外露产品要求测定。

2. 丙烯酸酯防水涂料

丙烯酸酯防水涂料是以丙烯酸树脂乳液为主，加入适量的颜料、填料等配置而成的水乳型防水涂料。这种涂料具有耐高低温性好、不透水性强、无毒、无味、无污染、操作简单等优点，可在各种复杂的基层表面上施工，并具有白色、多种浅色、黑色等，使用寿命为10～15年。丙烯酸防水涂料广泛应用于外墙防水装饰及各种彩色防水层。丙烯酸涂料的缺点是延伸率较小，为此可加入合成橡胶乳液予以改性，使其形成橡胶状弹性涂膜。丙烯酸防水涂料按产品的理化性能分为Ⅰ型和Ⅱ型，其性能指标如表9-28所示。

表9-28 丙烯酸防水涂料的性能指标

项目	性能指标	
	Ⅰ型	Ⅱ型
断裂伸长率(%)	>400	>300
抗拉强度/MPa	>0.5	>1.6
黏结强度/MPa	>1.0	>1.2
低温柔性/℃	-20	-20
固含量(%)	>65	
耐热性	80℃，5 h，合格	
表干时间/h	4	
实干时间/h	20	

3. 硅橡胶防水涂料

硅橡胶防水涂料是以硅橡胶乳液以及其他乳液的复合物为基料，掺入无机填料及各种助剂配制而成的乳液型防水涂料。该涂料兼有涂膜防水和渗透性防水材料的优良特性，具有良好的防水性、渗透性、成膜性、弹性、黏结性、延伸性、耐高低温性、抗裂性、耐氧化性和耐候性，并且无毒、无味、不燃，使用安全，适用于地下室、卫生间、屋面以及地上地下构筑物的防水防渗和渗漏水修补等工程。

硅橡胶防水涂料由冶金部建筑研究总院研制生产，于1991年列入建设部科技成果重点推广项目。

硅橡胶防水涂料共有Ⅰ型涂料和Ⅱ型涂料两个品种；Ⅱ型涂料加入了一定量的改性剂，以降低成本，但性能指标除低温韧性略有升高以外，其余指标与Ⅰ型涂料都相同。Ⅰ型涂料和Ⅱ型涂料均由1号涂料和2号涂料组成，涂布时进行复合使用，1号、2号均为单组分，1号涂布于底层和面层，2号涂布于中间加强层。硅橡胶建筑防水涂料的物理性能如表9-29所示。

表9-29 硅橡胶建筑防水涂料的物理性能

项目		性能	
		Ⅰ型	Ⅱ型
外观(均匀、细腻、无杂质、无结皮)		乳白色	乳白色
固体含量(%) ≤	1号胶	40	40
	2号胶	60	60
固化时间/h ≤	表干：1号、2号胶	1	1
	实干：1号、2号胶	10	10
黏结强度/MPa (1号胶与水泥砂浆基层的黏结力) ≥		0.4	0.4

续表

项 目		性 能	
		Ⅰ型	Ⅱ型
抗裂性(涂膜厚 0.5～0.8 mm, 当基层裂缝小于 2.5 mm 时)		涂膜无裂缝	涂膜无裂缝
扯断强度/MPa	≥	1.0	1.0
扯断伸长率(%)	≥	420	420
低温柔性/℃, 绕 ϕ 10 mm 圆棒		-30 不裂	-20 不裂
耐热性(延伸率保持率(%))(80℃, 168 h)	≥	80, 外观合格	80, 外观合格
耐湿性(延伸率保持率(%))	≥	80, 外观合格	80, 外观合格
耐老化(延伸率保持率(%))	≥	80, 外观合格	80, 外观合格
耐碱性(延伸率保持率(%)) (饱和 Ca(OH)$_2$ 和 0.1NaOH 混合溶液浸泡 15 d, 恒温 15℃)	≥	80, 外观合格	80, 外观合格
不透水性/MPa, (涂膜厚 1 mm, 0.5 h)	≥	0.3	0.3

9.3.5 无机防水涂料和有机无机复合防水涂料

1. 水泥基高效无机防水涂料

水泥基高效无机防水涂料,大都是一类固体粉末状无机防水涂料。使用时,有的需加砂和水泥,再加水配成涂料;有的直接加水配成涂料。该涂料无毒、无味、不污染环境、不燃、耐腐蚀、黏结力强(能与砖、石、混凝土、砂浆等结合成牢固的整体,涂膜不剥落、不脱离),防水、抗渗及堵漏功能强;在潮湿面上能施工。操作简单,背水面、迎水面都有同样效果。水泥基高效无机防水涂料适用于新老屋面、墙面、地面、卫生间和厨房的堵漏防水及各种地下工程、水池等堵漏防水和抗渗防潮,还可以黏贴瓷砖和马赛克等材料。其主要研制生产单位有中国建筑材料科学研究院水泥所等。

2. 溶剂型铝基反光隔热涂料

溶剂型铝基反光隔热涂料适用于各种沥青材料的屋面防水层,起反光隔热和保护作用;涂刷在工厂架空管道保温层表面起装饰保护作用;在金属瓦楞板、纤维瓦楞板、白铁泛水及天沟等表面涂刷,起防锈防腐作用。其技术性能:外观为银白色漆状液体,黏度为25～50 s, 遮盖力为 60g/m^2, 附着力为 100%。其生产厂家有上海市建筑防水材料厂等。

3. 水泥基渗透结晶型防水材料

水泥基渗透结晶型防水涂料,适用《水泥基渗透结晶型防水材料》(GB 18445—2012)标准,是以普通硅酸盐材料为基料,掺有多种特殊的活性化学物质的粉末状材料。其中的活性化学物质能利用混凝土本身固有的化学特性及多孔性,在水的引导下,以水为载体,借助强有力的渗透作用,在混凝土微孔及毛细管中随水压逆向进行传输、充盈,催化混凝土内微粒再次发生水化作用,而形成不溶于水的枝蔓状结晶体,封堵混凝土中微孔和毛细管及微裂缝,并与混凝土结合成严密的整体,从而使来自任何方向的水及其他液体都被堵住和封闭,达到永久性的防水、防潮目的。

水泥基渗透结晶型防水涂料的性能特点如下。

(1) 能穿透深入混凝土中的毛细管地带及收缩裂缝，增强混凝土的抗渗性能。

(2) 在表面受损的情况下，其防水及抗化学特性仍能保持不变，具有对毛细裂缝的自修复功能。

(3) 与混凝土、砖块、灰浆及石质材料均100%相容。

(4) 不影响混凝土透气，不让水蒸气积聚，使混凝土保持全面干爽。

(5) 无毒、无害、无味、无污染，可安全应用于饮水和食品工业建筑结构。

(6) 可在迎水面或背水面施工，也可在混凝土初凝潮湿时直接干撒，随结构一起养护。大底板浇捣前2 h的干撒，无须养护便可达到同样效果。可在48 h后回填。当进行回填土、轧钢筋、强化网或其他惯常程序时，无须做保护层。

4. 聚合物水泥防水涂料

聚合物水泥防水涂料(简称JS防水涂料)是近年来发展较快、应用广泛的新型建筑防水材料。该涂料是以丙烯酸等聚合物乳液和水泥为主要原料，加入其他外加剂制得的双组分水性建筑防水涂料，可在干燥或稍潮湿的砖石、砂浆、混凝土、金属、木材、硬塑料、玻璃、石膏板、泡沫板、沥青、橡胶及SBS、APP、聚氨酯等防水材料基面上施工，对于新旧建筑物(房屋、地下工程、隧道、桥梁、水池、水库等)均可使用。同时，也可用作黏结剂及外墙装饰涂料。

产品按物理力学性能分为Ⅰ型、Ⅱ型和Ⅲ型，Ⅰ型是以聚合物为主的防水涂料，主要用于活动量较大的基层；Ⅱ型和Ⅲ型是以水泥为主的防水涂料，适用于活动量较小的基层。其物理力学性能应符合表9-30的要求。

表9-30 聚合物水泥防水涂料物理力学性能(GB/T23445—2009)

序号	试验项目			Ⅰ型	Ⅱ型	Ⅲ型
1	固体含量(%)		≥	70	70	70
2	拉伸强度	无处理/MPa	≥	1.2	1.8	1.8
		加热处理后保持率(%)	≥	80	80	80
		碱处理后保持率(%)	≥	60	70	70
		浸水处理后保持率(%)	≥	60	70	70
		紫外线处理后保持率(%)	≥	80	—	—
3	断裂伸长率	无处理(%)	≥	200	80	30
		加热处理(%)	≥	150	65	20
		碱处理(%)	≥	150	65	20
		浸水处理(%)	≥	150	65	20
		紫外线处理(%)	≥	150	—	—
4	低温柔性(ϕ10mm 棒)			−10℃无裂纹	—	—
5	黏结强度 ≥	无处理/MPa	≥	0.5	0.7	1.0
		潮湿基层/MPa	≥	0.5	0.7	1.0
		碱处理/MPa	≥	0.5	0.7	1.0
		浸水处理/MPa	≥	0.5	0.7	1.0
6	不透水性(0.3 MPa, 30 min)			不透水	不透水	不透水
7	抗渗性(砂浆背水面)/MPa		≥	—	0.6	0.8

9.4 防水密封材料

防水密封材料是指嵌填于建筑物接缝、裂缝、门窗框和玻璃周边以及管道接头处起防水密封作用的材料。此类材料应具有弹塑性、黏结性、施工性、耐久性、延伸性、水密性、气密性、贮存及耐化学稳定性,并能长期经受抗拉与压缩或振动的疲劳性能而保持黏附性。

防水密封材料分为不定型密封材料(密封膏)与定型密封材料(密封带、密封条止水带等)。

9.4.1 不定型密封材料

不定型密封材料通常为膏状材料,俗称密封膏或嵌缝膏。该类材料应用非常广泛,如屋面、墙体等建筑物的防水堵漏,门窗的密封及中空玻璃的密封等。与定型密封材料配合使用既经济又有效。

不定型密封材料的品种很多,仅建筑窗用弹性密封胶就包括硅酮、改性硅酮、聚硫、聚氨酯、丙烯酸、丁基、丁苯和氯丁等合成高分子材料为基础的弹性密封胶(不包括塑性体或以塑性为主要特征的密封剂及密封泥子。也不包括水下、防火等特种门窗密封胶和玻璃黏结剂)。建筑窗用弹性密封胶的物理力学性能必须符合表 9-31 的要求。

表 9-31 建筑窗用弹性密封胶的物理力学性能要求(JC/T 485—2007)

序号	项目		1级	2级	3级
1	密度/(g/cm^3)		规定值±0.1		
2	挤出性/(ml/min)	≥	50		
3	适用期/h	≥	3		
4	表干时间/h	≤	24	48	72
5	下垂度/mm	≤	2		
6	拉伸黏结性能/MPa	≤	0.40	0.50	0.60
7	低温贮存稳定性[a]		无凝胶、离析现象		
8	初期耐水性[a]		不产生混浊		
9	污染性[a]		不产生污染		
10	热空气-水循环后定伸性能(%)		100	60	25
11	水-紫外线辐照后定伸性能(%)		100	60	25
12	低温柔性/℃		-30	-20	-10
13	热空气-水循环后弹性恢复率(%)	≥	60	30	5
14	拉伸-压缩循环性能	耐久性等级	9030	8020、7020	7010、7005
		黏结破坏面积(%) ≤	25		

a. 仅对乳液品种产品。

1. 改性沥青基嵌缝油膏

改性沥青基嵌缝油膏是以石油沥青为基料，加入橡胶改性材料及填充料等混合制成的冷用膏状材料。油膏按耐热和低温柔性分为702和801两个标号，具有优良的防水防潮性能，黏结性好，延伸率高，能适应结构的适当伸缩变形，能自行结皮封膜。该油膏可用于嵌填建筑物的水平、垂直缝及各种构件的防水，使用很普遍。

2. 聚氯乙烯建筑防水接缝材料

聚氯乙烯建筑防水接缝材料是以聚氯乙烯树脂为基料，加以适量的改性材料及其他添加剂配制而成的(简称 PVC 接缝材料)，按耐热性(80℃)和低温柔性(分-10℃和-20℃)分为 801 和 802 两个型号，按施工工艺分为热塑性和热熔型两种。通常称热塑性为聚氯乙烯胶泥(J 型)，热熔型为塑料油膏(G 型)。聚氯乙烯胶泥和塑料油膏是由煤焦油、聚氯乙烯树脂和增塑剂及其他填料加热塑化而成。胶泥是橡胶状弹性体，塑料油膏是在此基础上改进的热施工塑性材料，施工使用热熔后成为黑色的黏稠体。其特点是耐温性好，使用温度范围广，适合我国大部分地区的气候条件和坡度，黏结性好，延伸回复率高，耐老化，对钢筋无锈蚀。适用于各种建筑、构筑物的防水、接缝。

聚氯乙烯胶泥和塑料油膏原料易得，价格较低，除适用于一般性建筑嵌缝外，还适用于有硫酸、盐酸、硝酸和氢氧化钠等腐蚀性介质的屋面工程和地下管道工程。

3. 丙烯酸酯建筑密封膏

丙烯酸酯建筑密封膏是以丙烯酸乳液为胶黏剂，掺入少量表面活性剂、增塑剂、改性剂及颜料、填料等配制而成的单组分水乳型建筑密封膏。这种密封膏具有优良的耐紫外线性能和耐油性、黏结性、延伸性、耐低温性、耐热性和耐老化性能，并且以水为稀释剂，黏度较小，无污染、无毒、不燃，安全可靠，价格适中，可配成各种颜色，操作方便，干燥速度快，保存期长。但固化后有 15%～20%的收缩率，应用时应予事先考虑。该密封膏应用范围广泛，可用于钢、铝、混凝土、玻璃和陶瓷等材料的嵌缝防水以及用作钢窗、铝合金窗的玻璃泥子等，还可用于各种预制墙板、屋面板、门窗和卫生间等的接缝密封防水及裂缝修补。

我国制定了《丙烯酸酯建筑密封膏》(JC/T 484—2006)行业标准。产品按位移能力分为 12.5 和 7.5 两个级别。12.5 级密封胶按其弹性恢复率又分为两个次级别：弹性体(记号 12.5E)——弹性恢复率大于或等于 40%；塑性体(记号 12.5P 和 7.5P)——弹性恢复率小于 40%。12.5E 级为弹性密封胶，主要用于接缝密封；12.5P 和 7.5P 级为塑性密封胶，主要用于一般装饰装修工程的填缝。产品外观应为无结块、无离析的均匀细腻的膏状体。产品颜色以供需双方商定的色标为准，应无明显差别。产品理化性能应符合表 9-32 的要求。

表9-32 丙烯酸酯建筑密封膏理化性能要求(JC/T 484—2006)

序号	项目		技术要求		
			12.5E	12.5P	7.5P
1	密度/(g/cm³)		规定值±0.1		
2	下垂度/mm	≤	3		
3	表干时间/h	≤	1		
4	挤出性/(ml/min)	≥	100		
5	弹性恢复率(%)	≥	40	报告实测值	
6	定伸黏结性		无破坏	—	
7	浸水后定伸黏结性		无破坏	—	
8	冷拉—热压后黏结性		无破坏	—	
9	断裂伸长率(%)	≥	/	100	
10	浸水后断裂伸长率(%)	≥	/	100	
11	同一温度下拉伸-压缩循环后黏结性	≥	/	无破坏	
12	低温柔性/℃		−20	−5	
13	体积变化率(%)	≤	30	—	

4. 聚氨酯建筑密封胶

聚氨酯建筑密封胶是由多异氰酸酯与聚醚通过加聚反应制成预聚体后，加入固化剂、助剂等在常温下交联固化成的高弹性建筑用密封膏。这类密封膏分单、双组分两种规格。我国制定的《聚氨酯建筑密封胶》(JC/T 482—2003)行业标准，适用于以氨基甲酸酯聚合物为主要成分的单组分(Ⅰ)和多组分(Ⅱ)建筑密封胶。产品按流动性分为非下垂型(N 型)和自流平型(L)两类；按拉伸模量分为高模量(HM)和低模量(LM)两个次级别。产品外观应为细腻、均匀膏状物或黏稠液，不应有气泡，无结皮凝胶或不易分散的固体物。聚氨酯建筑密封胶的物理力学性能必须符合表9-33 的规定。

表9-33 聚氨酯建筑密封胶的物理力学性能(JC/T 482—2003)

序号	试验项目			技术指标		
				20HM	25LM	20LM
1	密度/(g/cm³)			规定值±0.1		
2	挤出性¹/(ml/min)		≥	80		
3	适用期²/h		≥	1		
4	流动性	下垂度(N 型)/mm	≤	3		
		流平性(L 型)		光滑平整		
5	表干时间/h		≤	24		
6	弹性恢复率(%)		≥	70		

续表

序号	试验项目		技术指标		
			20HM	25LM	20LM
7	拉伸模量/MPa	23℃	>0.4 或	≤0.4 和	
		-20℃	>0.6	≤0.6	
8	定伸黏结性		无破坏		
9	浸水后定伸黏结性	≥	无破坏		
10	冷拉-热压后的黏结性		无破坏		
11	质量损失率(%)	≤	7		

注1：此项仅适用于单组分产品。
注2：此项仅适用于多组分产品，允许采用供需双方商定的其他指标值。

这类密封胶弹性高、延伸率大、黏结力强、耐油、耐磨、耐酸碱、抗疲劳性和低温柔性好，使用年限长。该密封胶适用于各种装配式建筑的屋面板、楼地板、墙板、阳台、门窗框和卫生间等部位的接缝及施工密封，也可用于贮水池、引水渠等工程的接缝密封、伸缩缝的密封和混凝土修补等。

5. 聚硫建筑密封胶

聚硫建筑密封胶是以液态聚硫橡胶为基料和金属过氧化物等硫化剂反应，在常温下形成的弹性体，有单组分和双组分两类。我国制定了双组分型《聚硫建筑密封胶》(JC/T 483—2006)的行业标准。产品按流动性分为非下垂型(N)和自流平型(L)两个类型；按位移能力分为25、20两个级别；按拉伸模量分为高模量(HM)和低模量(LM)两个次级别。产品性能应符合表9-34的规定。这类密封膏具有优良的耐候性、耐油性、耐水性和低温柔性，能适应基层较大的伸缩变形，施工适用期可调整，垂直使用不流淌，水平使用时有自流平性，属于高档密封材料。产品除适用于标准较高的建筑密封防水外，还用于高层建筑的接缝及窗框周边防水、防尘密封；中空玻璃、耐热玻璃周边密封；游泳池、贮水槽、上下管道以及冷库等接缝密封。聚硫建筑密封胶的物理力学性能必须符合表9-34的规定。

表9-34 聚硫建筑密封胶的物理力学性能 (JC/T 483—2006)

序号	项目			技术指标		
				20HM	25LM	20LM
1	密度/(g/cm³)			规定值±0.1		
2	流动性	下垂度(N型)/mm	≤	3		
		流平性(L型)		光滑平整		
3	表干时间/h		≤	24		
4	适用期/h		≥	2		
5	弹性恢复率/%		≥	70		
6	拉伸模量/MPa	23℃		>0.4 或 >0.6	≤0.4 和 ≤0.6	
		-20℃				

续表

序号	项目	技术指标		
		20HM	25LM	20LM
7	定伸黏结性		无破坏	
8	浸水后定伸黏结性		无破坏	
9	冷拉-热压后黏结性		无破坏	
10	质量损失率(%) ≤		5	

注：适用期允许采用供需双方商定的其他指标值

6. 有机硅密封膏

有机硅密封膏分为单组分与双组分两种。单组分硅橡胶密封膏是以有机硅氧烷聚合物为主，加入硫化剂、硫化促进剂、增强填料和颜料等成分组成；双组分的主剂虽与单组分相同，而硫化剂及其机理却不同。该类密封膏具有优良的耐热性、耐寒性和优良的耐候性。硫化后的密封膏可在-20～250℃范围内长期保持高弹性和拉压循环性，并且黏结性能好，耐油性、耐水性和低温柔性优良，能适应基层较大的变形，外观装饰效果好。

按硫化剂种类，单组分型有机硅密封膏又分为醋酸型、醇型、酮肟型等。模量分为高、中、低三档。高模量有机硅密封膏主要用于建筑物结构型密封部位，如高层建筑物大型玻璃幕墙黏结密封，建筑物门、窗、柜周边密封等。中模量的有机硅密封膏，除了具有极大伸缩性的接缝不能使用之外，在其他场合都可以使用。低模量有机硅密封膏，主要用于建筑物的密封部位，如预制混凝土墙板的外墙接缝、卫生间的防水密封等。有机硅密封膏的性能指标见表 9-35 和表 9-36。

表 9-35 单组分有机硅橡胶密封膏性能指标

指标名称	高 模 量		中 模 量	低 模 量
	醋酸型	醇型	醇型	酰胺型
颜色	透明、白、黑、棕、银灰	透明、白、黑、棕、银灰	白、黑、棕、银灰	
稠度	不流动，不崩塌	不流动，不崩塌	不流动，不崩塌	
操作时间/min	7～10	20～30	30	
表干时间/min	30～60	120		
完全硫化时间/h	7	7	2	
抗拉强度/MPa	2.5～4.5	2.5～4.0	1.5～4.0	1.5～2.5
延伸率(%)	100～200	100～200	200～600	
硬度/邵氏 A	30～60	30～60	15～45	
永久变形率(%)	<5	<5	<5	

注：为成都有机硅应用研究中心产品性能。

表 9-36　双组分有机硅密封膏性能指标

指标名称	指标数据				生产单位（包括单组分产品）
	QD231	QD233	X-1	S-S	
外观	无色透明	白(可调色)	白(可调色)		
流动性	流动性好	不流动	不流动		北京化工二厂
抗拉强度/MPa	4～5	4～6	1.2～1.8	0.85～2.0	北京建工研究院
延伸率/(%)	200～250	350～500	400～600	150～300	广东省江门市精普化
硬度/邵氏 A	40～50	50		40～50	工实业有限公司
模量	高	高	低		成都有机硅应用研究
黏结性	良好	良好	良好		中心
表干时间/h				7	上海橡胶制品研究所
施工期/h				≥3	化学工业部星光化工
低温柔性				-40℃	院一分院
比重/(g/cm³)				1.36	

注：QD231、QD233 和 X-1 为北京化工二厂产品；S-S 为北京市建研院产品。

9.4.2　定型密封材料

将具有水密、气密性能的密封材料按基层接缝的规格制成一定形状(条状、环状等)，以便于对构件接缝、穿墙管接缝、门窗框密封、伸缩缝、沉降缝及施工缝等结构缝隙进行防水密封处理的材料称为定型密封材料。该密封材料有遇水非膨胀型定型密封材料和遇水膨胀型定型密封材料两类。这两类密封材料的共同特点是：

- 具有良好的弹塑性和强度，不会由于构件的变形、振动、移位而发生脆裂和脱落。
- 具有良好的防水、耐热及耐低温性能。
- 具有良好的拉伸、压缩和膨胀、收缩及回复性能。
- 具有优异的水密、气密及耐久性能。
- 定型尺寸精确，应符合要求，否则影响密封性能。

1. 遇水非膨胀型定型密封材料

1) 聚氯乙烯胶泥防水带

聚氯乙烯胶泥防水带是以煤焦油和聚氯乙烯树脂为基料，按一定比例加入增塑剂、稳定剂和填充料，混合后再加热搅拌，在 130～140℃温度下塑化成型，有一定规格的胶带，与钢材有良好的黏结性。其防水性能好，弹性大，高温不流，低温不脆裂，能适应大型墙板因荷重和温度变化等原因引起的构型变形，可用于混凝土墙板的垂直和水平接缝的防水工程，以及建筑墙板、屋面板、穿墙管、厕浴间等建筑接缝密封防水。其主要性能指标见表 9-37。

表9-37　聚氯乙烯胶泥防水带的性能指标

指标名称	指标数据	主要生产单位
抗拉强度/MPa	20℃　＞0.5　　−25℃　＞1	上海汇丽化学建材总厂 湖南湘潭市新型建筑材料厂
延伸率(%)	＞200	
黏结强度/MPa	＞0.1	
耐热性/℃	＞80	
长度/m	1～2	
截面尺寸/cm	2×3　2×3	

注：规格尺寸也可以按具体要求进行加工。

2) 塑料止水带

塑料止水带是以聚氯乙烯树脂、增塑剂、稳定剂和防老剂等为原料，经塑炼、挤出和成型等工艺加工而成的带状防水隔离材料。其特点是原料充足、成本低廉、耐久性好、强度高、生产效率高，物理力学性能满足使用要求，可节约相同用途的橡胶止水带和紫铜片。产品用于工业与民用建筑地下防水工程、隧道、涵洞、坝体、溢洪道和沟渠等水工构筑物的变形缝隔离防水。

3) 止水橡皮和橡皮止水带

止水橡皮和橡皮止水带采用天然橡胶或合成橡胶及优质添加剂为基料压制而成。品种规格很多，有P型、R型、Φ型、U型、Z型、L型、J型、H型、E型、Ω型、桥型和山型等；另外还可按具体要求规格制作。其特点是具有良好的弹性、耐磨、耐老化和撕裂性能，适应结构变形能力强，防水好，是水电工程、堤坝、涵洞、农田水利、建工构件、人防工事等防止漏水、渗水、减震缓冲、坚固密封、保证工程及其设备正常运转不可缺少的部件。

2. 遇水膨胀型定型密封材料

该材料是以改性橡胶为主要原料(以多种无机及有机吸水材料为改性剂)而制成的一种新型条状防水止水材料。改性后的橡胶除保持原有橡胶防水制品优良的弹性、延伸性和密封性以外，还具有遇水膨胀的特性。当结构变形量超过止水材料的弹性复原时，结构和材料之间就会产生一道微缝，膨胀止水条遇到缝隙中的渗漏水后，其体积能在短时间内膨胀，将缝隙涨填密实，阻止渗漏水通过。所以，膨胀止水条能在其膨胀倍率范围内起到防水止水的作用。

1) SWER水膨胀橡胶

SWER水膨胀橡胶是以改性橡胶为基本材料制成的一种新型防水材料。其特点是既具有一般橡胶制品优良的弹性、延伸性和反压缩变形能力，又能遇水膨胀，膨胀率可在100%～500%之间调节，而且不受水质影响。它还有优良的耐水性、耐化学性和耐老化性，可以在很广的温度范围内发挥防水效果；同时，可根据用户需要制成各种不同形状的密封嵌条或密封卷，可以与其他橡胶复合制成复合型止水材料。该材料适用于工农业给排水工程、铁路、公路、水利工程及其他工程中的变形缝、施工缝、伸缩缝、各种管道接缝及工业制品在接缝处的防水密封。

2) SPJ 型遇水膨胀橡胶

SPJ 型遇水膨胀橡胶是以亲水性聚氨酯和橡胶为原料，用特殊方法制得的结构型遇水膨胀橡胶。在膨胀率 100%～200%之内能起到以水止水的作用。遇水后，体积得到膨胀，并充满整个接缝内不规则基面、空穴及间隙，同时产生一定的接触压力足以阻止渗漏水通过；高倍率的膨胀，使止水条能够在接缝内任意自由变形；能长期阻挡水分和化学物质的渗透，材料膨胀性能不受外界水质的影响，比任何普通橡胶更具有可塑性和弹性，有很高的抗老化性和良好的耐腐蚀性；具备足够的承受外界压力的能力和优良的机械性能，并能长期保持其弹性和防水性能；材料结构简单，安装方便、省时、安全，不污染环境；它不但能做成纯遇水膨胀橡胶制品，而且能与普通橡胶复合做成复合型遇水膨胀型橡胶制品，降低了材料成本。该材料适用于地下铁道、涵洞、山洞、水库、水渠、拦河坝、管道和地下室钢筋混凝土施工缝等建筑接缝的密封防水。

3) BW 遇水膨胀止水条

BW 遇水膨胀止水条是用橡胶膨润土等无机及有机吸水材料、高黏性树脂等十余种材料经密炼挤制而成的自黏性遇水膨胀型条状密封材料。其特点如下。

(1) 可依靠自身黏性直接黏贴在混凝土施工缝基面上，施工方便、快速简捷。

(2) 遇水后即可在几十分钟内逐渐膨胀，形成胶黏性密封膏，一方面堵塞一切渗水孔隙，另一方面与混凝土接触面黏贴得更加紧密，从根本上切断渗水通道。

(3) 主体材料为无机矿物料，所以耐老化、抗腐蚀、抗渗能力不受温湿度交替变化的影响，具有可靠的耐久性。

(4) 具有显著的自越功能，当施工缝出现新的微小缝隙时止水条可继续吸水膨胀，进一步堵塞新的微缝，自动强化防水效果。

BW 遇水膨胀止水条适合在地下建筑外墙、底板、地脚或地台、游泳池、厕浴间等混凝土施工缝中进行密封防水处理。该材料在有约束的条件下能良好地发挥其遇水膨胀止水防渗的作用。

9.5 屋面防水工程对材料的选择及应用

屋面工程的防水设防，应根据建筑物的防水等级、防水耐久年限、气候条件、结构形式和工程实际情况等因素来确定防水设计方案和选择防水材料，并应遵循"防排并举、刚柔结合、嵌涂合一、复合防水、多道设防"的总体方针进行设防。

1. 根据防水等级进行防水设防和选择防水材料

对于重要或特别重要的防水等级为Ⅰ级、Ⅱ级的建筑物，除了应做二道、三道或三道以上复合设防外，每道不同材质的防水层都应采用优质防水材料来铺设。这是因为，不同种类的防水材料，其性能特点、技术指标和防水机理都不尽相同，将几种防水材料进行互补和优化组合，可取长补短，从而达到理想的防水效果。多道设防，既可采用不同种防水卷材(或其他同种防水卷材)进行多叠层设防，又可采用卷材、涂膜和刚性材料进行复合设防,并且是最为理想的防水技术措施。当采用不同种类防水材料进行复合设防时,应将耐老化、耐穿刺的防水材料放在最上面。面层为柔性防水材料时,一般还应用刚性材料作为保护层。如人民大会堂屋面防水翻修工程,其复合设防方案是:第一道(底层)为补偿收缩细石混凝土刚性防水层;第二道(中间层)为 2mm 厚的聚氨酯涂膜防水层;第三道(面层)为氯化聚乙烯-橡胶共混防水卷材(或三元乙丙橡胶防水卷材)防水层;再在面层上铺抹水泥砂浆刚性保护层。

对于防水等级为Ⅲ级、Ⅳ级的一般工业与民用建筑、非永久性建筑,可按表 9-38 中的要求选择防水材料进行防水设防。

表 9-38 屋面防水等级和设防要求

项 目	屋面防水等级			
	Ⅰ级	Ⅱ级	Ⅲ级	Ⅳ级
建筑物类别	特别重要或对防水有特殊要求的建筑	重要的建筑和高层建筑	一般的建筑	非永久性的建筑
防水层合理使用年限	25 年	15 年	10 年	5 年
防水层选用材料	宜选用合成高分子防水卷材、高聚物改性沥青防水卷材、金属板材、合成高分子防水涂料、细石防水混凝土等材料	宜选用高聚物改性沥青防水卷材、合成高分子防水卷材、金属板材、高聚物改性沥青防水涂料、细石防水混凝土、平瓦、油毡瓦等材料	宜选用高聚物改性沥青防水卷材、合成高分子防水卷材、三毡四油沥青防水卷材、金属板材、高聚物改性沥青防水涂料、合成高分子防水涂料、细石防水混凝土、平瓦、油毡瓦等材料	可选用二毡三油沥青防水卷材、高聚物改性沥青防水涂料等材料
设防要求	三道或三道以上防水设防	二道防水设防	一道防水设防	一道防水设防

2. 根据气候条件进行防水设防和选择防水材料

一般来说,北方寒冷地区可优先考虑选用三元乙丙橡胶防水卷材和氯化聚乙烯—橡胶共混防水卷材等合成高分子防水卷材,或选用 SBS 改性沥青防水卷材和焦油沥青耐低温卷材,或选用具有良好低温柔韧性的合成高分子防水涂料和高聚物改性沥青防水涂料等防水材料。南方炎热地区可选择 APP 改性沥青防水卷材和合成高分子防水卷材和具有良好耐热性的合成高分子防水涂料,或采用掺入微膨胀剂的补偿收缩水泥砂浆和细石混凝土刚性防水材料作为防水层。

3. 根据湿度条件进行防水设防和选择防水材料

对于我国南方地区处于梅雨区域的多雨、多湿地区宜选用吸水率低、无接缝、整体性好的合成高分子涂膜防水材料作为防水层,或采用以排水为主、防水为辅的瓦屋面结构形式,或采用补偿收缩水泥砂浆细石混凝土刚性材料作为防水层。如采用合成高分子防水卷材作为防水层,则卷材搭接边应切实黏结紧密、搭接缝应用合成高分子密封材料封严;如用高聚物改性沥青防水卷材作为防水层,则卷材的搭接边宜采用热熔焊接,尽量避免因接缝不好而产生渗漏。梅雨地区不得采用石油沥青纸胎油毡作为防水层,因纸胎吸油率低,浸渍不透,长期遇水,会造成纸胎吸水腐烂变质而导致渗漏。

4. 根据结构形式进行防水设防和选择防水材料

对于结构较稳定的钢筋混凝土屋面,可采用补偿收缩防水混凝土作为防水层,或采用合成高分子防水卷材、高聚物改性沥青防水卷材和沥青防水卷材作为防水层。

对于预制化、异型化、大跨度和频繁振动的屋面,容易增大移动量和产生局部变形裂缝,就可选择高强度、高延伸率的三元乙丙橡胶防水卷材和氯化聚乙烯-橡胶共混防水卷材等合成高分子防水卷材,或具有良好延伸率的合成高分子防水涂料等防水材料作为防水层。

5. 根据防水层暴露程度进行防水设防和选择防水材料

用柔性防水材料作为防水层,一般应在其表面用浅色涂料或刚性材料作为保护层。用浅色涂料作为保护层时,防水层呈"外露"状态而长期暴露于大气中,所以应选择耐紫外线、热老化保持率高和耐霉烂性相适应的各类防水卷材或防水涂料作为防水层。

6. 根据不同部位进行防水设防和选择防水材料

对于屋面工程来说,细部构造(如檐沟、变形缝、女儿墙、水落口、伸出屋面的管道、阴阳角等)是最易发生渗漏的部位。对于这些部位应加以重点设防。即使防水层由单道防水材料构成,细部构造部位亦应进行多道设防。贯彻"大面防水层单道构成,局部(细部)构造复合防水多道设防"的原则。对于形状复杂的细部构造基层(如圆形、方形、角形等),当采用卷材作为大面防水层时,可用整体性好的涂膜作为附加防水层。

7. 根据环境介质进行防水设防和选择防水材料

某些生产酸、碱化工产品或用酸、碱产品作为原料的工业厂房或贮存仓库,空气中散发出一定量的酸碱气体介质,这对柔性防水层有一定的腐蚀作用,所以应选择具有相应耐酸、耐碱性能的柔性防水材料作为防水层。

9.6 防水卷材生产企业的发展现状

据相关数据统计显示,在20世纪80年代初期我国只有几十家油毡生产企业,而发展到现在,已经取得建筑防水卷材生产许可证的发证企业已经超过了一千家(无证企业不包含在内)。产量从21世纪初期的3亿 m^2 发展到2013年已经超过了14亿 m^2。产量提高了,产值必然也水涨船高,经过初步统计,在2000年该行业的产值还不到一百亿元,到了2013年的产值已经超过了600亿元。外加近年来有很多国内外具有一定实力的企业、看好这一行业未来发展的企业,为了提高企业的竞争力采取了企业并购和重组,尤其是《建筑防水行业"十二五"发展规划》、《建筑防水卷材行业准入条件》出台以后,多家防水卷材企业响应政府的号召,进行了原生产线改造和投建新的生产线、配套环保设备,引入高端设备，建设标准化实验室等投资活动来满足行业发展要求。其中江苏凯伦建材股份有限公司投资 206 亿元组建了 3 条防水卷材生产线，全自动封装式聚氨酯防水涂料生产线，充分应用了净化尾气、清洁燃料和高效动力等特点；四川省宏源防水工程有限公司投资 1.5 亿元在彭州开发区建成合成高分子防水材料行产基地。从而提高了产品质量，大大提升了骨干防水卷材企业的研发技术能力、市场核心竞争力，同时也加速了行业、产业的结构调整。就目前而言，我国少数骨干企业的产品质量可与国际同类先进水平产品媲美。

(摘自《建筑工程技术与设计》2014 年 11 月上"建筑防水卷材行业发展现状及存在问题")

复习思考题

1. 什么是石油沥青？按用途分为哪几类？
2. 石油沥青的三大技术性质是什么？各用什么指标表示？
3. 石油沥青的牌号是如何划分的？牌号大小与主要技术性质之间有什么关系？
4. 某防水工程需用软化点为 75℃ 的石油沥青，现工地有 10 号和 60 号两种石油沥青，试问应如何掺配使用？(已知 10 号沥青的软化点为 95℃，60 号沥青的软化点为 45℃)
5. 试各举一例说明高分子改性沥青卷材、涂料、密封材料的性能和应用。
6. 试各举一例说明合成高分子卷材、涂料、密封材料的性能和应用。
7. 怎样根据屋面防水等级来选择防水材料？

第10章 建筑塑料

本章学习内容与目标

- 重点掌握建筑塑料的定义、组成与性能特点。
- 了解常用建筑塑料的使用环境及方法。

塑料是指以合成树脂或天然树脂为基础原料，加入(或不加)各种塑料助剂、增强材料和填料，在一定温度、压力下，加工塑制成型或交联固化成型，得到的固体材料或制品。而建筑塑料则是指用于塑料门窗、楼梯扶手、踢脚板、隔墙及隔断、塑料地砖、地面卷材、上下水管道与卫生洁具等方面的塑料材料。

10.1 塑料的组成

从总体上看塑料是由树脂和添加剂两类物质组成的。

10.1.1 树脂

树脂是塑料的基本组成材料，是塑料中的主要成分，它在塑料中起胶结作用，不仅能自身胶结，还能将其他材料牢固地胶结在一起。塑料的工艺性能和使用性能主要是由树脂的性能决定的。其用量占总量的 30%～60%，其余成分为稳定剂、增塑剂、着色剂及填充料等。

树脂的品种繁多，按树脂合成时的化学反应不同，可将树脂分为加聚树脂和缩聚树脂；按受热时性能变化的不同，又可分为热塑性树脂和热固性树脂。

加聚树脂是由一种或几种不饱和的低分子化合物(称为单体)在热、光或催化剂作用下，经加成聚合反应而成的高分子化合物。在反应过程中不产生副产品，聚合物的化学组成和参与反应的单体的化学组成基本相同。例如乙烯经加聚反应成为聚乙烯：$nC_2H_4 \rightarrow (C_2H_4)_n$。

缩聚树脂是由两种或两种以上的单体经缩合反应而制成的。缩聚反应中除获得树脂外还产生副产品低分子化合物，如水、酸和氨等。如酚醛树脂是由苯酚和甲醛缩合而得到的；脲醛树脂是由尿素和甲醛缩合而得到的。

热塑性树脂是指在热作用下，树脂会逐渐变软、塑化，甚至熔融，冷却后则凝固成型，这一过程可反复进行。这类树脂的分子呈线型结构，种类有：聚乙烯、聚丙烯、聚氯乙烯、氯化聚乙烯、聚苯乙烯、聚酰胺、聚甲醛、聚碳酸酯及聚甲基丙烯酸甲酯等。

热固性树脂则是指树脂受热时塑化和软化，同时发生化学变化，并固化定型，冷却后如再次受热时，不再发生塑化变形。这类树脂的分子呈体型网状结构，种类有：酚醛树脂、氨基树脂、不饱和聚酯树脂及环氧树脂等。

10.1.2 添加剂

添加剂是指能够帮助塑料易于成型，以及赋予塑料更好的性能，如改善使用温度，提高塑料强度、硬度，增加化学稳定性、抗老化性、抗紫外线性能、阻燃性、抗静电性，提供各种颜色及降低成本等，所加入的各种材料。

具体包括下列添加剂。

1. 稳定剂

稳定剂是一种为了延缓或抑制塑料过早老化，延长塑料使用寿命的添加剂。按所发挥的作用，稳定剂可分为热稳定剂、光稳定剂及抗氧剂等。常用稳定剂有多种铅盐、硬脂酸盐、炭黑和环氧化物等。

2. 增塑剂

增塑剂是指能降低塑料熔融黏度和熔融温度，增加可塑性和流动性，以利于加工成型，并使制品具有柔韧性，减少脆性的添加剂。增塑剂一般是相对分子量较小，难挥发的液态和熔点低的固态有机物。对增塑剂的要求是与树脂的相容性要好，增塑效率高，增塑效果持久，挥发性低，而且对光和热比较稳定，无色、无味、无毒、不燃，电绝缘性和抗化学腐蚀性好。常用的增塑剂有邻苯二甲酸酯类、磷酸酯类等。

3. 润滑剂

润滑剂是指为了改进塑料熔体的流动性，防止塑料在挤出、压延、注射等加工过程中对设备发生黏附现象，改进制品的表面光洁程度，降低界面黏附而加入的添加剂。润滑剂是塑料中重要的添加剂之一，对成型加工和对制品质量有着重要的影响，尤其对聚氯乙烯塑料在加工过程中是不可缺少的添加剂。常用的润滑剂有液状石蜡、硬脂酸与硬脂酸盐等。

4. 填充剂

在塑料中加入填充剂的目的一方面是降低产品的成本，另一方面是改善产品的某些性能，如增加制品的硬度、提高尺寸稳定性等。根据填料的化学组成不同，填充剂可分为有机料和无机填料两类；根据填料的形状可分为粉状、纤维状和片状等。常用的有机填料有木粉、棉布和纸屑等；常用的无机填料有滑石粉、石墨粉、石棉、云母及玻璃纤维等。填料应满足以下要求：易被树脂浸润，与树脂有好的黏附性，本身性质稳定、价廉、来源广。

5. 着色剂

着色剂是指使塑料制品具有绚丽多彩性的一种添加剂。着色剂除满足色彩要求外，还具有附着力强、分散性好、在加工和使用过程中保持色泽不变、不与塑料组成成分发生化学反应等特性。常用的着色剂是一些有机或无机染料或颜料。

6. 其他添加剂

为使塑料适于各种使用要求和具有各种特殊性能，常加入一些其他添加剂，如掺加阻燃剂可阻止塑料的燃烧，并使之具有自熄性；掺入发泡剂可制得泡沫塑料等。

10.1.3 塑料的主要性质

作为建筑材料,塑料的主要特性如下。

(1) 密度小。塑料的密度一般为 1000~2000 kg/m³,为天然石材密度的 1/3~1/2,为混凝土密度的 1/2~2/3,仅为钢材密度的 1/8~1/4。

(2) 比强度高。塑料及制品的比强度高(材料强度与密度的比值)。玻璃钢的比强度超过钢材和木材。

(3) 导热性低。密实塑料的热导率一般为 0.12~0.80 W/(m·K)。泡沫塑料的导热系数接近于空气,是良好的隔热、保温材料。

(4) 耐腐蚀性好。大多数塑料对酸、碱、盐等腐蚀性物质的作用具有较高的稳定性。热塑性塑料可被某些有机溶剂溶解;热固性塑料则不能被溶解,仅可能出现一定的溶胀。

(5) 电绝缘性好。塑料的导电性低,又因热导率低,是良好的电绝缘材料。

(6) 装饰性好。塑料具有良好的装饰性能,能制成线条清晰、色彩鲜艳和光泽动人的塑料制品。

10.2 建筑塑料的应用

塑料的种类虽然很多,但在建筑上广泛应用的仅有十多种,并均加工成一定形状和规格的制品。

10.2.1 塑料门窗

生产塑料门窗的能耗只有钢窗的 26%,1 t 聚氯乙烯树脂所制成的门窗相当于 10 m³ 杉原木所制成的木门窗,并且塑料门窗的外观平整,色泽鲜艳,经久不褪,装饰性好。其保温、隔热、隔声、耐潮湿、耐腐蚀等性能,均优于木门窗、金属门窗,外表面不需涂装,能在-40~70℃的环境温度下使用 30 年以上。所以塑料门窗是理想的代钢、代木材料,也是国家积极推广发展的新型建筑材料。

目前塑料门窗主要采用改性聚氯乙烯,并加入适量的各种添加剂,经混炼、挤出等工序而制成塑料门窗异型材;再将异型材经机械加工成不同规格的门窗构件,组合拼装成相应的门窗制品。

塑料门窗分为全塑门窗和复合塑料门窗。复合塑料门窗是在门窗框内部嵌入金属型材以增强塑料门窗的刚性,提高门窗的抗风压能力。增强用的金属型材主要为铝合金型材和钢型材。塑料门按其结构形式分为镶嵌门、框板门和折叠门;塑料窗按其结构形式分为平开窗、上旋窗、下旋窗、垂直滑动窗、垂直旋转窗、垂直推拉窗、水平推拉窗和百叶窗等。塑料门窗的性能指标应满足《未增塑聚氯乙烯(PVC-U)塑料门窗力学性能及耐候性试验方法》(GB/T 11793—2008)、《未增塑聚氯乙烯(PVC-U)塑料窗》(JG/T 140—2005)的规定。

10.2.2 塑料管材

塑料管材代替铸铁管和镀锌钢管，具有重量轻、水流阻力小、不结垢、安装使用方便、耐腐蚀性好、使用寿命长等优点，并且生产、使用能耗低。如塑料上水管比传统钢管节能62%～75%，塑料排水管比铸铁管节能55%～68%；塑料管的安装费用为钢管的60%左右，材料费用仅为钢管的30%～80%，生产能源可节省80%。因而在城市住宅建筑中广泛使用塑料排水管，硬聚氯乙烯塑料管在一些城市中的使用率达到90%左右，最大管径为630 mm。我国在"十五"规划中确定：塑料管在全国各类管道中市场占有率达到50%以上，其中，建筑排水管道70%采用塑料管，建筑雨水排水管道50%采用塑料管，城市排水管道20%采用塑料管，建筑给水、热水供应管道和供暖管道60%采用塑料管，城市供水管道(DN400 mm以下)50%采用塑料管，村镇供水管道60%采用塑料管，城市燃气管道(中低压管)50%采用塑料管，建筑电线护套管80%采用塑料管。所以，塑料管的应用被列为国家重点推广项目之一。随着塑料管道的原料合成生产、管材管件制造技术、设计理论和施工技术等方面的发展和完善，使得塑料管道在市政公用管道工程中占据了相当重要的地位。2005年底，全国塑料管道生产能力达到350多万吨，实际生产量达到240万吨，工程使用量达到200万吨，其中，市政公用工程塑料管使用量约为100万吨，市场占有率达到30%左右。城镇化进程加快，将带动城市基础设施建设发展，市政公用管道需求量将会增加。据有关专家按建设行业发展规划测算，"十一五"期间，平均每年塑料管道工程用量将超过200万吨，其中市政公用工程与建筑工程用量将达到150万吨以上，而建筑室内管道每年需求量约30亿米(约合塑料管50万吨)。

目前我国生产的塑料管材质，主要有聚氯乙烯、聚乙烯和聚丙烯等通用热塑性塑料及酚醛、环氧、聚酯等类热固性树脂玻璃钢和石棉酚醛塑料、氟塑料等。它们广泛用于房屋建筑的自来水供水系统配管；排水、排气和排污卫生管；地下排水管、雨水管以及电线安装配套用的电线电缆等。

1. 硬聚氯乙烯管材

硬聚氯乙烯(UPVC)管材是以聚氯乙烯树脂为主要原料，并加入稳定剂、抗冲击改性剂和润滑剂等助剂，经捏合、塑炼、切粒、挤出成型加工而成。

硬聚氯乙烯管材广泛适用于化工、造纸、电子、仪表、石油等工业的防腐蚀流体介质的输送管道(但不能用于输送芳烃、脂烃、芳烃的卤素衍生物、酮类及浓硝酸等)，农业上的排灌类管，建筑、船舶、车辆扶手及电线电缆的保护套管等。

硬聚氯乙烯管材的常温使用压力：轻型的不得超过0.6 MPa，重型的不得超过1 MPa。管材使用范围为0～50℃。

建筑排水用硬聚氯乙烯管材的物理力学性能如表10-1所示。

表10-1 硬聚氯乙烯管材的物理力学性能(GB/T 5836.1—2006)

检测项目	技术指标	试验方法
密度/(kg/m³)	1350～1550	《塑料非泡沫塑料密度的测定》(GB/T 1033—2008)中4.1A法
维卡软化温度(VST)/℃	≥79	《热塑性塑料管材、管体维卡软化温度的测定》(GB/T 8802—2001)
纵向回缩率(%)	≤5	《热塑性塑料管材纵向回缩率的测定》(GB/T 6671—2001)

续表

检测项目	技术指标	试验方法
二氯甲烷浸渍试验	表面变化不劣于 4 L	《硬聚氯乙烯(PVC-U)管材 二氯甲烷浸渍试验方法》(GB/T 13526—2007)
拉伸屈服强度/MPa	≥40	《热塑性塑料管材 拉伸性能的测定》(GB/T 8804.2—2003)
落锤冲击试验 TIR	TIR≤10%	《热塑性塑料管材 耐外冲击性能的测试》(GB/T 14152—2001)

2. 硬聚氯乙烯生活饮用水和农用排灌管材、管件

硬聚氯乙烯(UPVC)生活饮用水和农用排灌管材，是以卫生级聚氯乙烯树脂为主要原料，加入适当助剂，经挤出和注塑成型的塑胶管材、管件。其中给水用硬聚氯乙烯(UPVC)生活饮用水管材按标准《给水用硬聚氯乙烯(PVC-U)管件》(GB 10002.1—2006)执行；管件按标准《给水用硬聚氯乙烯(PVC-U)管件》(GB 10002.2—2003)执行。该系列产品除具有建筑排水系列的一般优良物理力学性能外，还具有以下性能要求。

(1) 卫生无毒：采用卫生级聚氯乙烯树脂和进口无毒助剂加工成型。

(2) 外观：管材内外表面应光滑，无明显划痕、凹陷、可见杂质和其他影响达到本部分要求的表面缺陷。管材端面应切割平整并与轴线垂直。管材应不透光。

(3) 壁厚偏差：管材同一截面的壁厚偏差不得超过 14%。

(4) 管材的弯曲度应符合表 10-2 的规定。

表 10-2 生活饮用水管材弯曲度规定

公称外径/mm	≤32	40～200	≥225
弯曲度(%)	不规定	≤1.0	≤0.5

注：弯曲度指同一方向弯曲，不允许呈 S 形。

(5) 物理力学性能应符合表 10-3 的规定。

表 10-3 生活饮用给水管材物理力学性能

试验项目	技术指标
密度	1350～1460 kg/m^3
维卡软化温度	≥80℃
纵向回缩率	≤5%
二氯甲烷浸渍试验(15℃，15 min)	表面变化不劣于 4 N
落锤冲击试验	0℃冲击，TIR*≤5%
液压试验	无破裂，无渗漏

*表示表 10-3 中的检验属形式检验用，其 TIR 计算式如下

$$TIR(真冲击率) = \frac{破坏总数}{总冲击数}$$

该塑料管主要适用于城镇供水及农业排灌工程。对农用排灌要求主要是压力能承受(0.6～0.8 MPa 压力)，而卫生性能不作要求。

对于黏结承口系列产品，应选用相应的无毒聚氯乙烯黏结剂，其余的安装方法均与建筑排水用系列管材、管件方法相同。

3. 聚乙烯塑料管

聚乙烯塑料管以聚乙烯树脂为原料，配以一定量的助剂，经挤出成型、加工而成。其产品性能、特点及要求如下。

(1) 产品具有质轻、耐腐蚀、无毒、易弯曲、施工方便等特点。

(2) 该产品分为两类，一类是低密度(高压)聚乙烯，其密度低(质软)、机械强度及熔点较低；另一类是高密度(低压)聚乙烯，其密度较高、刚性较大、机械强度及熔点较高。技术要求按《给水用聚乙烯(PE)管材》(GB/T 13663—2000)标准执行。

(3) 管材颜色一般为蓝色或黑色。

(4) 管材外观要求内外表面应清洁、光滑，不允许有气泡、明显的划伤、凹陷、杂质、颜色不均等缺陷。管端头应切割平整，并与管轴线垂直。

(5) 管材的物理性能应符合表 10-4 的规定；饮水用卫生要求的性能应符合《食品包装用聚乙烯成型品卫生标准》(GB 9687—1988)的规定。

表 10-4 管材物理性能的规定

检测项目		技术指标	试验方法
断裂伸长率(%)		≥350	《热塑性塑料管材 拉伸性能测定》(GB/T 8804.2—2003)
纵向回缩率(110℃)(%)		≤3	《热塑性塑料管材纵向回缩率的测定》(GB/T 6671—2001)
氧化诱导时间(200℃)/min		≥20	《聚乙烯管材与管件热稳定性试验方法》(GB/T 17391—1998)
液压试验	温度：20℃ 时间：100 h 环向应力：8～12.4 MPa	不破裂 不渗漏	《流体输送用热塑性塑料管耐内压试验》(GB/T 6111—2003)
	温度：80℃ 时间：165h(1000 h) 环向应力：3.5～5.5 MPa(3.2～5.0 MPa)	不破裂 不渗漏	《流体输送用热塑性塑料管耐内压试验》(GB/T 6111—2003)

聚乙烯塑料管一般用于建筑物内外(架空或埋地)输送液体、气体、食用液(如给水用)等。这里引用的标准不适用于输送温度超过 45℃水的管材。

应用聚乙烯塑料管时要注意以下技术要点。

(1) 聚乙烯塑料自来水管采用活接式管件连接。

(2) 施工时管道长度按实测尺寸用手锯锯下，再用开槽刀在管端转动数圈开出一条挡槽圈，然后逐一套上螺帽、挡圈、打滑圈、橡胶圈(安装要按顺序)，最后将管子插进管件，拧紧螺帽。也可利用车床切削加工方法在塑料管材上开槽。

(3) 管子的切断可用钢锯、木工锯、电工刀，但不可用砂轮切管机。

(4) 管子切断面应平整，其平直度应小于 2 mm。

(5) 塑料螺帽可用钩子扳手拧紧，应注意不可随意加大力矩以防螺帽胀裂。

4. 聚丙烯(PP)塑料管

聚丙烯(PP)塑料管与其他塑料管相比,具有较高的表面硬度和表面光洁度,流体阻力小,使用温度范围为100℃以下;许用应力为5 MPa;弹性模量为130 MPa。聚丙烯管多用作化学废料排放管、化验室废水管、盐水处理管及盐水管道(包括酸性石油盐水)。由于其材质轻、吸水性差以及耐土壤腐蚀,常用于灌溉、水处理及农村供水系统。在国外,聚丙烯管广泛用于新建房屋的室内地面加热。利用聚丙烯管坚硬、耐热、防腐、使用寿命长(50年以上)和价格低廉等特点,将小口径聚丙烯管按房屋温度、梯度差别埋在地坪混凝土内(即温度低的部位管子分布得密一些),管内热载体(水)温度不得超过65℃,将地面温度加热至26~28℃,以获得舒适的环境温度。这与一般暖气设备相比可节约能耗20%。

5. 无规共聚聚丙烯(PP-R)塑料管

PP管的使用温度有一定的限制,为此可以在丙烯聚合时掺入少量的其他单体,如乙烯、1-丁烯等进行共聚。由丙烯和少量其他的单体共聚的PP称为共聚PP,共聚PP可以减少聚丙烯高分子链的规整性,从而减少PP的结晶度,达到提高PP韧性的目的。共聚聚丙烯又分为嵌段共聚聚丙烯和无规共聚聚丙烯(PP-R)。PP-R具有优良的韧性和抗温度变形性能,能耐95℃以上的沸水,低温脆化温度可降至-15℃,是制作热水管的优良材料,现已在建筑工程中广泛应用。

聚丙烯塑料管具有质轻、耐腐蚀、耐热性较高、施工方便等特点,通常采用热熔接的方式,有专用的焊接和切割工具,有较高的可塑性。价格也很经济,保温性能很好,管壁光滑,一般价格在每米6~12元(4分管),不包括内外丝的接头。一般用于内嵌墙壁,或者深井预埋管中。

聚丙烯塑料管适用于化工、石油、电子、医药、饮食等行业及各种民用建筑输送流体介质(包括腐蚀性流体介质),也可作自来水管、农用排灌、喷灌管道及电器绝缘套管之用。

聚丙烯塑料管的连接多采用胶黏剂黏接,目前市售胶黏剂种类很多,采用沥青树脂胶黏剂较为廉价,其配方和性能如表10-5所示。

表10-5 沥青树脂胶黏剂的配方和性能

配方		技术性能	
原料名称	重量比	测试项目	指标
沥青	100	耐水性	较好
EVA树脂	30	软化点/℃	65左右
石油树脂	20	剪切强度(20℃)/MPa	1.11
石蜡	3	剪切强度(0℃)/MPa	0.60
抗氧剂1010	0.1	抗水压能力/MPa	>0.3
抗氧剂DLTP	0.1	耐介质能力	稳定

6. 玻璃钢落水管、落水斗

玻璃钢落水管、落水斗是以不饱和聚酯树脂为胶黏剂,以玻璃纤维制品为增强材料,一般采用手糊成型法制成。

该产品具有重量轻、强度高、不生锈、耐腐蚀、耐高低温、色彩鲜艳及施工、维修、保养简便等特点，适用于各种建筑物的屋面排水，也可用于工业、家庭废水及污水的排水。

10.2.3 塑料楼梯扶手

塑料楼梯扶手是以聚氯乙烯树脂为主要原料，加入适量稳定剂、润滑剂、着色剂等辅料，经挤压成型的一种硬质聚氯乙烯异型材。产品具有平滑光亮、手感舒适、造型大方、牢固耐用、花色齐全、安装简便等优点，适用于工业、民用建筑的楼梯扶手，走廊与阳台的栏杆扶手；公用建筑宾馆、商场的楼梯扶手和栏杆扶手；船舶工业用于楼梯与栏杆扶手。

10.2.4 塑料装饰扣(条)板、线

塑料装饰扣(条)板、线是以聚氯乙烯树脂为原料，加入适量助剂，经挤出而成。产品具有光洁、色彩鲜艳、耐压、耐老化、耐腐蚀、防潮隔湿、保温隔声、阻燃自熄、不霉烂与不开裂变形等优点，适用于各类民用建筑的装修。

10.2.5 塑料地板砖

塑料地板砖称为半硬质聚氯乙烯块状塑料地板，简称塑料地板。它是以聚氯乙烯及其共聚树脂为主要原料，加入填料、增塑剂、稳定剂与着色剂等辅料经压延、挤出或热压工艺所生产的单层和同质复合的半硬质块状塑料地板，是较为流行、应用广泛的地面装饰材料，产品适用于建筑物内一般地坪敷面，特别适合居室一般地面装饰选用。

塑料地板砖柔韧性好、步感舒适、隔声、保温、耐腐蚀、耐灼烧、抗静电、易清洗、耐磨损并具有一定的电绝缘性。其色彩丰富、图案多样、平滑美观、价格较廉、施工简便，是一种受用户欢迎的新型地面装饰材料。塑料地板砖适用于家庭、宾馆、饭店、写字楼、医院、幼儿园和商场等建筑物室内和车船等地面装修与装饰。

塑料地板砖一般分为单层和同质复合地板；依颜色分为单色与复色；依使用的树脂分为聚氯乙烯树脂型、氯乙烯-醋酸乙烯型、聚乙烯树脂型、聚丙烯树脂型等。一般商业上通常又分为彩色地板砖、印花地板砖和石英地板砖。石英地板砖是由树脂、增塑剂、稳定剂和颜料制成，引入改性的石英砂作为增强填料，其表面光洁、耐磨性好、寿命长。以碳酸钙或石棉纤维作为填料增强的产品，由于弹性差、易折断，多不被人选用，特别是石棉纤维对人体健康有害，更为用户所摒弃。

10.2.6 玻璃钢卫生洁具

玻璃钢(学名为玻璃纤维增强塑料)，是以玻璃纤维及其制品(如玻璃布、玻璃带、玻璃纤维短切毡片、无捻玻璃粗纱等)为增强材料，以酚醛树脂、不饱和聚酯树脂和环氧树脂等为胶黏剂，经过一定的成型工艺制作而成的复合材料。用量最大的是不饱和聚酯树脂。

玻璃钢的性能主要取决于合成树脂和玻璃纤维的性能、两者的相对含量以及两者间的黏结力。合成树脂和玻璃纤维的强度越高，特别是玻璃纤维的强度越高，则玻璃钢的强度越高。玻璃钢属于各向异性材料，其强度与玻璃纤维的方向密切相关，以纤维方向的强度

最高,玻璃布层与层之间的强度最低。在玻璃布的平面内,径向强度高于纬向强度,沿45°方向的强度最低。

采用玻璃钢材料制成的玻璃钢卫生洁具壁薄质轻、强度高、耐水耐热、耐化学腐蚀、经久耐用,适用于旅馆、住宅、车和船的卫生间。玻璃钢浴盆的技术性能如表10-6所示。

表10-6 玻璃钢浴盆的技术性能

项目名称	指标要求	检验方法
胶衣韧性试验	胶衣层不产生裂纹	用100 g重的钢球从2 m高处落到浴盆底面
胶衣开裂试验	胶衣层不产生裂纹、气泡等缺陷	在0.8 MPa高压试验器中加热1h(50 mm×50 mm试样试验)
耐煮沸性	表面不生成裂纹、气泡和显著的褪色	浴盆内放入90℃以上热水,反复进行12次
耐盐酸试验	不产生裂缝、变色和玻璃纤维裸露	滴下3%浓度的盐酸1 mL
重锤冲击试验	不漏水	用1 kg重的钢球从2 m高处落到浴盆底面,检查有无漏水
砂袋冲击试验	不产生裂缝	用18 kg重的砂袋从2 m高处落到浴盆底面,检查胶衣与本体有无剥离和有无裂纹
满水时变形	底面排水口:1 mm以下 上缘面:2 mm以下	在平台上用精度在1/100 mm以上的千分表测定
硬度测定	柯巴尔硬度30以上	用柯巴尔硬度计测定
拉伸强度	干态0.6 MPa以上,煮沸后0.4 MPa以上	层压板拉伸法试验
吸水率/%	0.5以内	在蒸馏水中浸泡24 h
玻璃含量/%	20以上	取玻璃钢材料试样放到坩埚中烧去树脂

10.2.7 泡沫塑料

泡沫塑料是在树脂中加入发泡剂,经发泡、固化或冷却等工序而制成的多孔塑料制品。泡沫塑料的孔隙率高达95%~98%,且孔隙尺寸小于1.0 mm,因而具有优良的隔热保温性。建筑上常用的泡沫塑料有聚苯乙烯泡沫塑料、聚氯乙烯泡沫塑料、聚氨酯泡沫塑料和脲醛泡沫塑料等。

10.3 建筑塑料的发展动态

节能成为塑料建材发展利器

传统建材能源消耗高、资源消耗大,而新兴的建材则在能源节约上有了巨大进步。据了解,塑料门窗、塑料管材等塑料制品,无论在生产和使用中,能耗都远低于其他建筑材料。在生产能耗方面,建筑塑料制品仅分别为钢材、铝材的25%和12.5%,硬质PVC塑料生产能耗仅为铸铁管和钢管的30%~50%;在使用过程中,塑料给水管比金属管约可降低输水能耗50%,如PVC管材用于给水比钢管可节能62%~75%,用于排水比铸铁管可节能55%~68%。

资料显示，在建筑中，约有一半的热能是通过门窗传递的，因此其保温和气密性能对建筑能耗有直接影响。目前，我国建筑门窗平均能耗约为发达国家的 1.5～2.2 倍，门窗空气渗透率则为 3～6 倍，能耗高的重要原因之一就是国内钢质、铝质等金属门窗用量偏高，而具有较低热传导系数、节能效果明显的塑料门窗用量偏低。据试验数据，塑料门窗可节约采暖和空调能耗 30%～50%。

由于塑料建材明显具有节能优势，已引起人们越来越多的重视和使用。近年来，随着建筑和装修业的发展，我国塑料建材整体质量普遍提高，数量成倍增长。据海关统计，2004年，我国各类塑料建材出口额共 8 亿多美元。其中，塑料管材、管件制品 2 亿美元，塑料地板砖、地板革等块状塑料铺地制品 1.8 亿美元，其他类塑料制品 2.6 亿美元。这其中，塑料管材及配件制品出口额同比增长 42.3%；块状塑料铺地制品出口额同比增长 262%。

同时，塑料建材也从原来的以内装饰件为主开始向结构件、功能件发展。除了塑料地板、墙体内装饰件用量保持稳定增长外，高分子塑料模板、外墙保温板、塑料加强砖等得到越来越多的应用，尤其是塑料型材、管材已成为应用最广泛的塑料建材品种。现在全国 30%以上的地区应用了新型塑料管材，东北、内蒙古等地一些城镇 40%以上的新建住宅都使用了塑料门窗，青岛、大连 80%以上的新建住宅使用了塑料窗。

优越的节能特性，使塑料建材产业成为我国重要的经济增长点，国家也给予了众多政策支持。建设部《民用建筑节能管理规定》明确提出，国家鼓励发展新型节能塑料门窗和房屋保温、隔热技术；在《国家化学建材产业 2010 年发展规划纲要》中，国家将塑料建材列为建材行业发展的重点；在《关于加速化学建材推广应用和限制淘汰落后产品的规定》等政策中，不止一次提出要使用新型塑料门窗、管材替代原有合金门窗和铸铁水管；建设部在《建筑节能技术政策》中，将节能型塑料建材技术作为节约建筑能耗的关键技术之一。这些政策和措施，大大加强了塑料建材推广应用的力度，使塑料建材迅速崛起成为塑料行业的支柱产业。

政府在大力推广新型节能塑料建材应用的同时，加强了产学研合作，建立了国家级塑料建材研发中心及示范基地，以使我国的塑料建材行业得以规模化、规范化发展。目前我国塑料建材行业最成熟的是塑料管道行业。全国塑料管道年出口额已达 1.4 亿美元，占全行业的 40%以上，而塑料管道也是国家政策扶持力度最大的。

预计今后 5～15 年，我国每年竣工建筑面积将超过 10 亿平方米，在国家各种建筑节能政策引导下，塑料建材市场可望得到更迅猛的发展。据专家估计，到 2015 年，我国各种建筑塑料管和塑料门窗平均市场占有率将分别达到 50%和 30%，需要各种塑料管与门窗型材约 500 万吨，加上高分子防水材料、装饰装修材料、保温材料及其他建筑用塑料制品，总需求量约 1000 万吨。塑料建材行业呈现欣欣向荣的局面，广大企业要抓住这一有利时机，将我国塑料建材业提升到一个新高度。

(摘自：全国塑料加工工业信息中心，2005-11-1)

复习思考题

1. 什么是塑料？塑料主要由哪些成分组成？
2. 树脂有哪几种分类方法？各是如何分类的？
3. 添加剂有哪几种？在塑料中各起什么作用？

4. 塑料有几种分类方法？各是怎样进行分类的？
5. 热塑性塑料有哪些种类？各种类的特点及用途是什么？
6. 热固性塑料有哪些种类？各种类的特点及用途是什么？
7. 什么是玻璃钢？试述其性能和用途。

第 11 章　木材及其制品

本章学习内容与目标

- 了解木材的构造、综合利用及其特点。
- 掌握木材的物理力学性质。

木材是最古老的建筑材料之一，虽然现代建筑所用承重构件，早已被钢材或混凝土等替代，但木材因其美观的天然纹理，装饰效果较好，所以仍被广泛用作装饰与装修材料。不过由于木材具有构造不均匀、各向异性、易吸湿变形和易腐易燃等缺点，且树木生长周期缓慢、成材不易等原因，在应用上了受到限制，因此对木材的节约使用和综合利用是十分重要的。

11.1　天然木材及其性能

木材是由树木加工而成的。树木分为针叶树和阔叶树两大类。

针叶树的树叶细长呈针状，多为常绿树；树干高而直，纹理顺直，材质均匀且较软，易于加工，又称"软木材"；表观密度和胀缩变形小，耐腐蚀性好，强度高。建筑中多用于承重构件和门窗、地面和装饰工程，常用的有松树、杉树和柏树等。

阔叶树树叶宽大、叶脉呈网状，多为落叶树；树干通直部分较短，材质较硬，又称"硬(杂)木"；表观密度大，易翘曲开裂。加工后木纹和颜色美观，适用于制作家具、室内装饰和制作胶合板等。常用的树种有榆树、水曲柳和柞木等。

木材的构造是决定木材性质的主要因素。树种的不同以及生长环境的差异使其构造差别很大。研究木材的构造通常从宏观和微观两个方面进行。

11.1.1　木材的宏观构造

木材的宏观构造用肉眼和放大镜就能观察到，通常从树干的三个切面来进行剖析，即横切面(垂直于树轴的面)、经切面(通过树轴的纵切面)和弦切面(平行于树轴的纵切面)。木材的宏观构造如图 11-1 所示。由图可见，树木由树皮、木质部和髓心三个主要部分组成。

髓心是树木最早形成的木质部分，它易于腐朽，故一般不用。

建筑使用的木材都是树木的木质部，木质部的颜色不均一，一般而言，接近树干中心者木色较深，称心材；靠近外围的部分色较浅，称边材。心材比边材的利用价值要大些。

从横切面上看到木质部具有深浅相间的同心圆环，即所谓的年轮。在同一年轮内，春天生长的木质，色较浅，质较松，成为春树(早材)；夏秋两季生长的木质，色较深，质较密称为夏材(晚材)。相同的树种，年轮越密而均匀，材质越好；夏材部分越多，木材强度越高。

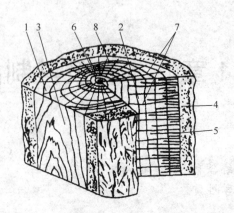

图 11-1 木材的宏观构造

1—横切面；2—径切面；3—弦切面；4—树皮；5—木质部；6—髓心；7—髓线；8—年轮

从髓心向外的辐射线，称为髓线。它与周围连接较差，木材干燥时易沿此开裂。年轮和髓线组成了木材魅力的天然纹理。

11.1.2 木材的微观构造

在显微镜下所看到的木材细胞组织，称为木材的微观构造。用显微镜可以观察到，木材是由无数管状细胞紧密结合而成的，它们大部分纵向排列，而髓线是横向排列。每个细胞都由细胞壁和细胞腔组成，细胞壁由细纤维组成，其纵向连接较横向牢固。细胞壁越厚，细胞腔越小，木材越密实，其表观密度和强度也越高，胀缩变形也越大。木材的纵向强度高于横向强度。

针叶树和阔叶树的微观构造有较大差别，如图 11-2 和图 11-3 所示。针叶树材微观构造简单而规则，主要由管胞、髓线和树脂道组成，其髓线较细而不明显。阔叶树材微观构造较复杂，主要由木纤维、导管和髓线组成。它的最大特点是髓线发达，粗大而明显，这是区别于针叶树材的显著特点。

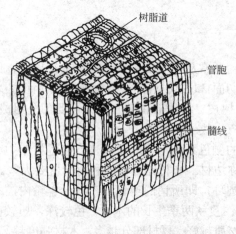

图 11-2 针叶树马尾松微观构造

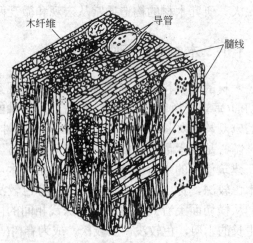

图 11-3 阔叶树柞木微观构造

11.1.3　木材的物理性能

木材的物理性能主要有密度、含水量与湿胀干缩等，其中含水量对木材的物理力学性质影响很大。

1. 木材的密度与表观密度

木材的密度平均约为 $1.55\ g/cm^3$，表观密度平均为 $0.50\ g/cm^3$，表观密度的大小与木材种类和含水率有关，通常以含水率为15%(标准含水率)时的表观密度为准。

2. 木材的含水量

木材的含水量用含水率表示，是指木材中所含水的质量占干燥木材质量的百分数。木材中所含水分不同，对木材性质的影响也不一样。

1) 木材中的水分

木材吸水的能力很强，其含水量随所处环境的湿度变化而异，所含水分由自由水、吸附水和结合水三部分组成。自由水是存在于木材细胞腔和细胞间隙中的水分；吸附水是被吸附在细胞壁内细纤维之间的水分；结合水为木材化学成分中的结合水。自由水的变化只与木材的表观密度、饱水性、燃烧性及干燥性等有关。而吸附水的变化是影响木材强度和胀缩变形的主要因素。结合水在常温下不变化，故其对木材性质无影响。

2) 木材的纤维饱和点

当木材中无自由水，而细胞壁内吸附水达到饱和时，这时的木材含水率称为纤维饱和点。木材的纤维饱和点随树种而异，一般介于25%～35%，通常取其平均值，约为30%。纤维饱和点是木材物理力学性质发生变化的转折点。

3) 木材的平衡含水率

木材中所含的水分随着环境温度和湿度的变化而改变，当木材长时间处于一定温度和湿度的环境中时，木材中的含水量最后会达到与周围环境湿度相平衡，这时木材的含水率称为平衡含水率。图11-4为木材在不同温度和湿度环境条件下的平衡含水率。木材的平衡含水率是木材进行干燥时的重要指标。木材的平衡含水率随其所在地区的不同而异，我国北方为12%左右，南方约为18%，长江流域一般为15%。

3. 木材的湿胀与干缩变形

木材细胞壁内吸附水含量的变化会引起木材的变形，即湿胀干缩。当木材的含水率在纤维饱和点以下时，表明水分都吸附在细胞壁的纤维上，它的增加或减少能引起体积的膨胀或收缩；而当木材含水率在纤维饱和点以上，只是自由水增减变化时，木材的体积不发生变化。如图11-5所示，纤维饱和点是木材发生湿胀干缩变形的转折点。

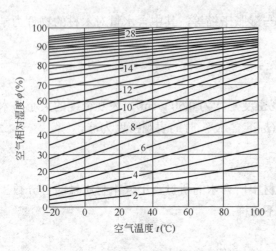
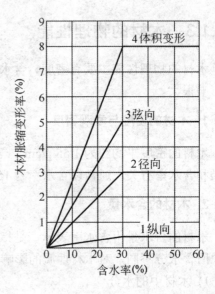

图 11-4 木材的平衡含水率　　　　图 11-5 木材含水率与涨缩变形的关系

由于木材为非匀质构造，故其胀缩变形各向不同，顺纹方向最小，径向较大，弦向最大。木材弦向胀缩变形最大，是因受管胞横向排列的髓线与周围连接较差所致。因此，湿材干燥后，其截面尺寸和形状会发生明显的变化，如图 11-6 所示。另外，木材的湿胀干缩变形还随树种的不同而异，一般来说，表观密度大、夏材含量多的木材，胀缩变形较大。

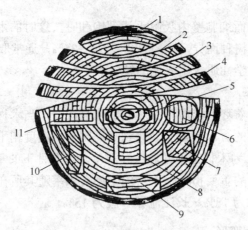

图 11-6 木材的干缩变形

1—边板呈橄榄核形；2、3、4—弦锯板呈瓦形反翘；5—通过髓心的径锯板呈纺锤形；
6—圆形变椭圆形；7—与年轮成对角线的正方形变菱形；8—两边与年轮平行的正方形变长方形；
9—弦锯板翘曲成瓦形；10—与年轮呈 40°角的长方形呈不规则翘曲；11—一边材径锯板收缩较均匀

湿胀干缩将影响木材的使用。干缩会使木材翘曲、开裂，接榫松动与拼缝不严；湿胀可造成表面鼓凸。所以木材在加工或使用前应预先进行干燥，使木材干燥至其含水率与使用环境常年平均平衡含水率相一致。

11.1.4 木材的力学性能

1. 木材的强度种类

在建筑结构中,木材常用的强度有抗拉、抗压、抗弯和抗剪强度。由于木材的构造各向不同,致使各向强度有差异,因此木材的强度有顺纹强度和横纹强度之分。所谓顺纹是指作用力方向与纤维方向平行;横纹是指作用力方向与纤维方向垂直。木材的顺纹强度比其横纹强度要大得多,所以工程上均充分利用它们的顺纹强度。

当木材的顺纹抗压强度为 1 时,木材的其他各向强度之间的大小关系如表 11-1 所示。

表 11-1 木材各强度的大小关系

抗 压		抗 拉		抗弯	抗 剪	
顺 纹	横 纹	顺 纹	横 纹		顺 纹	横 纹
1	1/10~1/3	2~3	1/20~1/3	3/2~2	1/7~1/3	1/2~1

另外,木材在生长中形成的一些缺陷,如木节、斜纹、夹皮、虫蛀、腐朽等对木材的抗拉强度的影响极为显著,因而造成实际上木材的顺纹抗拉强度反而低于顺纹抗压强度。

2. 影响木材强度的主要因素

木材强度除由本身组织构造因素决定外,还与含水率、负荷持续时间、温度及疵病等因素有关。

1) 含水率

木材含水率在纤维饱和点以下时,含水率降低,吸附水减少,细胞壁紧密,木材强度增加;反之,强度降低。当含水率超过纤维饱和点时,只是自由水变化,木材强度不变。木材含水率对其各种强度的影响程度是不相同的,受影响最大的是顺纹抗压强度,其次是抗弯强度,对顺纹抗剪强度影响小,影响最小的是顺纹抗拉强度,如图 11-7 所示。

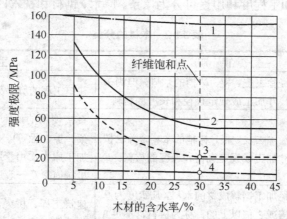

图 11-7 含水率对木材强度的影响

1—顺纹抗拉;2—抗弯;3—顺纹抗压;4—顺纹抗剪

2) 负荷时间

木材对长期荷载的抵抗能力与对暂时荷载不同。木材在长期荷载作用下不致引起破坏的最大强度，称为持久强度。木材的持久强度比其极限强度小得多，一般为极限强度的50%~60%。这是由于木材在较大外力作用下产生等速蠕滑，经过长时间以后，最后达到急剧产生大量连续变形而导致破坏。因此，在设计木结构时，应考虑负荷时间对木材强度的影响，一般应以持久强度为依据。

3) 温度

温度对木材强度有直接影响，木材随环境温度升高强度会降低。当温度由25℃升到50℃时，将因木纤维和其间的胶体软化等原因，针叶树的抗拉强度降低10%~15%，抗压强度降低20%~24%。当木材长期处于60~100℃温度下时，会引起水分和所含挥发物的蒸发，而呈暗褐色，强度下降，变形增大。温度超过140℃时，木材中的纤维素发生热裂解，色渐变黑，强度明显下降。因此，环境温度长期超过50℃时，不应采用木结构。

4) 疵病

木材在生长、采伐、保存过程中，所产生的内部和外部的缺陷，统称为疵病。木材的疵病主要有木节、斜纹、裂纹、腐朽和虫害等。这些疵病会破坏木材的构造，造成材质的不连续性和不均匀性，从而使木材的强度大大降低，甚至会失去使用价值。

5) 夏材率

夏材(晚材)比春材(早材)密实，因而强度也高。木材中夏材率越高，强度也越高。由于夏材率增高，木材的表观密度也增大，故在一般情况下，木材的表观密度大，其强度也高。

11.2 木材制品及综合应用

11.2.1 木材规格

建筑用木材按照加工程度和用途可分为原条、原木、锯材和枕木四类，如表11-2所示。

表11-2 木材的分类

分类名称	说　明	主要用途
原条	系指已经除去皮、根、树梢的木料，但尚未按一定尺寸加工成规定直径和长度的材料	建筑工程的脚手架、建筑用材、家具等
原木	系指已经除去皮、根、树梢的木料，并已按一定尺寸加工成规定直径和长度的材料	直接使用的原木：用于建筑工程(如屋架、檩、椽等)、桩木、电杆、坑木等；加工原木：用于胶合板、造船、车辆、机械模型及一般加工用材等
锯材	系指已经加工锯解成材的木料，凡宽度为厚度的3倍或3倍以上的，称为板材，不足3倍的称为枋材	建筑工程、桥梁、家具、造船、车辆、包装箱板等
枕木	系指按枕木断面和长度加工而成的成材	铁道工程

常用锯材按照厚度和宽度分为薄板、中板和厚板,如表 11-3 所示。针叶树锯材长度为 1~8 m;阔叶树锯材为 1~6 m。2 m 以上长度的按 0.2 m 进级,同时也有 2.5 m 长度的;不足 2 m 的按 0.1 m 进级。

表 11-3 锯材尺寸表 单位:mm

锯材分类	厚 度	宽 度	
		尺寸范围	进 级
薄板	12、15、18、21	50~240	
中板	25、30	50~260	10
厚板	40、50、60	60~300	

锯材有特等锯材和普通锯材之分,普通锯材又分一、二、三等。针叶树和阔叶树锯材按照其缺陷状况进行分等,其等级标准如表 11-4 所示。

表 11-4 锯材的等级规定

缺陷名称	检量方法	允许限度							
		特等锯材	针叶树普通锯材			特等锯材	阔叶树普通锯材		
			一等	二等	三等		一等	二等	三等
活节、死节	最大尺寸不得超过材宽的/%	10	20	40	不限	10	24	40	不限
	任意材长1 m范围内的个数不得超过	3	5	10		2	4	6	
腐朽	面积不得超过所在材面面积的/%	不许有	不许有	10	25	不许有	不许有	10	25
裂纹、夹皮	长度不得超过材长的/%	5	10	30	不限	10	15	40	不限
虫害	任意材长1 m范围内的个数不得超过	不许有	不许有	15	不限	不许有	不许有	8	不限
钝棱	最严重缺角尺寸不得超过材宽的/%	10	25	50	80	15	25	50	80
弯曲	横弯最大拱高不得超过/%	0.3	0.5	2	3	0.5	1	2	4
	顺弯最大拱高不得超过水平长的/%	1	2	3	不限	1	2	3	不限
斜纹	斜纹倾斜程度不得超过/%	5	10	20	不限	5	10	20	不限

11.2.2　木材的主要应用及其装饰效果

尽管当今世界已发展生产了多种新型建筑饰面材料，例如塑料壁纸、化纤地毯、陶瓷面砖、多彩涂料等，但由于木材具有其独特的优良特性，木质饰面给人以一种特殊的优美感觉，所以木材在建筑装饰领域，始终保持着重要的地位。

1. 条木地板

条木地板由龙骨、水平撑、装饰地板三部分构成。多选用水曲柳、柞木、枫木、柚木和榆木。条板宽度一般不大于 120 mm，板厚为 20~30 mm，条木拼缝做成企口或错口，直接铺钉在木龙骨上，端头接缝要相互错开，其拼缝如图 11-8 所示。条木地板自重轻，弹性好，脚感舒服，其热导率小，冬暖夏凉，且易于清洁。这种地板适用于办公室、会议室、会客室、休息室、住宅起居室、卧室、幼儿园及仪器室、健身房等场所。

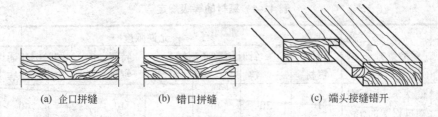

(a) 企口拼缝　　(b) 错口拼缝　　(c) 端头接缝错开

图 11-8　条木地板拼缝

2. 拼花木地板

拼花板材的面层多选用水曲柳、核桃木、栎木、榆木、槐木和柳桉等质地优良、不易腐朽开裂的硬木树材。可通过小木条板不同方向的组合，拼造出多种图案花纹，常用的有正芦席纹、斜芦席纹、人字纹、清水砖墙纹，如图 11-9 所示。拼花木地板纹理美观、耐磨性好，且拼花小木板一般经过远红外线干燥，含水率恒定，因而变形稳定，易保持地面平整、光滑而不翘曲变形。这种地板常用于宾馆、会议室、办公室、疗养院、托儿所、舞厅、住宅和健身房等地面的装饰。

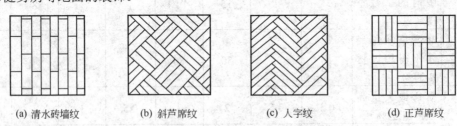

(a) 清水砖墙纹　　(b) 斜芦席纹　　(c) 人字纹　　(d) 正芦席纹

图 11-9　拼花木地板图案

3. 护壁板

在铺设拼花地板的房间内，往往采用护壁板，使室内的材料格调一致，给人一种和谐自然的感受。

4. 木花格

木花格是指用木板和枋木制作的具有若干个分格的木架，一般选用硬木或杉木树材制作，多用作建筑室内的花窗、隔断与博古架等。它能起到调整室内设计的格调、改进空间效能和提高室内艺术质量等作用。

5. 木装饰线条

木装饰线条主要有楼梯扶手、压边线、墙腰线、天花角线、弯线及挂镜线。木装饰线条可增添古朴、高雅与亲切的美感，主要用作建筑物室内墙面的墙腰饰线、墙面洞口装饰线、护壁板和勒脚的压条饰线、门框装饰线、顶棚装饰角线、楼梯栏杆扶手以及高级建筑的门窗和家具等的镶边、贴附组花材料。特别是在我国的园林建筑和宫殿式古建筑的修建工程中，木线条是一种必不可少的装饰材料。

6. 其他装饰

此外，建筑室内还有一些小部位的装饰，也是采用木材制作的，如窗台板、窗帘盒、踢脚板等，它们和室内地板、墙壁互相联系，互相衬托。

11.2.3 木材的综合应用

木材经加工成型材和制作成构件时，会留下大量的碎块废屑，将这些下脚料进行加工处理，就可制成各种人造板材(胶合板原料除外)。常用的人造板材有以下几种。

1. 胶合板

胶合板是用原木旋切成薄片，再用胶按奇数层数及各层纤维互相垂直的方向，黏合热压而成的人造板材。胶合板最高层数可达 15 层，建筑工程中常用的是三合板和五合板。胶合板材质均匀，强度高，无疵病，幅面大，使用方便，板面具有美丽的木纹，装饰性好，而且吸湿变形小，不翘曲开裂。胶合板具有真实、立体和天然的美感，广泛用作建筑物室内隔墙板、护壁板、顶棚板、门面板以及各种家具装修。各类胶合板的特性及适用范围如表 11-5 所示。

表 11-5 胶合板分类、特性及适用范围

分 类	名 称	胶 种	特 性	适用范围
Ⅰ类	耐气候胶合板	酚醛树脂胶或其他性能相当的胶	耐久、耐煮沸或蒸汽处理、耐干热、抗菌	室外工程
Ⅱ类	耐水胶合板	脲醛树脂或其他性能相当的胶	耐冷水浸泡及短时间热水浸泡、不耐煮沸	室外工程
Ⅲ类	不耐潮胶合板	豆胶或其他性能相当的胶	不耐水、不耐湿	室内工程(干燥环境下使用)

2. 密度板

密度板也称纤维板，是将木材加工下来的板皮、刨花和树枝等废料，经破碎浸泡、研

磨成木浆，再加入一定的胶料，经热压成型、干燥处理而成的人造板材。根据成型时温度和压力的不同，纤维板可分为硬质纤维板、半硬质纤维板和软质纤维板三种。生产纤维板可使木材的利用率达90%以上。纤维板构造均匀，各向强度一致，克服了木材各向异性和有天然疵病的缺陷，耐磨、绝热性好，不易翘曲变形和开裂，表面适于粉刷各种涂料或黏贴装裱。

表观密度大于800 kg/m^{3}的硬质纤维板，强度高，可代替木板，在建筑中应用最广，主要用作室内壁板、门板、地板、家具等。通常在板表面施以仿木纹油漆处理，可达到以假乱真的效果。半硬质纤维板的表观密度为400～800 kg/m^3，常制成带有一定孔型的盲孔板，板表面常施以白色涂料，这种板兼具吸声和装饰作用，多用作宾馆等室内顶棚材料。软质纤维板的表观密度小于400 kg/m^3，适合作保温隔热材料。常用规格有1220 mm×2440 mm和1525 mm×2440 mm两种，厚度为2.0～25 mm。

纤维板表面光滑平整、材质细密、性能稳定、边缘牢固，而且板材表面的装饰性好。但耐潮性较差，且相比之下，纤维板的握钉力较刨花板差，螺钉旋紧后如果发生松动，由于强度不高，很难再固定。

纤维板的主要优点：

(1) 变形小，翘曲小。

(2) 有较高的抗弯强度和抗冲击强度。

(3) 很容易进行涂饰加工。各种涂料、油漆类均可均匀地涂在纤维板上，是做油漆效果的首选基材。

(4) 是一种美观的装饰板材。

(5) 各种木皮、胶纸薄膜、饰面板、轻金属薄板等材料均可胶贴在纤维板表面上。

(6) 硬质纤维板经冲制、钻孔，还可制成吸声板，应用于建筑的装饰工程中。

(7) 物理性能极好，材质均匀，不存在脱水问题。中密度板的性能接近于天然木材，但无天然木材的缺陷。

纤维板的主要缺点：

(1) 握钉力较差。

(2) 重量比较大，刨切较难。

(3) 最大的缺点就是不防潮，见水就发胀。在用纤维踢脚板、门套板、窗台板时应该注意六面都刷漆，这样才不会变形。

虽然纤维板的耐潮性、握钉力较差，螺钉旋紧后如果发生松动，不易再固定，但是纤维板表面光滑平整、材质细密、性能稳定、边缘牢固、容易造型，避免了腐朽、虫蛀等问题，在抗弯曲强度和抗冲击强度方面，均优于刨花板，而且板材表面的装饰性极好，比之实木家具外观尤胜一筹。

纤维板主要用于强化木地板、门板、隔墙、家具等，在家装中主要用于混油工艺的表面处理；一般现在做家具用的都是中密度板，因为高密度板密度太高，很容易开裂，所以没有办法做家具。一般高密度板都是用来做室内外装潢、办公和民用家具、音响、车辆内部装饰，还可用作计算机房抗静电地板、护墙板、防盗门、墙板、隔板等的制作材料。它还是包装的良好材料。近年来更是作为基材用于制作强化木地板等。

3. 细木工板

细木工板也称复合木板，俗称大芯板，它由三层木板黏压而成。芯板是由优质天然的木板方经热处理(即烘干室烘干)以后，加工成一定规格的木条，由拼板机拼接而成。拼接后的木板两面各覆盖两层优质单板，再经冷、热压机胶压后制成。细木工板的两面胶黏单板的总厚度不得小于 3 mm。其一般厚度为 20 mm，长为 2000 mm、宽为 1000 mm，表面平整，幅面宽大，可代替实木板，使用非常方便。与刨花板、中密度纤维板相比，其天然木材特性更顺应人类自然的要求；它具有质轻、易加工、握钉力好、不变形等优点，是室内装修和高档家具制作的理想材料。

4. 刨花板、木丝板、木屑板

刨花板、木丝板、木屑板是以木材加工时产生的刨花、木渣、木屑、短小废料刨制的木丝等为原料，经干燥后拌入胶料，再经热压而制成的人造板材。所用胶料可以是动植物胶、合成树脂，也可为水泥、菱苦土等无机胶结料。这类板材表观密度较小，强度较低，主要用作绝热和吸声材料。经饰面处理后，如黏贴塑料贴面后，可用作吊顶、隔墙等材料。主要用于家具和建筑工业及火车、汽车车厢制造。

刨花板按产品密度可分为低密度$(0.25\sim0.45)\mathrm{g/cm}^3$、中密度$(0.55\sim0.70)\mathrm{g/cm}^3$和高密度$(0.75\sim1.3)\mathrm{g/cm}^3$三种，通常生产$(0.65\sim0.75)\mathrm{g/cm}^3$密度的刨花板；按板坯结构分为单层、三层(包括多层)和渐变结构；按耐水性分为室内耐水类和室外耐水类；按刨花在板坯内的排列有定向型和随机型两种。此外，还有非木材材料如棉秆、麻秆、蔗渣、稻壳等所制成的刨花板，以及用无机胶黏材料制成的水泥木丝板、水泥刨花板等。刨花板的规格较多，厚度为1.6～75 mm，以 19 mm 为标准厚度，常用厚度为 13 mm、16 mm、19 mm 三种。

11.3 木材防护

11.3.1 木材腐朽

木材的腐朽为真菌侵害所致。木材受到真菌侵害后，其细胞改变颜色，结构逐渐变松、变脆，强度和耐久性降低，这种现象称为木材的腐蚀或腐朽。

侵害木材的真菌，主要有霉菌、变色菌和腐朽菌等，前两种真菌对木材质量影响很大。腐朽菌寄生在木材的细胞壁中，它能分泌出一种酵素，把细胞壁物质分解成简单的养分，供自身摄取生存，从而使木材产生腐朽，并遭彻底破坏。但真菌在木材中生存和繁殖必须同时具备三个条件：适当的水分、足够的空气和适宜的温度。当空气相对湿度在90%以上，木材的含水率在35%～50%，环境温度在25～30℃时，最适宜真菌繁殖，木材最易腐蚀。

木材除受真菌侵蚀而腐朽外，还会遭受昆虫的蛀蚀。昆虫在树皮内或木材细胞中产卵，孵化成幼虫，幼虫蛀蚀木材，形成大小不一的虫孔。常见的蛀虫有天牛、蠹虫和白蚁等。白蚁是木材的大敌，白蚁常将木材内部蛀空，而外表仍然完好。还有一些海生钻木动物，例如属软体虫的船蛆(海虫)及属甲壳虫的凿船虫，它们危及多种木材，尤其是在暖热海域内,使木船和港口工程用木材遭受破坏。

11.3.2 木材防腐、防虫

木材防腐的基本原理在于破坏真菌及虫类生存和繁殖的条件。常用的方法有两种:一是将木材干燥至含水率在20%以下,保证木结构处在干燥状态,对木结构物采取通风、防潮、表面进行油漆处理,油漆涂层使木材隔绝了空气和水分。另一种方法是将化学防腐剂施加于木材,使木材成为有毒物质,常用的方法有表面喷涂法、浸渍法和压力渗透法等。常用的防腐剂有水溶性的、油溶性的及浆膏类的几种。水溶性防腐剂常用于室内木构件的防腐,如氯化锌、氟化钠、铜铬合剂、硼氟酚合剂和硫酸铜等。油溶性防腐剂的毒性大且持久,不易被水冲走,不吸湿,但有臭味,多用于室外、地下和水下,常用蒽油、煤焦油等。浆膏类防腐剂由粉状防腐剂、油质防腐剂、填料和胶结料按一定比例混合配制而成,有恶臭,木材处理后呈黑褐色,不能油漆,如氟砷沥青等,用于室外木材防腐。

木材虫蛀的防护方法,主要是采用化学药剂处理。一般来说,木材防腐剂也能防止昆虫的危害。

11.4 木材及其制品的发展动态

1. 新型木粉复合木塑材料

这种新型材料是利用天然木材加工废料——锯末进行超细化和表面处理后,与合成树脂复合而成。其中,木粉添加量高达50%以上,外观和手感与天然木材相似,不仅具有木材一样的握钉力和可锯、可刨、可钻的性能,而且吸水率低,受潮不变形,不含甲醛,并具有木材所不具备的阻燃性,应用前景十分广阔。

2. 木塑制品

近年来,我国木塑制品伴随全球环保呼声的高涨开始在建材领域崭露头角,木塑制品是一种新型的绿色建材,具有优良的防腐、防水、防蚀以及可钉、可锯的二次加工性能好等特点。目前,产品主要用于建筑领域的门窗、顶板、模板、地板、屋面板和隔板等。木塑制品的生产原料一是农作物剩余物及木材加工剩余物;二是废旧回收塑料。该制品成本合算,适合于我国木材资源匮乏,建筑用木材消耗量大的特点。木塑制品不吸水、不变形、高效低价、市场前景广阔。

3. 竹木复合建材

日本为有效利用人工林间采伐小径材、竹材,开发出竹木复合建材,开发的竹木复合建材的外观是竹材,但其强度、加工特性、施工性等是普通竹材不能相比的。竹木复合建材的加工方法也较简单,即将竹节内部的节板去除,把事先加工好的圆形木棒插入竹筒作芯材,竹筒与芯材之间的缝隙用树脂填充,使二者构成一体。竹木复合建材具有以下特点。

(1) 由于普通竹材中空，不易进行接合加工，且施工性较差，所以很难被有效利用。圆形木棒插入竹筒作芯材后，就可以同木材一样进行开榫、打孔和钻眼，还可以使用铁钉和木钉等。竹木复合建材除作为建材使用外，在其他领域的用途也相当广泛。

(2) 用金属材料作芯材，其金属两端长出竹筒，再用铁钉或螺钉连接，两端还可用螺母结合，使连接更加牢固。

(3) 若用直径粗细不同的竹材呈同心组合，其缝隙填以树脂，就可加工成似木材年轮的复合建筑材料，其强度可大大超出普通竹材。竹木复合建材的开发，开辟了木材和竹材利用的新途径，同时也可促进人工林间伐材和竹材的有效利用。

(摘自：木材节约简讯，2004-7-25)

复习思考题

1．名词解释：① 自由水；② 吸附水；③ 纤维饱和点；④ 平衡含水率。
2．木材从宏观构造观察有哪些主要组成部分？
3．木材含水率的变化对其性能有什么影响？
4．影响木材强度的因素有哪些？如何影响？
5．木材在建筑装饰中的主要应用有哪些？
6．常用的人造板有哪些？各适用于何处？
7．简述木材的腐蚀原因及防腐方法。

第 12 章 建筑装饰材料

学习内容与目标

- 重点掌握建筑装饰材料的主要类型、特点和用途,能够合理选用建筑装饰材料。
- 了解常用建筑装饰材料的种类、作用、组成和应用方法。

建筑装饰材料一般指主体结构工程完成后,进行室内外墙面、顶棚与地面的装饰、装修所需要的材料,是集功能性和艺术性于一体的工业制品。建筑装饰材料的种类很多,按化学性能可分为无机材料与有机材料;按建筑物装饰部位,可分为地面装饰材料、内墙装饰材料、外墙装饰材料和吊顶装饰材料。

12.1 装饰材料的基本要求及选用

12.1.1 装饰材料的基本要求

建筑装饰材料除应具有适宜的颜色、光泽、线条与花纹图案及质感,即除满足装饰性要求以外,还应具有保护作用,满足相应的使用要求,即具有一定的强度、硬度、防火性、阻燃性、耐火性、耐候性、耐水性、抗冻性、耐污染性与耐腐蚀性,有时还需具有一定的吸声性、隔声性和隔热保温性等。其中,首先应当考虑的是装饰效果。装饰效果是由质感、线条和色彩三个因素构成的。装饰效果受到各种因素的影响,主要有以下几种。

(1) 颜色。装饰材料的颜色要求与建筑物的内外环境相协调,同时应考虑建筑物的类型、使用功能以及人们对颜色的习惯心理。

(2) 光泽。光泽是材料表面的一种特性,与材料表面对光线反射的能力有关。有的大型建筑物采用反光很强的装饰材料,具有很好的艺术效果。材料的光泽是评定材料装饰效果时仅次于颜色的一个重要因素。光泽的要求也要根据装饰的环境和部位来确定。

(3) 透明性。有的材料既能透光又能透视,称为透明材料;有的只能透光而不能透视,称为半透明材料;既不透光也不透视的称为不透明材料。普通建筑物的门窗玻璃大多是透明的,而磨砂玻璃和压花玻璃则是半透明的。透明程度的要求需按照使用功能和与整体的协调来设定。

(4) 表面组织。材料的表面组织可以有许多特征,如光滑的还是粗糙的,平整的还是凹凸不平的,密实的还是多孔的等。如果表面处理得当也会产生良好的装饰效果。例如将外墙板做成瓷砖纹或蘑菇石的表面,可以使建筑物的外墙形式丰富多彩。表面组织状况,也要根据总体设计要求与各部位的合理搭配来选定。

此外,还必须考虑装饰材料在形状、尺寸、纹理等方面的要求。

除了考虑材料的装饰要求外，还应当根据材料的功能和使用环境等条件，满足材料的强度、耐水性、大气稳定性(包括老化、褪色、剥落等)、耐腐蚀性等要求。

12.1.2 装饰材料的选用

建筑物的种类繁多，不同功能的建筑物，对装饰的要求不同。即使同一类建筑物，也会因设计标准不同而装饰要求也不相同。在建筑装饰工程中，为确保工程质量——美化和耐久，应当按照不同档次的装修要求，正确而合理地选用建筑装饰材料。

建筑装饰是为了创造环境和改造环境，这种环境是自然环境和人造环境的高度统一与和谐。然而各种装饰材料的色彩、光泽、质感、触感及耐久性等性能的不同运用，将会在很大程度上影响到环境。因此在选择装饰材料时，必须考虑以下三个问题。

1. 装饰效果

建筑装饰效果最突出的一点是材料的色彩，它是构成人造环境的重要内容。

1) 建筑物外部色彩的选择

建筑物外部色彩的选择，应根据建筑物的规模、环境及功能等因素来决定。由于深浅不同的色块会使人产生不同的观感，浅色块给人以庞大、肥胖感，深色块使人感到瘦小和苗条，因此，现代建筑中，庞大的高层建筑宜采用较深的色调，使其与蓝天白云相衬，更显得庄重和深远；小型民用建筑宜用淡色调，使人不致感觉矮小和零散，同时还能增加环境的幽雅感。

另外，建筑物外部装饰色彩的观赏性，还应与其周围的道路、园林、小品以及其他建筑物的风格和色彩相配合，力求构成一个完美的、色彩协调的环境整体。

2) 建筑物内部色彩的选择

不同色彩能使人产生不同的感觉，因此建筑物内部色彩的选择，不仅要从美学上来考虑，还要考虑色彩功能的影响，力求合理应用色彩，以使生理上、心理上均能产生良好的效果。红色、橙色、黄色使人看了可以联想到太阳、火焰而感觉温暖，故称为暖色；绿色、蓝色、紫罗兰色使人看了会联想到大海、蓝天和森林而感到凉爽，故称为冷色。暖色调使人感到热烈、兴奋和温暖；冷色调使人感到宁静、幽雅和清凉。所以，夏天的工作和休息环境应采用冷色调，以给人清凉感；冬天则宜用暖色调，给人以温暖感；寝室宜用浅蓝色或淡绿色，以增加室内的舒适和宁静感；幼儿园的活动室应采用中黄、淡黄、橙黄、粉红等暖色调，以适应儿童天真活泼的心理；饭馆餐厅宜用淡黄、橘黄色，有利于增进食欲；医院病房则宜采用浅绿、淡蓝、淡黄等色调，以使病人感到宁静和安全。

2. 耐久性

用于建筑装饰的材料，要求其既要美观，又要耐久。通常建筑物外部装饰材料要经受日晒、雨淋、霜雪、冰冻、风化以及腐蚀介质等侵袭，而内部装饰材料要经受摩擦、潮湿和洗刷等作用。因此，对装饰材料的耐久性要求，应包括在以下三方面的性能中。

(1) 力学性能，包括强度(如抗压、抗拉、抗弯、冲击韧性等)、受力变形、黏结性、耐磨性以及可加工性等。

(2) 物理性能，包括密度、吸水性、耐水性、抗渗性、抗冻性、耐热性、绝热性、吸声性、隔音性、光泽度、光吸收性及光反射性等。

(3) 化学性能，包括耐酸碱性、耐大气侵蚀性、耐污染性、抗风化性及阻燃性等。

各种建筑装饰材料均各具特性，所以对建筑用装饰材料应根据其使用部位及条件不同，提出相应的性能要求。必须十分明确：只有保证了装饰材料的耐久性，才能切实保证建筑装饰工程的耐久性。

3. 经济性

从经济角度考虑材料的选择，应有一个总体观念，即既要考虑工程装饰一次性投资的多少，也要考虑日后的维修费用，有时在关键性问题上，宁可适当增加一次性投资，来延长使用年限，从而达到保证总体上的经济性。

优美的建筑艺术效果，不在于多种材料的堆积，而要在体察材料内在构造和美的基础上，精于选材，贵在使材料合理配置及质感的和谐运用。特别是对那些贵重而富有魅力感的材料，要施以"画龙点睛"的手法，才能充分发挥材料的装饰特性。

12.2 地面装饰材料

地面装饰材料有三大功能：一是通过材料的色彩、线条、图饰和质感表现出风格各异、色彩纷呈的饰面，给人以美的享受；二是对建筑物的保护功能，如地面的潮湿、霉变、腐蚀和裂缝等，利用地面装饰材料的良好材性可解决以上缺陷，提高建筑物的耐久性与使用寿命；三是特殊功能，以改善室内的条件，如调节温、湿度、隔音、吸声、防火、防滑、增加弹性、抗静电及提高耐磨性等。

12.2.1 聚氯乙烯卷材地板

聚氯乙烯卷材地板是以聚氯乙烯树脂为主要原料，加入填料、增塑剂、稳定剂、着色剂等辅料，在片状连续基材上，经涂敷工艺或经压延、挤出或挤压工艺生产而成的地面覆盖材料。

1. 聚氯乙烯卷材地板的特点

聚氯乙烯卷材地板具有耐磨、耐水、耐污、隔声、防潮、色彩丰富、纹饰美观、行走舒适、铺设方便、清洗容易、重量轻及价格低廉等特点。

2. 聚氯乙烯卷材地板的用途

聚氯乙烯卷材地板适用于宾馆、饭店、商店、会客室、办公室及家庭厅堂、居室等地面装饰。

3. 聚氯乙烯卷材地板的分类

聚氯乙烯卷材地板一般分为带基材的发泡聚氯乙烯卷材地板(代号为 FB)和带基材的致密聚氯乙烯卷材地板(代号为 CB)两种；按耐磨性分为通用型(代号为 G)和耐用型(代号为 H)两种。

4. 聚氯乙烯卷材地板的规格及技术性能指标要求

聚氯乙烯卷材地板的宽度一般为 2 m、3 m、4 m、5 m 等；厚度为 1～4 mm；长为 10 m 到 40 m 不等。物理性能指标应符合表 12-1 的规定。

表 12-1 聚氯乙烯卷材地板的物理性能指标

试验项目			指标
单位面积质量/(%)			公称值$^{+13}_{-10}$
纵、横向加热长度变化率/(%)		$\leq$	0.40
加热翘曲/mm		$\leq$	8
色牢度/级		$\geq$	3
纵、横向抗剥离力/(N/50 mm)	平均值	$\geq$	50
	单个值	$\geq$	40
残余凹陷/mm	G	$\leq$	0.35
	H	$\leq$	0.20
耐磨性/转	G	$\leq$	1500
	H	$\leq$	5000

12.2.2 木质地板

木质地板统称为木地板。木地板作为铺地材料历史悠久，并以其自然的本色、豪华的气派，成为高档地面装饰材料之一，发展前景广阔。

木质地板是以软质材(如柏木、松木、杉木、银杏等)和硬质材(如柚木、柞木、香红木、麻栎、铁梨木、核桃木等)为原板，经加工处理制成具有一定几何尺寸的木板条或木块，再拼合而成的地板材。

1. 木地板的特点

木地板具有优雅、舒适、耐磨、豪华、隔声、防潮、富有弹性、热导率小、冬暖夏凉、与室内家具及装饰陈设品易于匹配和协调、室内小气候舒适宜人等优点。其缺点是怕酸、怕碱和易燃。

2. 木地板的用途

木地板适用于宾馆、饭店、招待所、体育馆、机场、舞厅、影院、剧院、办公室、会议室及居民住宅，特别适宜在卧室、书房、起居室的高档次地面铺设。

3. 木地板的分类

木地板的种类繁多，市场上一般依形状和木材的质地划分为：条形木地板和拼花木地板；软木地板和硬木地板。

4. 木地板应用技术要点

木地板的铺设分为空铺和实铺两种。空铺木地板由木搁栅、剪刀撑、毛地板和面层板等组成，工序复杂，均由专业木工按规程与标准完成，在此不作详述。实铺木地板地面目前比较常见，现就实铺法简述如下。

(1) 铺设方法分为两类：用于楼房二层(含二层)以上可以直接黏贴；用于楼房一层或平房地面，为了防潮，通常在地面上先涂上冷底子油再铺设地板。

(2) 铺设前，需将地面处理平整、干燥、洁净、牢实、无油脂和污物，相对湿度不超过60%，一般越干越好。

(3) 铺设温度以不低于10℃为宜，在铺设过程中应尽量保持恒温。铺设前用弹线在地面上画出垂直定位线，方法是测量地面尺寸，在地面中央画出纵向的一条直线，由通过此线的中点作垂线即成(如果要将木地板斜铺，则十字垂直定位线要画成与原定位线成45°角)。定位线画好后，再按地板的大小在地面上排出要铺地板的位置线，然后从定位线开始铺设。

正方形的成品木地板，沿着板的四边用灰刀刮3～5 cm宽的胶，中间不要刮胶；半成品木地板条，在板条的两端及中间刮三处胶，宽度与木地板条等同，长3～5 cm即可。

地面平整刮3 mm左右厚，地面略不平整刮5 mm左右厚，用胶找平。刮好胶后，即可黏贴。当贴第二块板时，要将两块板的榫槽部分刷上皮胶或乳胶，使两块之间黏牢并要求紧密。以后依次这样铺下去。木地板铺至最后，要与周围墙边留1 cm左右的空隙，以后上踢脚板时即可掩饰。依本方法铺设的地板，具有弹性好、隔音、隔热、防潮等效果。

12.2.3 地毯

地毯是一种有着悠久历史的室内装饰制品。地毯既有隔热、挡风、防潮、防噪音与柔软舒适等优良性能，又具有高雅、华贵与美观悦目的审美价值。地毯在室内装饰工程中，是档次高低的标志。在豪华型建筑中，地毯是不可缺少的装饰材料，其极好的装饰性、工艺性与欣赏性获得"室内装饰皇后"之美称。

地毯的分类方法众多，以图案类型分为北京式地毯、美术式地毯、彩花式地毯与素凸式地毯等；以地毯的材质分为纯毛地毯、化纤地毯、混纺地毯、塑料地毯、丝毯、橡胶绒地毯和植物纤维地毯等。

1. 纯毛地毯

纯毛地毯是我国传统的手工艺品之一，一般分为手织和机织两种，近年来又生产出纯羊毛无纺织地毯。纯羊毛与各种合成纤维混纺编制而成的地毯称为混纺地毯。一般纯羊毛地毯的生产工艺为纺制毛纱、染色、并拈经纬线后依设计图进行配色织毯，生产出地毯初坯后再经平毯、开片、洗毯、清沟和整修而成。

纯毛地毯历史悠久，图案优美，色彩鲜艳，质地厚实，经久耐用，铺地柔软，脚感舒适，富丽堂皇，装饰效果优良，适用于宾馆、饭店、会堂、舞台、体育馆、公共建筑及民用住宅的楼板地面的铺设。

2. 化纤地毯

化纤地毯是以聚酰胺纤维(尼龙或锦纶)、聚丙烯纤维(丙纶)、聚丙烯腈纤维(腈纶)和聚酯纤维(涤纶)为原料,经过簇绒法和机织法等加工而成的面层织物,再以背衬进行复合处理而成。化纤地毯是由传统的羊毛地毯发展而来。虽然羊毛堪称纤维之王,但它价高,资源有限,且有易受虫蛀、霉变等缺点,而化纤地毯以其价格远低于羊毛,资源丰富,以及经过化学处理和加工工艺的发展,结构形式与化纤种类繁多,使得其品种、产量和应用领域已大大超越了传统的羊毛地毯而成为当今很普遍的地面装饰材料。

化纤地毯色彩丰富,给人以舒适、宁静、高雅、富丽的艺术美感;弹性好,脚感柔软,吸音、防噪、隔热、保温、防潮、耐磨性好。经处理后阻燃、抗静电性大大提高,色牢度好,价格较廉,铺设简便,是一种高级的又普及的地面装饰材料。化纤地毯适用于宾馆、饭店、大会堂、影剧院、播音室、办公室、展览厅、谈判厅、医院、机场、车站、体育馆、居民住宅、单身公寓及船舶、车辆和飞机等地面的装饰铺设。

12.3 内墙装饰材料

墙面装饰材料又可分为内墙装饰材料和外墙装饰材料。有些材料只能用于内墙装饰,有些只适用于外墙装饰,但也有许多材料内外墙面均可使用。在选用时应当从装饰效果和使用性能以及经济等方面加以考虑,同时注意各种材料的适用范围。

12.3.1 塑料墙纸

塑料墙纸又称塑料壁纸,它是以纸或布为基层,以悬浮法聚氯乙烯树脂薄膜为面层,经过压延复合工艺方法,或以乳液法聚氯乙烯糊状树脂为原料,经过涂布工艺方法,制成的一种新型室内装饰材料。

塑料墙纸图案清晰、色调雅丽、立体感强、无毒、无异味、无污染、施工简便,可以擦洗,品种多,款式新,选择性强,适用于各种建筑的内墙或天棚贴面装饰使用。

塑料墙纸一般可分为三大类:普通墙纸、发泡墙纸和功能型墙纸。

1. 普通墙纸

普通墙纸以 80 g/m^2 的原纸作基层,涂以 100 g/m^2 聚氯乙烯糊状树脂为面层,或以 0.1~0.2 mm 厚的聚氯乙烯薄膜压延复合,经印花、压花而成。这种墙纸花色品种多,表面光滑,花纹清晰,表面平整,质感舒适。亦可压成仿丝绸、锦缎、布纹、凹凸纹饰等多种花色。其价格较低,使用面广。普通墙纸有印刷墙纸、压花墙纸、沟底印刷压花墙纸、有光印花墙纸与平光印花墙纸等。

2. 发泡墙纸

发泡墙纸以 100 g/m^2 的原纸作基层,涂以 300~400 g/m^2 的掺有发泡剂的聚氯乙烯糊状树脂为面层,或以 0.17~0.2 mm 厚的掺有发泡剂的聚氯乙烯薄膜压延复合,经印花、发泡压花而成。这种墙纸表面呈现富有弹性的凹凸花纹,立体感强、吸声、纹饰逼真,适用于影剧院、居室、会议厅等建筑的天棚和内墙装饰。引入不同的含有抑制发泡剂的油墨,先印花后发泡,制成各种仿木纹、拼花、仿瓷砖、仿清水墙等花色图案的墙纸,用于室内墙裙、内廊墙面及会客厅等装饰。其主要品种有低发泡印花墙纸、高发泡压花墙纸和印刷发泡压花墙纸等。

3. 功能型墙纸

功能型墙纸是指具有特殊功能的墙纸。如阻燃墙纸一般选用 $100\sim 200$ g/m² 的石棉纸为基层,并在聚氯乙烯树脂中掺入阻燃剂,具有较好的阻燃性能。使用阻燃墙纸可以阻止或延缓火灾的蔓延和传播,避免或减少火灾造成的生命财产损失。防潮墙纸以玻璃纤维毡为基层,防水耐潮,适用于裱贴有防水要求的部位,如卫生间墙面等。它在潮湿状态下无霉变,长菌程度 0 级。抗静电墙纸在面层中加入电阻较小的附加剂,使其表面电阻 $\leq 1\times 10^9$ Ω,适用于计算机房及其他电子仪表行业需要抗静电的室内墙面及顶棚等处。

除此以外尚有质感强的彩砖墙纸,具有金属光泽的金属箔墙纸,具有艺术性的风景画和名人字画墙纸,便于黏贴的自黏型墙纸以及质感好、强度高、耐撞击和易清洗的功能型布基墙纸。按其功能性可依用途进行组合的系列产品有布基阻燃抗静电塑料墙纸、布基阻燃防霉塑料墙纸、布基阻燃抗静电防霉塑料墙纸等。

塑料墙纸的规格主要是根据墙纸的幅宽大小及每卷的长度划分的,一般为 530 mm×10 000 mm、920×(10 000~50 000) mm、1000 mm×(10 000~50 000) mm、1200 mm×50 000 mm。个别产品为英制 510 mm×10 050 mm(即 21″×40″)。布基墙纸一般为 860 mm×(10 000~50 000) mm。

塑料墙纸的物理性能指标如表 12-2 所示。

表 12-2 塑料墙纸的物理性能指标

项目			指 标		
			优等品	一等品	合格品
褪色性(级)			>4	≥4	≥3
耐摩擦色牢度试验(级)	干摩擦	纵向	>4	≥4	≥3
		横向			
耐摩擦色牢度试验(级)	湿摩擦	纵向	>4	≥4	≥3
		横向			
遮蔽性(级)			4	≥3	≥3
湿润拉伸负荷/(N/15mm)		纵向	>2.0	≥2.0	≥2.0
		横向			
黏合剂可拭性*		横向	20 次无外观上的损伤和变化		
阻燃性能	氧指数		≥27		
	45°燃烧 180 s 炭化长度		≤100 mm		
抗静电性能	表面电阻		≤6.0×10⁹ Ω		
	摩擦起电压		≤50 V		

续表

项 目	指 标		
	优 等 品	一 等 品	合 格 品
防霉程度长菌程度级别(级)	0		
可洗性**	30 次无外观上的损伤和变化		
特别可洗性	100 次无外观上的损伤和变化		
可刷洗性	40 次无外观上的损伤和变化		

注：*可拭性是指若粘贴墙纸的黏合剂附在墙纸的正面，在黏合剂未干时应有可能用湿布或海绵拭去，而不留下明显痕迹。

**可洗性是指墙纸在粘贴后的使用期内可洗涤的性能。这是对墙纸用在有污染和湿度较高地方的要求。

塑料墙纸适用于高级宾馆、饭店、商场、餐厅、剧院、会议室、办公室、游轮、航船、旅游车辆及民用住宅的室内墙壁与天花板的装饰及艺术装潢等。

12.3.2 内墙涂料

内墙涂料亦可作顶棚涂料，它的主要功能是装饰及保护室内墙面及顶棚，使其美观整洁，让人们处于舒适的居住环境中。为了获得良好的装饰效果，内墙涂料应具有以下特点。

(1) 色彩丰富、细腻、柔和。内墙涂料的色彩一般应浅淡、明亮，同时兼顾居住者的喜爱不同，要求色彩品种要丰富。内墙与人的目视距离最近，因此要求内墙涂料应质地平滑、细腻和色调柔和。

(2) 耐碱性、耐水性、耐粉化性良好。由于墙面多带碱性，并且为了保持内墙洁净，需经常擦洗墙面，为此必须有一定的耐碱性、耐水性和耐洗刷性，避免脱落造成的烦恼。

(3) 好的透气性，吸湿排湿性。否则墙体会因温度变化而结露。

(4) 施工容易、价格低廉。为保持居室常新，能够经常进行粉刷翻修，所以要求施工容易、价格低廉。

内墙涂料的品种很多，仅近期盛行的就曾有 106 内墙涂料、多彩花纹建筑涂料、仿瓷涂料和乳胶内墙涂料等。但真正具有以上特点的只有乳胶涂料。其他各种涂料，不是耐擦洗性不好，就是透气性不好，或者耐粉化性不好。因此有的成为淘汰产品，有的逐渐失去昔日的辉煌。

1. 乳胶涂料

乳胶涂料是以乳液合成树脂为成膜物质，以水为载体，加入相应的助剂，经分散、研磨、配制而成的。该涂料在贮存及使用过程中，可以用水稀释、清洗，一旦成膜干燥以后，就不能用水溶解，即像油漆一样不怕水洗，故又名乳胶漆。

乳胶漆的品种又有很多，有聚醋酸乙烯酯乳胶漆、氯乙烯-偏氯乙烯共聚乳胶漆、纯丙烯酸酯乳胶漆和苯乙烯-丙烯酸酯共聚乳胶漆等。其中，综合性能最好的要数纯丙烯酸酯乳胶漆，但价格较高，而用苯乙烯代替甲基丙烯酸酯制成的苯乙烯-丙烯酸酯乳胶漆，综合性能仅次于纯丙烯酸酯乳胶漆，具有较好的耐候性、耐水性和抗粉化性，而价格比纯丙烯酸酯乳胶漆便宜,因此成为乳胶漆中使用量最大的一个品种。

1) 产品性能及特点

此涂料可涂刷和喷涂,施工方便;流平性好,干燥快,无味,无着火危险;并因透气性好,不会由于墙体内外湿度相差较大而产生鼓泡现象,故能够在稍潮湿的墙面上施工;涂膜具有耐碱性、耐候性、保色性及耐擦性良好等优点,不会发生油性涂料(油漆)涂刷墙面后,易产生的起皮与剥落等现象。其主要技术指标如表12-3所示。

表12-3 合成树脂乳液内墙、外墙和溶剂型外墙涂料技术指标(GB/T 9755、9756、9757)

项目	指标								
	合成树脂乳液内墙涂料			溶剂型外墙涂料			合成树脂乳液外墙涂料		
	优等品	一等品	合格品	优等品	一等品	合格品	优等品	一等品	合格品
容器中状态	无硬块,搅拌后呈均匀状态								
施工性	刷涂二道无障碍								
低温稳定性	不变质								
涂膜外观	正常								
干燥时间(表干)/h≤	2								
对比率(白色或浅色*)≥	0.95	0.93	0.90	0.93	0.90	0.87	0.93	0.90	0.87
耐沾污性(白色和浅色*)(%)≤	—	—	—	10	10	10	15	15	20
耐洗刷性 ≥	5000	1000	300	5000	3000	2000	2000次漆膜未损坏		
耐碱性	24 h无异常			48 h无异常			48 h无异常		
耐水性	—			168 h无异常			96 h无异常		
涂层耐温变性(5次循环)	—			无异常			无异常		
透水性/ml ≤	1000	500	200	5000	3000	2000	0.6	1.0	1.4
耐人工气候老化性	—			1000 h 不起泡、不剥落、无裂纹	500 h 不起泡、不剥落、无裂纹	300 h 不起泡、不剥落、无裂纹	600 h 不起泡、不剥落、无裂纹	400 h 不起泡、不剥落、无裂纹	250 h 不起泡、不剥落、无裂纹
粉化/级 ≤	—			1	1	1	1	1	1
变色(白色和浅色*)/级 ≤	—			2	2	2	2	2	2
变色(其他色)/级 ≤	—			商定	商定	商定	商定	商定	商定

注:*浅色是指以白色涂料为主要成分,添加适量色浆后配制成的浅色涂料形成的涂膜所呈现的浅颜色,按GB/T 15608—2006中4.3.2规定明度值为6~9之间(三刺激值中的Y_{D65}≥31.26)。

2) 适用范围

此涂料适用于较高级的住宅及各种公共建筑物的内墙装饰,属高档内墙装饰涂料,也是较好的内墙涂料。

3) 使用方法

(1) 涂料贮存温度为0~40℃,最好在5~35℃。

(2) 涂料可以在3℃以上施工,但最好在10℃以上,否则漆层易开裂、掉粉。

(3) 基层可以是水泥砂浆、混凝土、纸筋灰和木材。木材表面若刮油性泥子,需待干透才可涂漆。水泥砂浆和混凝土等,需常温养护 28 d 以上,含水率 10%以下方可施工;基层表面也不宜太干燥。水泥砂浆基层碱性太强,需先刮泥子,所用泥子可以是 801 胶-水泥、聚醋酸乙烯酯乳液-水泥石膏与苯丙乳液-滑石粉等。

(4) 施工时,不得混入溶剂型漆与溶剂,施工器具与容器也不得带入此类物质,以免引起涂料破乳。

(5) 涂料使用前应上下搅匀。如太稠可用自来水调稀,但不能用石灰水和溶剂。

(6) 涂刷时可用辊涂也可用刷涂,最好一人先用滚筒刷蘸涂料均匀涂布,另一人随即用排笔展平涂痕和溅沫,以防透底和流坠。一般涂两道,待第一道干后(间隔 2 h 以上)再刷第二道。

2. 木质装饰板材

木质装饰板材是高档的室内装饰材料。以实木面板装饰室内墙面,通常使用柚木、水曲柳、枫木、红松、鱼鳞松及楠木等珍贵树种为墙体饰面,其天然纹理、色彩及质感有良好的装饰效果,特别适应人们追求自然的审美情趣。然而,由于我国森林资源匮乏,多不使用实木板材而使用薄木装饰板。

薄木装饰板是利用珍贵树种,通过精密刨切,制得厚度为 0.2～0.8 mm 微薄木,再以胶合板、刨花板、纤维板、细木工板等为基材,采用先进的胶黏工艺,将微薄木复合于基材上,经热压而成。它具有花纹美丽、真实感和立体感强等特点,是一种新型高级的装饰材料,适用于高级建筑、车辆、船舶的内部装修,如护墙板、门扇等以及高级家具、电视机壳与乐器制造等方面。

薄木装饰板的规格有 1839 mm×915 mm、2135 mm×915 mm、2135 mm×1220 mm、1830 mm×1220 mm 等多种,厚度一般为 3～6 mm。该种板材的技术性能应达到以下要求:胶合强度≥1.0 MPa,缝隙宽度≤0.2 mm,孔洞直径≤2 mm,自然开裂≤0.5%,透胶污染≤1%,无叠层开裂等。

12.4 外墙装饰材料

外墙装饰除采用简单的水泥灰浆粉刷外,现在多采用涂装外墙涂料的方式;至于要求较高的建筑,往往采取安装玻璃幕墙、镶贴花岗石板、彩釉面砖、陶瓷锦砖或玻璃马赛克等。但此类装饰除了材料费用较高以外,还存在着加大建筑物重量,面临装饰材料脱落造成人员伤害及脱落后难以修补成原样等问题。并且这些装饰材料大都是些高耗能材料,所以国家正在限制使用。如上海等地已明令禁止建筑物镶嵌瓷砖等材料,进而推广建筑外墙涂料。

12.4.1 外墙涂料

外墙涂料的主要功能是装饰和保护建筑物的外墙面,使建筑物外貌整洁美观,从而达到美化城市环境的目的;同时能够起到保护建筑物外墙的作用,延长其使用时间。为了获得良好的装饰与保护效果,外墙涂料一般应具有以下特点。

1. 装饰性好

要求外墙涂料色彩丰富多样，保色性好，能较长时间保持良好的装饰性能。

2. 耐水性好

外墙面暴露在大气中，要经常受到雨水的冲刷，因而作为外墙涂料应具有很好的耐水性能。某些防水型外墙涂料的抗水性能更佳，当基层墙面发生小裂缝时，涂层仍有防水的功能。

3. 耐玷污性能好

大气中经常有灰尘及其他物质落在涂层上，使涂层的装饰效果变差，甚至失去装饰性能，因而要求外墙装饰层不易被这些物质玷污或玷污后容易清除。

4. 与基层黏结牢固，涂膜不裂

外墙涂料如出现剥落、脱皮现象，维修较为困难，对装饰性与外墙的耐久性都有较大影响。故外墙涂料在这方面的性能要求较高。

5. 耐候性和耐久性好

暴露在大气中的涂层，要经受日光、雨水、风沙及冷热变化等作用。在这些因素的反复作用下，一般的涂层会发生开裂、脱粉或变色等现象，使涂层失去原有的装饰和保护功能。因此作为外墙装饰的涂层要求保持一定的使用年限，不发生上述破坏现象，即有良好的耐候性、耐久性。

12.4.2 外墙涂料的种类

1. 溶剂型丙烯酸树脂涂料

该涂料是以热塑性丙烯酸树脂为主要成膜物质，加入溶剂、填料和助剂等，经研磨、配制而成的一种溶剂型外墙涂料。它是靠溶剂挥发而结膜干燥的，耐酸性和耐碱性好，涂膜色浅、透明、有光泽，具有极好的耐水、耐光、耐候性能，不易变色、粉化和脱落，是目前高档外墙涂料最重要的品种之一。其产品性能应符合表 12-3 的要求。

施工应用注意事项如下。

(1) 基层要牢固、平整、干净、干燥，水泥砂浆等碱性面层要干透，待水化作用基本完成后施工。

(2) 生产厂备有各色配套漆。使用时可用二甲苯稀释、调匀。

(3) 可使用刷涂、喷涂、辊涂和弹涂施工，一般涂两道，待第一道干燥后再涂第二道。施工时注意保持通风和劳保防护。贮存、运输和施工中应注意预防火灾。

2. 乳液型丙烯酸酯外墙涂料

该涂料是由甲基丙烯酸甲酯、丙烯酸丁酯和丙烯酸乙酯等丙烯酸系单体经乳液共聚而得到的纯丙烯酸酯乳液为主要成膜物质，加入填料、颜料及其他助剂而制得的一种优质乳液型外墙涂料。这种涂料具有优良的耐候性、耐水性、耐碱性、耐冻融性、耐洗刷性及较好的附着力，是目前国内外广泛使用的一种中高档建筑涂料。其技术指标应符合表 12-3 的规定。

施工应用注意事项如下。

(1) 基层平整、干净，强度应在 0.7 MPa 以上，含水率在 10% 以下，pH 值小于 10。即新砌墙面需养护 10 d 以上方可施工。旧墙面应先去掉粉尘，再修补平整、磨光。如果墙面过于干燥，可在施工前浇水湿润。

(2) 涂装前应充分将原漆搅匀，若太稠可用少量自来水调稀。喷涂、混涂或刷涂均可。

(3) 施工时，严禁混入油污及有机溶剂。所用工具和容器也不得有油污等，以防涂料破乳。

(4) 一般涂刷两道，待第一道干后再刷第二道。不宜涂刷过厚，涂料用量为 $3\sim 4\ m^2/kg$。若多层涂敷中的某一层使用溶剂型涂料时，应注意劳动保护与防火。

(5) 贮存温度为 0～40℃，贮存期为 6 个月。

3. 聚氨酯外墙涂料

聚氨酯外墙涂料是以聚氨酯树脂或聚氨酯树脂与其他树脂的混合物为基料，加入溶剂、颜料、填料和助剂等，经研磨、配制而成的一种双组分固化型的优质外墙涂料。聚氨酯涂料的特点是固体含量高，不是靠溶剂挥发，而是双组分按比例混合固化成膜；涂膜相当柔软，弹性变形能力大，与混凝土、金属、木材等黏结牢固，可以随基层的变形而延伸，即使在基层裂缝宽度为 0.3 mm 以上时，也不至于将涂膜撕裂。耐化学药品的侵蚀性好，耐候性优良，经 1000 h 的加速耐候试验，其伸长率、硬度及抗拉强度等性能几乎没有降低。且经 5000 次以上的伸缩疲劳试验而不断裂；表面光洁极好，呈瓷质状，耐玷污性好，是一种高档外墙涂料，但价格较贵。

施工注意事项如下：

施工时要求在现场按比例搭配混合均匀，要求基层含水率不大于 8%；涂料中溶剂挥发，应注意防火及劳动保护；已在现场搅拌好的涂料，一般应在 4～6 h 内用完。

12.4.3 玻璃幕墙

玻璃幕墙是现代建筑的重要组成部分，它的优点是：自重轻、可光控、保温绝热、隔声以及装饰性好等。北京、上海、广州、南京等地大型公共建筑广泛采用玻璃幕墙，取得了良好的使用功能和装饰效果。在玻璃幕墙中大量应用热反射玻璃，将建筑物周围景物、蓝天、白云等自然现象都反映到建筑物表面，使建筑物的外表情景交融、层层交错，具有变幻莫测的感觉。近看景物丰富，远看又有熠熠成辉、光彩照人的效果。

1. 玻璃幕墙的安装

玻璃幕墙的安装有现场安装和预制拼装两种。

1) 现场安装

幕墙承受自重和风荷载，边框焊接在钢筋混凝土主体结构上，玻璃插入轨槽内并用胶密封。这种方法的优点是节省金属材料，便于安装、运输及搬运费低；缺点是现场密封处理难度大，稍不注意，容易漏水漏气。

2) 预制拼装

边框和玻璃原片全部在预制厂内进行，生产标准化，容易控制质量，密封性能好，现场施工速度快。其缺点是型材消耗大，约需增加15%～20%。

2. 玻璃幕墙的保温、绝热与防噪音

保温、绝热可选用优质的保温绝热材料，如对透明部分采用吸热玻璃或热反射玻璃等，可以降低热传导系数；对不透明部分，则可采用低密度、多孔洞、抗压强度低的保温隔热材料。建筑物外部的噪音一般是通过幕墙结构的缝隙传到室内的，所以对幕墙要精心设计与施工，处理好幕墙之间的缝隙，避免噪音传入。采用中空玻璃和加强密封设施有利于降低噪音。

12.5 顶棚装饰材料

室内顶棚，是室内空间的重点装饰部位。顶棚的造型、色彩和材料，对室内装饰艺术风格具有极大的影响。顶棚材料的选择既要满足顶棚装修的功能要求，又要满足美化空间环境的要求。顶棚材料的发展趋向于多功能、复合型和装配化的方向，其材质、色彩、图案的选择应适合室内空间的体积、形状、用途和性质。

室内顶棚材料，一般由龙骨和饰面材料组成。吊顶龙骨已由传统的木龙骨发展为吊顶轻钢龙骨和铝合金龙骨，即由镀锌钢带、铝合金带或薄钢板等为原料辊压而成，具有自重轻、刚度大、结构简单、组装灵活、安装方便、防火防潮与耐锈蚀等特点，应用广泛，发展前景广阔。

顶棚饰面材料一般分为抹灰类、裱糊类和板材类三种。其中板材类是当前应用最多的一类。板材过去多用纤维板、木丝板和胶合板等，近年来为满足装饰、吸声与消防等多方面的要求，并致力于简化施工，易于维修和更换，发展了玻璃棉与矿物棉、石膏、珍珠岩及金属板等新型顶棚装饰材料。

12.5.1 矿棉吸声装饰板

矿棉吸声装饰板是以矿渣棉为主要原料，加入适量的黏结剂和附加剂，通过成型、烘干与表面加工处理而成的一种新型的顶棚材料，亦可作为内墙装饰材料。它是集装饰、吸声与防火三大特点于一身的高级吊顶装饰材料，因而成为高级宾馆和高层建筑比较理想的天花板材，用量剧增，发展极快。

1. 矿棉吸声装饰板的特点

矿棉吸声装饰板具有质轻、不燃、吸声、隔热、保温、美观大方、色彩丰富、图纹多样、可选择性强与施工简便等特点。

2. 矿棉吸声装饰板的用途

矿棉吸声装饰板用于高级建筑的内装修，如宾馆、饭店、剧场、商场、会堂、办公室、播音室、计算机房及工业建筑等。可以控制和调整混响时间，改善室内音质，降低噪音，改善环境；有优良的不燃性和隔热性，可以满足建筑设计的防火要求；不但用于吊顶还可用于墙壁。

3. 矿棉吸声装饰板的施工要求

(1) 矿棉吸声装饰板，必须按规定的施工方法施工，以保证施工效果。

(2) 施工环境、施工现场相对湿度应在 80%以下，湿度过高不宜施工。室内要等全部土建工程完毕干燥后，方可安装吸声板。

(3) 矿棉吸声装饰板不宜用在湿度较大的建筑内，如浴室、厨房等。

(4) 施工中要注意吸声板背面的箭头方向和白线方向必须保持一致，以保证花样、图案的整体性。

(5) 对于强度要求特殊的部位(如吊挂大型灯具)，在施工中按设计要求施工。

(6) 根据房间的大小及灯具的布局，从施工面积中心计算吸声板的用量，以保持两侧间距相等。从一侧开始安装，以保证施工效果。

(7) 安装吸声板时需戴清洁手套以防将板面弄脏。

(8) 复合黏贴板施工后 72 h 内，在胶尚未完全固化前，不能有强烈震动。装修完毕，交付使用前的房间，要注意换气和通风。

12.5.2 石膏装饰板

石膏装饰板是以建筑石膏为基料，掺入增强纤维、胶黏剂与改性剂等材料，经搅拌、成型与烘干等工艺制成的。近年来有的生产企业在配方中引入多种无机活性物质外加剂，以改善制品的内在性能；有的采用机压工艺，在特定压力下强行挤压制成高强度、高密度的制品；有的采用发泡工艺并辅以封闭措施和补强技术以降低板材密度。品种繁多，各有特色，有各种平板、半穿孔板、全穿孔板、浮雕板、组合花纹板、浮雕钻孔板及全穿孔板背衬吸声材料的复合板等。

1. 石膏装饰板的特性

石膏装饰板壁薄质轻、防水防潮、防火阻燃、强度高、不变形、不易老化、有良好的抗弯性和经久的耐候性，可调节室内湿度，给人以舒适感，并具有新颖美观的装饰效果。该板材施工方便，可锯、可钉、可刨及可黏结。

2. 石膏装饰板的用途

石膏装饰板适用于宾馆、饭店、剧院、礼堂、商店、车站、工矿车间、住宅宿舍和地下建筑等各种建筑工程室内吊顶、壁面装饰及空调材料。

3. 石膏装饰板的安装

目前安装石膏装饰板用得较多的固定方法,有轻钢龙骨、铝合金龙骨和黏贴安装等方法。

12.5.3 聚氯乙烯塑料天花板

聚氯乙烯塑料天花板是以聚氯乙烯树脂为基料,加入一定量的抗氧化剂、改性剂等助剂,经混炼、压延及真空吸塑等工艺而制成的浮雕型装饰材料。

该天花板具有质轻、防潮、隔热、不易燃、不吸尘、不破裂、可涂饰和易安装等优点,适用于影剧院、会议室、商店、公共设施及住宅建筑的室内吊顶及墙面装饰。

尺寸标准:长度与宽度允许偏差±0.5 mm

厚度允许偏差±0.10 mm

性能指标:密度(g/cm^3) 1.3～1.6

抗拉强度(MPa)   28.0

延伸率(%)   100

吸水性(%)   ≤0.2

耐热性(℃)   60 不变形

阻燃性   离火自熄

导热系数(W/m·K) 0.174

聚氯乙烯塑料天花板的产品品种主要有吊顶板、塑料扣板、复合板、塑料天花板等。聚氯乙烯塑料天花板的应用技术要点如下。

(1) 安装方法可用钉和粘两种。
- 钉法:用2～2.5 cm 的木条制成50 cm 的方形木格,用小铁钉将塑料天花板钉上,然后再用2 cm 宽的塑料压条(或铝合金压条)钉上,以固定板面;或钉上特制的塑料装饰小花来固定板面。
- 粘法:用建筑胶水直接将天花板粘贴在水泥楼板上,或固定在龙骨架上。

(2) 顶棚扣板安装于轻钢龙骨或木龙骨上,没有或很少有横向拼缝(一般板长可达4 m,任意锯切),竖向缝为扣接,拼缝平直整齐,表面不露钉帽。特别是用于净化车间时,在竖向缝内注入密封胶后,可保漏风量小于1%～2%,满足净化的要求。

(3) 运储与安装过程中,轻拿轻放,避免撞击并要远离热源,防止烟熏和变形。

12.6 建筑装饰材料的发展动态

国外建筑涂料发展趋势

建筑涂料的技术发展趋势是向高性能、高效率、功能复合化、艺术化、低污染或绿色环保涂料方向发展。

1) 超耐候性涂料

以氟树脂及氟改性树脂为主,人工老化在4000 h 以上,使用年限为20 年。

2) 丙烯酸酯硅酮共聚物涂料

采用硅硐交联的丙烯酸树脂开发的硅烷涂料,人工老化在 2000~3000 h 以上,使用年限为 10~15 年。

3) 双组分(丙烯酸)聚氨酯乳液涂料

采用聚氨酯或丙烯酸酯聚氨酯乳液作为羟基组分,可以用含不泛黄的异氰酸酯的水性组分作为固化剂,常温交联,可制成弹性或非弹性高档装饰涂料。人工老化在 2000~3000 h 以上,使用年限为 10~15 年,是高性能环保类型的新型建筑涂料。

4) 硅丙乳液涂料

用有机硅烷改性丙烯酸酯类乳液,其有机硅含量为 10~25%。人工老化可达 2000~3000 h 以上,使用年限为 10~15 年。属于环保新型建筑涂料。

(摘自:中国印广网网络部©)

复习思考题

1. 什么是塑料地板?主要有何性能特点?
2. 什么是木地板?其优缺点各有哪些?
3. 什么是聚氯乙烯壁纸?主要有哪两类?
4. 塑料装饰板包括哪几种?各有什么特点和用途?
5. 建筑涂料的基本组成成分及其作用是什么?
6. 建筑内墙、顶棚涂料应满足什么要求?主要包括哪几种?
7. 外墙涂料有哪几种?各有什么用途?
8. 什么是聚氨酯外墙涂料?主要有何特点和用途?

第 13 章 建筑材料性能检测试验

学习内容与目标

- 掌握常用建筑材料的检测方法、数据处理要点。
- 理解检测原理，了解相关检测仪器的使用要点。

建筑材料是一门联系实际较强的学科。建筑材料试验是本课程的重要组成部分和实践性教学环节，同时也是学习和研究建筑材料的重要方法。

开设建筑材料试验的目的有三个：①使学生熟悉主要建筑材料的标准与规范、试验设备和基本建筑材料的检测技术；②使学生对具体材料的性状有进一步的了解，熟悉、验证、巩固与丰富所学的理论知识；③进行科学研究的基本训练，培养学生严谨认真的科学态度，提高分析问题和解决问题的能力。

为了达到上述学习目的，学生应做到：

(1) 试验前做好预习，明确试验目的、基本原理及操作要点，并应对试验所用的仪器、设备、材料有基本了解。试验时，应注意三个方面的技术问题：①抽样技术。各种材料的取样方法，一般在有关国家标准和技术规范中有所规定，试验时必须严格遵守，使试验结果具有充分的代表性和可靠性，以利于取得可靠的试验数据，做出可信的结论。②测试技术。包括仪器的选择，试样的制备、测试条件及方法，要注意材料性质试验数据总是带有一定的条件性，即材料性质试验的测定值与试验时的种种条件有关。很多因素影响着材料性质的测定值。因此，为了取得可以进行比较材料性质的测定值，必须严格按照国家标准所规定的试验条件进行试验。③试验数据的整理方法。材料的质量指标和试验所得的数据是有条件的、相对的，是与选样、测试和数据处理密切相关的。其中任何一项改变时，试验结果都将随之发生或大或小的变化。因此，检验材料质量、划分等级时，上述三个方面均须按照国家规定的标准方法或通用的方法进行。否则，就不能根据有关规定对材料质量进行评定，或相互之间进行比较。

(2) 在试验的整个过程中要建立严密的科学工作秩序，严格遵守试验操作规程，注意观察试验现象，详细做好试验记录。要注意用电安全，使用玻璃器皿时要小心，要爱护试验设备，试验结束，擦洗干净所用的仪器与设备并摆放整齐。

(3) 认真填写试验报告。材料试验过程中，应认真按规定的记录表格记录试验数据，每次试验完毕，都必须对试验数据加以整理，通过分析做出试验结论，须认真填写试验报告，计算时要注意单位，数据要有分析，问题要有结论。分析中应说明试验数据的精确度，结论要指出试验数据说明了什么问题。为了加深理论认识，在试验报告中，可以写上试验原理、影响因素、存在的问题以及自己的心得体会。写报告一定要认真，不要敷衍了事。

本书中的建筑材料试验是按课程教学大纲的要求并结合工程实际需要选材，根据现行国家标准或其他规范、资料进行编写的，并不包含所有建筑材料试验的全部内容。同时，由于科学技术水平的进步和生产条件的不断发展，今后遇到本书所述试验以外的试验时，可查阅有关指导文件，并注意各种材料标准或规范的修订动态，以作相应修改。

13.1 试验一：建筑材料的基本性质试验

要求：掌握材料的实际密度、体积密度、表观密度、堆积密度的测定原理和方法，并根据所测定的数据计算材料的孔隙率和骨料的空隙率；掌握材料的吸水率的试验方法。

13.1.1 实际密度试验

1. 试验目的

材料的实际密度是指材料在绝对密实状态下单位体积的质量，主要用来计算材料的孔隙率和密实度。而材料的吸水率、强度、抗冻性及耐蚀性都与孔隙的大小及孔隙特征有关。如砖、石材、水泥等材料，其密度都是一项重要指标。

2. 主要仪器设备

密度瓶(又名李氏瓶，如图 13-1 所示)、筛子 (孔径 0.2 mm 或 900 孔/cm^2)、恒温水槽、量筒、烘箱、干燥器、天平(称量 1 kg；感量 0.01 g)、无水煤油、温度计、玻璃漏斗、滴管和小勺等。

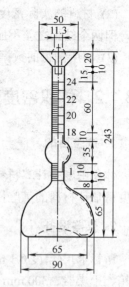

图 13-1　密度瓶(单位：mm)

3. 试样准备

将试样研磨后，称取试样约 400 g，用筛子筛分，除去筛余物，放在(110±5)℃的烘箱中，烘至恒重，再放入干燥器中冷却至室温备用。

4. 试验方法与步骤

(1) 在密度瓶中注入与试样不起反应的液体(如无水煤油)至突颈下部刻度线零处，记下第一次液面刻度数 V_1(精确至 0.05 cm^3)，将李氏瓶放在恒温水槽中 30 min，在试验过程中保持水温为 20℃。

(2) 用天平称取 60～90 g 试样 m_1(精确至 0.01 g)，用小勺和玻璃漏斗小心地将试样徐徐送入密度瓶中，不准有试样黏附在瓶颈内部，且要防止在密度瓶喉部发生堵塞，直到液面上升到 20 mL 刻度左右为止。再称剩余的试样质量 m_2(精确至 0.01 g)。

(3) 用瓶内的液体将黏附在瓶颈和瓶壁上的试样洗入瓶内液体中，反复摇动密度瓶使液体中的气泡排出；记下第二次液面刻度 V_2(精确至 0.05 cm^3)，根据前后两次液面读数，算出瓶内试样所占的绝对体积 $V=V_2-V_1$。

5. 结果计算与数据处理

(1) 按下式算出密度 ρ(计算至小数点后第二位)。

$$\rho = \frac{m_1 - m_2}{V_2 - V_1} = \frac{m}{V} \tag{13-1}$$

式中：m_1——备用试样的质量，g；

m_2——剩余试样的质量，g；

m——装入瓶中试样的质量，g；

V_1——第一次液面刻度数，cm^3；

V_2——第二次液面刻度数，cm^3；

V——装入瓶中试样的绝对体积，cm^3。

(2) 材料的实际密度测试应以两个试样平行进行，以其结果的算术平均值作为最后结果，但两个结果之差不应超过 0.02 g/cm^3。否则应重新测试。

(3) 将所测得的数据、试样实际密度的计算结果填入试验报告册表 1-1 的相应栏目中。

13.1.2 体积密度试验

1. 试验目的

体积密度是计算材料孔隙率，确定材料体积及结构自重的必要数据。通过测得的体积密度可估计材料的某些性质，如导热系数、抗冻性、强度等。

2. 仪器设备

游标卡尺(精度 0.1 mm)、天平(称量 1000 g，感量 0.1 g)、台秤(称量 10k g，感量 10 g)、烘箱、干燥器、300 mm 钢直尺、石蜡等。

3. 试样准备

(1) 几何形状规则材料的试样若干件(如经过切割成型的石材、黏土砖或混凝土试块)：将清洗除去表面泥土杂余物的试样，放在 105~110℃的烘箱中，烘干至恒重，再放入干燥器中冷却至室温待用。

(2) 几何形状不规则材料的试样(如卵石、碎石等)：对于形状不规则的试样，须用排液置换法才能求其体积。如被测试样溶于水或其吸水率大于 0.5%，则试样须进行蜡封处理(蜡封法)。将试样(建议用石灰石破碎成边长约 3~5 cm 的碎块 3~5 个，或粒径小于 37.5 mm 的卵石 3~5 个)用毛刷刷去表面石粉，然后置于(105±5)℃烘箱内烘干至恒重，并在干燥器内冷却至室温待用。

4. 试验方法与步骤

1) 规则几何形状的材料

(1) 用天平或台秤分别称量出两试样的质量 m(精确至 1 g)，以下同。

(2) 用钢直尺或游标卡尺分别量出两试样尺寸(试样为正方体或平行六面体时，每边测量上、中、下三个位置尺寸，以三次所测值的算术平均值为准；试样若为圆柱体，则按两个垂直方向测量其直径，每个方向上、中、下各测量三次，每件以 6 次数据的平均值为准确定直径,再在相互垂直的两直径与圆周交界的四点测量其高度,取 4 次测量的平均值为准确定高),并计算出其体积(V_0)。

(3) 将测得的数据(计算出的平均值)记录在试验报告册表 1-2 的相应栏目中。

2) 不规则几何形状的材料

(1) 称出试样在空气中的质量 m(精确至 1 g)。

(2) 将试样置于熔融石蜡中,1~2 s 后取出,使试样表面沾上一层蜡膜(膜厚不超过 1 mm)。如蜡膜上有气泡,用烧红的细针将其刺破,然后再用热针蘸蜡封住气泡口,以防水分渗入试样。

(3) 称出蜡封试样在空气中的质量 m_1(精确至 1 g)。

(4) 用提篮将试样置于盛有水的容器中(须淹没在液体中且不能沉底)称出蜡封试样在水中的质量 m_2(精确至 1 g)。

(5) 测定石蜡的密度 $\rho_{蜡}$(一般为 0.93 g/cm³)。

(6) 将测得的数据(计算出的平均值)记录在试验报告册表 1-3 的相应栏目中。

5. 结果计算与数据处理

1) 规则几何形状的材料

对规则几何形状的材料按下式计算其体积密度,以两次结果的算术平均值作为测定值。

$$\rho_0 = \frac{m}{V_0} \tag{13-2}$$

式中:ρ_0——体积密度,g/cm³;

m——试样的质量,g;

V_0——试样的体积,cm³。

2) 不规则几何形状的材料

对不规则几何形状的材料按下式计算材料的体积密度 ρ_0(精确至 0.01 g/cm³):

$$\rho_0 = \frac{m}{\dfrac{m_1 - m_2}{\rho_W} - \dfrac{m_1 - m}{\rho_{蜡}}} \tag{13-3}$$

式中:ρ_0——体积密度,g/cm³;

m——试样在空气中的质量,g;

m_1——蜡封试样在空气中的质量,g;

m_2——蜡封试样在水中的质量,g;

ρ_W——水的密度,g/cm³。

$\rho_{蜡}$——石蜡的密度,g/cm³。

试样的结构均匀时,以三个试样测定值的算术平均值作为试验结果,各个测定值的差不得大于 0.02 g/cm³;如试样结构不均匀时,应以 5 个试样测定值的算术平均值作为试验结果,并在试验报告表中注明最大值和最小值。

3) 将计算结果填入试验报告册表 1-2、表 1-3 的相应栏目中

13.1.3 表观密度试验

1. 试验目的

表观密度是指材料在自然状态下,单位表观体积(包括材料的固体物质体积与内部封闭孔隙体积)的质量。测定表观密度可为计算近似绝对密实的散粒材料的空隙率提供依据。

常用的试验方法有容量瓶法和广口瓶法,其中容量瓶法常用来测定砂的表观密度,广口瓶法常用来测定石子的表观密度。以砂和石子为例分别介绍两种试验方法。

2. 主要仪器设备

容量瓶(500 mL)、广口瓶、天平(感量 0.1 g)、台秤(称量 10 kg,感量 10 g)、干燥器、带盖容器、浅盘、铝制料勺、温度计、烘箱、烧杯、毛巾、刷子、玻璃片、滴管等。

3. 试样准备

(1) 将砂子试样用试验三(13.3.1 节)中的取样方法缩分成 2.6 kg,筛去 4.75 mm 以上的颗粒,在温度为(105±5)℃的烘箱中烘干至恒重,并在干燥器内冷却至室温备用。

(2) 将石子试样用试验三(13.3.1 节)中的取样方法缩分至表 13-1 规定的数量,筛去 4.75 mm 以下的颗粒,洗刷干净后,在温度为(105±5)℃的烘箱中烘干至恒重,并在干燥器内冷却至室温,分成大致相等的两份备用。

表 13-1 表观密度试验所需试样数量

最大粒径/mm	<26.5	31.5	37.5	63.0	75.0
最少试样质量/kg	2.0	3.0	4.0	6.0	6.0

4. 试验方法与步骤

1) 砂的表观密度试验(容量瓶法)

(1) 称取烘干的砂试样 300 g(m_0),精确至 1 g,将约 200 mL 的冷开水先注入容量瓶,再将砂试样装入容量瓶,注入冷开水至接近 500 mL 的刻度处,摇转容量瓶,使试样在水中充分搅动,排除气泡,塞紧瓶塞。静置 30 min(标准为 24 h)。

(2) 静置后用滴管添水,使水面与瓶颈 500 mL 刻度线平齐,再塞紧瓶塞,擦干瓶外水分,称取其质量(m_1),精确至 1 g。

(3) 倒出瓶中的水和试样,将瓶的内外表面洗净。再向瓶内注入与前面水温相差不超过 2℃,并在 15~25℃范围内的冷开水至瓶颈 500 mL 刻度线,塞紧瓶塞,擦干瓶外水分,称取其质量 m_2,精确至 1 g。

2) 石子的表观密度试验(广口瓶法)

(1) 将试样浸水饱和后,装入广口瓶中,装试样时广口瓶应倾斜放置,然后注满饮用水,用玻璃片覆盖瓶口,以上下左右摇晃的方法排除气泡。

(2) 气泡排尽后,向瓶内添加饮用水,直至水面凸出到瓶口边缘,然后用玻璃片沿瓶口迅速滑行,使其紧贴瓶口水面。擦干瓶外水分后,称取试样、水、瓶和玻璃片的质量 m_1,

精确至 1 g。

(3) 将瓶中的试样倒入浅盘中，置于(105±5)℃的烘箱中烘干至恒重，取出放在带盖的容器中冷却至室温后称出试样的质量 m_0，精确至 1 g。

(4) 将瓶洗净，重新注入饮用水，用玻璃片紧贴瓶口水面，擦干瓶外水分后称出质量 m_2，精确至 1 g。

5. 结果计算与数据处理

1) 砂的表观密度结果计算

(1) 按下式计算砂的表观密度 ρ'_s（精确至 0.01 g/cm³）：

$$\rho'_s = \left(\frac{m_0}{m_0 + m_2 - m_1} - \alpha \right) \times \rho_W \tag{13-4}$$

式中：ρ'_s——试样的表观密度，g/cm³；

m_0——干燥试样的质量，g；

m_1——试样、水和容量瓶的质量，g；

m_2——水和容量瓶的质量，g；

α——不同水温下砂的表观密度修正系数，如表 13-2 所示；

ρ_W——水的密度，g/cm³。

表 13-2　不同水温下砂的表观密度修正系数

温度/℃	15	16	17	18	19	20	21	22	23	24	25
修正系数 α	0.002	0.003	0.003	0.004	0.004	0.005	0.005	0.006	0.006	0.007	0.008

(2) 表观密度应用两份试样分别测定，并以两次结果的算术平均值作为测定结果，精确至 10 kg/m³。如两次测定结果的差值大于 20 kg/m³ 时，应重新取样测定。

2) 石子的表观密度结果计算

(1) 按下式计算石子的表观密度 ρ'_G（精确至 0.01 g/cm³）：

$$\rho'_G = \frac{m_0}{m_0 + m_2 - m_1} \times \rho_W \tag{13-5}$$

式中：ρ'_G——试样的表观密度，g/cm³；

m_0——干燥试样的质量，g；

m_1——试样、水、广口瓶和玻璃片的总质量，g；

m_2——水、广口瓶和玻璃片的质量，g；

ρ_W——水的密度，g/cm³。

(2) 表观密度应用两份试样分别测定，并以两次结果的算术平均值作为测定结果，如两次结果之差大于 0.2 g/cm³，应重新取样试验；对颗粒材质不均匀的试样，如两次试验结果的差值超过 0.2 g/cm³，可取四次测定结果的算术平均值作为测定值。

(3) 将试验方法、检测数据及试验计算结果填入试验报告册表 1-4、表 1-5 的相应栏目中。

13.1.4 堆积密度试验

1. 试验目的

堆积密度是指散粒材料(如水泥、砂、卵石、碎石等)在堆积状态下(包含颗粒内部的孔隙及颗粒之间的空隙)单位体积的质量。它可以用来估算散粒材料的堆积体积及质量,考虑运输工具、估计材料级配情况等。

2. 主要仪器设备

天平(称量 10 kg,感量 1g)、4.75 mm 方孔筛、搪瓷浅盘、烘箱、干燥器、容积筒(容积为1L)、标准漏斗(见图 13-2)、钢尺、小铲、ϕ10 mm 垫棒等。

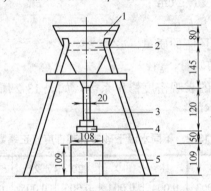

图 13-2 标准漏斗与容积筒

1—漏斗;2—筛子;3—导管;4—活动门;5—容积筒

3. 试样准备

同表观密度试验 13.1.3,将约 5 kg 试样(砂子)放入搪瓷浅盘中,再放入 105~110℃ 的烘箱中,烘至恒量,再放入干燥器中冷却至室温,筛除大于 4.75 mm 的颗粒,分为大致相等的两份备用。

4. 试验方法与步骤

(1) 松散堆积密度的测定。

称量容积筒的质量 m_1(精确至 1 g),取试样一份置于标准漏斗中,将漏斗下口置于容积筒中心上方 50 mm 处(见图 13-2),让试样自由落下徐徐装入容积筒,当容积筒装满且上部试样呈锥体,在容积筒四周溢满时,即停止加料。然后用直尺沿筒口中心线向两边刮平(试验过程应防止触动容积筒),称出试样和容积筒总质量 m_2,精确至 1 g。按试验方法、将测试数据填入试验报告册表 1-6 的相应栏目中。

(2) 紧密堆积密度。

称量容积筒的质量 m_1(精确至 1 g),取另一份试样,用小铲将试样分两层装入容积筒内。第一层约装 1/2 后,在容积筒底垫放 ϕ10mm 的垫棒一根,在垫有橡胶板的台面上左右交替颠击各 25 下，再装第二层，把垫着的钢筋转 90° 同法颠击。加料至试样超出瓶口，用钢尺沿瓶口中心线向两个相反方向刮平，称其总质量 m_2(精确至 1 g)。按试验方法、将测试数据填入试验报告册表 1-6 的相应栏目中。

(3) 称量玻璃板与容器的总质量 m_1'，将(20±2)℃的饮用水装入容积筒，用玻璃板沿瓶口滑移，使玻璃板紧贴筒口。擦干容器外壁上的水分，称其质量 m_2'。单位以 g 计。

$$V_0' = \frac{m_2' - m_1'}{\rho_w} \tag{13-6}$$

式中：V_0'——容积筒的容积，L；
m_1'——容积筒与玻璃板的质量，kg；
m_2'——容积筒与玻璃板及水的总质量，kg；
ρ_w——水的密度，kg/L。

5. 结果计算与数据处理

堆积密度 ρ_0' 按下式计算：

$$\rho_0' = \frac{(m_2 - m_1)}{V_0'} \tag{13-7}$$

式中：ρ_0'——试样的堆积密度，kg/m³；
m_1——容积筒的质量，kg；
m_2——容积筒和试样的总质量，kg；
V_0'——容积筒的容积，m³。

分别以两次试验结果的算术平均值作为堆积密度测定的结果填入试验报告册表 1-6 的相应栏目中(精确至 10 kg/m³)。

13.1.5 吸水率试验

1. 试验目的

材料吸水饱和时的吸水量与材料干燥时的质量或体积之比，叫作吸水率。
材料的吸水率通常小于孔隙率，因为水不能进入封闭的孔隙中。材料吸水率的大小对其堆积密度、强度、抗冻性的影响很大。

2. 主要仪器设备

天平、台秤(称量 10 kg，感量 10 g)、游标卡尺、水槽、烘箱等。

3. 试样准备

将试样(可采用黏土砖)通过切割修整，放在 105～110℃的烘箱中，烘至恒量，再放入干燥器中冷却至室温备用。

4. 试验方法与步骤

(1) 称取试样质量 m(g)。

(2) 将试样放入水槽中,试样之间应留 1~2 cm 的间隔,试样底部应用玻璃棒垫起,避免与槽底直接接触。

(3) 将水注入水槽中,使水面至试样高度的 1/3 处,24 h 后加水至试样高度的 2/3 处,再隔 24 h 加水至高出试样 1~2 cm,再经 24 h 后取出试样,这样逐次加水能使试样孔隙中的空气逐渐逸出。

(4) 取出试样后,用拧干的湿毛巾轻轻抹去试样表面的水分(不得来回擦拭),称其质量,称量后仍放回槽中浸水。

以后每隔 1 昼夜用同样方法称取试样质量,直至试样浸水至恒定质量为止(1 d 质量相差不超过 0.05 g 时),此时称得的试样质量为 m_1。

5. 结果计算与数据处理

(1) 按下式计算质量吸水率 $W_质$ 及体积吸水率 $W_体$:

$$W_质 = \frac{m_1 - m}{m} \times 100\% \tag{13-8}$$

$$W_体 = \frac{V_1}{V_0} \times 100\% = \frac{m_1 - m}{m} \times \frac{\rho_0}{\rho_{H_2O}} \times 100\% = W_质 \times \rho_0 \tag{13-9}$$

式中:V_1——材料吸水饱和时水的体积,cm³;

V_0——干燥材料自然状态时的体积,cm³;

ρ_0——材料的表观密度,g/cm³;

ρ_{H_2O}——水的密度(g/cm³),常温时 $\rho_{H_2O} = 1$ g/cm³。

(2) 吸水性测定用三个试样平行进行,最后取三个试样的吸水率计算平均值作为最后结果。

(3) 将试验方法、检测数据及试验计算结果填入试验报告册表 1-7 的相应栏目中。

13.2 试验二:水泥技术指标测试

要求:掌握水泥细度的几种测定方法,掌握如负压筛、水筛等试验设备的使用。掌握水泥标准稠度用水量的两种测定方法,并能较准确地测定。了解水泥凝结时间的概念及国标对凝结时间的规定,并能较准确地测定出水泥的凝结时间。了解造成水泥安定性不良的因素有哪些,掌握如何进行检测。掌握水泥胶砂强度试样的制作方法,了解标准养护的概念、水泥石强度发展的规律及影响水泥石强度的因素等知识,掌握水泥抗折强度测定仪、压力机等设备的操作和使用方法。

本节试验采用的标准及规范:
- 《水泥细度检验方法 筛析法》GB/T 1345—2005
- 《水泥标准稠度用水量、凝结时间、安定性检验方法》GB/T 1346—2011
- 《水泥胶砂强度检验方法(ISO 法)》GB/T 17671—1999
- 《通用硅酸盐水泥》GB 175—2007

水泥技术指标检验的基准方法按照水泥检验方法(ISO 法)标准,也可采用 ISO 法允许的代用标准。当代用后结果有异议时以基准方法为准。

本节检验方法适用于通用硅酸盐水泥。

13.2.1 水泥检验的一般规定

1. 取样方法

散装水泥以同一水泥厂、同一强度等级、同一品种、同一编号、同期到达的水泥为一批,采用散装水泥取样器随机取样。取样应有代表性,可连续取,也可从 20 个以上不同部位分别抽取等量水泥,总数至少 12 kg;袋装水泥取样于每一个编号内随机抽取不少于 20 袋水泥,采用袋装水泥取样器取样,每次抽取的单样量应尽量一致。水泥试样应充分拌匀,通过 0.9 mm 方孔筛并记录筛余物情况,当试验水泥从取样至试验要保持 24 h 以上时,应把它贮存在基本装满和气密的容器里,这个容器应不与水泥起反应。试验用水应是洁净的淡水,仲裁试验或其他重要试验用蒸馏水,其他试验可用饮用水。仪器、用具和试模的温度与试验室一致。

2. 养护条件

试验室温度应为(20±2)℃,相对湿度应大于 50%。养护箱温度为(20±1)℃,相对湿度应大于 90%。

3. 对试验材料的要求

(1) 水泥试样应充分拌匀。
(2) 试验用水必须是洁净的淡水。
(3) 水泥试样、标准砂、拌和用水等温度应与试验室温度相同。

13.2.2 水泥细度试验

1. 试验目的

检验水泥颗粒的粗细程度。由于水泥的许多性质(凝结时间、收缩性、强度等)都与水泥的细度有关,因此必须检验水泥的细度,以它作为评定水泥质量的依据之一,因此必须进行细度测定。

2. 主要仪器设备

试验筛(试验筛由圆形筛框和筛网组成(筛网孔边长为 80 μm),其结构尺寸如图 13-3 和图 13-4 所示);负压筛析仪(装置示意图见图 13-5);水筛架和喷头(水筛架上筛座内径为 140 mm。喷头直径为 55 mm,面上均匀分布 90 个孔,孔径为 0.5~0.7 mm(水筛架和喷头见图 13-6));天平(最大称量为 200 g,感量 0.05 g);搪瓷盘、毛刷等。

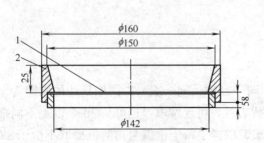

图 13-3 负压筛(单位：mm)

1—筛网；2—筛框

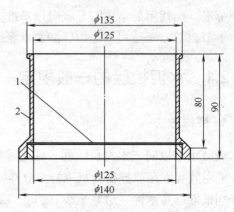

图 13-4 水筛(单位：mm)

1—筛网；2—筛框

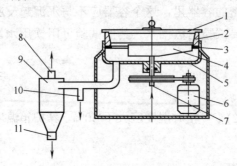

图 13-5 负压筛析仪示意图

1—有机玻璃盖；2—0.080 mm 方孔筛；3—橡胶垫圈；4—喷气嘴；5—壳体；6—微电机；
7—压缩空气进口；8—抽气口(接负压泵)；9—旋风收尘器；10—风门(调节负压)；11—细水泥出口

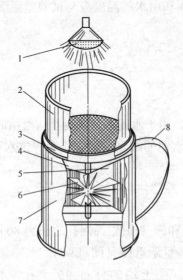

图 13-6 水筛法装置系统图

1—喷头；2—标准筛；3—旋转托架；4—集水斗；5—出水口；6—叶轮；7—外筒；8—把手

3. 试样准备

将用标准取样方法取出的水泥试样，取出约 200 g 通过 0.9 mm 方孔筛，盛在搪瓷盘中待用。

4. 试验方法与步骤

1) 负压筛析法(GB 1345—2005)

负压筛析法测定水泥细度，采用如图 13-5 所示的装置。

(1) 筛析试验前，应把负压筛放在筛座上，盖上筛盖，接通电源，检查控制系统，调节负压至 4000～6000 Pa 范围内。

(2) 称取试样 25 g，置于洁净的负压筛中，盖上筛盖，放在筛座上，开动筛析仪连续筛析 2 min；在此期间如有试样附着在筛盖上，可轻轻地敲击，使试样落下。筛毕，用天平称量筛余物。

(3) 当工作负压小于 4000 Pa 时，应清理吸尘器内的水泥，使负压恢复正常。

2) 水筛法

水筛法测定水泥细度，采用如图 13-6 所示的装置。

(1) 筛析试验前，检查水中应无泥沙，调整好水压及水压架的位置，使其能正常运转喷头，底面和筛网之间的距离为 35～75 mm。

(2) 称取试样 50 g，置于洁净的水筛中，立即用洁净淡水冲洗至大部分细粉通过后，再将筛子置于水筛架上，用水压为 (0.05 ± 0.02) MPa 的喷头连续冲洗 3 min。筛毕，用少量水把筛余物冲至蒸发皿中，等水泥颗粒全部沉淀后小心倒出清水，烘干并用天平称量筛余物，称准至 0.1 g。

3) 干筛法

在没有负压筛仪和水筛的情况下，允许用手工干筛法测定。

(1) 称取水泥试样 50 g 倒入符合 GB 3350.7—1982 水泥物理检验仪器标准筛要求的干筛内。

(2) 用一只手执筛往复摇动，另一只手轻轻拍打，拍打速度每分钟约 120 次，每 40 次向同一方向转动 60°，使试样均匀分布在筛网上，直至每分钟通过的试样量不超过 0.05 g 为止。用天平称量筛余物，称准至 0.1 g。

5. 结果计算及数据处理

水泥试样筛余百分数用下式计算：

$$F = \frac{R_s}{m_c} \times 100\% \tag{13-10}$$

式中：F——水泥试样的筛余百分数，%；
R_s——水泥筛余的质量，g；
m_c——水泥试样的质量，g。

负压筛法、水筛法或干筛法均以一次检验测定值作为鉴定结果。在采用负压筛法与水筛法或手工干筛法测定的结果发生争议时，以负压筛法为准。

按试验方法将检测数据及试验计算结果(精确至 0.1%)填入试验报告册中的表 2-1～表 2-3 中。

13.2.3 水泥标准稠度用水量测试

1. 试验目的

水泥的凝结时间和安定性都与用水量有关,为了消除试验条件的差异而有利于比较,水泥净浆必须有一个标准的稠度。本试验的目的就是测定水泥净浆达到标准稠度时的用水量,以便为进行凝结时间和安定性试验做好准备。

2. 主要仪器设备

测定水泥标准稠度和凝结时间的维卡仪(见图13-7);试模(采用圆模(见图13-8));水泥净浆搅拌机(见图13-9);搪瓷盘;小插刀;量水器(最小可读为0.1 mL,精度1%);天平;玻璃板(150 mm×150 mm×5 mm)等。

3. 主要仪器设备简介

(1) 标准法维卡仪的标准稠度测定用试杆有效长度为(50±1) mm,由直径为(10±0.05) mm 的圆柱形耐腐蚀金属制成。测定凝结时间时取下试杆,用试针(见图13-7(d)、(e))代替试杆。试针由钢制成,其有效长度是初凝针为(50±1) mm,终凝针为(30±1) mm,直径均为(1.13±0.05) mm 的圆柱体。滑动部分的总质量为(300±1) g。与试杆、试针联结的滑动杆表面应光滑,能靠重力自由下落,不得有紧涩和摇动现象。

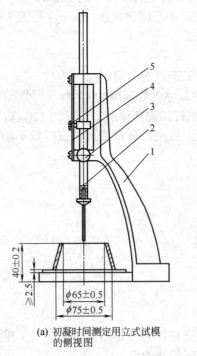 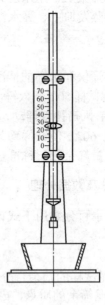

(a) 初凝时间测定用立式试模的侧视图　　(b) 终凝时间测定用仪转试模的前视图

图13-7　测定水泥标准稠度和凝结时间用的维卡仪(单位: mm)

1—铁座;2—金属滑杆;3—松紧螺丝旋钮;4—标尺;5—指针

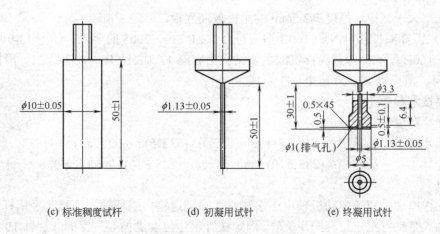

(c) 标准稠度试杆　　　　(d) 初凝用试针　　　　(e) 终凝用试针

图 13-7　测定水泥标准稠度和凝结时间用的维卡仪(单位：mm)(续)

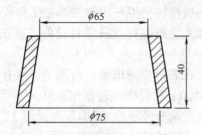

图 13-8　圆模(单位：mm)

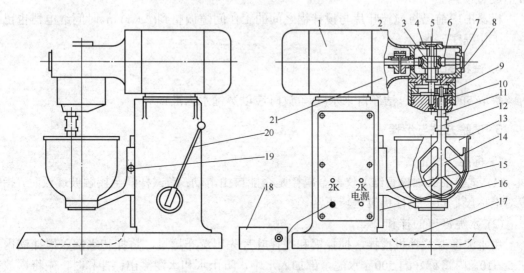

图 13-9　水泥浆搅拌机示意图

1—双速电机；2—连接法兰；3—蜗轮；4—轴承盖；5—蜗轮轴；6—蜗杆轴；7—轴承盖；8—内齿圈；
9—行星齿轮；10—行星定位套；11—叶片轴；12—调节螺母；13—搅拌锅；14—搅拌叶片；15—滑板；
16—立柱；17—底座；18—时间控制器；19—定位螺钉；20—升降手柄；21—减速器

(2) 盛装水泥净浆的试模(见图 13-8)应由耐腐蚀的、有足够硬度的金属制成。试模是深为(40±0.2) mm、顶内径为(65±0.5) mm、底内径为(75±0.5) mm 的截顶圆锥体。每只试模应配备一个大于试模、厚度≥2.5mm 的平板玻璃底板。

(3) 水泥净浆搅拌机 NJ—160B 型应符合 JC/T 729—2005 的要求，如图 13-9 所示。

NJ—160B 型水泥净浆搅拌机的主要结构由底座 17、立柱 16、减速器 21、滑板 15、搅拌叶片 14、搅拌锅 13、双速电机 1 组成。

主要技术参数

搅拌叶宽度　　111 mm

搅拌叶转速　　低速挡：(140±5) r/min(自转)；(62±5) r/min(公转)

　　　　　　　高速挡：(285±10) r/min(自转)；(125±10) r/min(公转)

净重　　　　　45 kg

其工作原理是双速电动机轴由连接法兰 2 与减速箱内蜗杆轴 6 连接，经蜗杆轴副减速使蜗轮轴 5 带动行星定位套同步旋转。固定在行星定位套上偏心位置的叶片轴 10 带动叶片 14 公转，固定在叶片轴上端的行星齿轮 9 围绕固定的内齿圈 8 完成自转运动，由双速电机经时间继电器控制自动完成一次慢转→停→快转的规定工作程序。

本机器安装不需特别基础及地脚螺钉，只需将设备放置在平整的水泥平台上，并垫一层厚 5～8 mm 的橡胶板即可。

本机将电源线插入，红灯亮表示接通电源，将钮子开关拨到程控位置，即自动完成一次慢转 120 s→停 15 s→快转 120 s 的程序；若置钮子开关于手动位置，则用手动三位开关分别完成上述三次动作，左右搬动升降手柄 20 即可使滑板 15 带动搅拌锅 13 沿立柱 16 的燕尾导轨上下移动，向上移动用于搅拌，向下移动用于取下搅拌锅。搅拌锅与滑板用偏心槽旋转锁紧。

机器出厂前已将搅拌叶片与搅拌锅之间的工作间隙调整到(2±1) m。时间继电器也已调整到工作程序要求。

4. 试样的准备

称取 500 g 水泥、洁净自来水(有争议时应以蒸馏水为准)。

5. 试验方法与步骤

1) 标准法测定

(1) 试验前必须检查维卡仪器金属棒是否能自由滑动；当试杆降至接触玻璃板时，指针应对准标尺零点；搅拌机应运转正常等。

(2) 水泥净浆的拌和。

用水泥净浆搅拌机搅拌，搅拌锅和搅拌叶片先用湿布擦过，将拌和水倒入搅拌锅内，在 5～10 s 内将称好的 500 g 水泥全部加入水中，防止水和水泥溅出；拌和时，先将锅放在搅拌机的锅座上，升至搅拌位置，旋紧定位螺钉，连接好时间控制器，将净浆搅拌机右侧的快→停→慢钮拨到"停"；手动→停→自动钮拨到"自动"一侧，启动控制器上的按钮，搅拌机将自动低速搅拌 120 s，停 15 s，接着高速搅拌 120 s 后停机。

拌和结束后，立即将拌制好的水泥净浆一次装入已置于玻璃底板上的试模中，浆体超过试模上端，用宽约 25 mm 的直边刀轻轻拍打超出试模部分的浆体 5 次以排除浆体中的孔隙，然后在试模上表面约 1/3 处，略倾斜于试模分别向外轻轻锯掉多余净浆，再从试模边沿轻抹顶部一次，使净浆表面光滑。在锯掉多余的净浆和抹平的操作过程中，注意不要压实净浆；抹平后速将试模和底板移到维卡仪上，并将其中心定在标准稠度试杆下，降低试杆直至与水泥净浆表面接触，拧紧松紧螺丝旋钮 1~2 s 后，突然放松，使标准稠度试杆垂直自由地沉入水泥净浆中。在试杆停止沉入或释放试杆 30 s 时记录试杆距底板之间的距离，升起试杆后，立即擦净；整个操作应在搅拌后 1.5 min 内完成，以试杆沉入净浆并距底板 (6 ± 1) mm 的水泥净浆为标准稠度净浆。此时的拌和水量为该水泥的标准稠度用水量(P)，按水泥质量的百分比计。

2) 代用法测定

(1) 标准稠度用水量可用调整水量和不变水量两种方法中的任一种测定。如有争议，以前者为准。

(2) 试验前必须检查维卡仪器金属棒应能自由滑动；当试锥接触锥模顶面时，指针应对准标尺零点；搅拌机应运转正常等。

(3) 此处介绍不变用水量法。

① 先用湿布擦抹水泥浆拌和用具。将 142.5 mL 拌和用水倒入搅拌锅内，然后在 5~10 s 内小心地将称好的 500 g 水泥试样倒入搅拌锅内。

② 将装有试样的锅放到搅拌机锅座上的搅拌位置，开动机器，慢速搅拌 120 s，停拌 15 s，接着快速搅拌 120 s 后停机。

③ 拌和完毕，立即将净浆一次装入锥模中(见图 13-10)，用宽约 25 mm 的直边刀在浆体表面轻轻插捣 5 次，刮去多余的净浆，抹平后，迅速放到测定仪试锥下面的固定位置上。将试锥降至净浆表面，拧紧螺丝 1~2 s，然后突然放松螺丝，让试锥沉入净浆中，到停止下沉或释放试锥 30 s 时记录下沉深度，整个操作应在 1.5 min 内完成。

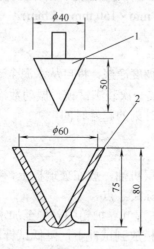

图 13-10　试锥和锥模(单位：mm)

1—试锥；2—锥模

④ 记录试锥下沉深度 S(mm)。以试锥下沉深度 $S=(30\pm1)$mm 为标准稠度净浆。若试锥下沉深度 S 不在此范围内，则根据测得的下深 S，按以下经验公式计算标准稠度用水量 $P(\%)$：

$$P =33.4-0.185S \tag{13-11}$$

这个经验公式是由调整水量法的结果总结出来的,当试锥下沉深度小于 13 mm 时,应采用调整水量法测定。

6. 结果计算与数据处理

(1) 用标准法测定时,以试杆沉入净浆并距底板(6 ± 1)mm 的水泥净浆为标准稠度净浆。其拌和水量为该水泥的标准稠度用水量,按水泥质量的百分比计。

$$P=(拌和用水量/水泥质量)\times 100\% \tag{13-12}$$

如超出范围,须另称试样,调整水量,重做试验,直至达到杆沉入净浆并距底板(6 ± 1)mm 时为止。

(2) 按所用的试验方法,将试验过程记录和计算结果填入试验报告册表 2-4～表 2-6 中。

13.2.4 水泥净浆凝结时间检验

1. 试验目的

测定水泥加水后至开始凝结(初凝)以及凝结终了(终凝)所用的时间,用以评定水泥性质。

2. 主要仪器设备

测定仪与测定标准稠度用水量时所用的测定仪相同,只是将试杆换成试针(如图 13-7(d)、(e)所示),另外,还有试模(见图 13-8)、湿气养护箱(养护箱应能将温度控制在(20 ± 1)℃,湿度大于 90%的范围)和玻璃板$(150 \text{ mm}\times 150 \text{ mm}\times 5 \text{ mm})$。

3. 试样的制备

以标准稠度用水量制成标准稠度净浆,将自从水泥全部加入水中的时刻(t_1)记录在试验报告册表 2-7 中。将标准稠度净浆一次装满试模,振动数次刮平,立即放入湿气养护箱中。水泥全部加入水中的时间为凝结时刻的起始时间。

4. 试验方法与步骤

(1) 将圆模内侧稍许涂上一层机油,放在玻璃板上,调整凝结时间测定仪的试针,当试针接触玻璃板时,指针应对准标尺零点。

(2) 初凝时间的测定:试样在湿气养护箱中养护至加水后 30 min 时进行第一次测定。测定时,从湿气养护箱中取出试模放到试针下,降低试针与水泥净浆表面的接触。拧紧定位螺钉(见图 13-7(a))1～2 s 后,突然放松(最初测定时应轻轻扶持金属棒,使其徐徐下降,以防试针撞弯,但结果以自由下落为准),试针垂直自由地沉入水泥净浆。观察试针停止下沉或释放试针 30 s 时指针的读数,临近初凝时,每隔 5 min 测定一次。当试针沉至距底板(4 ± 1)mm 时,为水泥达到初凝状态,到达初凝时应立即重复测一次,两次结论相同时才能定为到达初凝状态。将此时刻(t_2)记录在试验报告册表 2-7 中。

(3) 终凝时间的测定:为了准确观测试针沉入的状况,在终凝针上安装了一个环形附件(见图 13-7(e))。在完成初凝时间测定后,立即将试模连同浆体以平移的方式从玻璃板上取下，翻转180°，直径大端向上，小端向下放在玻璃板上(见图13-7(b))，再放入湿气养护箱中继续养护，临近终凝时间时每隔15 min测定一次。当试针沉入试体0.5 mm时，即环形附件开始不能在试体上留下痕迹时，为水泥达到终凝状态，到达终凝时应立即重复测一次，两次结论相同时才能定为到达终凝状态。将此时刻(t_3)记录在试验报告册表2-7中。

(4) 注意事项：每次测定不能让试针落入原针孔，每次测试完毕须将试针擦拭干净并将试模放回湿气养护箱内，在整个测试过程中试针贯入的位置至少要距圆模内壁10 mm，且整个测试过程要防止试模受震。

5. 结果计算与数据处理

(1) 计算时刻t_1至时刻t_2时所用时间，即初凝时间$t_{初}=t_2-t_1$(用min表示)。
(2) 计算时刻t_1至时刻t_3时所用时间，即终凝时间$t_{终}=t_3-t_1$(用min表示)。
(3) 将计算结果填入试验报告册表2-7中。

13.2.5 水泥安定性检验

1. 试验目的

当用含有游离CaO、MgO或SO_3较多的水泥拌制混凝土时，会使混凝土出现龟裂、翘曲，甚至崩溃，造成建筑物的漏水，加速腐蚀等危害。所以必须检验水泥加水拌和后在硬化过程中体积变化是否均匀，是否因体积变化而引起膨胀、裂缝或翘曲。

水泥安定性用雷氏夹法(标准法)或试饼法(代用法)检验，有争议时以雷氏夹法为准。雷氏夹法是观测由两个试针的相对位移所指示的水泥标准稠度净浆体积膨胀的程度，即水泥净浆在雷氏夹中沸煮后的膨胀值。试饼法是观察水泥净浆试饼沸煮后的外形变化来检验水泥的体积安定性。

2. 主要仪器设备

1) 雷氏沸腾箱

雷氏沸腾箱的内层由不易锈蚀的金属材料制成。箱内能保证试验用水在(30 ± 5) min内由室温升到沸腾，并可始终保持沸腾状态在3 h以上。整个试验过程无须增添试验水量。箱体有效容积为410 mm×240 mm×310 mm，一次可放雷氏夹试样36件或试饼30～40个。篦板与电热管的距离大于50 mm。箱壁采用保温层以保证箱内各部位温度一致。

2) 雷氏夹

雷氏夹由铜质材料制成，其结构如图13-11所示。当一根指针的根部悬挂在一根金属丝或尼龙丝上，另一根指针的根部再挂上300 g质量的砝码时，两根指针针尖的距离增加应在(17.5 ± 2.5) mm范围(图13-12中的$2x$)以内，当去掉砝码后针尖的距离能恢复到挂砝码前的状态。

3) 雷氏夹膨胀测定仪

如图13-13所示，雷氏夹膨胀测定仪标尺的最小刻度为0.5mm。

4) 玻璃板

每个雷氏夹需配备质量约75～80 g的玻璃板两块。若采用试饼法(代用法)时，一个样品需准备两块约100 mm×100 mm×4 mm的玻璃板。

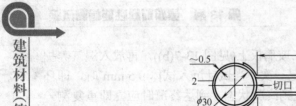

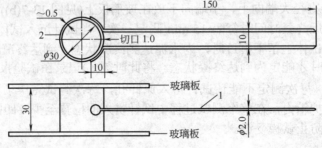

图 13-11　雷氏夹(单位：mm)

1—指针；2—环模

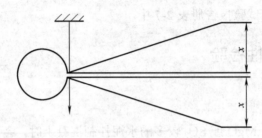

图 13-12　雷氏夹受力示意图

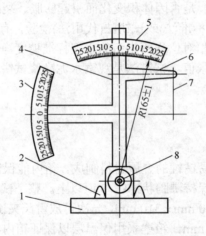

图 13-13　雷氏夹膨胀测定仪

1—底座；2—模子座；3—测弹性标尺；4—立柱；5—测膨胀标尺；6—悬臂；7—悬丝；8—弹簧顶钮

5) 水泥净浆搅拌机

水泥浆搅拌机如图 13-9 所示。

3. 试样的制备

1) 雷氏夹试样(标准法)的制备

将雷氏夹放在已准备好的玻璃板上，并立即将已拌和好的标准稠度净浆装满雷氏夹试模。装模时一手扶持试模，另一手用宽约 25 mm 的直边刀在浆体表面轻轻插捣 3 次左右，然后抹平，盖上稍涂油的玻璃板，立刻将试模移至湿气养护箱内，养护(24±2) h。

2) 试饼法试样(代用法)的制备

(1) 从拌好的净浆中取约 150 g，分成两份，放在预先准备好的涂抹少许机油的边长为 100 mm 玻璃板上，呈球形，然后轻轻振动玻璃板，水泥净浆即扩展成试饼。

(2) 用湿布擦过的小刀，由试饼边缘向中心修抹，边修抹边将试饼略作转动，中间切忌添加净浆，做成直径为 70～80 mm、中心厚约 10 mm、边缘渐薄、表面光滑的试饼。接着将试饼放入湿气养护箱内。自成型时起，养护(24±2) h。

4. 试验方法与步骤

沸煮：

用雷氏夹法(标准法)时，先测量试样指针尖端之间的距离，精确到 0.5 mm，然后将试样放入水中篦板上。注意指针朝上，试样之间互不交叉，在(30±5) min 内加热试验用水至沸腾，并恒沸 3 h±5 min。在沸腾过程中，应保证水面高出试样 30 mm 以上。煮毕将水放出，打开箱盖，待箱内温度冷却到室温时，取出试样进行判别。

用试饼法(代用法)时，先调整好沸煮箱内的水位，以保证在整个沸煮过程中都超过试件，不需中途添补试验用水，同时又能保证在(30±5) min 内升至沸腾。脱去玻璃板取下试饼，在试饼无缺陷的情况下将试饼放在沸煮箱中的篦板上，在(30±5) min 内加热升至沸腾并沸腾(180±5) min。

5. 试验结果处理

1) 雷氏夹法

煮后测量指针端的距离，记录至小数点后一位，准确至 0.5 mm。当两个试样煮后增加距离的平均值不大于 5.0 mm 时，即认为该水泥安定性合格。当两个试样的增加距离值相差超过 5 mm 时，应用同一样品立即重做一次试验。以复检结果为准。在试验报告表 2-8 中记录试验数据并评定结果。

2) 试饼法

煮后经肉眼观察未发现裂纹，用直尺检查没有弯曲(使钢直尺和试饼底部紧靠，以两者不透光为不弯曲)，称为体积安定性合格。反之，为不合格，如图 13-14 所示。当两个试饼判别结果有矛盾时，该水泥的体积安定性也为不合格。

崩溃　　　　　放射性龟裂　　　　弯曲

图 13-14　安定性不合格的试饼

安定性不合格的水泥禁止使用。在试验报告表 2-8 后记录试验情况并评定结果。

13.2.6 水泥胶砂强度检验

1. 试验目的

检验水泥各龄期的强度,以确定强度等级;或已知强度等级,检验强度是否满足原强度等级规定中各龄期强度数值。

2. 主要仪器设备

水泥胶砂搅拌机、水泥胶砂试体成型振实台、水泥胶砂试模、抗折试验机、抗压夹具、金属直尺、抗压试验机、抗压夹具、量水器等。

1) 水泥胶砂搅拌机

水泥胶砂搅拌机应符合 GB/T 17671—1999(1SO 法)的要求,如图 13-15 所示。工作时搅拌叶片既绕搅拌桨自身轴线转动,又使搅拌桨沿搅拌锅周边公转,运动轨道似行星运动方式的水泥胶砂搅拌机。

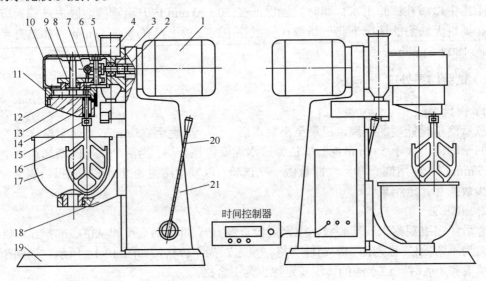

图 13-15 胶砂搅拌机结构示意图

1—电机;2—联轴套;3—蜗杆;4—砂罐;5—传动箱盖;6—蜗轮;7—齿轮Ⅰ;8—主轴;
9—齿轮Ⅱ;10—传动箱;11—内齿轮;12—偏心座;13—行星齿轮;14—搅拌叶轴;
15—调节螺母;16—搅拌叶;17—搅拌锅;18—支座;19—底座;20—手柄;21—立柱

主要技术参数

搅拌叶宽度　　135 mm

搅拌锅容量　　5 L

搅拌叶转速　　低速挡:(140±5) r/min(自转);(62±5) r/min(公转)

　　　　　　　高速挡:(285±10) r/min(自转);(125±10) r/min(公转)

净重　　　　　70 kg

2) 水泥胶砂试体成型振实台

水泥胶砂试体成型振实台应符合 GB/T 17671—1999(ISO 法)的要求，如图 13-16 所示。

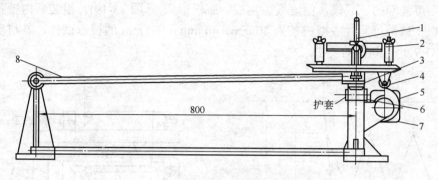

图 13-16　胶砂振实台

1—卡具；2—模套；3—突头；4—随动轮；5—凸轮；6—止动器；7—同步电机；8—臂杆

主要技术参数

振动部分总重量(不含制品)	20 kg
振实台振幅	15 mm
振动频率	60 次/min
台盘中心至臂杆轴中心的距离	800 mm
净重	50 kg

振实台应安装在高度约 400 mm 的混凝土基座上。混凝土体积约为 0.25 m³，重约 600 kg。需防外部振动影响振实效果时，可在整个混凝土基座下放一层厚约 5 mm 的天然橡胶弹性衬垫。

当无振实台时，可用全波振幅(0.75±0.02) mm，频率为 2800～3000 次/min 的振动台代用，其结构和配套漏斗如图 13-17 与图 13-18 所示。

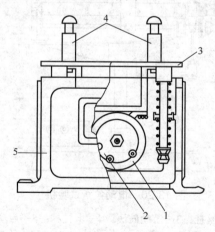

图 13-17　振动台构造示意图

1—电机；2—偏重轮；3—台面；4—卡具；5—机座及电气控制箱

3) 胶砂振动台

胶砂振动台如图 13-17 所示。台面面积为 360 mm×360 mm，台面装有卡住试模的卡具，振动台中的制动器能使电动机在停车后5秒内停止转动。

4) 试模

试模为可装卸的三联模,由隔板、端板、底板组成(见图13-19),组装后内壁各接触面应互相垂直。试模可同时成型三条为40 mm×40 mm×160 mm的棱形试体,其材质和制造应符合JC/T 726—2005的要求。

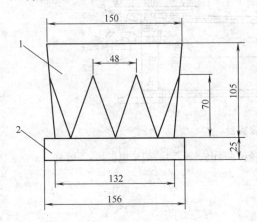
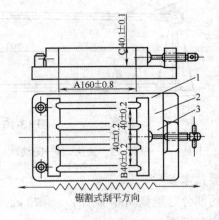

图13-18 下料漏斗(单位:mm)

1—漏斗;2—模套

图13-19 水泥胶砂强度检验试模

1—隔板;2—端板;3—底板
A(长度):160 mm;B(宽度)、C(高度):40 mm

5) 抗折试验机

电动双杠杆抗折试验机如图13-20所示。抗折夹具的加荷与支撑圆柱直径均为(10±0.1) mm,两个支撑圆柱中心距为(100±0.2) mm。

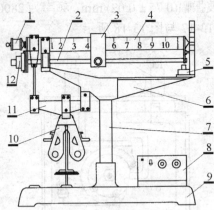

图13-20 电动抗折试验机

1—平衡锤;2—传动丝杠;3—游动砝码;4—上杠杆;5—启动开关;6—机架;
7—立柱;8—电器控制箱;9—底座;10—抗折夹具;11—下杠杆;12—电动机

抗折强度试验机应符合JC/T 724—2005的要求。

通过三根圆柱轴的三个竖向平面应该平行,并在试验时继续保持平行和等距离垂直试体的方向,其中一根支撑圆柱和加荷圆柱能轻微地倾斜使圆柱与试体完全接触,以便荷载沿试体宽度方向均匀分布,同时不产生任何扭转应力。

6) 抗压试验机

抗压试验机以 100～300 kN 为宜,误差不得超过 2%。

7) 抗压夹具

抗压夹具由硬质钢材制成,加压板长为(40±0.1) mm,宽不小于 40 mm,加压面必须磨平,如图 13-21 所示。

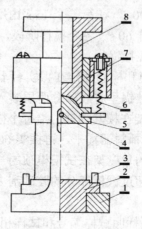

图 13-21 抗压夹具

1—框架;2—下压板;3—定位销;4—定向销;5—上压板和球座;
6—吊簧;7—铜套;8—传压柱

3. 水泥胶砂试样用砂

ISO 基准砂是由含量不低于 98%的天然的圆形硅质砂组成,其颗粒分布见表 13-3 的规定。

表 13-3 ISO 基准砂颗粒分布

方孔边长/mm	累计筛余/%	方孔边长/mm	累计筛余/%	方孔边长/mm	累计筛余/%
2.0	0	1.0	33±5	0.16	87±5
1.6	7±5	0.5	67±5	0.08	99±1

砂的筛析试验应用有代表性的样品来进行,每个筛子的筛析试验应进行至每分钟通过量小于 0.5 g 为止。砂的湿含量是在 105～110℃下用代表性砂样烘 2 h 的质量损失来测定,以干基的质量百分数表示,应小于 0.2%。颗粒分布和湿含量的测定每天应至少进行一次。水泥胶砂强度用砂应使用中国 ISO 标准砂。ISO 标准砂由 1～2 mm 粗砂、0.5～1.0 mm 中砂、0.08～0.5 mm 细砂组成,各级砂的质量均为 450 g(即各占 1/3),通常以(1350±5) g 混合小包装供应。灰砂比为 1∶3,水灰比为 0.5。

4. 试样成型步骤及养护

(1) 将试模(见图 13-19)擦净,四周模板与底板接触面上应涂黄油,紧密装配,防止漏浆。内壁均匀刷一薄层机油。

(2) 每成型三条试样材料用量为水泥(450±2) g,ISO 标准砂(1350±5) g,水(225±1) g。

适用于硅酸盐水泥、普通硅酸盐水泥、矿渣硅酸盐水泥、粉煤灰硅酸盐水泥、复合硅酸盐水泥和火山灰质灰硅酸盐水泥。

(3) 用搅拌机搅拌砂浆的拌和程序为：先使搅拌机处于等待工作状态，然后按以下程序进行操作。先把水加入锅内，再加水泥，把锅安放在搅拌机固定架上，上升至上固定位置。然后立即开动机器，低速搅拌 30 s 后，在第二个 30 s 开始的同时，均匀地将砂子加入。把机器转至高速再拌 30 s。停拌 90 s，在第一个 15 s 内用一胶皮刮具将叶片和锅壁上的胶砂刮入锅中间。在高速下继续搅拌 60 s。各个搅拌阶段，时间误差应在 1 s 以内。停机后，将黏在叶片上的胶砂刮下，取下搅拌锅。

(4) 在搅拌砂的同时，将试模和模套固定在振实台上。待胶砂搅拌完成后，取下搅拌锅，用一个适当的勺子直接从搅拌锅里将胶砂分两层装入试模。装第一层时，每个槽里约放 300 g 胶砂，用大播料器垂直架在模套顶部，沿每个模槽来回一次将料层播平，接着振实 60 次。再装第二层胶砂，用小播料器播平，再振实 60 次。移开模套，从振实台上取下试模，用一金属直尺以近似 90° 的角度架在试模模顶的一端，沿试模长度方向以横向锯割动作慢慢向另一端移动，一次将超过试模部分的胶砂刮去，并用同一直尺在近乎水平的情况下将试体表面抹平。

(5) 在试模上做标记或加字条标明试样编号和试样相对于振实台的位置。

(6) 试样成型试验室的温度应保持在 (20 ± 2)℃，相对湿度不低于 50%。

(7) 试样养护。

① 将做好标记的试模放入雾室或湿箱的水平架子上养护，湿空气(温度保持在 (20 ± 1)℃，相对湿度不低于 90%)应能与试模各边接触。一直养护到规定的脱模时间(对于 24 h 龄期的，应在破型试验前 20 min 内脱模；对于 24 h 以上龄期的，应在成型后 20~24 h 之间脱模)时取出脱模。脱模前用防水墨汁或颜色笔对试体进行编号和做其他标记，两个龄期以上的试体，在编号时应将同一试模中的三条试体分在两个以上龄期内。

② 将做好标记的试样立即水平或竖直放在 (20 ± 1)℃水中养护，水平放置时刮平面应朝上。养护期间试样之间的间隔或试体上表面的水深不得小于 5 mm。

5. 强度检验

试样从养护箱或水中被取出后，在强度试验前应用湿布覆盖。

1) 抗折强度测试

(1) 检验步骤

① 各龄期必须在规定的时间 3 d±2 h、7 d±3 h、28 d±3 h(见表 13-4)内取出三条试样先做抗折强度测定。测定前须擦去试样表面的水分和砂粒，消除夹具上圆柱表面黏着的杂物。将试样放入抗折夹具内，应使试样侧面与圆柱接触。

表 13-4 不同龄期的试样强度试验必须在下列时间内进行

龄 期	24 h	48 h	3 d	7 d	28 d
试验时间	±15 min	±30 min	±45 min	±2 h	±8 h

② 采用杠杆式抗折试验机时(见图 13-20)，在试样放入之前，应先将游动砝码移至零刻度线，调整平衡砣使杠杆处于平衡状态。试样放入后，调整夹具，使杠杆有一仰角，从

而在试样折断时尽可能地接近平衡位置。然后，启动电机，丝杆转动带动游动砝码给试样加荷；试样折断后从杠杆上可直接读出破坏荷载和抗折强度。

③ 抗折强度测定时的加荷速度为 (50±10) N/s。

④ 抗折强度按式 13-13 计算，精确到 0.1 MPa。

(2) 试验结果

① 抗折强度值，可在仪器的标尺上直接读出强度值。也可在标尺上读出破坏荷载值，按下式计算，精确至 0.1 N/mm²。

$$f = \frac{3FL}{2bh^2} = 0.00234F \tag{13-13}$$

式中：f——抗折强度(MPa)，精确至 0.1 MPa；

　　　F——折断时施加于棱柱体中部的荷载，N；

　　　L——支撑圆柱中心距(mm)，即 100 mm；

　　　b、h——试样正方形截面宽(mm)，均为 40 mm。

② 抗折强度测定结果取三块试样的平均值并取整数，当三个强度值中有超过平均值 ±10% 的，应予剔除后再取平均值作为抗折强度试验结果。

2) 抗压强度测试

(1) 检验步骤

① 对抗折试验后的两个断块应立即进行抗压试验。抗压试验须用抗压夹具进行。试样受压面为 40 mm×40 mm。试验前应清除试样的受压面与加压板间的砂粒或杂物，检验时以试样的侧面作为受压面，试样的底面靠紧夹具定位销，并使夹具对准压力机压板中心。

② 抗压强度试验在整个加荷过程中以 (2400±200) N/s 的速率均匀地加荷直至破坏。

(2) 检验结果

① 抗压强度按下式计算，精确至 0.1 MPa。

$$f = \frac{F}{A} = 0.000625F \tag{13-14}$$

式中：f——抗压强度，MPa；

　　　F——破坏荷载，N；

　　　A——受压面积(mm²)，即 40 mm×40 mm=1600 mm²。

② 抗压强度以一组三个棱柱体上得到的六个抗压强度测定值的算术平均值为试验结果。如果六个测定值中有一个超出平均值 ±10% 的，应剔除这个结果，剩下五个的平均数为结果。如果五个测定值中再有超过它们平均数 ±10% 的，则此组结果作废。

③ 将试验过程记录和计算结果填入试验报告表 2-9 中。

13.3　试验三：混凝土用骨料技术指标检验

要求：学会骨料的取样技术；能正确作出砂的筛分曲线，计算砂的细度模数，评定砂的颗粒级配和粗细程度；掌握测定砂子含水率的方法；能作出粗骨料的颗粒级配曲线，判断其级配情况；能较完全地找出骨料中的针、片状颗粒，并判定是否满足混凝土用骨料的质量要求。

本节试验采用的标准及规范：
- 《建筑用砂》GB/T 14684—2011
- 《建筑用卵石、碎石》GB/T 14685—2011

13.3.1 骨料的取样方法

1. 砂子的取样方法

混凝土用细骨料一般以砂为代表，其测试样品的取样工作应分批进行，每批取样体积不宜超过 400 m³。取样前应先将取样部位的表层除去，于较深处铲取试样。取样时应自料堆随机均匀分布的八个不同部位各取大致相等的一份，组成一组试样。从皮带运输机上取样时，应用与皮带等宽的接料器在皮带运输机机头的出料处，全断面定时随机抽取大致等量的 4 份为一组样品。从火车、汽车和货船上取样时，从不同部位和深度随机抽取大致等量的 8 份为一组样品。细骨料进行各项试验的每组试样应不小于表 13-5 的规定。

表 13-5 每一单项试验所需骨料的最少取样数量

试验项目	细骨料质量 m/g	粗骨料质量 m/kg						
		不同最大粒径/mm 下的最少取样量						
		9.5	16.0	19.0	26.5	31.5	37.5	63.0	75.0
颗粒级配	4400	9.5	16.0	19.0	25	31.5	37.5	63.0	80
表观密度	2600	8.0	8.0	8.0	8.0	12.0	16.0	24.0	24.0
堆积密度	5000	40.0	40.0	40.0	40.0	80.0	80.0	120.0	120.0
含水率	5000	2.0	2.0	2.0	2.0	3.0	3.0	4.0	4.0

将取回试验室的试样倒在平整洁净的拌板上，在自然状态下拌和均匀，用四分法将拌匀后的试样摊成厚度约为 2 cm 的圆饼，于饼中心画十字线，将其分成大致相等的 4 份，除去对角的两份，将其余两份照上述四分法缩分，如此持续进行，直到缩分后的试样质量略多于该项试验所需的数量为止。

2. 石子的取样方法

混凝土用粗骨料(碎石或卵石)的取样，一般都为分批进行，每个取样批次的总数量不宜超过 400 m³。在料堆上取样时，取样部位应均匀分布，取样前先将取样部位表层铲除，然后由不同部位随机抽取大致等量的石子 15 份(在料堆的顶部、中部和底部均匀分布的 15 个不同部位取得)组成一组样品。从皮带运输机上取样时，同与砂取样相同，但应抽取大致等量的石子 8 份组成一组样品。从火车、汽车和货船上取样时，同与砂取样相同，但应抽取大致等量的石子 16 份组成一组样品。

单项试验的最少取样数量应符合表 13-5 的规定。做几项试验时，如确能保证试样经一项试验后不致影响另一项试验的结果，可用同一试样进行几项不同的试验。

试验取样品时，在自然状态下拌和均匀，并堆成堆体，用前述的四分法缩取各项测试所需数量的试样为止。堆积密度检验所用试样可不经缩分，在拌匀后直接进行试验。

13.3.2 砂子的颗粒级配及细度模数检验

1. 试验目的

测定混凝土用砂的颗粒级配，计算细度模数，评定砂的粗细程度，为混凝土配合比设计提供依据。

2. 主要仪器设备

(1) 方孔筛：孔边长为 0.15、0.30、0.60、1.18、2.36、4.75 mm 及 9.50 mm 的方孔筛各一只，并附有筛底和筛盖；

(2) 天平：称量 1000 g，感量 1 g；

(3) 摇筛机，如图 13-22 所示；

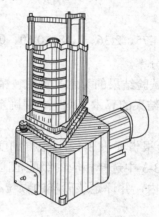

图 13-22 摇筛机

(4) 鼓风烘箱：能使温度控制在(105±5)℃；

(5) 搪瓷盘、毛刷等。

3. 试样准备

先将试样筛除大于 9.50 mm 的颗粒并记录其含量百分率。如试样中的尘屑、淤泥和黏土的含量超过 5%，应先用水洗净，然后于自然润湿状态下充分搅拌均匀，用四分法缩取每份不少于 550 g 的试样两份，将两份试样分别置于温度为(105±5)℃的烘箱中烘干至恒重。冷却至室温后待用。

4. 试验方法与步骤

(1) 称取试样 500 g，精确至 1 g。将套筛孔眼尺寸为 9.50、4.75、2.36、1.18、0.60、0.30、0.15 mm 的筛子按孔径大小顺序叠置(附筛底)。孔径最大的放在上层，加底盘后将试样倒入最上层筛内。加盖后将套筛置于摇筛机上(如无摇筛机，可采用手筛)。

(2) 设置摇筛机上的定时器旋钮于 10 min；开启摇筛机进行筛分。完成后取下套筛，按筛孔大小顺序再逐个用手筛，筛至每分钟通过量小至试样总量的 0.1%为止。通过的试样放入下一号筛中，并和下一号筛中的试样一起过筛，按顺序进行，直至各号筛全部筛完为止。

(3) 称出各号筛的筛余量，精确至 1 g。分计筛余量和底盘中剩余试样的质量总和与筛分前的试样总量相比，其差值不得超过 1%。

(4) 将各号筛上的筛余量记录在试验报告册表 3-1 的相应栏目中。

5. 结果计算与数据处理

(1) 计算分计筛余百分率：各号筛的筛余量与试样总量之比，精确至 0.1%。

(2) 计算累计筛余百分率：该号筛的筛余百分率加上该号筛以上各筛余百分率之和，精确至 0.1%。筛分后，如每号筛的筛余量与筛底的剩余量之和同原试样质量之差超过 1%时，须重新试验。

(3) 按下式计算砂的细度模数(精确至 0.01)：

$$M_x = \frac{(A_{2.36} + A_{1.18} + A_{0.60} + A_{0.30} + A_{0.15}) - 5A_{4.75}}{(100 - A_{4.75})} \tag{13-15}$$

式中：M_x——砂子的细度模数；

$A_{4.75}, \cdots, A_{0.15}$——分别为 4.75、2.36、1.18、0.60、0.30、0.15 mm 各筛上的累计筛余百分率。

(4) 累计筛余百分率取两次试验结果的算术平均值，精确至 1%，记录在试验报告的相应表格中。细度模数取两次试验结果的算术平均值，精确至 0.1；如两次试验的细度模数之差超过 0.2 时，须重新试验。

(5) 将计算结果记录在试验报告册表 3-1 中。根据细度模数大小判断试样的粗细程度，在试验报告图 3-1、图 3-2 或图 3-3 中选择相应的级配范围(粗砂、中砂、细砂)，将各筛的累计筛余百分率(点)绘制在该图内，并评定该砂样的颗粒级配分布情况的好坏，用文字叙述在试验报告中。

13.3.3 砂子的含水率检验

1. 试验目的

测定砂子的含水率，供调整混凝土施工配合比用。

2. 主要仪器设备

(1) 天平：最大称量 1 kg，感量 0.1 g。

(2) 鼓风烘箱(能使温度控制在(105±5)℃)、浅盘等。

3. 试样准备

按砂取样方法，将新鲜的砂试样(湿砂)缩分为约 1100 g，大致分为两份，分别放入干燥浅盘中备用。

4. 试验方法与步骤

(1) 取一份试样倒入已知质量 m_1 的烧杯中，称取总量为 m_2，精确至 0.1 g，放在干燥箱中于(105±5)℃下烘至恒量。

(2) 待冷却至室温后，称出烘干后的砂样与烧杯的总质量 m_3，精确至 0.1 g。

5. 结果计算与数据处理

(1) 砂的含水率按下式计算(精确至 0.1%)：

$$W_s = \frac{m_2 - m_3}{m_3 - m_1} \times 100\% \tag{13-16}$$

式中：W_s——砂的含水率，%；

m_1——干燥烧杯的质量，g；

m_2——未烘干的砂样与烧杯的总质量，g；

m_3——烘干后的砂样与烧杯的总质量，g。

(2) 以两次检验结果的算术平均值作为测定值，精确至 0.1%；两次试验结果之差大于 0.2%时，应重新试验。将试验数据及计算结果记录在试验报告册表 3-2 的相应栏目中。

13.3.4 石子的堆积密度与空隙率检验

1. 试验目的

测定石子的堆积密度，为计算石子的空隙率和混凝土配合比设计提供数据。

2. 试样准备

按规定取样，烘干或风干后，拌匀并把试样分为大致相等的两份备用。

3. 主要仪器设备

(1) 台秤：称量 10 kg，感量 10 g。

(2) 磅秤：称量 50 kg，感量 50 g。

(3) 容量筒：金属制，规格如表 13-6 所示。

表 13-6 容量筒的规格要求

最大粒径/mm	容量筒容积/L	容量筒规格		
		内径/mm	净高/mm	壁厚/mm
9.5，16.0，19.0，26.5	10	208	294	2
31.5，37.5	20	294	294	3
53.0，63.0，75.0	30	360	294	4

(4) 垫棒：直径为 16 mm、长为 600 mm 的圆钢。

(5) 直尺、平头小铁锹等。

4. 试验方法与步骤

(1) 按所测试样的最大粒径选取容量筒，称出容量筒质量 m_1(精确至 10 g)。

(2) 测松散堆积密度时，取试样一份，用小铁锹将试样从容量筒口中心上方 50 mm 处徐徐倒入，让试样以自由落体落下，当容量筒上部试样呈堆体，且容量筒四周溢满时，即停止加料。除去凸出容量筒口表面的颗粒，并以合适的颗粒填入凹陷部分，使表面稍凸起部分和凹陷部分的体积大致相等(试验过程应防止触动容量筒)，称出试样和容量筒总质量 m_2(精确至 50 g)。

(3) 测紧密堆积密度时，称出容量筒质量。取试样一份分三次装入容量筒。装完第一次后，在筒底垫放一根直径为 16 mm 的圆钢，将筒按住，左右交替颠击地面各 25 次。再装入第二层，并以同样方法颠实(但筒底所垫圆钢的方向与第一层颠实时方向垂直)，然后装入第三层，如法颠实。试样装填完毕，再加试样直至超过筒口，用钢尺沿筒口边缘刮去高出的试样，并用适合的颗粒填平凹处，使表面凹凸部分的体积大致相等，称出试样和容量筒总质量 m_2'(精确至 10 g)。

5. 结果计算与数据处理

(1) 石子松散堆积或紧密堆积密度按下式计算：

$$\rho_{0gS}' = \frac{m_2 - m_1}{V_o'} \times 1000$$

$$\rho_{0gJ}' = \frac{m_2' - m_1}{V_o'} \times 1000 \tag{13-17}$$

式中：ρ_{0gS}'——石子的松散堆积密度，kg/m³；

ρ_{0gJ}'——石子的紧密堆积密度，kg/m³；

m_1——容量筒质量，kg；

m_2——自然堆置时，容量筒与试样的总质量，kg；

m_2'——紧密堆置时，容量筒与试样的总质量，kg；

V_o'——容量筒容积，L。

(2) 石子的空隙按下式计算：

$$P_g = \left(1 - \frac{\rho_{0gS}'}{\rho_g}\right) \times 100\% \tag{13-18}$$

式中：P_g——石子的空隙率，%；

ρ_g——石子表观密度(由表观密质试验求得)，kg/m³；

ρ_{0gS}'——石子的松散堆积密度，kg/m³。

(3) 松散堆积密度或紧密堆积密度以两次检验结果的算术平均值作为测定值，精确至 10 kg/m³。空隙率取两次试验结果的算术平均值，精确至 1%。

(4) 将试验数据及计算结果记录在试验报告册表 3-3～表 3-5 的相应栏目中。

13.3.5 碎石或卵石的颗粒级配试验

1. 试验目的

测定石子的分计、累计筛余百分率及评定颗粒级配。

2. 主要仪器设备

(1) 方孔石子筛，筛框内径为 300 mm，筛孔尺寸分别为 90.0、75.0、63.0、53.0、37.5、31.5、26.5、19.0、16.0、9.50、4.75、2.36 mm 的筛及筛底和筛盖；

(2) 摇筛机；

(3) 天平及台秤，称量范围随试样质量而定，感量为试样质量的 0.1%左右；

(4) 鼓风烘箱(能使温度控制在(105±5)℃)、浅盘、毛刷等。

3. 试样准备

从取自料堆的试样中用四分法缩取出不少于表 13-7 所规定数量的试样，经烘干后备用。

表 13-7　颗粒级配所需的最少取样数量

最大粒径/mm	9.5	16.0	19.0	26.5	31.5	37.5	63.0	75.0
最少试样质量/kg	1.9	3.2	3.8	5.0	6.3	7.5	12.6	16.0

4. 试验方法与步骤

(1) 按试样的最大粒径，称取表 13-7 所规定数量的石子质量(精确到 1 g)。

(2) 按测试材料的粒径选用所需的一套筛，按孔径从大到小组合(附筛底)并将套筛置于摇筛机上，摇 10 min；取下套筛，按孔径大小顺序再逐个用手筛，筛至每分钟通过量小至试样总量的 0.1%为止。通过的试样并入下一号筛中，并和下一号筛中的试样一起过筛，按顺序进行，直至各号筛全部筛完为止。(没有摇筛机可用手筛)

(3) 称量各筛号的筛余量(精确至 1 g)。分计筛余量和底盘中剩余试样的质量总和与筛分前的试样总量相比，其差值不得超过 1%。

5. 结果计算与数据处理

(1) 计算各筛上的分计筛余百分率：各号筛的筛余量与总质量之比(精确至 0.1%)。

(2) 计算各筛上的累计筛余百分率：该号筛的筛余百分率加上该号筛以上各分计筛余百分率之和(精确至 1%)。

(3) 根据各筛的累计筛余百分率，对照国家规范规定的级配范围，评定试样的颗粒级配是否合格，并评定该试样的颗粒级配分布情况的好坏，用文字叙述在试验报告中。

13.3.6　石子的含水率检验

1. 试验目的

测定石子的含水率,供调整混凝土施工配合比用。

2. 主要仪器设备

(1) 台秤:最大称量 5 kg,分度值不大于 5 g。
(2) 鼓风烘箱(能使温度控制在(105±5)℃)、浅盘、毛刷等。

3. 试样准备

按砂取样方法,将石子试样(湿)缩分为约 2000 g,大致分为两份,分别放入已知质量的干燥浅盘 m_1 中备用。

4. 试验方法与步骤

(1) 称出石子与浅盘的总质量 m_2,并放入(105±5)℃的烘箱中烘至恒量。
(2) 取出试样,冷却后称出试样与浅盘的总质量 m_3。

5. 结果计算与数据处理

(1) 石子含水率按下式计算(精确至 0.1%):

$$W_g = \frac{m_2 - m_3}{m_3 - m_1} \times 100\% \tag{13-19}$$

式中:W_g——石子含水率,%;
　　　m_1——干燥浅盘的质量,g;
　　　m_2——未烘干的石子与干燥浅盘的总质量,g;
　　　m_3——烘干后的石子与干燥浅盘的总质量,g。

(2) 以两次检验结果的算术平均值作为测定值,将试验数据及计算结果记录在试验报告的相应表格中。

13.4　试验四:混凝土拌和物试验

要求:了解影响混凝土工作性的主要因素,并根据给定的配合比进行各组成材料的称量和试拌,测定其流动性,评定黏聚性和保水性。若工作性不能满足给定的要求,则能分析原因,提出改善措施。

本节试验采用的标准及规范:
- 《普通混凝土配合比设计规程》JGJ/T 55—2011
- 《混凝土质量控制标准》GB 50164—2011
- 《普通混凝土拌和物性能试验方法标准》GB/T 50080—2002

13.4.1 用坍落度法检验混凝土拌和物的和易性

坍落度法适用于粗骨料最大粒径不大于 40 mm、坍落度值不小于 10 mm 的混凝土拌和物和易性的测定。

1. 试验目的

测定塑性混凝土拌和物的和易性,以评定混凝土拌和物的质量,供调整混凝土试验室配合比用。

2. 主要仪器设备

(1) 混凝土搅拌机。

(2) 坍落度筒(见图 13-23),筒内必须光滑,无凹凸部位。底面和顶面应互相平行并与锥体的轴线垂直。在坍落筒外 2/3 高度处安两个把手,下端应焊脚踏板。筒的内部尺寸为:底部直径为(200±2) mm;顶部直径为(100±2) mm;高度为(300±2) mm;筒壁厚度不小于 1.5 mm。

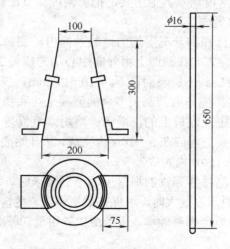

图 13-23 坍落度筒及捣棒(单位:mm)

(3) 铁制捣棒(见图 13-23),直径为 16 mm、长为 650 mm,一端为弹头形。

(4) 钢尺和直尺(500 mm,最小刻度 1 mm)。

(5) 40 mm 方孔筛、小方铲、抹刀、平头铁锨、2000 mm×1000 mm×3 mm 铁板(拌和板)等。

3. 试样准备

(1) 根据本书第 5 章中的有关指示,以及试验室现有水泥、砂和石的情况确定配合比。

(2) 按拌和 15 L 混凝土算试配拌和物的各材料用量,并将所得结果记录在试验报告中。

(3) 按上述计算称量各组成材料,同时还需备好两份为坍落度调整用的水泥、水、砂和石子。其数量可各为原来用量的 5%与 10%,备用的水泥与水的比例应符合原定的水灰比及砂率。用试验室拌制的混凝土制作试件时,其材料用量以质量计,称量的精度:水泥、水和外加剂均为±0.5%；骨料为±1%。拌和用的骨料应提前送入室内，拌和时试验室的温度应保持在(20±5)℃。

(4) 拌和混凝土。

人工拌和：将拌板和拌铲用湿布润湿后，将称好的砂子、水泥倒在铁板上，用平头铁锨翻至颜色均匀，再放入称好的石子与之拌和至少翻拌三次，然后堆成锥形，将中间扒一凹坑，将称量好的拌和用水的一半倒入凹坑中，小心拌和，勿使水溢出或流出，拌和均匀后再将剩余的水边翻拌边加入至加完为止。每翻拌一次，应用铁锨将全部混凝土铲切一次，至少翻拌六次。拌和时间从加水完毕时算起，在 10 min 内完成。

机械拌和：拌和前应将搅拌机冲洗干净，并预拌少量同种混凝土拌和物或与拌和混凝土水灰比相同的砂浆，使搅拌机内壁挂浆。开动搅拌机，向搅拌机内依次加入石子、砂和水泥，干拌均匀，再将水徐徐加入，全部加料时间不超过 2 min，水全部加入后，继续拌和 2 min。将拌好的拌和物自搅拌机中卸出，倾倒在拌板上，再经人工拌和 1～2 min，即可做坍落度测试或试件成型。从开始加水时算起，全部操作必须在 10 min 内完成。

4. 试验方法与步骤

(1) 用湿布擦拭湿润坍落度筒及其他用具，把坍落度筒放在铁板上，用双脚踏紧踏板，使坍落度筒在装料时保持位置固定。

(2) 用小方铲将混凝土拌和物分三层均匀地装入筒内，使每层捣实后高度约为筒高的 1/3 左右。每层用捣棒沿螺旋方向在截面上由外向中心均匀插捣 25 次。插捣深度要求为，底层应穿透该层，上层则应插到下层表面以下约 10～20 mm，浇灌顶层时，应将混凝土拌和物灌至高出筒口。顶层插捣完毕后，刮去多余的混凝土拌和物并用抹刀抹平。

(3) 清除坍落度筒外周围及底板上的混凝土；将坍落度筒垂直平稳地徐徐提起，轻放于试样旁边。坍落度筒的提离过程应在 5～10 s 内完成，从开始装料到提起坍落度筒的整个过程应不断地进行，并应在 150 s 内完成。

(4) 坍落度的调整：当测得拌和物的坍落度达不到要求时，可保持水灰比不变，增加 5%或 10%的水泥和水；当坍落度过大时，可保持砂率不变，酌情增加砂和石子的用量；若黏聚性或保水性不好，则需适当调整砂率，适当增加砂用量。每次调整后应尽快拌和均匀，重新进行坍落度测定。

5. 结果计算与数据处理

(1) 立即用直尺和钢尺测量出混凝土拌和物试体最高点与坍落度筒的高度之差(见图13-24)，即为坍落度值，以 mm 为单位(精确至 5 mm)。

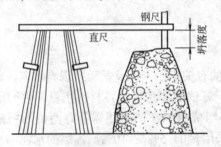

图 13-24　坍落度测定

(2) 坍落度筒提离后，如试体发生崩坍或一边剪坏现象，则应重新取样进行测定。如第二次仍出现这种现象，则表示该拌和物和易性不好，应予记录备查。

(3) 测定坍落度后，观察拌和物的黏聚性和保水性，并进行记录。

黏聚性的检测方法为：用捣棒在已坍落的拌和物锥体侧面轻轻击打，如果锥体逐渐下沉，表示拌和物黏聚性良好；如果锥体倒坍，部分崩裂或出现离析，即为黏聚性不好。

保水性的检测方法为：在插捣坍落度筒内的混凝土时及提起坍落度筒后如有较多的稀浆从锥体底部析出，锥体部分的拌和物也因失浆而骨料外露，则表明拌和物保水性不好；如无这种现象，则表明保水性良好。

(4) 混凝土拌和物和易性评定。应按试验测定值和试验目测情况综合评议。其中，坍落度至少要测定两次，取两次的算术平均值作为最终的测定结果。两次坍落度测定值之差应不大于 20 mm。

(5) 将上述试验过程及主观评定用书面报告的形式记录在试验报告中。

13.4.2　用维勃稠度法检验混凝土拌和物的和易性

维勃稠度法适用于骨料最大粒径不大于 40 mm、维勃稠度在 5～30 s 之间的混凝土拌和物和易性测定。测定时需配制拌和物约 15 L。

1. 试验目的

测定干硬性混凝土拌和物的和易性，以评定混凝土拌和物的质量。

2. 主要仪器设备

维勃稠度仪(见图 13-25)；秒表；其他用具与坍落度测试时基本相同。

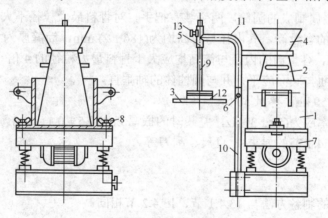

图 13-25　维勃稠度仪

1—振动台；2—容器；3—坍落度筒；4—喂料斗；5—旋转架；6—测杆螺丝；7—套管；
8—测杆；9—定位螺丝；10—荷重块；11—透明圆盘；12—支柱；13—容器固定螺丝

3. 试样准备

与坍落度测试时相同。

4. 试验方法与步骤

(1) 将维勃稠度仪放置在坚实水平的地面上，用湿布把容器、坍落度筒、喂料斗内壁及其他用具润湿。将喂料斗提到坍落度筒上方扣紧，校正容器位置，使其中心与喂料斗中心重合，然后拧紧固定螺丝。

(2) 把拌好的拌和物用小铲分三层经喂料斗均匀地装入坍落度筒内，装料及插捣的方法与坍落度测试时相同。

(3) 把喂料斗转离，垂直地提起坍落度筒，此时应注意不使混凝土试体产生横向的扭动。

(4) 把透明圆盘转到混凝土圆台体顶面，放松测杆螺丝，降下圆盘，使其轻轻地接触到混凝土顶面，拧紧定位螺丝并检查测杆螺丝是否已完全放松。

(5) 在开启振动台的同时用秒表计时，当振动到透明圆盘的底部被水泥布满的瞬间停止计时，并关闭振动台电机开关。由秒表读出的时间(s)即为该混凝土拌和物的维勃稠度值。

5. 结果计算与数据处理

将上述试验过程及主观评定用书面报告的形式记录在试验报告中。

13.4.3 混凝土拌和物表观密度测试

1. 试验目的

测定混凝土拌和物捣实后的单位体积质量，供调整混凝土试验室配合比用。

2. 主要仪器设备

(1) 容量筒。金属制成的圆筒，两旁装有把手。对骨料最大粒径不大于 40 mm 的拌和物采用容积为 5 L 的容量筒，其内径与筒高均为 (186 ± 2) mm，筒壁厚为 3 mm；骨料最大粒径大于 40 mm 时，容量筒的内径与筒高均应大于骨料最大粒径的 4 倍。容量筒上缘及内壁应光滑平整，顶面与底面应平行并与圆柱体的轴垂直。

(2) 台秤(称量 50 kg，感量 50 g)。

(3) 振动台(频率应为 (50 ± 3) Hz，空载时的振幅应为 (0.5 ± 0.1) mm)。

(4) 捣棒(同 13.4.1 节的要求)、直尺、刮刀等。

3. 试样准备

混凝土拌和物的制备方法与 13.4.1 节、13.4.2 节相同。

4. 试验方法与步骤

(1) 用湿布把容积筒内外擦干净并称出筒的质量 m_1，精确至 50 g。

(2) 混凝土的装料及捣实方法应根据拌和物的稠度而定。坍落度不大于 70 mm 的混凝土，用振动台振实为宜，大于 70mm 的用捣棒捣实为宜。

采用捣棒捣实时，应根据容量筒的大小决定分层与插捣次数。用 5 L 的容量筒时，混凝土拌和物应分两层装入，每层的插捣次数应为 25 次。用大于 5 L 的容量筒时，每层混凝土的高度不应大于 100 mm，每层的插捣次数应按每 100 cm² 截面不小于 12 次计算。各次插捣应均匀地分布在每层截面上，插捣底层时捣棒应贯穿整个深度，插捣第二层时，捣棒应插透本层至下一层的表面。每一层捣完后用橡皮锤轻轻沿容器外壁敲打 5~10 次，进行振实，直至拌和物表面插捣孔消失并不见大气泡为止。

采用振动台振实时，应一次将混凝土拌和物灌到高出容量筒口。装料时可用捣棒稍加插捣，振动过程中如混凝土沉落到低于筒口，则应随时添加混凝土，振动直至表面出浆为止。

(3) 用刮刀齐筒口将多余的混凝土拌和物刮去，表面如有凹陷应予填平。将容积筒外部擦净，称出混凝土与容积筒的总质量 m_2，精确至 50 g。

5. 结果计算与数据处理

混凝土拌和物实测表观密度按下式计算，记录在试验报告册表 4-4 中(精确至 10 kg/m³)：

$$\rho_{c,t} = \frac{m_2 - m_1}{V_0} \times 1000 \tag{13-20}$$

式中：$\rho_{c,t}$——混凝土拌和物实测表观密度，kg/m³；

　　　m_1——容积筒的质量，kg；

　　　m_2——容积筒与试样的总质量，kg；

　　　V_0——容积筒的容积，L。

试验结果的计算精确到 10 kg/m³。

容量筒容积应经常予以校正，校正方法可采用一块能覆盖住容量筒顶面的玻璃板，先称出玻璃板和空桶的质量，然后向容量筒中灌入清水，灌到接近上口时，一边不断加水，一边把玻璃板沿筒口徐徐推入盖严。应注意使玻璃板下不带入任何气泡，然后擦净玻璃板面及筒壁外的水分，将容量筒连同玻璃板放在台秤上称量，两次称量之差(以 kg 计)为所盛水的体积，即为容量筒的容积(L)。

13.5　试验五：混凝土强度试验

要求：了解影响混凝土强度的主要因素、混凝土强度等级的概念及评定方法。利用上述混凝土的工作性评定试验后的混凝土拌和物，进行混凝土抗压和抗折强度试件的制作、标准养护，并能正确地进行抗压、抗拉(采用劈裂法)和抗折强度测定。也可将各组的试验数据集中起来，进行统计分析，计算平均强度和标准差，并以此推算混凝土的强度等级。

本节试验采用的标准及规范：

- 《混凝土质量控制标准》GB 50164—2011
- 《混凝土强度检验评定标准》GB/50107—2010
- 《普通混凝土力学性能试验方法标准》GB/T 50081—2002
- 《混凝土结构工程施工质量验收规范》GB 50204—2015

13.5.1 混凝土强度检测试件的成形与养护

1. 试验目的

为检验混凝土立方体的抗压强度、抗劈裂强度,提供立方体试件。

2. 主要仪器设备

(1) 试模。试模由铸铁或钢制成,应具有足够的刚度,并且拆装方便。另有整体式的塑料试模。试模内尺寸为 150 mm×150 mm×150 mm。

(2) 振动台。频率为(3000±200)次/min,振幅为 0.35 mm。

(3) 捣棒、磅秤、小方铲、平头铁锨、抹刀等。

(4) 养护室。标准养护室温度应控制在(20±2)℃,相对湿度大于 95%。在没有标准养护室时,试件可在水温为(20±2)℃的不流动的 $Ca(OH)_2$ 饱和溶液中养护,但须在报告中注明。

3. 试件准备

取样及试件制作的一般规定:

混凝土立方体抗压强度试验应以三个试件为一组,每组试件所用的拌和物根据不同要求应从同一盘搅拌或同一车运送的混凝土中取出,或在试验室用机械或人工单独拌制。用以检验现浇混凝土工程或预制构件质量的试件分组及取样原则应按现行《混凝土结构工程施工质量验收规范》(GB 50204—2015)以及其他有关规定执行。具体要求如下。

(1) 每拌制 100 盘且不超过 100 m^3 的同一配合比的混凝土取样不得少于一组。

(2) 每工作班拌制的同一配合比的混凝土不足 100 盘时,取样不得少于一次。

(3) 当一次连续浇筑超过 1000 m^3 时,同一配合比的混凝土每 200 m^3 取样不得少于一次。

(4) 每一楼层、同一配合比的混凝土取样不得少于一次。

(5) 每次取样应至少留置一组标准养护试件,同条件养护试件的留置组数应根据实际需要确定。

本试验用试验四经过和易性调整的混凝土拌和物作为试件的材料,或按试验四的方法拌和混凝土。每一组试件所用的混凝土拌和物应从同一批拌和而成的拌和物中取用。

4. 试验方法与步骤

(1) 拧紧试模的各个螺丝,擦净试模内壁并涂上一层矿物油或脱模剂。

(2) 用小方铲将混凝土拌和物逐层装入试模内。制作试件时,当混凝土拌和物坍落度大于 70 mm 时,宜采用人工捣实,混凝土拌和物分两层装入模内,每层装料厚度大致相等,用捣棒以螺旋式从边缘向中心均匀进行插捣。插捣底层时,捣棒应达到试模底面;插捣上层时,捣棒要插入下层 20~30 mm;插捣时捣棒应保持垂直,不得倾斜,并用抹刀沿试模四周内壁插捣数次,以防试件产生蜂窝麻面。一般 100 cm^2 上不少于 12 次。然后刮去多余的混凝土拌和物,将试模表面的混凝土用抹刀抹平。

当混凝土拌和物坍落度不大于 70 mm 时,宜采用机械振捣,此时装料可一次装满试模,装料时应用抹刀沿各试模壁插捣,并使混凝土拌合物高出试模口,将试模固定在振动台上,开启振动台，振至试模表面的混凝土泛浆为止(一般振动时间为 30s)；然后刮去多余的混凝土拌和物，将试模表面的混凝土用抹刀抹平。

(3) 标准养护的试件成型后，立即用不透水的薄膜覆盖表面，以防止水分蒸发，在(20±5)℃的室内静置 24~48h 后拆模并编号。拆模后的试件应立即送入温度为(20±2)℃、湿度为 95%以上的标准养护室养护，试件应放置在架子上，之间应保持 10~20mm 的距离，注意避免用水直接冲淋试件，确保试件的表面特征。无标准养护室时，混凝土试件可在温度为(20±2)℃的不流动的 $Ca(OH)_2$ 饱和溶液中进行养护。

(4) 到达试验龄期时，从养护室取出试件并擦拭干净，检查外观，测量试件尺寸(精确至 1mm)，当试件有严重缺陷时，应废弃。普通混凝土立方体抗压强度测试所采用的立方体试件是以同一龄期者为一组，每组至少有三个同时制作并共同养护的试件。

5. 结果计算与数据处理

将试件的成型日期、预拌强度等级、试件的水灰比、养护条件和龄期等因素记录在试验报告册表 5-1 中。

13.5.2 混凝土立方体抗压强度检验

1. 试验目的

测定混凝土立方体抗压强度，以检验材料的质量，确定、校核混凝土配合比，供调整混凝土试验室配合比用，此外还应用于检验硬化后混凝土的强度性能，为控制施工质量提供依据。

2. 主要仪器设备

压力试验机：试验机应定期(一年左右)校正，示值误差不应大于标准值的±2%，其量程应能使试件的预期破坏荷载值不小于全量程的 20%，也不大于全量程的 80%。与试件接触的压板尺寸应大于试件的承压面。其不平度要求每 100mm 不超过 0.02mm。

3. 试件准备

经 13.5.1 成型并标准养护至龄期的试件。

4. 试验方法与步骤

将试件放在试验机的下承压板正中，加压方向应与试件捣实方向垂直。调整球座，使试件受压面接近水平位置。加荷应连续而均匀。混凝土强度等级<C30 时，其加荷速度为每秒 0.3~0.5MPa；混凝土强度≥C30 且<C60 时，则每秒 0.5~0.8MPa；混凝土强度等级≥C60 时，取每秒钟 0.8~1.0MPa。当试件接近破坏而开始迅速变形时，停止调整试验机油门，直至试件破坏，然后记录破坏荷载 F(N)。

5. 结果计算与数据处理

(1) 混凝土立方体试件抗压强度按下式计算(精确至 0.1MPa)，并记录在试验报告册中：

$$f_{cu} = \frac{F}{A} \tag{13-21}$$

式中：f_{cu}——混凝土立方体试件抗压强度，MPa；
　　　F——破坏荷载，N；
　　　A——试件承压面积，mm^2。

(2) 以三个试件测值的算术平均值作为该组试件的抗压强度值(精确至 0.1MPa)；如果三个测定值中的最大值或最小值有一个与中间值的差值超过中间值的 15%时，则计算时舍弃最大值和最小值，取中间值作为该组试件的抗压强度值；如有最大值和最小值两个测值与中间值的差均超过中间值的 15%，则该组试件的试验结果无效。

(3) 混凝土抗压强度是以 150mm×150mm×150mm 立方体试件的抗压强度为标准值，用其他尺寸试件测得的强度值均应乘以尺寸换算系数，200mm×200mm×200mm 试件的换算系数为 1.05，100mm×100mm×100mm 试件的换算系数为 0.95。

(4) 将混凝土立方体强度测试的结果记录在试验报告册表 5-2 中，并按规定评定强度等级。

13.5.3　混凝土立方体劈裂抗拉强度检验

1. 试验目的

混凝土立方体劈裂抗拉强度检验是在试件的两个相对表面中心的平行线上施加均匀分布的压力，使在荷载所作用的竖向平面内产生均匀分布的拉伸应力，达到混凝土极限抗拉强度时，试件将被劈裂破坏，从而可以间接地测定出混凝土的抗拉强度。

2. 主要仪器设备

(1) 压力试验机、试模：要求与 13.5.2 节相同。
(2) 垫条：胶合板制，起均匀传递压力用，只能使用一次。其尺寸为：宽 15～20mm，厚(4±1)mm，长度应大于立方体试件的边长。
(3) 垫块：采用半径为 75 mm 的钢制弧形长度与试件相同的垫块，使荷载沿一条直线施加于试件表面。
(4) 支架：钢支架(如图 13-26 所示混凝土劈裂抗拉试验装置)。

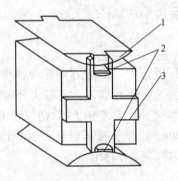

图 13-26　支架示意

1—垫块；2—垫条；3—支架

3. 试件准备

经 13.5.1 节成型并养护至龄期的试件。

4. 试验方法与步骤

(1) 试件制作与养护与 13.5.2 节相同。

(2) 测试前应先将试件表面与上下承压板面擦干净；试件擦拭干净，测量尺寸(精确至 1mm)，检查外观，并在试件中部用铅笔画线定出劈裂面的位置。劈裂承压面和劈裂面应与试件成型时的顶面垂直。算出试件的劈裂面积 A。

(3) 将试件放在试验机下压板的中心位置，劈裂承压面和劈裂面应与试件成型时的顶面垂直；在上、下压板与试件之间垫以圆弧形垫块及垫条各一条，垫块与垫条应与试件上、下面的中心线对准并与成型时的顶面垂直。宜把垫条及试件安装在定位架上使用，如图 13-26 所示。

(4) 开动试验机，当上压板与圆弧形垫块接近时，调整球座，使接触均衡。加荷应连续均匀，当混凝土强度等级<C30 时，加荷速度取 0.02~0.05MPa/s；当混凝土强度等级≥C30 且<C60 时，取 0.05~0.08MPa/s；当混凝土强度等级≥C60 时，取 0.08~0.10MPa/s，至试件接近破坏时，应停止调整试验机油门，直至试件破坏，然后记录破坏荷载。

5. 结果计算与数据处理

(1) 混凝土立方体劈裂抗拉强度按下式计算(精确至 0.01MPa)，并记录在试验报告中：

$$f_{ts} = \frac{2F}{\pi a^2} = 0.637 \frac{F}{A} \tag{13-22}$$

式中：f_{ts}——混凝土劈裂抗拉强度，MPa；

F——破坏荷载，N；

a——试件受力面边长，mm；

A——试件受力面面积，mm^2。

(2) 以三个试件的检验结果的算术平均值作为混凝土的劈裂抗拉强度，记录在试验报告表 5-3 中。其异常数据的取舍与混凝土抗压强度检验的规定相同。当采用非标准试件测得劈裂抗拉强度值时，100mm×100mm×100mm 试件应乘以换算系数 0.85，当混凝土强度等级≥60 时，宜采用标准试件；使用非标准试件时，尺寸换算系数应由试验确定。

13.5.4 普通混凝土抗折强度检验

1. 试验目的

抗折强度是指材料或构件在承受弯曲时，达到破坏前单位面积上的最大应力。测定普通混凝土抗折(即弯曲抗拉)强度的目的，是检验其是否符合结构设计的要求。

2. 主要仪器设备

(1) 试验机：要求同 13.5.2 节中的相应内容。

(2) 带有能使两个相等荷载同时作用在试件跨度3分点处的抗折试验装置如图 13-27 所示。

(3) 试件的支座和加荷头应采用直径为 20~40mm、长度不小于 $b+10mm$ 的硬钢圆柱，支座立脚点固定铰支，其他应为滚动支点。

3. 试件准备

试件成型、养护等与上述试验相同；另在长向中部 1/3 区段内不得有表面直径超过 5mm、深度超过 2mm 的孔洞。

4. 试验方法与步骤

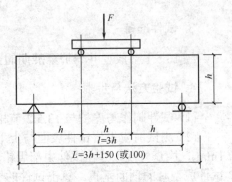

图 13-27 抗折试验装置

(1) 试件从养护地取出后应及时进行试验，将试件表面擦干净。

(2) 按图 13-27 所示装置试件，安装尺寸偏差不得大于 1mm。试件的承压面应为试件成型时的侧面。支座及承压面与圆柱的接触面应平稳、均匀，否则应垫平。

(3) 施加荷载应保持均匀、连续。当混凝土强度等级＜C30 时，加荷速度取 0.02～0.05MPa/s；当混凝土强度等级≥C30 且＜C60 时，取 0.05～0.08MPa/s；当混凝土强度等级≥C60 时，取 0.08～0.10MPa/s，至试件接近破坏时，应停止调整试验机油门，直至试件破坏，然后记录破坏荷载。

(4) 在试验报告册中记录试件破坏荷载的试验机示值及试件下边缘断裂位置。

5. 结果计算与数据处理

(1) 若试件下边缘断裂位置处于两个集中荷载作用线之间，则试件的抗折强度 f_{cf}(MPa) 按下式计算(精确至 0.1MPa)：

$$f_{cf} = \frac{Fl}{bh^2} \tag{13-23}$$

式中：f_{cf}——混凝土抗折强度，MPa；
F——试件破坏荷载，N；
l——支座间跨度，mm；
h——试件截面高度，mm；
b——试件截面宽度，mm。

(2) 以三个试件的检验结果的算术平均值作为混凝土的抗折强度值，记录在试验报告册表 5-4 中。其异常数据的取舍与混凝土立方体抗压强度测试的规定相同。

(3) 三个试件中若有一个折断面位于两个集中荷载之外，则混凝土抗折强度值按另两个试件的试验结果计算。若这两个测值的差值不大于这两个测值的较小值的 15%时，则该组试件的抗折强度值按这两个测值的平均值计算，否则该组试件的试验无效。若有两个试件的下边缘断裂位置位于两个集中荷载作用线之外，则该组试件试验无效。

(4) 当试件尺寸为 100mm×100mm×400mm 非标准试件时，应乘以尺寸换算系数 0.85；当混凝土强度等级≥C60 时，宜采用标准试件；使用非标准试件时，尺寸换算系数应由试验确定。

13.6 试验六：砂浆试验

要求：了解砂浆和易性的概念、影响砂浆和易性的因素和改善和易性的措施，掌握砂浆和易性的测定方法。了解影响砂浆强度的主要因素，掌握砂浆强度试样的制作、养护和测定方法。

本节试验采用的标准及规范：

JGJ/T 70—2009《建筑砂浆基本性能试验方法标准》

标准适用范围：以水泥、砂、石灰和掺和料等为主要原料，用于一般房屋建筑中的砌筑砂浆、抹面砂浆、地面工程及其他用途的建筑砂浆的基本性能的测定。

13.6.1 砂浆拌制和稠度测试

1. 试验目的

检验砂浆的流动性，主要用于确定配合比或施工过程中控制砂浆稠度，从而达到控制用水量的目的。

2. 主要仪器设备

砂浆搅拌机；拌和铁板(面积约 1.5m×2m，厚度约 3mm)；磅秤(称量 50kg，感量 50g)；台秤(称量 10kg，感量 5g)；量筒(100mL 带塞量筒)；砂浆稠度测定仪(见图 13-28)；容量筒(容积 2L，直径与高大致相等)，带盖；金属捣棒(直径为 10mm，长度为 350mm，一端为弹头形)；拌和用铁铲；抹刀；秒表等。

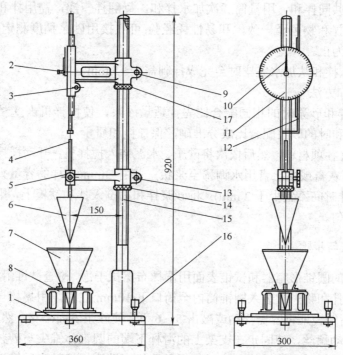

图 13-28　砂浆稠度测定仪(单位：mm)

1—底盘；2—调节螺丝；3—齿条旋钮；4—试锥滑杆；5—试锥滑杆制动螺丝；6—试锥；
7—圆锥形砂浆容器；8—容器座；9—表盘升降架；10—指针及调零螺钮；11—刻度盘；
12—齿条测杆；13—手柄；14—试锥架；15—立柱；16—底盘水平调整螺丝；17—锁紧螺母

3. 试样准备

1) 一般规定

拌制砂浆所用的原料应符合各自相关的质量标准。测试前要事先运入试验室内，拌和时试验室温度应保持在(20±5)℃范围内；拌和砂浆所用的水泥如有结块时，应充分混合均匀，以 0.9 mm 筛过筛，砂子粒径应不大于 5 mm；拌制砂浆时所用材料应以质量计量，称量精度为：水泥、外加剂、掺合料等为±0.5%，砂为±1%。搅拌时可用机械搅拌或人工搅拌，用搅拌机搅拌时，其搅拌量宜为搅拌机容量的 30%～70%，搅拌时间不宜少于 2 min。

根据本书第 6 章中的有关指示，计算试配配合比，确定各种材料的用量并将配合比填入试验报告册。

2) 砂浆的拌制

拌制前应将搅拌机、拌和铁铲、拌和铁板和抹刀等工具表面用湿抹布擦拭，拌板上不得有积水。

(1) 人工拌和方法

① 将称量好的砂子倒在拌和铁板上，然后加入水泥，用拌和铁铲拌和至混合物颜色均匀为止。

② 将混合物堆成堆，在其中间做一凹槽，将称量好的石灰膏(或黏土膏)倒入其中，再加适量的水将石灰膏或黏土膏调稀(若为水泥砂浆，则将量好的水的一半倒入凹槽中)，然后与水泥、砂子共同拌和，用量筒逐次加水拌和，每翻拌一次，需用拌和铁铲将全部砂浆压切一次，直至拌和物色泽一致，和易性凭经验(可直接用砂浆稠度测定仪上的试锥测试)调整到符合要求为止。

③ 一般每次拌和从加水完毕时至完成拌制需 3～5 min。

(2) 机械拌和方法

① 用正式拌和砂浆时的相同配合比先拌适量砂浆，使搅拌机内壁黏附一层薄水泥砂浆，可使正式拌和时的砂浆配合比成分准确，保证拌和质量。

② 先称量好各项材料，然后依次将砂子、水泥装入搅拌机；开动搅拌机将水徐徐加入(混合砂浆需将石灰膏或黏土膏用水调稀至浆状)，搅拌 3min(搅拌的容量宜为搅拌机容量的 30%～70%，搅拌时间不宜少于 2 min)；将砂浆拌和物倒入拌和铁板上，用拌和铁铲翻拌两次，使之混合均匀。

4. 试验方法与步骤

先将盛砂浆的圆锥形容器和试锥表面用湿抹布擦拭干净，检查试锥滑杆能否自由滑动；将拌和好的砂浆拌和物一次装入圆锥筒内至筒口下 10mm 左右，用捣棒自容器中心向边缘插捣 25 次，随后轻轻地将容器摇动或敲击 5～6 下，使砂浆表面平整；然后置于测定仪下；扭松试锥滑杆制动螺丝，使固定在支架上的滑杆下端的圆锥体锥尖与砂浆表面刚刚接触，拧紧试锥滑杆制动螺丝，旋动尺条旋钮将尺条测杆下端刚好接触到试锥滑杆的上端，再调整刻度盘上的指针对准零点或读出刻度盘上的读数(精确到 1 mm)；然后，突然放松试锥滑杆制动螺丝，使圆锥体自由沉入砂浆，待 10s 后，拧紧制动螺丝，旋动尺条旋钮将尺条测杆下端刚好接触到试锥滑杆的上端，从刻度盘上读出圆锥体自由沉入砂浆的沉深度(精确至

1 mm），即为砂浆的稠度值(沉入度)。注意：圆锥形容器内的砂浆只允许测定一次稠度，重复测定时，应重新进行取样后再进行测定。

5. 结果计算与数据处理

取两次测试结果的算术平均值作为试验砂浆的稠度测定结果(计算值精确至 1 mm)，如两次测定值之差大于 10 mm，应另取砂浆配料搅拌后重新测定。将测定及计算结果记录在试验报告册表 6-1 的相应栏目中。

13.6.2 砂浆分层度测试

1. 试验目的

检验砂浆分层度，作为衡量砂浆拌和物在运输、停放、使用过程中的离析、泌水等内部组分的稳定性，亦是砂浆和易性指标之一。

2. 主要仪器设备

砂浆分层度仪(见图 13-29)；砂浆稠度测定仪(见图 13-28)；木槌；一端为弹头形的金属捣棒等。

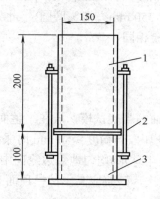

图 13-29　砂浆分层度仪(单位：mm)

1—无底圆筒；2—连接螺栓；3—有底圆筒

3. 试样准备

按 13.6.1 中的"试样准备"制备的砂浆。

4. 试验方法与步骤

先用前述方法测定砂浆的稠度(沉入度)，把砂浆分层度仪上下圆筒连接在一起，旋紧连接螺栓的螺母；将拌好的砂浆一次装入砂浆分层度筒中，装满后用木槌在分层度仪筒体距离大致相等的四个不同部位轻轻敲击 1～2 次；用同批拌制的砂浆将筒口装满，刮去多余的砂浆；用抹刀将筒口的砂浆沿筒口抹平；静止 30 min 后，旋松连接螺栓的螺母；除去上筒 200 mm 高的砂浆,剩余下筒 100 mm 砂浆重新拌和 2 min;再用前述方法测定砂浆的稠度(沉入度)。两次沉入深度的差值称为分层度,以 mm 表示。保水性良好的砂浆,其分层度较小。

5. 结果计算与数据处理

取两次试验结果的算术平均值作为该批砂浆的分层度值,精确至1mm。若两次分层度测试值之差大于10mm,则应重新取样测试。将结果记录在试验报告册表6-2的相应栏目中。

13.6.3 砂浆立方体抗压强度试验

1. 试验目的

测试砂浆的抗压强度是否达到设计要求。

2. 主要仪器设备

(1) 压力试验机:采用精度(示值的相对误差)不大于±1%的试验机,其量程应能使试件的预期破坏荷载值不小于全量程的20%,也不大于全量程的80%。

(2) 砂浆试模:边长为 70.7 mm×70.7 mm×70.7 mm 的有底金属试模。

(3) 钢捣棒(直径 10 mm,长 350 mm,端头磨圆)、批灰刀、抹刀、刷子。

(4) 其他设备与砂浆稠度试验相同。

3. 试样制备

1) 砂浆试块

(1) 将内壁事先涂刷薄层机油的带底试模,放在平整面上。

(2) 砂浆拌好后一次装满试模内,当稠度≥50 mm 时采用人工振捣成型,用直径 10mm、长 350mm 的钢筋捣棒(其一端呈半球形)均匀地由边缘向中心按螺旋方式插捣 25 次,然后在四侧用批灰刀沿试模壁插捣数次,砂浆应高出试模顶面 6～8 mm;当稠度<50 mm 时采用振动台振实成型。

(3) 当砂浆表面开始出浆时(15～30 min),将高出部分的砂浆沿试模顶面削平。

2) 试块养护

(1) 试件制作完成后应在(20±5)℃的环境中停置一昼夜(24±2) h,当气温较低时,可以适当延长时间,但不应超过两昼夜,然后进行编号拆模(要小心拆模,不要损坏试块边角)。

(2) 试块拆模后,应在标准养护条件或自然养护条件下持续养护至 28d,然后进行试压。

(3) 标准养护。水泥混合砂浆应在温度为(20±3)℃、相对湿度为 60%～80%的条件下养护;水泥砂浆或微沫砂浆应在温度为(20±2)℃、相对湿度为90%以上的潮湿条件下养护。

(4) 自然养护。水泥混合砂浆应在正温度、相对湿度为 60%～80%的条件下(如养护箱中或不通风的室内)养护;水泥砂浆和微沫砂浆应在正温度并保持试块表面湿润的状态下(如湿砂堆中)养护。养护期间必须做好温度记录。

4. 试验方法与步骤

(1) 将试样从养护地点取出后应尽快进行试验,以免试件内部的温度和湿度发生显著变化。测试前先将试件表面擦拭干净,并以试块的侧面作承压面,测量其尺寸,检查其外观。试块尺寸测量精确至 1 mm,并据此计算试件的承压面积。若实测尺寸与公称尺寸之差不超过 1 mm,可按公称尺寸进行计算。

(2) 将试件置于压力机的下压板上,试件的承压面应与成型时的顶面垂直,试件中心应与下压板中心对准。

(3) 开动压力机,当上压板与试件接近时,调整球座,使接触面均衡受压。加荷应均匀而连续,加荷速度应为 0.25~1.5 kN/s(砂浆强度不大于 2.5 MPa 时,取下限为宜;大于 5 MPa 时,取上限为宜),当试件接近破坏而开始变形时,停止调整压力机油门,直至试件破坏,记录下破坏荷载 N。

5. 结果计算与数据处理

(1) 单个砂浆试块的抗压强度按下式计算(精确至 0.1MPa):

$$f_{m,cu} = \frac{N_u}{A} \tag{13-24}$$

式中:$f_{m,cu}$——单个砂浆试块的抗压强度,MPa;

N_u——破坏荷载,N;

A——试块的受压面积,mm^2。

(2) 每组试样至少应备 3 块,取其 3 个试块试验结果的算术平均值的 1.35 倍(计算精确至 0.1MPa)作为该组砂浆的抗压强度平均值。当 3 个试样的最大值或最小值中如有一个与中间值的差超过中间值的 15%时,则把最大值及最小值一并舍去,取中间值作为该组试样的抗压强度值;如有两个测值与中间值的差值均超过中间值的 15%,则该组试件的试验结果无效。

(3) 砂浆强度检验评定。

砌筑砂浆强度检验评定根据《砌体工程施工质量验收规范》(GB 50203—2011)的要求进行。

① 每一检验批且不超过 250 m^3 砌体的各类型及强度等级的砌筑砂浆,每台搅拌机应至少抽检一次。

② 在施工现场砂浆搅拌机出料口随机取样制作砂浆试块(同盘砂浆只应做一组试块)。

③ 砂浆强度应以标准养护、龄期为 28 d 的试块抗压试验结果为准。

同一验收批的砌筑砂浆试块强度验收时,其强度合格标准应同时符合下列要求。

$$f_{2,m} \geqslant 1.10 f_2$$
$$f_{2,min} \geqslant 0.85 f_2$$

式中:$f_{2,m}$——同一验收批中砂浆试块立方体抗压强度平均值,MPa;

f_2——验收批砂浆设计强度等级所对应的立方体抗压强度,MPa;

$f_{2,min}$——同一验收批中砂浆试块立方体抗压强度的一组最小平均值,MPa。

砌筑砂浆的验收批，同一类型、强度等级的砂浆试块应不少于 3 组。当同一验收批只有一组或两组试块时，该组试块抗压强度的平均值必须大于或等于设计强度等级 1.10 倍所对应的立方体抗压强度。

(4) 将试验结果记录在试验报告册表 6-3 的相应栏目中。

13.7　试验七：砌墙砖及砌块试验

要求：掌握砖的外观质量、强度测定方法，砖强度等级的评定。掌握混凝土砌块的尺寸、外观质量检测方法，混凝土砌块强度的检测和等级的评定。

本节试验采用的标准及规范：
- 《砌墙砖试验方法》GB/T 2542—2012
- 《烧结普通砖》GB 5101—2003
- 《烧结多孔砖和多孔砌块》GB 13544—2011
- 《混凝土砌块和砖试验方法》GB/T 4111—2013

13.7.1　烧结普通砖抽样方法及相关规定

砌墙砖检验批的批量宜在 3.5～15 万块范围内，但不得超过一条生产线的日产量。抽样数量由检验项目确定，必要时可增加适当的备用砖样。有两个以上的检验项目时，非破损检验项目(如外观质量、尺寸偏差、体积密度、空隙率)的砖样，允许在检验后继续用作它项，此时抽样数量可不包括重复使用的样品数。

对检验批中可抽样的砖垛、砖垛中的砖层、砖层中的砖块位置，应各依一定顺序编号。编号不需标志在实体上，只做到明确起点位置和顺序即可。凡需从检验后的样品中继续抽样供它项试验者，在抽样过程中，要按顺序在砖样上写号，作为继续抽样的位置顺序。

根据砖样批中可抽样砖垛数与抽样数，由表 13-8 决定抽样砖垛数和抽样的砖样数量。从检验过的样品中抽样，按所需的抽样数量先从表 13-9 中查出抽样的起点范围及间隔，然后从其规定的范围内确定一个随机数码，即得到抽样起点的位置和抽样间隔并由此实施抽样。抽样数量按表 13-10 执行。

表 13-8　从砖垛中抽样的规则

抽样数量/块	可抽样砖垛数/垛	抽样砖垛数/垛	垛中抽样数/块
50	≥250	50	1
50	125～250	25	2
50	<125	10	5
20	≥100	20	1
20	<100	10	2
10 或 5	任意	10 或 5	1

表 13-9　从砖样中抽样的规则

检验过的砖样数/块	抽样数量/块	抽样起点范围	抽样间隔/块
50	20	1～10	1
	10	1～5	4
	5	1～10	9
20	10	1～2	1
	5	1～4	3

表 13-10　抽样数量表

序　号	检验项目	抽样数量/块	序　号	检验项目	抽样数量/块
1	外观质量	50(n_1=n_2=50)	5	石灰爆裂	5
2	尺寸偏差	20	6	吸水率和饱和系数	5
3	强度等级	10	7	冻融	5
4	泛霜	5	8	放射性	4

注：n_1、n_2 代表两次抽样。

抽样过程中不论抽样位置上砖样的质量如何，不允许以任何理由以其他砖样代替。抽取样品后在样品上标志表示检验内容的编号，检验时不允许变更检验内容。

13.7.2　尺寸测量

1. 试验目的

检测砖试样的几何尺寸是否符合标准。

2. 主要仪器设备

砖用卡尺(分度值为 0.5mm)，如图 13-30 所示。

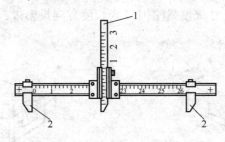

图 13-30　砖用卡尺

1—垂直尺；2—支脚

3. 测量方法

砖样的长度和宽度应在砖的两个大面的中间处分别测量两个尺寸，高度应在砖的两个条面的中间处分别测量两个尺寸(见图 13-31)，当被测处缺损或凸出时，可在其旁边测量，但应选择不利的一侧进行测量。精确至 0.5mm。

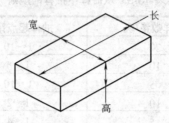

图 13-31 砖的尺寸量法

4. 结果计算与数据处理

本试验以 5 块砖作为一个样本。结果分别以长度、宽度和高度的平均偏差及极差(最大偏差)值表示，不足 1mm 者按 1mm 计。将结果记录在试验报告册表 7-1 中。

13.7.3 外观检查

1. 试验目的

用于检查砖外表的完好程度。

2. 主要仪器设备

砖用卡尺(分度值 0.5mm)、钢直尺(分度值 1mm)。

3. 试验方法与步骤

(1) 缺损。缺棱掉角在砖上造成的破损程度，以破损部分对长、宽、高三个棱边的投影尺寸来度量，称为破坏尺寸，如图 13-32 所示；缺损造成的破坏面，是指缺损部分对条面、顶面(空心砖为条面、大面)的投影面积，如图 13-33 所示；空心砖内壁残缺及肋残缺尺寸，以长度方向的投影尺寸来度量(图中 l 为长度方向投影量；b 为宽度方向的投影量；h 为高度方向的投影量)。

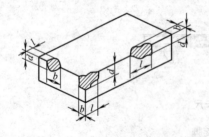 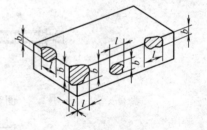

图 13-32 缺棱掉角破坏尺寸量法图　　13-33 缺损在条、顶面上造成的破坏面量法

(2) 裂纹。裂纹分为长度方向、宽度方向和高度方向三种，以被测方向上的投影长度表示。如果裂纹从一个面延伸至其他面上时，则累计其延伸的投影长度，如图 13-34 所示；多孔砖的孔洞与裂纹相通时，则将孔洞包括在裂纹内一并测量，如图 13-35 所示。裂纹长

度以在三个方向上分别测得的最长裂纹作为测量结果。

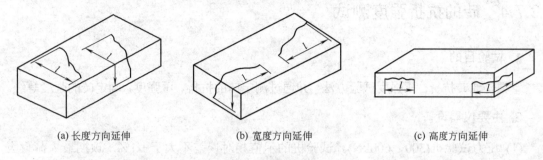

图 13-34　砖裂纹长度量法

(3) 弯曲。分别在大面和条面上测量，测量时将砖用卡尺的两支脚沿棱边两端放置，择其弯曲最大处将垂直尺推至砖面，如图 13-36 所示。但不应将因杂质或碰伤造成的凹陷计算在内。以弯曲测量中测得的较大者作为测量结果。

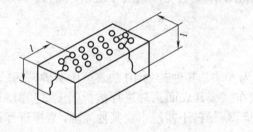

图 13-35　多孔砖裂纹通过孔洞时的尺寸量法

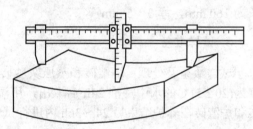

图 13-36　砖的弯曲量法

(4) 砖杂质凸出高度量法。杂质在砖面上造成的凸出高度，以杂质距砖面的最大距离表示。测量时将专用卡尺的两支脚置于杂质凸出部分两侧的砖平面上，以垂直尺测量，如图 13-37 所示。

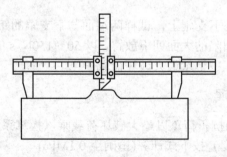

图 13-37　杂质凸出高度量法

4. 结果计算与数据处理

本试验以 5 块砖作为一个样本。外观测量以 mm 为单位，不足 1 mm 者均按 1 mm 计。将测试值的最大值及主观评定为结果记录在试验报告册表 7-2 中。

13.7.4 砖的抗折强度测试

1. 试验目的

掌握普通砖抗折、压强度试验方法，并通过测定砖的抗折、压强度，确定砖的强度等级。

2. 主要仪器设备

(1) 压力试验机(300～600kN)。试验机的示值相对误差不大于±1%，预期最大荷载应在最大量程的20%～80%之间。

(2) 砖瓦抗折试验机(或抗折夹具)。抗折试验的加荷形式为三点加荷，其上下压辊的曲率半径为15 mm，下支辊应有一个为铰支固定。

(3) 抗压试件制备平台。其表面必须平整水平，可用金属或其他材料制作。

(4) 锯砖机、水平尺(规格为250～350 mm)、钢直尺(分度值为1 mm)、抹刀、玻璃板(边长为160 mm，厚3～5 mm)等。

3. 试样准备

试样数量及处理：烧结砖和蒸压灰砂砖为5块，其他砖为10块。蒸压灰砂砖应放在温度为(20±5)℃的水中浸泡24h后取出，用湿布拭去其表面水分进行抗折强度试验。粉煤灰砖和炉渣砖在养护结束后24～36h内进行试验。烧结砖不需浸水及其他处理，直接进行试验。

4. 试验方法与步骤

(1) 按尺寸测量的规定，测量试样的宽度和高度尺寸各两个。分别取其算术平均值(精确至1mm)。

(2) 调整抗折夹具下支辊的跨距为砖规格长度减去40mm。但规格长度为190mm的砖样其跨距为160mm。

(3) 将试样大面平放在下支辊上，试样两端面与下支辊的距离应相同。当试样有裂纹或凹陷时，应使有裂纹或凹陷的大面朝下放置，以50～150N/s的速度均匀加荷，直至试样断裂，在试验报告册表7-3中记录最大破坏荷载 P。

5. 结果计算与数据处理

(1) 每块多孔砖试样的抗折荷重以最大破坏荷载乘以换算系数计算(精确到0.1kN)。其他品种每块砖样的抗折强度 f_c 按下式计算(精确至0.1MPa)：

$$f_c = \frac{3PL}{2bh^2} \tag{13-25}$$

式中：f_c——砖样试块的抗折强度，MPa；

P——最大破坏荷载，N；

L——跨距，mm；

b——试样宽度，mm；

h——试样高度，mm。

(2) 测试结果以试样抗折强度的算术平均值和单块最小值表示(精确至 0.1MPa)。将试验结果填入试验报告册表 7-3 的相应栏目中。

13.7.5 砖的抗压强度测试

试验目的与主要仪器设备与抗折强度测试相同。

1. 试样制备

试样数量：蒸压灰砂砖为 5 块，烧结普通砖、烧结多孔砖和其他砖为 10 块(空心砖大面和条面抗压各 5 块)。非烧结砖也可用抗折强度测试后的试样作为抗压强度试样。

(1) 烧结普通砖、非烧结砖的试件制备：将试样切断或锯成两个半截砖，断开后的半截砖长不得小于 100 mm，如图 13-38 所示。在试样制备平台上将已断开的半截砖放入室温的净水中浸 20～30 min 后取出，在铁丝网架上滴水 20～30 min，并使断口以相反方向叠放，两者中间抹以厚度不超过 5 mm 的水泥净浆黏结，上下两面用厚度不超过 3 mm 的同种水泥浆抹平。水泥浆用 32.5 或 42.5 强度等级的普通硅酸盐水泥调制，稠度要适宜。制成的试件上、下两面须相互平行，并垂直于侧面，如图 13-39 所示。

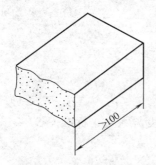

图 13-38 断开的半截砖

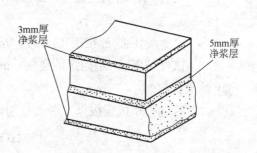

图 13-39 砖的抗压试件

(2) 多孔砖、空心砖的试件制备：多孔砖以单块整砖沿竖孔方向加压。空心砖以单块整砖沿大面和条面方向分别加压。试件制作采用坐浆法操作。即用一块玻璃板置于水平的试件制备平台上，其上铺一张湿的垫纸，纸上铺一层厚度不超过 5 mm，用 32.5 或 42.5 强度等级的普通硅酸盐水泥制成的稠度适宜的水泥净浆，再将经水中浸泡 10～20 min 的多孔砖试样平稳地将受压面坐放在水泥浆上，在另一受压面上稍加压力，使整个水泥层与砖的受压面相互黏结，砖的侧面应垂直于玻璃板。待水泥浆适当凝固后，连同玻璃板翻放在另一铺纸放浆的玻璃板上，再进行坐浆，并用水平尺校正上玻璃板，使之水平。

制成的抹面试件应置于温度不低于 10℃ 的不通风室内养护 3d，再进行强度测试。非烧结砖不需要养护，可直接进行测试，如图 13-40 所示。

2. 试验方法与步骤

测量每个试件连接面或受压面的长、宽尺寸各两个，分别取其平均值(精确至 1 mm)。将试件平放在加压板的中央，垂直于受压面加荷，加荷过程应均匀平稳，不得发生冲击或振动，加荷速度以 4 kN/s 为宜。直至试件破坏为止，在试验报告册表 7-4 中记录最大破坏荷载 P。

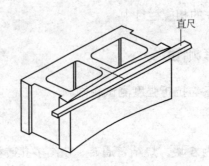

图 13-40 弯曲测量法

3. 结果计算与数据处理

(1) 结果计算:每块试样的抗压强度 f_p 按下式计算(精确至 0.1MPa)。

$$f_p = \frac{P}{Lb} \tag{13-26}$$

式中:f_p——砖样试件的抗压强度,MPa;

　　P——最大破坏荷载,N;

　　L——试件受压面(连接面)的长度,mm;

　　b——试件受压面(连接面)的宽度,mm。

(2) 结果评定。

① 试验后抗折和抗压按以下两式分别计算出强度变异系数、标准差 S。

$$\delta = \frac{S}{\overline{f}} \tag{13-27}$$

$$S = \sqrt{\frac{1}{9}\sum_{i=1}^{10}(f_i - \overline{f})^2} \tag{13-28}$$

式中:δ——砖强度变异系数,精确至 0.01;

　　S——10 块试样的抗压强度标准差,MPa,精确至 0.01;

　　$\overline{f}$——10 块试样的抗压强度平均值,MPa,精确至 0.01;

　　f_i——单块试样抗压强度测定值,MPa,精确至 0.01。

② 当变异系数 $\delta \leq 0.21$ 时,按抗压强度平均值 $\overline{f}$、强度标准值 f_k 指标评定砖的强度等级。样本量 $n=10$ 时的强度标准值按下式计算:

$$f_k = \overline{f} - 1.8S \tag{13-29}$$

式中:f_k——强度标准值,MPa,精确至 0.1。

③ 当变异系数 $\delta > 0.21$ 时,按抗压强度平均值 $\overline{f}$、单块最小抗压强度值 f_{min} 指标评定砖的强度等级。

(3) 将上述结果记录在试验报告册表 7-4 中。

13.7.6 混凝土小型砌块尺寸测量和外观质量检查

1. 试验目的

掌握混凝土小型空心砌块的尺寸和外观的试验方法。

2. 主要仪器设备

量具：钢直尺或钢卷尺，分度值为 1 mm。

3. 试验方法与步骤

1) 尺寸测量

(1) 长度在条面的中间，宽度在顶面的中间，高度在顶面的中间测量。每项在对应两面各测一次，精确至 1 mm。

(2) 壁、肋厚在最小部位测量，每选两处各测一次，精确至 1 mm。

2) 外观质量检查

(1) 弯曲测量：将直尺贴靠坐浆面、铺浆面和条面，测量直尺与试件之间的最大间距(见图 13-41)，精确至 1 mm。

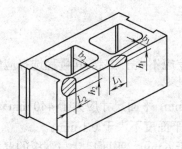

图 13-41　缺棱掉角尺寸测量法

L—缺棱掉角在长度方向的投影尺寸；b—缺棱掉角在宽度方向的投影尺寸；
h—缺棱掉角在高度方向的投影尺寸

(2) 缺棱掉角检查：将直尺贴靠棱边，测量缺棱掉角在长、宽、高三个方向的投影尺寸(见图 13-41)，精确至 1 mm。

(3) 裂纹检查：用钢直尺测量裂纹在所在面上的最大投影尺寸(见图 13-42 中的 L_2 或 h_3)，如裂纹由一个面延伸到另一个面时，则累计其延伸的投影尺寸(见图 13-42 中的 b_1+h_1)，精确至 1mm。

4. 结果计算与数据处理

(1) 试件的尺寸偏差以实际测量的长度、宽度和高度与规定尺寸的差值表示。

(2) 弯曲、缺棱掉角和裂纹长度的测量结果以最大测量值表示。

(3) 将结果记录在试验报告册表 7-5 中。

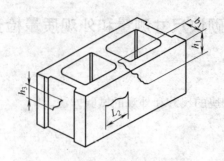

图 13-42 裂纹长度测量法

L—裂纹在长度方向的投影尺寸；b—裂纹在宽度方向的投影尺寸；
h—裂纹在高度方向的投影尺寸

13.7.7 混凝土小型砌块抗压强度试验

1. 试验目的

掌握混凝土小型空心砌块的抗折、压强度试验方法，并通过测定小型空心砌块抗折、压强度，确定砌块的强度等级。

2. 主要仪器设备

(1) 材料试验机：示值误差应不大于 2%，其量程选择应能使试件的预期破坏荷载落在满量程的 20%～80%。

(2) 钢板：厚度不小于 10 mm，平面尺寸应大于 440 mm×240 mm。钢板的一面需平整，精度要求在长度方向范围内的平面度不大于 0.1 mm。

(3) 玻璃平板：厚度不小于 6 mm，平面尺寸与钢板的要求同。

(4) 水平尺。

3. 试样制备

(1) 试件数量为 5 个砌块。

(2) 处理试件的坐浆面和铺浆面，使之成为互相平行的平面。将钢板置于稳固的底座上，平整面向上，用水平尺调至水平。在钢板上先薄薄地涂一层机油，或铺一层湿纸，然后平铺一层 1∶2 的水泥砂浆(强度等级 32.5 级以上的普通硅酸盐水泥；细砂，加入适量的水)，将试件的坐浆面湿润后平稳地压入砂浆层内，使砂浆层尽可能均匀，厚度为 3～5 mm。将多余的砂浆沿试件棱边刮掉，静置 24 h 以后，再按上述方法处理试件的铺浆面。为使两面能彼此平行，在处理铺浆面时，应将水平尺置于现已向上的坐浆面上调至水平。在温度 10℃以上不通风的室内养护 3d 后做抗压强度试验。

(3) 为缩短时间，也可在坐浆面砂浆层处理后，不经静置立即在向上的铺浆面上铺一层砂浆，压上事先涂油的玻璃平板，边压边观察砂浆层，将气泡全部排除，并用水平尺调至水平，直至砂浆层平而均匀，厚度达 3～5 mm。

4. 试验方法与步骤

(1) 按试验 13.7.6 中试验方法的方法测量每个试件的长度和宽度，分别求出各个方向的平均值，精确至 1 mm。

(2) 将试件置于试验机承压板上，使试件的轴线与试验机压板的压力中心重合，以 10～30kN/s 的速度加荷，直至试件破坏。在试验报告册表 7-6 中记录最大破坏荷载 P。

若试验机压板不足以覆盖试件受压面时，可在试件的上、下承压面加辅助钢压板。辅助钢压板的表面光洁度应与试验机原压板相同，其厚度至少为原压板边至辅助钢压板最远角距离的三分之一。

5. 结果计算与数据处理

(1) 每个试件的抗压强度按下式计算，精确至 0.1MPa。

$$f_q = \frac{P}{LB} \tag{13-30}$$

式中：f_q——试件的抗压强度，MPa；
$\qquad P$——破坏荷载，N；
$\qquad L$——受压面的长度，mm；
$\qquad B$——受压面的宽度，mm。

(2) 试验结果以 5 个试件抗压强度的算术平均值和单块最小值表示，精确至 0.1MPa。

(3) 将上述结果记录在试验报告册表 7-6 中。

13.7.8 混凝土小型砌块抗折强度试验

1. 试验目的

试验目的与抗压强度试验相同。

2. 主要仪器设备

(1) 材料试验机的技术要求同抗压强度试验。

(2) 钢棒：直径为 35～40 mm，长度为 210 mm，数量为三根。

(3) 抗折支座：由安放在底板上的两根钢棒组成，其中至少有一根是可以自由滚动的，如图 13-43 所示。

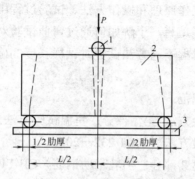

图 13-43 抗折强度示意图
1—钢棒；2—试件；3—抗折支座

3. 试样制备

试件数量、尺寸测量及试件表面处理与抗压强度试验相同。表面处理后应将试件孔洞处的砂浆层打掉。

4. 试验方法与步骤

(1) 将抗折支座置于材料试验机承压板上，调整钢棒轴线间的距离，使其等于试件长度减一个坐浆面处的肋厚，再使抗折支座的中线与试验机压板的压力中心重合。

(2) 将试件的坐浆面置于抗折支座上。

(3) 在试件的上部 1/2 长度处放置一根钢棒，如图 13-43 所示。

(4) 以 250N/s 的速度加荷直至试件破坏。在试验报告册表 7-7 中记录最大破坏荷载 P。

5. 结果计算与数据处理

(1) 每个试件的抗折强度按下式计算，精确至 0.1 MPa。

$$f_z = \frac{3PL}{2BH^2} \tag{13-31}$$

式中：f_z——试件的抗折强度，MPa；

P——破坏荷载，N；

L——抗折支座上两钢棒轴心间距，mm；

B——试件宽度，mm；

H——试件高度，mm。

(2) 试验结果以 5 个试件抗压强度的算术平均值和单块最小值表示，精确至 0.1MPa。

(3) 将上述结果记录在试验报告册表 7-7 中。

13.8　试验八：钢筋力学及工艺性能试验

要求：了解钢筋拉伸过程的受力特性，软钢与硬钢在拉伸过程中应力—应变的变化规律，掌握万能材料试验机的工作原理和操作方法、试验过程中试样长度确定、试验数据的正确读取以及试验报告的正确填写。了解如何通过弯曲试验对钢筋的力学性能进行评价；了解弯曲试验的不同方法；掌握不同方法试验时试样长度的确定方法、试验过程中的注意事项和试验结果的正确评定。

本节试验采用的标准及规范：

- 《金属材料拉伸试验方法 第 1 部分：室温试验方法》GB/T 228.1—2010
- 《金属材料弯曲试验方法》GB/T 232—2010
- 《钢筋混凝土用钢第 2 部分：热轧带肋钢筋》GB 1499.2—2007
- 《钢筋混凝土用钢第 1 部分：热轧光圆钢筋》GB 1499.1—2008
- 《低碳钢热轧圆盘条》GB/T 701—2008

13.8.1 钢筋的取样方法及取样数量、复检与判定

(1) 钢筋应按批进行检查与验收，每批的总量不超过60t，每批钢材应由同一个牌号、同一炉罐号、同一规格、同一交货状态、同一进场(厂)时间为一验收批。

(2) 钢筋应有出厂质量证明书或试验报告单。验收时应抽样做拉伸试验和冷弯试验。钢筋在使用中若有脆断、焊接性能不良或力学性能显著不正常时，还应进行化学成分分析等其他专项试验。

(3) 钢筋拉伸及冷弯试验的试件不允许进行车削加工，试验应在(20±10)℃的条件下进行，否则应在报告中注明。

(4) 验收取样时，自每批钢筋中任取两根截取拉伸试样，任取两根截取冷弯试样。在拉伸试验的试件中，若有一根试件的屈服点、拉伸强度和伸长率三个指标中有一个达不到标准中的规定值，或冷弯试验中有一根试件不符合标准要求，则在同一批钢筋中再抽取双倍数量的试样进行该不合格项目的复检，复检结果中只要有一个指标不合格，则该试验项目判定不合格，整批钢筋不得交货。

拉伸和冷弯试件的长度 L 和 L_w，分别按下式计算后截取。

拉伸试件 $L=L_0+2h+2h_1$

冷弯试件 $L_w=5a+150$

式中：L、L_w——分别为拉伸和冷弯试件的长度，mm；

L_0——拉伸试件的标距长度，mm，取 $L_0=5a$ 或者 $L_0=10a$；

h、h_1——分别为夹具长度和预留长度，mm，$h_1=(0.5\sim1)a$；

a——钢筋的公称直径，mm。

13.8.2 钢筋拉伸试验

1. 试验目的

测定低碳钢的屈服强度、抗拉强度与延伸率。注意观察拉力与变形之间的变化。确定应力与应变之间的关系曲线，评定钢筋的强度等级。

2. 主要仪器设备

(1) 主要仪器设备：万能材料试验机，试验达到最大负荷时，最好使指针停留在度盘的第三象限内或者数显破坏荷载在量程的 50%~75%之间；钢筋打点机或划线机、游标卡尺(精度为0.1mm)；引伸计精确度级别应符合 GB/T 12160—2002 的要求。测定上屈服强度应使用不低于1级精确度的引伸计；测定抗拉强度、断后伸长率，应使用不低于2级精确度的引伸计。

(2) 万能材料试验机原理简介：在材料力学试验中，一般都要给试样(或模型)施加载荷，这种加载用的设备称为材料试验机。试验机根据所加载荷的性质可分为静荷试验机和动荷试验机；根据工作条件又可分为常温、高温和低温等试验机；按所加载荷形式分类则有拉力、压力和扭转等试验机。为了保证试验可靠，试验机要满足一定的技术条件。其标准由

国家统一规定。安装时或使用一定期限后，都要进行校验(此项工作要由国家计量管理机关统一进行)。不合格者应进行检修。试验机的种类很多，但一般都是由下列两个基本部分所组成。

① 加载部分。加载部分是对试样施加载荷的机构，例如图 13-44 的左边部分。所谓加载，就是利用一定的动力和传动装置强迫试样以产生变形，使试样受到力的作用。

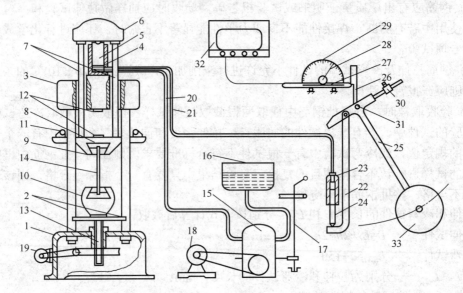

图 13-44　试验机工作原理图

1—底座；2—固定立柱；3—固定横头；4—工作油缸；5—活塞；6—横头；7—活动立柱；
8—活动台；9—上夹头；10—下夹头；11—弯曲支座；12—上下垫板；13—螺柱；14—试样；
15—油泵；16—油箱；17—油泵操纵机构；18—电动机(1)；19—电动机(2)；20—油管(1)；
21—油管(2)；22—拉杆；23—测力油缸；24—测力活塞；25—摆杆；26—推杆；27—水平齿杆；
28—指针；29—测力度盘；30—平衡砣；31—支点；32—计算机；33—摆锤

图 13-44 中，在机器底座 1 上，装有两个固定立柱 2，它承载着固定横头 3 和工作油缸 4。开动电动机(1)18，带动油泵 15，将油液压入油箱 16 经油管(1)20 送入工作油缸 4，从而推动活塞 5、横头 6、活动立柱 7 和活动台 8 上升。若将试样 14 两端装在上下夹头 9、10 中(见图 13-45)，因下夹头 10 固定不动，当活动台上升时便使试样发生拉伸变形，承受拉力。若把试样放在活动台下垫板 12 上，当活动台上升时，就使试样与上垫板 12 接触而被压缩，承受压力。一般试验机在输油管路中都装置有进油阀门和回油阀门(在原理图 13-44 中未示出)。进油阀门用来控制进入工作油缸中的油量，以便调节试样变形速度。回油阀门打开时，则可将工作油缸中的油液泄回油箱，活动台由于自重而下落，回到原始位置。

如果拉伸试样的长度不同，可由电动机(2)19(或人力)转动底座中的轴，使螺柱 13 上下移动，调节下夹头的位置。注意当试样已夹紧或受力后，不能再开电动机(2)19。否则，就要造成用下夹头对试样加载，以致损伤机件。活动台的行程有一定的限度，对试验机有关拉伸和压缩行程限度的规定，使用者必须遵守。

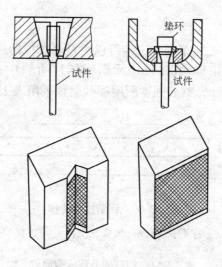

图 13-45 试验机夹头与试样

② 测力部分。测力部分是指示试样所受载荷大小的机构,采用计算机 32 连接液压机,可以精确地控制加载速度,自动形成荷载与变形曲线,自动计算出屈服强度、抗拉强度和伸长率等。

如果增加或减少摆锤的重量,当指针旋转同一角度时,所需的油压也就不同。换言之,即指针在同一位置所指示出的载荷的大小与摆锤重量有关。一般试验机可以更换三种锤重,测力度盘上也相应地有三种度盘。试验时,要根据试样所需载荷的大小,选择合宜的测力度盘,并在摆杆上放置相应重量的摆锤。有些试验机是采用调节摆杆长度的办法,而不是变更摆锤重量。

加载前,测力指针应指在度盘上的"零"点,否则应加以调整。调整时,先开动电动机(1)数分钟,检查运转是否正常,将活动台 8 升起 1cm 左右,然后稍微移动摆杆上的平衡砣 30,使摆杆 25 保持铅直位置。再旋转度盘(或转动水平齿杆)使指针对准"零"点。所以先升起活动台调整零点的原因,是由于上横头、活动立柱和活动台等有相当大的重量,要有一定的油压才能将它们升起。但是这部分油压并未用来给试样加载,不应反映到试样载荷的读数中。当调整零点时,活动台上升不宜过高。

操作过程中应注意检查试验机的试样夹头的形式和位置是否与试样配合、油路上各阀门是否关闭或者油泵操作机构是否在原始位置、保险开关是否有效以及自动绘图器是否正常等。有的试验机附有可调的回油缓冲器,也须相应地调节好。回油缓冲器的作用是在泄油时或试样断裂时,使摆锤缓慢回落,避免突然下落撞击机身。压缩试样必须放置垫板。拉伸试样则须调整下夹头位置,使拉伸区间与试样长度适应。但试样夹紧后,就不得再调整下夹头了。调整好自动绘图器的传动装置和笔、纸等。开车前和停车后,进油阀一定要置于关闭位置。加载、卸载和回油均应缓慢进行。机器运转时,操纵者不得离开。试验时,不得触动摆锤。使用时,听见异声或发生任何故障应立即停车。

为保证机器安全和试验准确,其吨位选择最好是使试样达到最大荷载时,指针位于第三象限内(即 180°~270° 之间)。试验机的测力示值误差不大于 1%。

3. 试样准备

抗拉试验用钢筋试样不进行车削加工,可以用钢筋试样标距仪标距出两个或一系列等分小冲点或细画线标出原始标距(标记不应影响试样断裂),测量标距长度 L_0(精确至 0.1mm),如图 13-46 所示。计算钢筋强度所用横截面积采用表 13-11 所列的公称横截面积。

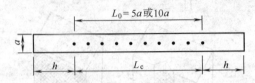

图 13-46 钢筋拉伸试样

a—试样原始直径;L_0—标距长度;h—夹头长度;L_c—试样平行长度(不小于 L_0+a)

表 13-11 钢筋的公称横截面积

公称直径/mm	公称横截面积/mm²	公称直径/mm	公称横截面积/mm²
8	50.27	22	380.1
10	78.54	25	490.9
12	113.1	28	615.8
14	153.9	32	804.2
16	201.1	36	1018
18	254.5	40	1257
20	314.2	50	1964

4. 试验方法与步骤

(1) 试验一般在室温 10～35℃ 范围内进行,对温度要求严格的试验,试验温度应为 (23 ± 5)℃;应使用楔形夹头、螺纹夹头或套环夹头等合适的夹具夹持试样。

(2) 做拉力试验时,按质量法求出横截面面积 $A(\text{mm}^2)$:

$$A=m/(\rho L_0)\times 100 \tag{13-32}$$

式中:m——试样的质量,g;

ρ——试样的密度,g/cm³;

L_0——试样原始标距,mm,测量精度达 0.1mm。

经车削加工的标准试样,用游标卡尺沿标距长度的中间及两端各测直径一处,每处应在两个互相垂直的方向各测一次,以其算术平均值作为该处的直径,用所测 3 处直径中的最小值作为计算横截面面积 A 的直径。

(3) 调整试验机测力度盘的指针,使其对准零点,并拨动副指针,使之与主指针重合。在试验机右侧的试验记录辊上夹好坐标纸及铅笔等记录设施;有计算机记录的,则应连接好计算机并开启记录程序。

(4) 将试样夹持在试验机夹头内。开动试验机进行拉伸,试验机活动夹头的分离速率应尽可能保持恒定,拉伸速度为屈服前应力增加速率,按表 13-12 的规定进行,并保持试验机控制器固定于这一速率位置上,直至该性能测出为止。屈服后只需测定抗拉强度时,试验机活动夹头在荷载下的移动速度不宜大于 $0.5L_c$/min，L_c 为试件两夹头之间的距离，如图 13-46 所示。

表 13-12 屈服前的加荷速率

金属材料的弹性模量/MPa	应力速率/(MPa/s)	
	最　小	最　大
<150 000	2	20
≥150 000	6	60

(5) 加载时要认真观测，在拉伸过程中测力度盘的主指针暂时停止转动时的恒定荷载，或主指针回转后的最小荷载，即为所求的屈服点荷载 F_s(N)。将此时的主指针所指度盘数记录在试验报告中。继续拉伸，当主指针回转时，副指针所指的恒定荷载即为所求的最大荷载 F_b(N)，由测力度盘读出副指针所指度盘数记录在试验报告中。

(6) 将已拉断试样的两段在断裂处对齐，尽量使其轴线位于一条直线上。如拉断处由于各种原因形成缝隙，则此缝隙应计入试样拉断后的标距部分长度内。待确保试样断裂部分适当接触后测量试样断后标距 L_1(mm)，要求精确到 0.1mm。L_1 的测定方法有以下两种。

① 直接法。如拉断处到邻近的标距点的距离大于 $\frac{1}{3}L_0$ 时，可用卡尺直接量出已被拉长的标距长度 L_1。

② 移位法。如拉断处到邻近的标距端点的距离小于或等于 $\frac{1}{3}L_0$，可按下述移位法确定 L_1：在长段上，从拉断处 O 取基本等于短段格数，得 B 点，接着取等于长段所余格数(偶数，如图 13-47(a)所示)之半，得 C 点；或者取所余格数(奇数，如图 13-47(b)所示)减 1 与加 1 之半，得 C 与 C_1 点。移位后的 L_1 分别为 $AO+OB+2BC$ 或者 $AO+OB+BC+BC_1$。

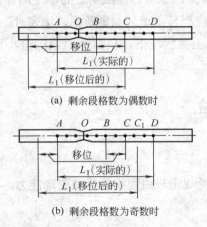

(a) 剩余段格数为偶数时

(b) 剩余段格数为奇数时

图 13-47 用移位法计算标距

如果直接测量所求得的伸长率能达到技术条件的规定值，则可不采用移位法。如果试件在标距点上或标距外断裂，则测试结果无效，应重做试验。将测量出的被拉长的标距长度 L_1 记录在试验报告中。

5. 结果计算与数据处理

(1) 屈服点强度。按下式计算试件的屈服点强度 σ_S：

$$\sigma_S = F_S / A \tag{13-33}$$

式中：σ_S——屈服点强度，MPa；
F_S——屈服点荷载，N；
A——试样原最小横截面面积，mm^2。

当 $\sigma_S > 1000$MPa 时，应计算至 10MPa；$\sigma_S > 200 \sim 1000$MPa 时，计算至 5MPa；$\sigma_S \leq 200$MPa 时，计算至 1MPa。小数点数字按"四舍六入五单双法"处理。

(2) 抗拉强度。按式(13-33)计算试件的抗拉强度：

$$\sigma_b = F_b / A \tag{13-34}$$

式中：σ_b——抗拉强度，MPa；
F_b——试样拉断后的最大荷载，N；
A——试样原最小横截面面积，mm^2。

σ_b 计算精度的要求同 σ_s。

(3) 也可以使用自动装置(例如微处理机等)或自动测试系统测定屈服强度 σ_s 和抗拉强度 σ_b。

(4) 伸长率 δ 按下式计算(精确至 1%)：

$$(\delta_{10}、\delta_5)\delta = (L_1 - L_0)/L_0 \times 100\% \tag{13-35}$$

式中：δ_{10}、δ_5——分别表示 $L_0 = 10d$ 或 $L_0 = 5d$ 时的伸长率；
L_0——原标距长度 $10d(5d)$，mm；
L_1——试样拉断后直接量出或按移位法确定的标距部分长度，mm。

在试验报告册表 8-1 相应栏目中填入测量数据。填表时，要注明测量单位。此外，还要注意仪器本身的精度。在正常状况下，仪器所给出的最小读数，应当在允许误差范围之内。

13.8.3 钢筋冷弯试验

1. 试验目的

测定钢筋在冷加工时承受规定弯曲程度的弯曲变形能力，显示其缺陷，评定钢筋质量是否合格。

2. 主要仪器设备

压力机或万能材料试验机；附有两支辊，支辊间距离可以调节；还应附有不同直径的弯心，弯心直径按有关标准规定。本试验采用支辊弯曲。装置示意图如图 13-48 所示。

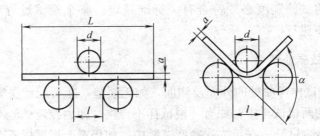

图 13-48　支辊式弯曲装置示意图

3. 试样准备

钢筋冷弯试件长度通常为 $L=0.5\pi(d+a)+140$（L 为试样长度，mm；d 为弯心直径，mm；a 为试样原始直径，mm），试件的直径不大于 50mm。试件可由试样两端截取，切割线与试样实际边距离不小于 10mm。试样中间 1/3 范围之内不准有凿、冲等工具所造成的伤痕或压痕。试件可在常温下用锯、车的方法截取，试样不得进行车削加工。如必须采用有弯曲的试件时，应用均匀压力使其压平。

4. 试验方法与步骤

(1) 试验前测量试件尺寸是否合格；根据钢筋的级别，确定弯心直径、弯曲角度，调整两支辊之间的距离。两支辊间的距离为

$$l=(d+3a)\pm 0.5a \tag{13-36}$$

式中：d——弯心直径，mm；
　　　a——钢筋公称直径，mm。

距离 l 在试验期间应保持不变，如图 13-48 所示。

(2) 试样按照规定的弯心直径和弯曲角度进行弯曲，试验过程中应平稳地对试件施加压力。在作用力下的弯曲程度可以分为三种类型（见图 13-49），测试时应按有关标准中的规定分别选用。

① 达到某规定角度 α 的弯曲，如图 13-49(a) 所示。
② 绕着弯心弯到两面平行时的程度，如图 13-49(b) 所示。
③ 弯到两面接触时的重合弯曲，如图 13-49(c) 所示。

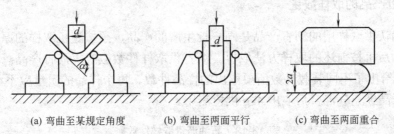

(a) 弯曲至某规定角度　　(b) 弯曲至两面平行　　(c) 弯曲至两面重合

图 13-49　钢材冷弯试验的几种弯曲程度

(3) 重合弯曲时，应先将试样弯曲到图 13-49(b) 的形状（建议弯心直径 $d=a$）。然后在两平行面间继续以平稳的压力弯曲到两面重合。两压板平行面的长度或直径，应不小于试样重叠后的长度。

(4) 冷弯试验的试验温度必须符合有关标准规定。整个测试过程应在 10～35℃或 (23±5)℃控制条件下进行。

5. 结果计算与数据处理

(1) 弯曲后检查试样弯曲处的外面及侧面，如无裂缝、断裂或起层等现象即认为试样合格。做冷弯试验的两根试样中，如有一根试样不合格，即为冷弯试验不合格。应再取双倍数量的试样重做冷弯试验。在第二次冷弯试验中，如仍有一根试样不合格，则该批钢筋即为不合格品。将上述所测得的数据进行对比，确定试样属于哪级钢筋，是否达到要求标准。

(2) 将试验结果记录在试验报告册表 8-2 中。

13.9 试验九：沥青材料试验

要求：了解沥青三大指标的概念，掌握沥青三大指标的测定方法，并能根据测定结果评定沥青的技术等级。

本节试验采用的标准及规范：

- 《建筑石油沥青》GB/T 494—2010
- 《道路石油沥青》SH 0522—2010

13.9.1 取样方法及数量

将石油沥青从桶、袋、箱中取样时应在样品表面以下及容器侧面以内至少 5cm 处采集。若沥青是能够打碎的固体块状物态，可以用洁净、适当的工具将其打碎后取样；若沥青呈较软的半固态，则需用洁净、适当的工具将其切割后取样。

1. 同批产品的取样数量

当能确认供取样用的沥青产品是同一厂家、同一批号生产的产品时，应随机取出一件按前述取样方法取样约 4kg 供检测用。

2. 非同批产品的取样数量

当不能确认供取样用的沥青产品是同一批生产的产品，须按随机取样的原则，选出若干件沥青产品后再按前述的取样方法取样。沥青供取样件数应等于沥青产品总件数的立方根。表 13-13 给出了不同装载件数所要取出的样品件数。每个样品的质量应不小于 0.1kg。这样取出的样品经充分混合后取出 4kg 供检测用。

表 13-13 石油沥青取样件数

装载件数	2～8	9～27	28～64	65～126	127～216	217～343	344～512	513～729	730～1000	1001～1331
取样件数	2	3	4	5	6	7	8	9	10	11

13.9.2 石油沥青的针入度检验

石油沥青的针入度以标准针在一定的荷重、时间及温度条件下垂直穿入沥青试样的深度来表示，单位为 1/10mm。非经另行规定，标准针、针连杆与附加砝码的总质量为 (100 ± 0.1)g，测试时要求温度为 25℃，时间为 5s。

1. 试验目的

测定针入度小于 350 的石油沥青的针入度，以确定沥青的黏稠程度。

2. 主要仪器设备

(1) 针入度计：凡允许针连杆在无明显摩擦下垂直运动，并且能穿入深度准确至 0.1mm 的仪器均可应用。针连杆质量应为 (47.5 ± 0.05)g，针和针连杆组合件总质量应为 (50 ± 0.05)g。针入度计附带 (50 ± 0.05)g 和 (100 ± 0.05)g 砝码各一个。仪器设有放置平底玻璃皿的平台，并有可调水平的机构，针连杆应与平台相垂直。仪器设有针连杆制动按钮，按下按钮，针连杆可自由下落。针连杆易于卸下，以便检查其质量，如图 13-50(a)所示。

(2) 标准针应由硬化回火的不锈钢制成，洛氏硬度为 54～60。其各部分尺寸如图 13-50(b) 所示。

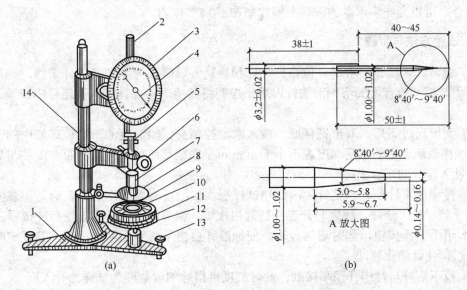

图 13-50 沥青针入度计及针入度标准针

1—底座；2—活杆；3—刻度盘；4—指针；5—连杆；6—按钮；7—砝码；8—标准针；
9—小镜；10—试样；11—保温皿；12—圆形平台；13—调平螺丝；14—立杆

(3) 试样皿：所检测石油沥青针入度小于 200 度时，用内径为 55mm、深为 35mm 的皿；所检测石油沥青针入度大于 200 度小于 350 度时，用内径为 70mm、深为 45mm 的皿；针入度在 300～500 度时，用内径为 50mm、内部深度为 60mm 的皿。

(4) 恒温水浴：容量不小于 10L，能保持温度在试验温度的 ±0.1℃范围内。水中应备有一个带孔的支架，位于水面下不少于100mm，距浴底不少于50mm处。

(5) 平底玻璃皿：容量不少于0.5L深度要没过最大的试样皿。内设一个不锈钢三腿支架，能使试样皿稳定。

(6) 秒表：刻度不大于0.1s，60s间隔内的准确度达到±0.1s的任何秒表均可使用。

(7) 温度计：液体玻璃温度计，刻度范围为0～100℃，分度值为0.1℃。温度计应定期按液体玻璃温度计检定方法进行校正。

(8) 金属皿或瓷柄皿作为熔化试样用。

(9) 筛：筛孔为0.3～0.5mm的金属网。

(10) 砂浴或可控制温度的密闭电炉。砂浴用煤气灯或电加热。

3. 试样准备

(1) 将预先除去水分的试样在砂浴上加热并不断搅拌。加热时的温度不得超过预计软化点90℃，时间不得超过30min。加热时用0.3～0.5mm的金属滤网滤去试样中的杂质。

(2) 将试样倒入规定大小的试样皿中，试样的倒入深度应大于预计针入深度10mm以上。在15～30℃的空气中静置，并防止落入灰尘。热沥青静置的时间为：采用大试样皿时为1.5～2h；采用小试样皿时为1～1.5h。

(3) 将静置到规定时间的试样皿浸入保持测试温度的水浴中。浸入时间为：小试样1～1.5h，大试样1.5～2h。恒温的水应控制在试验温度±0.1℃的变化范围内，在某些条件不具备的场合，可以允许将水温的波动范围控制在±0.5℃以内。

4. 试验方法与步骤

(1) 调节针入度计的水平，检查针连杆和导轨，以确认无水和其他外来物，无明显摩擦。用甲苯或其他合适的溶剂清洗针，用干净布将其擦干，把针插入针连杆中固紧，并放好砝码。

(2) 到恒温时间后，取出试样皿，放入水温控制在试验温度的平底玻璃皿中的三腿支架上，试样表面以上的水层高度应不小于10mm(平底玻璃皿可用恒温浴的水)，将平底玻璃皿放于针入度计的平台上。

(3) 慢慢放下针连杆，使针尖刚好与试样表面接触。必要时用放置在合适位置的光源反射来观察。拉下活杆，使之与针连杆顶端相接触，调节针入度刻度盘使指针指零。

(4) 用手紧压按钮，同时启动秒表，使标准针自由下落穿入沥青试样，到规定时间，停压按钮，使针停止移动。

(5) 拉下活杆与针连杆顶端接触，此时刻度盘指针的读数即为试样的针入度。

(6) 同一试样重复测定至少3次，各测定点及测定点与试样皿边缘之间的距离不应小于10mm。每次测定前应将平底玻璃皿放入恒温水浴。每次测定换一根干净的针或取下针用甲苯或其他溶剂擦干净，再用干净布擦干。

(7) 测定针入度大于200的沥青试样时，至少用3根针，每次测定后将针留在试样中，直至3次测定完成后，才能把针从试样中取出，如图13-51所示。

5. 结果计算与数据处理

(1) 取三次测试所得针入度值的算术平均值，取至整数后作为最终测定结果。三次测定值相差不应大于表 13-14 所列规定，否则应重做试验。

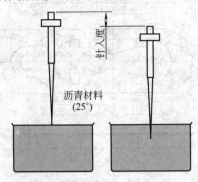

图 13-51　针入度测定示意图

表 13-14　针入度测定最大差值　　　　　　　　　　　　　　　单位：度

针入度/度	0~49	50~149	150~249	250~350
最大差值/度	2	4	6	10

(2) 关于测定结果重复性与再现性的要求，如表 13-15 所示。

表 13-15　针入度测定值的要求

试样针入度(25℃)	重　复　性	再　现　性
<50	不超过 2 单位	不超过 4 单位
50≥50	不超过平均值的 4%	不能超过平均值的 8%

若差值超过上述数值，应重做试验。

(3) 将试验结果记录在试验报告册表 9-1 中。

13.9.3　石油沥青的延度检验

石油沥青的延度是用规定的试样，在一定温度下以一定速度拉伸至断裂时的长度，除非经特殊说明，否则试验温度为 $(25±0.5)$ ℃，延伸速度为每分钟 $(5±0.25)$ cm。

1. 试验目的

测定石油沥青的延度，以确定沥青的塑性。

2. 主要仪器设备

(1) 延度仪：能将试样浸没于水中带标尺的长方形容器，内部装有移动速度为 $(5±0.5)$ cm/min 的拉伸滑板。仪器在开动时应无明显的振动。

(2) 试样模具：由两个端模和两个侧模组成。试样模具由黄铜制造。其形状尺寸如图 13-52 所示。

(3) 水浴：容量至少为 10 L，能够保持试验温度变化不大于 0.1℃ 的玻璃或金属器皿，试样浸入水中深度不得小于 100 mm，水浴中设置带孔搁架，搁架距水浴底部不得小于 50 mm。

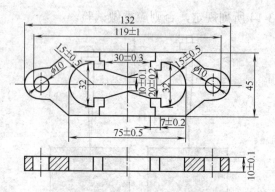

图 13-52 沥青延度仪试模

(4) 瓷皿或金属皿：溶沥青用。

(5) 温度计：0～100℃，分度 0.1℃ 和 0.5℃ 各一支。

(6) 筛：筛孔为 0.3～0.5mm 圆孔的金属网。

(7) 砂浴或可控制温度的密闭电炉，砂浴用煤气灯或电加热。

(8) 材料：甘油滑石粉隔离剂(甘油 2 份，滑石粉 1 份，以质量计)。

(9) 金属板(附有夹紧模具用的止动螺丝，一面必须磨光至表面粗糙度 R_a0.63)。

3. 试样准备

(1) 将隔离剂拌和均匀，涂于磨光的金属板上及侧模的内侧面，将试模在金属垫板上组装并卡紧。

(2) 将除去水分的沥青试样放在砂浴上加热至熔化，搅拌，加热温度不得高于预计软化点 110℃；将熔化的沥青用筛过滤，并充分搅拌，注意搅拌过程中勿使气泡混入。然后将试样自试模的一端移至另一端，往返多次，将沥青缓缓注入模中，并略高出试模的模具平面。

(3) 将浇注好的试样在 15～30℃ 的空气中冷却 30min 后，放入温度为(25±0.1)℃ 的水浴中，保持 30min 后取出。用热刀将高出模具部分的多余沥青刮去，使沥青试样表面与模具齐平。沥青的刮法：应自模具的中间刮至两边，表面应刮得平整光滑。刮毕将试件连同金属板一并浸入(25±0.1)℃ 的水中并保持 1～1.5h。

4. 试验方法与步骤

(1) 检查延度仪滑板的拉伸速度是否符合要求，然后移动滑板使其指针正对着标尺的零点。保持水槽中的水温为(25±0.1)℃。将试样移至延度仪水槽中，将模具两端的孔分别套在滑板及槽端的金属柱上，水面距试样表面应不小于 25mm，然后去掉侧模。

(2) 确认延度仪水槽中水温为(25±0.5)℃ 时，开动延度仪，此时仪器不得有振动。观察沥青的拉伸情况。在测定时，如发现沥青细丝浮于水面或沉入槽底时，则应在水中加入乙醇或食盐调整水的密度至与试样的密度相近后，再进行测定。

(3) 试样拉断时指针所指标尺上的读数，即为试样的延度，以 cm 表示。在正常情况下，应将试样拉伸成锥尖状，在断裂时实际横断面为零。如不能得到上述结果，则应报告在此条件下无测定结果，如图 13-53 所示。

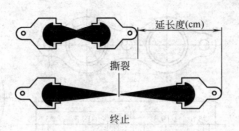

图 13-53　延伸度测定示意图

5. 结果计算与数据处理

取平行测定的三个结果的算术平均值作为沥青试样延度的测定结果。若三次测定值不在其平均值的±5%范围内，但其中两个较高值在±5%以内时，则应弃除最低测定值，取两个较高测试值的平均值作为测定结果。

沥青延度测试两次测定结果之差，重复性不应超过平均值的1%，再现性不应超过平均值的20%。

将试验结果记录在试验报告册表 9-2 中。

13.9.4　石油沥青的软化点检验

软化点测定时是将规定质量的钢球，放在装有沥青试样的铜环中心，在规定的加热速度和环境下，试样软化后包裹钢球坠落达一定高度时的温度，即为软化点。

1. 试验目的

测定石油沥青的软化点，以确定沥青的耐热性。

2. 主要仪器设备

(1) 沥青软化点测定仪如图 13-54 所示。
① 钢球：直径为 9.53mm，质量为(3.50±0.05)g 的钢制圆球。
② 试样环：用黄铜制成的锥环或肩环，如图 13-54(b、c)所示。
③ 钢球定位器：用黄铜制成，能使钢球定位于试样中央，如图 13-54(d)所示。
④ 支架：由上、中及下承板和定位套组成。环可以水平地安放于中承板上的圆孔中，环的下边缘距下承板应为 25.4mm。其距离由定位套保证。3 块板用长螺栓固定在一起。
(2) 电炉及其他加热器。
(3) 金属板(一面必须磨光)或玻璃板。
(4) 小刀：切沥青用。
(5) 筛：筛孔为 0.3~0.5mm 的金属网。
(6) 材料：甘油-滑石粉隔离剂(甘油 2 份，滑石粉 1 份，以质量计)；新煮沸过并冷却的蒸馏水；甘油。

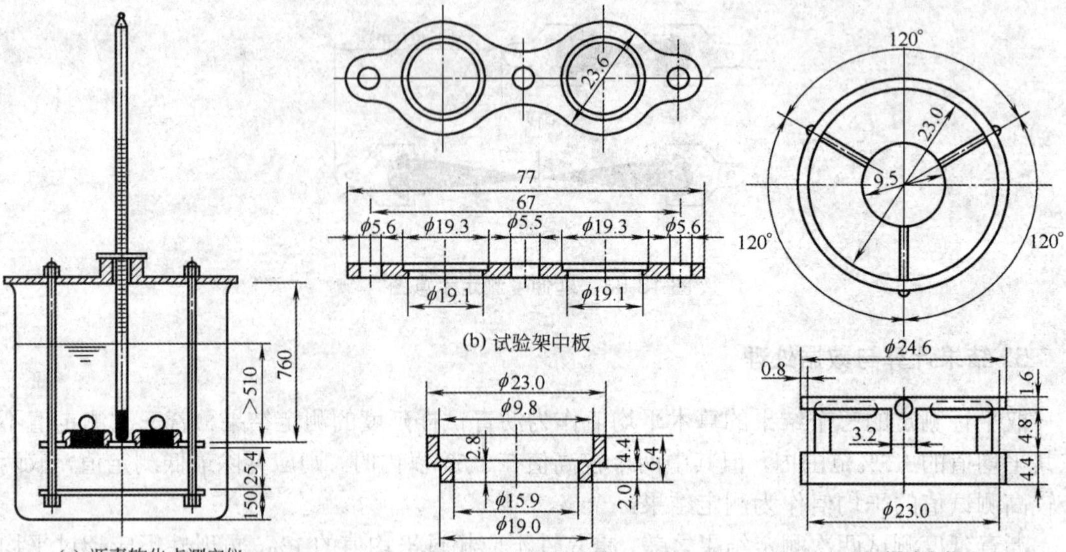

(a) 沥青软化点测定仪　(b) 试验架中板　(c) 铜环　(d) 钢球定位器

图 13-54　沥青软化点测定仪(环球法仪)

3. 试样准备

(1) 将选好的铜环置于涂有隔离剂的金属板或玻璃板上，将预先脱水的试样加热熔化，加热温度不得高于估计软化点 110℃，加热至倾倒温度的时间不得超过 2h。搅拌过筛后将熔化沥青注入铜环内至沥青略高于环面为止。如估计软化点在 120℃以上，应将铜环与金属板预热至 80～100℃。

(2) 将盛有试样的铜环及板置于盛满水(适合估计软化点不高于 80℃的试样)或甘油(适合估计软化点高于 80℃的试样)的保温槽内恒温 15min，水温保持在(5±0.5)℃；甘油温度保持在(32±1)℃。同时，钢球也置于恒温的水或甘油中。

(3) 在烧杯内注入新煮沸并冷却至 5℃的蒸馏水或注入预先加热至 32℃的甘油，使水面或甘油液面略低于连接杆上的深度标记。

4. 试验方法与步骤

(1) 从水或甘油保温槽中取出盛有试样的黄铜环放置在环架中承板的圆孔中，并套上钢球定位器，把整个环架放入烧杯内，调整水面或甘油液面至深度标记，环架上任何部分均不得有气泡。将温度计由上承板中心孔垂直插入，使温度计水银球底部与铜环下面齐平。

(2) 将烧杯移放至有石棉网的三脚架上或电炉上，然后将钢球放在试样上(须使各环的平面在全部加热时间内完全处于水平状态)立即加热，使烧杯内水或甘油的温度在 3min 后保持每分钟上升(5±0.5)℃，在整个测定中如温度的上升速度超出此范围，则应重做试验，如图 13-55 所示。

(3) 试样受热软化，下坠至与下承板面接触时的温度即为试样的软化点。将此时的温度记录在试验报告册表 9-3 中。

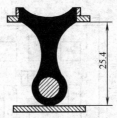

图 13-55 沥青软化点测定示意图(单位：mm)

5. 结果计算与数据处理

取平行测定的两个结果的算术平均值作为测定结果，精确至 0.1℃。如果两个温度的差值超过 1℃，则应重新进行试验。将评定结果记录在试验报告册表 9-3 中。

13.10　试验十：防水卷材试验

要求：了解防水卷材拉伸试验的方法和试验原理，并能根据试验结果评定卷材的质量等级。了解防水卷材不透水性测定的意义所在，掌握不透水仪的使用方法和工作原理。
本节试验采用的标准及规范：
- 《石油沥青纸胎油毡》GB 326—2007
- 《建筑防水卷材试验方法》GB/T328.1～27—2007

本试验主要测试石油沥青防水卷材。

13.10.1　石油沥青防水卷材抽样的规定

1. 石油沥青油毡抽样

组批条件：同一生产厂，同品种，同标号，同等级；验收批量：1500 卷。

2. 抽样具备条件

有说明书，当年型式检验报告，产品合格证(包括产品名称、产品标记、商标、制造厂名、厂址、生产日期、批号、产品标准)；通过规格尺寸和外观质量检验后抽样。

13.10.2　试验的一般规定

(1) 试样在试验前应原封放于干燥处并保持在 15～30℃范围内一定时间。试验温度：(25±2)℃。

(2) 将取样的一卷卷材切除距外层卷头 2500mm 后，顺纵向截取长度为 500mm 的全幅卷材两块，一块作物理性能试验试件用，另一块备用。

(3) 按图 13-56 所示部位及表 13-16 规定尺寸和数量切取试件。

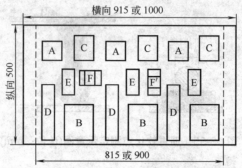

图 13-56　试样切取部分示意图(单位：mm)

表 13-16　试样尺寸和数量表

试件项目		试件部位	试件尺寸/(mm×mm)	数量/块
浸料材料总量		A	100×100	3
不透水性		B	150×150	3
吸水性		C	100×100	3
拉力		D	250×50	3
耐热度		E	100×50	3
柔度	纵向	F	60×30	3
	横向	F′	60×30	3

(4) 物理性能试验所用的水应为蒸馏水或洁净的淡水(饮用水)。

(5) 各项指标试验值除另有注明外，均以平均值作为试验结果。

(6) 物理性能试验时如由于特殊原因造成试验失败，不能得出结果，应取备用样重做，但须注明原因。

13.10.3　拉力测试

1. 主要仪器设备

(1) 拉力机：测量范围为 0～1000N 或 0～2000N，最小读数为 5N，夹具夹持宽不小于 5cm。拉力机在无负荷情况下，空夹具自动下降速度为 40～50mm/min。

(2) 量尺(精确度 0.1cm)。

2. 试样准备

试件尺寸、形状、数量及制备如表 13-16 所示。

3. 试验方法与步骤

(1) 将试件置于拉力试验机相同温度的干燥处不少于 1h。

(2) 调整好拉力机后，将定温处理的试件夹持在夹具中心，并不得歪扭，上、下夹具之间的距离为 180mm，开动拉力机使受拉试件被拉断为止。

(3) 读出拉断时指针所指数值即为试件的拉力。如试件断裂处距夹具小于 20mm 时，该试件试验结果无效；应在同一样品上另行切取试件，重做试验。

4. 结果计算与数据处理

取三块试件的拉力平均值作为该试样的拉力值。将试验结果记录在试验报告册表 10-1 中。

13.10.4 耐热度测试

1. 主要仪器设备

(1) 电热恒温箱：带有热风循环装置。
(2) 温度计：0～150℃，最小刻度为 0.5℃。
(3) 干燥器：直径为 250～300mm。
(4) 表面皿：直径为 60～80mm。
(5) 试件挂钩：洁净无锈的细铁丝或回形针。

2. 试验方法与步骤

(1) 在每块试件距短边一端 1cm 处的中心打一小孔。
(2) 用细铁丝或回形针穿挂好试件小孔，放入已定温至标准规定温度的电热恒温箱内。试件的位置与箱壁距离不应小于 50mm，试件间应留一定距离，不致黏结在一起，试件的中心与温度计的水银球应在同一水平位置上。距每块试件下端 10mm 处，各放一表面皿用以接收淌下的沥青物质。

3. 结果计算与数据处理

在规定温度下加热 2h 后，取出试件，及时观察并记录试件表面有无涂盖层滑动和集中性气泡。集中性气泡系指破坏油毡涂盖层原型的密集气泡。将试验结果记录在试验报告册表 10-1 中。

13.10.5 不透水性测试

1. 主要仪器设备

(1) 不透水仪：具有三个透水盘的不透水仪，它主要由液压系统、测试管理系统、夹紧装置和透水盘等部分组成。透水盘底座内径为 92mm，透水盘金属压盖上有 7 个均匀分布的直径为 25mm 的透水孔。压力表测量范围为 0～0.6MPa，精度为 2.5 级。
(2) 定时钟(或带定时器的油毡不透水测试仪)。

2. 试验准备

(1) 水箱充水：将洁净水注满水箱。
(2) 放松夹脚：启动油泵，在油压的作用下，夹脚活塞带动夹脚上升。

(3) 水缸充水：先将水缸内的空气排净，然后水缸活塞将水从水箱吸入水缸，完成水缸充水过程。

(4) 试座充水：当水缸储满水后，由水缸同时向三个试座充水，三个试座充满水并已接近溢出状态时，关闭试座进水阀门。

(5) 水缸二次充水：由于水缸容积有限，当完成向试座充水后，水缸内储存水已近断绝，需通过水箱向水缸再次充水，其操作方法与第一次充水相同。

3. 试验方法与步骤

(1) 安装试件：将三块试件分别置于三个透水盘试座上，涂盖材料薄弱的一面接触水面，并注意"O"形密封圈应固定在试座槽内，试件上盖上金属压盖(或油毡透水测试仪的探头)，然后通过夹脚将试件压紧在试座上。如产生压力影响结果，可向水箱泄水，达到减压目的。

(2) 压力保持：打开试座进水阀，通过水缸向装好试件的透水盘底座继续充水，当压力表达到指定压力时，停止加压，关闭进水阀和油泵，同时开动定时钟或油毡透水测试仪定时器，随时观察试件有否渗水现象，并记录开始渗水时间。在规定测试时间出现其中一块或两块试件有渗漏时，必须关闭控制相应试座的进水阀，以保证其余试件能继续测试。

(3) 卸压：当测试达到规定时间即可卸压取样，启动油泵，夹脚上升后即可取出试样，关闭油泵。

4. 结果计算与数据处理

检查试件有无渗漏现象。将试验结果记录在试验报告册表 10-1 中。

13.10.6 柔度测试

1. 主要仪器设备

(1) 柔度弯曲器：$\phi 25mm$、$\phi 20mm$、$\phi 10m$ 的金属圆棒或 R 为 12.5mm、10mm、5mm 的金属柔度弯板。

(2) 温度计：0~50℃，精确度为 0.5℃。

(3) 保温水槽或保温瓶。

2. 试验方法与步骤

将呈平板状无卷曲试件和圆棒(或弯板)同时浸泡入已定温的水中，若试件有弯曲则可稍微加热，使其平整。试件经 30min 浸泡后自水中取出，立即沿圆棒(或弯板)在约 2s 的时间内按均衡速度弯曲折成 180°。

3. 结果计算与数据处理

用肉眼观察试件表面有无裂纹。将试验结果记录在试验报告册表 10-1 中。

参 考 文 献

[1] 高琼英. 建筑材料[M]. 武汉：武汉工业大学出版社，1999.
[2] 李业兰. 建筑材料[M]. 北京：中国建筑出版社，1999.
[3] 符芳. 建筑装饰材料[M]. 南京：东南大学出版社，2001.
[4] 王春阳. 建筑材料[M]. 北京：高等教育出版社，2002.
[5] 黄伟典. 建筑材料[M]. 北京：电力出版社，2003.
[6] 苏达根. 水泥与混凝土工艺[M]. 北京：化学工业出版社，2004.
[7] 杨静. 建筑材料[M]. 北京：水利电力出版社，2004.
[8] 张海梅，袁雪峰. 建筑材料[M]. 北京：科学出版社，2005.
[9] 王秀花. 建筑材料[M]. 北京：机械工业出版社，2005.
[10] 蔡丽朋. 建筑材料[M]. 北京：化学工业出版社，2005.
[11] 王燕谋. 中国水泥发展史[M]. 北京：建材工业出版社，2005.
[12] 张士林，任颂赞. 简明铝合金手册[M]. 上海：上海科学技术文献出版社，2001.
[13] 王忠德，张彩霞，方碧华，等. 实用建筑材料试验手册[M]. 北京：中国建筑工业出版社，2003.
[14] 中国建筑科学研究院. GB50204—2015 混凝土结构工程施工质量验收规范[S]. 北京：中国国家监督检疫总局，2015.
[15] 中国建筑材料联合会. GB/T13545—2014 烧结空心砖和空心砌块[S]. 北京：中国国家监督检疫总局，2014.
[16] 中国建筑材料联合会. GB/T9755—2014 合成树脂乳液外墙涂料[S]. 北京：中国国家监督检疫总局，2014.
[17] 中国建筑材料联合会. JC/T479—2013 建筑生石灰[S]. 北京：中国建筑材料联合会，2013.
[18] 中国建筑材料联合会. JC/T481—2013 建筑消石灰[S]. 北京：中国建筑材料联合会，2013.

建筑材料试验报告册

姓名 _____

学号 _____

班级 _____

清华大学出版社
北 京

目 录

建筑材料试验课的要求 1

建筑材料试验数据处理方法 2

 试验一 建筑材料的基本性质试验报告 9

 试验二 水泥试验报告 12

 试验三 混凝土用骨料性能试验报告 16

 试验四 普通混凝土拌和物性能试验报告 19

 试验五 普通混凝土强度试验报告 21

 试验六 建筑砂浆性能测试报告 24

 试验七 墙体材料性能测试报告 26

 试验八 钢筋力学与工艺性能测试报告 30

 试验九 石油沥青基本性能测试报告 31

 试验十 沥青卷材基本性能测试报告 33

建筑材料试验课的要求

一、试验室的纪律要求

(1) 进入试验室后，要听从教师的安排，不得大声说笑和打闹。

(2) 进入试验室后，对本组所用的仪器设备进行检查，如有缺损或失灵应立即报告，由教师修理或调换，不得私自拆卸。试验结束后，应将所用仪器设备按原位放好，经检查后方可离开试验室。

(3) 要爱护试验仪器设备，严格按照试验操作规程进行试验，同时注意人身安全。非本次试验所用的室内其他仪器，不得随便乱动。

(4) 在试验过程中，当仪器设备被损坏时，当事者应立即向试验室教师报告，并根据学校的规定进行赔偿。

(5) 试验结束后，每组学生对所用的仪器设备及桌面、地面应加以清理，并由各试验小组轮流做全室的卫生整理。

(6) 完成试验后，经教师同意后方可离开试验室。

二、试验与试验报告的要求

(1) 每次做试验以前，要认真阅读试验指导书(详见教材第 13 章)，熟悉试验内容和试验方法步骤。

(2) 要以严肃的科学态度、严谨的作风、严密的方法进行试验，认真记录好试验数据。

(3) 在试验课进行中要认真回答教师提出的问题，回答问题的情况作为试验课考核成绩的一部分。

(4) 要认真填写、整理试验报告，不得潦草，不得缺项、漏项，报告中的计算部分必须完成，同时要保持试验报告的整洁。

(5) 试验报告应及时完成，并按教师规定的时间上交。

建筑材料试验数据处理方法

一、误差的概念与种类

(一)误差的概念

测量的目的是为了得到被测值物理量的客观真实数(简称真值)。但由于受测量方法、测量仪器、测量条件以及试验者水平等多种因素的限制,只能获得该物理量的近似值,也就是说,一个被测量的测量值 N 与真值 N_0 之间一般都会存在一个差值。这种差值称为测量误差,又称绝对误差,用 ΔN 表示,即

$$\Delta N = N - N_0 \tag{1}$$

应注意:绝对误差不同于误差的绝对值,它可正、可负。当 ΔN 为正时,称为正误差;反之则为负误差。因此,由式(1)定义的误差,不仅反映了测量值偏离真值的大小,也反映了偏离的方向。绝对误差与测量值有相同的单位。

绝对误差与真值之比称为相对误差,相对误差通常用百分数表示,即

$$E = \frac{\Delta N}{N_0} \times 100\% \tag{2}$$

显然,相对误差是没有单位的。

应该指出:被测量的真值 N_0 是一个理想的值,一般来说是无法知道的。因此,一般也不能准确得到。对可以多次测量的物理量,常用已修正过的算术平均值来代替被测量的真值。

(二)误差的种类

为了便于对误差做出估算并研究减小误差的方法,有必要对误差进行分类。根据误差的性质,测量误差分为系统误差和随机误差。

1. 系统误差

在相同条件下对同一物理量进行多次测量,误差的大小和符号始终保持恒定或按可预知的方式变化,这种误差称为系统误差。

2. 随机误差

在相同条件下对同一物理量进行多次测量,误差或大或小,或正或负,完全是随机的、不可预知的,这种误差称为随机误差。

二、系统误差

(一)系统误差的来源

1. 理论或方法的原因

由试验方法本身的原因所造成的误差。例如，测水泥的细度有三种方法(干筛法、水筛法、负压筛法)，因试验方法不同，试验结果也不同。

2. 仪器原因

由于仪器本身的局限和缺陷而引起的误差或没有按规定条件使用仪器而引起的误差。如仪表失修，直尺的刻度不均匀，天平刀口磨损，天平的两臂长度不等，或仪器零点没调好，仪器未按规定放水平等。应注意：建筑材料试验中的重要仪器必须定期进行鉴定。

3. 环境原因

环境原因是指外界环境发生变化引起的误差，如温度、湿度等因素引起的误差。同样的混凝土配合比，但在夏天测得的坍落度与冬天测得的坍落度不一样。

4. 个人原因

个人原因是指试验操作人员本身的生理或心理特点而造成的误差。如有人习惯于早按秒表，有人习惯于晚按秒表；又如有人习惯于偏向左边观测仪表刻度，有人习惯于偏向右边观测仪表刻度等。

(二)发现系统误差的方法

要发现系统误差，就要对试验依据的原理、试验方法、试验步骤、所用仪器等可能引起误差的因素一一进行分析。因此，要求试验者既要有坚实的理论基础，又要有丰富的实践经验。下面简要介绍几种发现系统误差的方法。

1. 对比的方法

(1) 试验方法的对比：用不同的试验方法测同一个量，看结果是否一致。

(2) 仪器的对比：用不同的仪器测同一个量，看结果是否一致。

(3) 改变测量方法：如用天平称物体的质量时，分别将物体放在天平的左盘和右盘，对比测量结果，可以发现天平是否存在两臂不等长而带来的误差。

(4) 改变观察者：两个人对比观察可以发现个人误差。

2. 数据分析的方法

当测量数据明显不符合统计分布规律时，说明存在系统误差。即将测量数据依次排列，如偏差的大小有规则地向一个方向变化，则测量中存在线性系统误差；如偏差的符号有规律地交替变化，则测量中存在周期性系统误差。

(三)系统误差的消除与修正

必须指出，任何"标准"仪器都不能尽善尽美，任何理论也只是实际情况的近似。因此在实际测量中，要完全消除系统误差是不可能的。这里所说的"消除系统误差"，是将它的影响减小到随机误差以下。

1. 消除仪器的零点误差

对游标卡尺、千分尺以及指针式仪表等，在使用前，应先记录零点误差(如果不能对零的话)，以便对测量结果进行修正。

2. 校准仪器

用更准确的仪器校准一般仪器，得到修正值或校准曲线。

3. 保证仪器的安装满足规定的要求

4. 按操作规程进行试验

三、随机误差

随机误差是不可避免的，也不能消除！但可以根据随机误差理论估计出它的大小，并可通过增加测量次数减小随机误差。

(一)测量值的随机分布

1. 直方图

如果各测量值为连续随机变量，而且相互独立，则它们有其特有的概率分布。为了弄清它的概率分布规律，先从直方图入手。

例如：一批高强混凝土立方体抗压强度测量值如表1所示。

表1 混凝土的抗压强度测量值　　　　　　　　单位：MPa

60.04	60.90	61.58	60.55	60.17	60.74	61.06	60.37	60.38	59.98
61.22	59.88	60.22	61.00	60.57	60.50	60.76	60.35	60.12	60.91
60.37	60.77	60.54	61.31	60.62	60.53	60.94	60.70	60.77	60.33
61.25	61.17	60.92	61.07	61.12	61.05	61.10	60.40	61.62	61.01
60.86	60.64	60.63	60.65	60.65	60.58	60.63	60.92	60.80	60.61
60.64	60.41	60.58	60.70	60.47	60.59	60.57	60.62	60.58	60.57
61.02	61.25	60.42	61.31	61.83	61.15	61.04	61.06	61.03	61.00
61.20	61.30	60.25	60.32	60.98	60.65	60.63	60.76	60.99	60.92
60.76	60.97	60.53	60.64	60.76	60.76	60.66	60.78	60.43	60.92
60.82	60.65	60.50	60.??	61.14	61.38	60.14	60.83	60.81	60.97
60.46	61.52	61.41	60.76	60.89	60.54	60.83	60.99	60.90	60.07

(1) 找出最大值和最小值,求出极差。

本例中最大值和最小值分别为 61.83 和 59.88,则极差 R 为
$$R=\max\{x_i\}-\min\{x_i\}=61.83-59.88=1.95$$

(2) 根据样本大小分组。

通常大样本($n>50$)分为 10~20 组,小样本($n\leq50$)分为 5~6 组。本例为大样本,可分为 10 组,分组情况如表 2 所示。根据组数 $k=10$ 及极差 $R=1.95$ 可得组距 $Dx=R/k=1.95/10\approx0.20$。

表 2 分组情况

组 序	强度范围	频数 n_i	频率 n_i/n	相对频率 $n_i/(n\cdot\Delta x)$
1	59.835~60.035	2	0.018	0.090
2	60.035~60.235	5	0.046	0.230
3	60.235~60.435	11	0.100	0.500
4	60.435~60.635	22	0.200	1.000
5	60.635~60.835	26	0.236	1.180
6	60.835~61.035	20	0.182	0.910
7	61.035~61.235	13	0.118	0.590
8	61.235~61.435	7	0.064	0.320
9	61.435~61.635	3	0.027	0.135
10	61.635~61.835	1	0.009	0.045
∑		110	1.000	

(3) 确定分点,数出各组的频数 n_i。

(4) 计算各组的频率 n_i/n。

(5) 计算各组的相对频率 $n_i/(n\cdot\Delta x)$。

(6) 以分点为横坐标,相对频率为纵坐标,画出直方图,如图 1 所示。

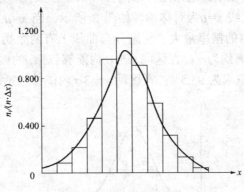

图 1 混凝土抗压强度直方图

直方图由一系列以组距为底、相对频率为高的矩形绘制而成,它们参差有序。所有矩形面积之和等于 1。

$$S_{总} = \sum S_i = \sum \frac{n_i}{n \cdot \Delta x} \cdot \Delta x = \frac{\sum n_i}{n} = 1$$

直方图在横坐标上的跨越范围就是测量值的范围,这个范围很大,说明测量值是分散的;另外,直方图中间高、两边低,说明趋于样本平均值的测量值出现的频率大,较大或较小的测量值出现的频率小。

2. 正态分布

上述的抗压强度测量值,其概率密度函数符合正态函数分布。不仅混凝土抗压强度测量值如此,而且炮弹落点,产品质量,人的身高、体重等都符合正态分布。正态分布密度函数又称高斯分布。

$$f(x) = \frac{1}{\sigma\sqrt{2\pi}} e^{-(x-\mu)^2/2\sigma^2} \tag{3}$$

式中:x ——测量值;

μ ——总体平均值;

σ ——总体标准偏差。

总体标准偏差公式如下

$$\sigma = \sqrt{\frac{\sum(x_i - \mu)^2}{n}} \tag{4}$$

样本的标准偏差公式如下

$$S = \sqrt{\frac{\sum(x_i - \bar{x})^2}{n-1}} \tag{5}$$

S 为有限多次测量值的标准偏差,即样本的标准偏差;σ 为无限多次测量值的标准偏差,即总体的标准偏差。通常用样本的标准偏差 S 来代替总体标准偏差。

正态分布曲线以直线 $x=\mu$ 为对称轴,如图 2 所示。当 $x=\mu$ 时,$f(x)$ 值最大,说明测量值落在 μ 的邻域内的概率最大。正态分布曲线上有两个拐点,可以证明:两个拐点到对称轴 $x=\mu$ 的距离均为 σ;在区间 $x\pm\sigma$ 内能够包括 μ 的概率为 68.3%;在区间 $x\pm 2\sigma$ 内能够包括 μ 的概率为 95.5%;在区间 $x\pm 3\sigma$ 内能够包括 μ 的概率为 99.7%。

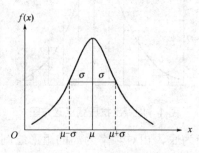

图 2　正态分布曲线

(二)异常数据的舍弃准则

在建筑材料试验的测量数据中,有时有少数测量数据与其他测量数据相差很大。这些相差很大的数据,如果是操作失误引起的,就应该舍弃。那么舍弃异常数据的准则是什么呢?下面介绍两个判别异常数据的准则。

1. 拉依达准则

拉依达准则的内容:凡是偏差(残差)大于 3σ 的数据都应作为异常数据予以舍弃。其依据是:对于服从正态分布的随机误差来说,误差在 $\pm 3s$ 区间以外的数据,其概率仅为 0.3%,也就是说,在 1000 次测量中,超过 3σ 的可能性只有 3 次。而建筑材料试验通常只进行数次或几十次,所以这种可能性基本为零。

这里强调指出,该准则只有在 n 大于 13 时才有效。

2. 肖维涅准则

设重复测量的次数为 n,在一组测量数据中,凡是未在区间 $N \pm C_n S$ 内的测量值都可以认为是异常数据。其中 N 为平均值,C_n 为该准则的因数,其值如表 3 所示。

表 3　因数 C_n 取值表

n	5	6	7	8	9	10	11	12	13
C_n	1.65	1.73	1.80	1.86	1.92	1.96	2.00	2.03	2.07
n	14	15	16	17	18	19	20	25	30
C_n	2.10	2.13	2.15	2.18	2.20	2.22	2.24	2.33	2.39
n	40	50	60	70	80	90	100	110	150
C_n	2.50	2.58	2.64	2.69	2.73	2.77	2.81	2.84	2.93

四、有效数字及运算规则

(一)有效数字

建筑材料试验中的测量值都是由数字表示的。例如

水泥试样的质量 M=38.00g

混凝土立方体边长 a=153.0mm;b=150.2mm;c=147.8mm

试验室的温度 T=22.0℃

这些数字不仅说明了测量值数量的大小,同时也反映了测量的精确度。水泥试样的质量 M 精确到 0.1g;混凝土立方体边长 a、b、c 精确到 1mm;试验室的温度精确到 1℃。

与测量的精确度相符的数字称为有效数字。

上述的有效数字分别为四位和三位。除了有效数字的最后一位为可疑数字外,其余的数字是可靠的。所以,根据用有效数字表示的试验记录,便可推知试验时所用的仪器的精度。用不同精度的测量仪器所得的试验记录,其有效数字的位数应该不同。

在今后的建筑材料试验中，必须根据试验中所用仪器的精度来确定有效数字的位数，而不能笼统地要求有效数字一定要多少位。

在书写有效数字时，应注意以下几点。

(1) 数字"0"有时是有效数字，有时只起定位作用。

例如，20.50 为四位有效数字，末位数字"0"为有效数字；而 0.105 为三位有效数字，首位数字"0"不是有效数字。

(2) 在数值的科学表示法中，10 的幂次不是有效数字。

例如，7.6×10^3 为二位有效数字；12.40×10^{-7} 为四位有效数字。

(3) 在作单位变换时，有效数字的位数不能变更。

例如，1.1t→1.1×10^3kg→1.1×10^6g 是正确的；而 1.1t→1100kg→1100000g 是不正确的。

(4) 在有效数字运算时，如 e、π、$\sqrt{2}$ 等，可认为其有效数字为无限多位，待进行运算后再定位。

(二)数值的修约

以往采用"四舍五入"法对数值进行修约时，往往会造成在大量数据运算中正误差无法抵消的后果，使试验的结果偏离真值。

在大量数据运算中，如果第 $n+1$ 位需要修约，因出现 1、2、3、4、5、6、7、8、9 这些数字的概率相等，所以 1、2、3、4 和 6、7、8、9 进位的机会相等，可以抵消，唯独出现 5 时需要进位，故无法使正误差抵消。

为此，现提出"四舍六入五单双"的修约方法。即 $n+1$ 位数字≥6 时进位，≤4 时舍去，如果是 5，则当第 n 位为奇数时进位，为偶数时舍去。因第 n 位为奇数和偶数的概率相等，所以进位和舍去的机会相等，不会造成正误差的积累。

(三)数字运算规则

1. 加减法

由于有效数字的位数取决于测量仪器的精度，数据的最后一位是可疑数字，所以有效数字加减运算的结果应与仪器精度最低的数字相同。

例如，0.0254+20.12-3.25546，其中，第二个数字的精度最低为十分之一，所以它们的结果也是十分之一，与每一数字的有效数字位数多少没有关系。它们修约后为 0.0254→0.02，3.25546→3.26。所以，0.0254+20.12-3.25546=0.02+20.12-3.26=16.88。

如果不按上述要求，写成 0.0254+20.12-3.25546=16.88994=16.89，因为末位数 8 和 9 都是可疑的，则意义不大。

2. 乘除法

乘除法运算后的有效数字位数，与参加运算的数据中有效数字位数最少的相同。

例如，$39.5 \times 4.08 \times 0.0013 \div 868 = 0.00024 = 2.4 \times 10^{-4}$。

在参加运算的数据中，它们的相对误差分别为

$$0.1 \div 39.5 = 0.25\%$$
$$0.01 \div 4.08 = 0.24\%$$
$$0.0001 \div 0.0013 = 7.7\%(最大)$$
$$1 \div 868 = 0.12\%$$

可见，相对误差最大者，对运算的结果起决定性作用。

试验一　建筑材料的基本性质试验报告

一、试验内容

二、主要仪器设备及规格型号

三、试验记录

(一)材料的实际密度测试

试样名称：_____　　试验日期：_____
气温/室温：_____　　湿度：_____

表1-1　密度测定结果

试样编号	试样原质量 m_1/g	余试样质量 m_2/g	瓶中试样的质量 m/g	液面刻度数/cm³		试样的绝对体积 V/cm^3	试样实际密度 $\rho/(g/cm^3)$ $\rho = m/V$	实际密度计算平均值 $\bar{\rho}$ /(g/cm³)
				装试样前 V_1	装试样后 V_2			
1								
2								

(二)材料的体积密度测试

试样名称：_____　　试验日期：_____
气温/室温：_____　　湿度：_____

1. 规则几何形状的材料

表 1-2　规则几何形状的材料体积密度测定结果

试样编号	烘干试样质量 m/g	试样尺寸平均值/m			试样体积 $V_0 = L_1 \times L_2 \times L_3$ /cm³	体积密度 ρ_0 /(g/cm³) $\rho_0 = m/V_0$	平均体积密度 /(g/cm³)
		边长₁(直径)	边长₂(直径)	边长₃(直径)			
1							
2							

2. 不规则几何形状的材料

表 1-3　不规则几何形状的材料体积密度测定结果

试样编号	试样的质量 m/g	蜡封试样的质量 m_1/g	蜡封试样在水中的质量 m_2/g	石蜡密度 $\rho_{蜡}$/(g/cm³)	体积密度 ρ_0 /(g/cm³) $\rho_0 = \dfrac{m}{\dfrac{m_1-m_2}{\rho_w} - \dfrac{m_1-m}{\rho_{蜡}}}$	平均体积密度 (g/cm³)注明最大值、最小值
1						
2						
3						
4						
5						

(三)材料的表观密度测试

试样名称：_____　　　试验日期：_____

气温/室温：_____　　　湿度：_____

1. 砂的表观密度

表 1-4　砂的表观密度测定结果

试样编号	烘干的砂试样质量 m_0/g	砂试样、水、容量瓶质量 m_1/g	水、容量瓶质量 m_2/g	表观密度 ρ'_s /(g/cm³) $\rho'_s = \left(\dfrac{m_0}{m_0+m_2-m_1} - \alpha\right) \times \rho_w$	平均表观密度/(g/cm³)
1					
2					

2. 石子的表观密度

表 1-5　石子的表观密度测定结果

试样编号	烘干的石子试样质量 m_0/g	石子试样、水、广口瓶、玻璃片总质量 m_1/g	水、广口瓶、玻璃片总质量 m_2/g	表观密度/(g/cm³) $\rho'_G = \left(\dfrac{m_0}{m_0 + m_2 - m_1} - \alpha\right) \times \rho_w$	平均表观密度/(g/cm³)
1					
2					
3					
4					

(四)材料的堆积密度测试

试样名称：_____　试验日期：_____

气温/室温：_____　湿度：_____

表 1-6　堆积密度测定结果

试样编号		容积筒的容积 V'_0/m³			容积筒的质量 m_1/g	容积筒和试样的总质量 m_2/g	试样的堆积密度/(kg/m³) $\rho'_0 = \dfrac{(m_2 - m_1)}{V'_0}$	试样的堆积密度平均值/(kg/m³)
		容积筒与玻璃板的质量 m'_1/g	容积筒与玻璃板及水的总质量 m'_2/g	$V'_0 = \dfrac{(m'_2 - m'_1)}{1000}$				
松散堆积密度	1							
	2							
紧密堆积密度	1							
	2							

(五)材料的吸水率测试

试样名称：_____　试验日期：_____

气温/室温：_____　湿度：_____

表1-7 吸水性测定结果

材料吸水率	材料干燥时的质量 m/g	1		材料吸水饱和时的质量 m_1/g	1		
		2			2		
		3			3		
	质量吸水率 $W_{质}=\dfrac{m_1-m}{m}\times 100\%$	1	2	3	试样质量吸水率计算平均值		
	体积吸水率 $W_{体}=\dfrac{m_1-m}{m}\times\dfrac{\rho_0}{\rho_{H_2O}}\times 100\%$	1	2	3	试样体积吸水率计算平均值		

四、试验小结

试验二 水泥试验报告

一、试验内容

二、主要仪器设备及规格型号

三、试验记录

水泥品种：_____ 强度等级：_____

产品及名称：_____ 出厂日期：_____

(一)水泥细度测试

试验日期：_____ 气温/室温：_____ 湿度：_____

1. 负压筛析法

表 2-1 水泥细度记录表

编　号	试样质量/g	筛余量/g	筛余百分数/%	细度平均值/%	结果评定
1					
2					
3					

2. 水筛法

表 2-2 水泥细度记录表

编　号	试样质量/g	筛余量/g	筛余百分数/%	细度平均值/%	结果评定
1					
2					
3					

3. 手工干筛法

表 2-3 水泥细度记录表

编　号	试样质量 m/g	筛余量/g	筛余百分数/%	细度平均值/%	结果评定
1					
2					
3					

(二)水泥标准稠度测试

试验日期：_____ 气温/室温：_____ 湿度：_____

1. 标准法

表 2-4　标准稠度用水量测定记录表

水泥用量/g	拌和用水量/mL	试杆距底板高度/mm	标准稠度用水量 P/%

2. 代用法

(1) 调整水量法

表 2-5　标准稠度用水量测定记录表

水泥用量/g	拌和用水量/mL	试锥下沉深度/mm	标准稠度用水量 P/%

(2) 不变水量法

表 2-6　标准稠度用水量测定记录表

水泥用量/g	拌和用水量/mL	试锥下沉深度/mm	标准稠度用水量 P/%

(三)水泥凝结时间测试

试验日期：_____ 气温/室温：_____ 湿度：_____

表 2-7　水泥凝结时间记录表

标准稠度用水量 P/%	加水时刻 t_1/(时:分)	初凝时刻 t_2/(时:分)	初凝时间(t_2-t_1)/min	终凝时刻 t_3/(时:分)	终凝时间(t_3-t_1)/min

结论：

(四)水泥安定性测试

试验日期：_____ 气温/室温：_____ 湿度：_____

1. 标准法(雷氏夹法)

表 2-8 水泥安定性记录表

试样编号	煮前指针距离/mm	煮后指针距离/mm	平均值	结论
1				
2				

2. 代用法(试饼法)

沸煮前试饼情况形容：直径约_____；厚度_____；

沸煮后目测试饼情况：_____。

结论：

(五)水泥胶砂强度测试

试验日期：_____ 气温/室温：_____ 湿度：_____

表 2-9 水泥胶砂强度测试记录表

受力种类	编号	3d			28d		
		荷载/N	强度/MPa	平均强度/MPa	荷载/N	强度/MPa	平均强度/MPa
抗折	1						
	2						
	3						
抗压	1						
	2						
	3						
	4						
	5						
	6						

结论：

根据国家标准，该水泥的强度等级为：_____。

四、试验小结

试验三 混凝土用骨料性能试验报告

一、试验内容

二、主要仪器设备及规格型号

三、试验记录

(一)砂的筛分析试验

试样名称：_____ 试验日期：_____

气温/室温：_____ 湿度：_____

表 3-1 砂子细度模数计算表

筛孔尺寸/mm	9.50	4.75	2.36	1.18	0.60	0.30	0.15	筛底
筛余质量/g								
分计筛余百分率 a/%								
累计筛余百分率 A/%								
细度模数 $M_x = \dfrac{(A_{2.36} + A_{1.18} + A_{0.60} + A_{0.30} + A_{0.15}) - 5A_{4.75}}{(100 - A_{4.75})}$								$M_x =$

根据计算出的细度模数选择相应级配范围图，将累计筛余百分率 A (点) 描绘在该图中，连接各点成线，并据此判断试样的级配好坏。

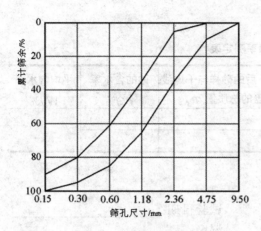

图 3-1　1 区砂级配范围

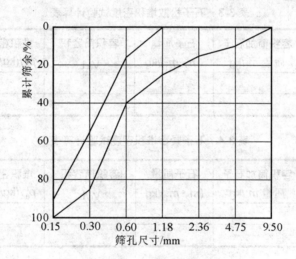

图 3-2　2 区砂级配范围

图 3-2　3 区砂级配范围

结论：

据细度模数，此砂属于_____砂。

(二)砂子的含水率检验

试样名称：_____　　　试验日期：_____

气温/室温：_____　　　湿度：_____

表 3-2 含水率测定表

试样编号	干燥浅盘的质量 m_1/g	未烘干的湿砂样与干燥浅盘的总质量 m_2/g	烘干后的砂样与干燥浅盘的总质量 m_3/g	砂的含水率 W_s/%	平均含水率 W_s/%
1					
2					

(三)石子的堆积密度与空隙率检验

试样名称：_____ 试验日期：_____
气温/室温：_____ 湿度：_____

表 3-3 石子松散堆积密度试验计算表

序号	容积筒质量 m_1/kg	容积筒加石子质量 m_2/kg	石子质量 (m_2-m_1)/kg	容积筒容积 V_0/L	堆积密度 ρ'_0/(kg/m³)	堆积密度平均值/(kg/m³)
1						
2						

表 3-4 石子紧密堆积密度试验计算表

序号	容积筒质量 m_1/kg	容积筒加石子质量 m_2/kg	石子质量 (m_2-m_1)/kg	容积筒容积 V_0/L	堆积密度 ρ'_0/(kg/m³)	堆积密度平均值/(kg/m³)
1						
2						

表 3-5 石子空隙率计算表

石子表观密度 ρ_g/(kg/m³)	石子的松散堆积密度 ρ'_{0gs}/(kg/m³)	石子的空隙率 P_g/%

(四) 碎石或卵石颗粒级配试验

试样名称：_____ 试验日期：_____
气温/室温：_____ 湿度：_____

表 3-6　石子颗粒级配记录表

筛孔尺寸/mm							
筛余质量/kg							
分计筛余百分率 a(%)							
累计筛余百分率 A(%)							

结果评定：_____。
最大粒径：_____ mm。
级配情况：_____。

(五) 石子含水率检验

试样名称：_____　试验日期：_____
气温/室温：_____　湿度：_____

表 3-7　石子含水率检验计算表

干燥浅盘的质量 m_1/g	未烘干的石子与干燥浅盘的总质量 m_2/g	烘干后的石子与干燥浅盘的总质量 m_3/g	石子含水率 W_g(%)	石子平均含水率 $\overline{W}_g$(%)

四、试验小结

试验四　普通混凝土拌和物性能试验报告

一、试验内容

二、主要仪器设备及规格型号

三、试验记录

(一)普通混凝土拌和物和易性测试

试验日期：_____ 气温/室温：_____ 湿度：_____
粗骨料种类：_____ 粗骨料最大粒径：_____
砂率：_____ 拟订坍落度：_____

表 4-1　混凝土试拌材料用量表

	材料	水泥	水	砂子	石子	外加剂	总量	配合比(水泥：水：砂子：石子)
调整前	每立方混凝土材料用量/kg							
	试拌15L混凝土材料量/kg							

表 4-2　混凝土拌和物和易性试验记录表

	材料	水泥	水	砂子	石子	外加剂	总量	坍落度值/mm
调整后	第一次调整增加量/kg							
	第二次调整增加量/kg							
	合计/kg							

坍落度平均值：_____；
黏聚性评述：_____；
保水性评述：_____；
和易性评定：_____。

(二)用维勃稠度法测试混凝土拌和物和易性

试验日期：_____　　气温/室温：_____　　湿度：_____

粗骨料种类：_____　　粗骨料最大粒径：_____

砂率：_____　　拟订坍落度：_____

混凝土配合比(水泥：水：砂子：石子)：_____

维勃稠度值：_____

(三)混凝土拌和物和表观密度测试

试验日期：_____　　气温/室温：_____　　湿度：_____

经和易性调整后的混凝土配合比(水泥：水：砂子：石子)：_____

表 4-3　混凝土拌和物表观密度试验记录表

试样编号	容积筒与试样的总质量 m_2/kg	容积筒的质量 m_1/kg	混凝土拌和物质量 (m_2-m_1)/kg	容积筒的容积 V_0/L	拌和物表观密度 $\rho_{c,t}$/(kg/m³)
1					
2					
3					

四、试验小结

试验五　普通混凝土强度试验报告

一、试验内容

二、主要仪器设备及规格型号

三、试验记录

(一)普通混凝土强度测试试件成形与养护

试验日期：_____　　气温/室温：_____　　湿度：_____

表 5-1　混凝土抗压强度试件成型与养护记录表

成型日期	欲拌混凝土强度等级	水灰比	拌和方法	养护方法	捣实方法	养护条件	养护龄期

(二)普通混凝土立方体抗压强度测试

试验日期：_____　　气温/室温：_____　　湿度：_____

表 5-2　混凝土抗压强度试验记录表

试块编号	试件截面尺寸		受压面积 A /mm^2	破坏荷载 F /N	抗压强度 f_{cu} /MPa	平均抗压强度 $\bar{f}_{cu}$ /MPa
	试块长 a/mm	试块宽 b/mm				
1						
2						
3						

结果评定：_____；

根据国家规定，该混凝土的强度等级为：_____。

(三)普通混凝土立方体劈裂抗拉强度测试

试验日期：_____　　气温/室温：_____　　湿度：_____

表 5-3　混凝土劈裂抗拉强度试验记录表

试块编号	试件截面尺寸		劈裂面面积 /mm²	破坏荷载 F /N	抗拉强度 f_{ts} /MPa	平均抗拉强度 $\bar{f}_{ts}$ /MPa
	试块高 h /mm	试块宽 b /mm				
1						
2						
3						

结果评定：

根据国家规定，该混凝土的抗拉强度为：_____。

(四)普通混凝土抗折强度测试

试验日期：_____　气温/室温：_____　湿度：_____

表 5-4　混凝土抗折强度试验记录表

试块编号	试件截面尺寸		支点距离 /mm	力点距离 /mm	破坏荷载 F/N	抗折强度 f_{cf} /MPa	平均抗折强度 $\bar{f}_{cf}$ /MPa
	试件宽 b/mm	试件高 h/mm					
1							
2							
3							

试件下边缘断裂位置：

结果评定：

根据国家规定，该混凝土的抗折强度为：_____。

四、试验小结

试验六　建筑砂浆性能测试报告

一、试验内容

二、主要仪器设备及规格型号

三、试验记录

(一)砂浆稠度测试

试验日期：_____　气温/室温：_____　湿度：_____

砂浆质量配合比：_____

表 6-1　砂浆稠度测试记录表

试样编组	拌制日期					要求的稠度	实测沉入度/mm	试验结果/mm
	拌和升砂浆所用材料/kg							
	水泥	石灰膏	砂	水				
1								
2								

(二)砂浆分层度测试

试验日期：_____　气温/室温：_____　湿度：_____

表 6-2 砂浆分层度测试记录表

试样编组	拌制日期				要求的稠度			
	拌和升砂浆所用材料/kg				静置前稠度值/mm	静置 30min 后稠度值/mm	分层度值/mm	试验结果/mm
	水泥	石灰膏	砂	水				
1								
2								

结果评定：

根据分层度判别此砂浆的保水性为：_____。

(三)砂浆抗压强度测试

试验日期：_____ 气温/室温：_____ 湿度：_____

砂浆质量配合比：_____

表 6-3 砂浆抗压强度记录表

成型日期			拌和方法				捣实方法		
欲拌砂浆强度等级			水泥强度等级				养护方法		
试验日期	养护龄期/d	试块编号	试块边长/mm		受压面积 A/mm^2	破坏荷载 F/N	抗压强度/MPa	平均抗压强度/MPa	单块抗压强度最小值/MPa
			a	b					
		1							
		2							
		3							
		4							
		5							
		6							

结果评定：

根据国家规定，该批砂浆的强度等级为：_____。

四、试验小结

试验七　墙体材料性能测试报告

一、试验内容

二、主要仪器设备及规格型号

三、试验记录

(一)黏土砖尺寸测量

试验日期：_____气温/室温：_____湿度：_____
试样名称：_____试样产地：_____

表 7-1　黏土砖尺寸测量记录表

公称尺寸 /mm	尺寸偏差±(标明正负值)					试样平均偏差/mm	试样极差 /mm
	1	2	3	4	5		
长$_1$							
长$_2$							
宽$_1$							
宽$_2$							
高$_1$							
高$_2$							

结果评定：

根据国家规定，该批黏土砖的尺寸偏差属于：_____(优等、一等、合格品)。

(二)黏土砖外观检查

试验日期：_____ 气温/室温：_____ 湿度：_____

表 7-2　黏土砖外观测量及主观评定记录表

项　目		测量值及主观评定值
两条面高度差		
弯曲		
杂质凸出高度		
缺棱掉角的三个破坏尺寸		
裂纹长度	a. 大面上宽度方向及其延伸至条面的长度	
	b. 大面上长度方向及其延伸至顶面的长度或条面顶面上水平裂纹的长度	
完整面		
颜色		

结果评定：

根据国家规定，该批黏土砖的外观质量为：_____(优等、一等、合格品)。

(三)黏土砖抗折强度测试

试验日期：_____ 气温/室温：_____ 湿度：_____
试样名称：_____ 试样产地：_____

表 7-3　黏土砖抗折强度记录表

试件编号	试样尺寸/mm			最大破坏荷载 P/N	抗折强度 f_c/MPa	抗折强度平均值 $\bar{f_c}$/MPa	单块抗折强度最小值 $f_{c,min}$/MPa
	宽度 b	高度 h	支点距离 L				
1							
2							
3							
4							
5							

(四)黏土砖抗压强度测试

试验日期：_____ 气温/室温：_____ 湿度：_____

表 7-4 黏土砖抗压强度记录表

试件编号	试样尺寸/mm		受压面积/mm²	最大破坏荷载 P/N	抗压强度 f_P/MPa	抗压强度平均值 $\overline{f}$/MPa	单块抗压强度最小值 f_{min}/MPa	强度标准值 f_k/MPa
	长度 L	宽度 b						
1								
2								
3								
4								
5								
6								
7								
8								
9								
10								

注：表中确定强度标准值时需要用到的强度标准差和变异系数计算公式为 $S = \sqrt{\dfrac{1}{9}\sum_{i=1}^{10}(f_i - \overline{f})^2}$，$\delta = \dfrac{S}{\overline{f}}$。

结果评定：

根据国家规定，该批黏土砖的强度等级为：_____。

(五)混凝土小型砌块尺寸测量及外观检查

试验日期：_____ 气温/室温：_____ 湿度：_____

试样名称：_____ 试样产地：_____

表 7-5 混凝土小型砌块尺寸测量及外观检查记录表

项目名称		测量值及主观评定值
长度公称尺寸/mm	长度差平均值/mm	
宽度公称尺寸/mm	宽度差平均值/mm	
高度公称尺寸/mm	高度差平均值/mm	
缺棱掉角的个数		
缺棱掉角 3 方向的最小尺寸		
裂纹长度延伸投影的累积尺寸		

结果评定：

根据国家规定，该批混凝土小型砌块的尺寸及外观评定为：_____。

(六)混凝土小型砌块抗压强度测试

试验日期：_____ 气温/室温：_____ 湿度：_____

表7-6 混凝土小型砌块抗压强度记录表

试件编号	试样尺寸/mm		受压面积/mm²	最大破坏荷载/N	抗压强度/MPa	抗压强度平均值/MPa	强度标准值/MPa
	宽度 B	长度 L					
1							
2							
3							
4							
5							

(七)混凝土小型砌块抗折强度测试

表7-7 混凝土小型砌块抗折强度记录表

试件编号	试样尺寸/mm			最大破坏荷载/N	抗折强度f_z/MPa	抗折强度平均值/MPa	单块抗折强度最小值/MPa
	宽度 B	高度 H	支点距离 L				
1							
2							
3							
4							
5							

结果评定：

根据国家规定，该批混凝土小型砌块的强度等级为：_____。

四、试验小结

试验八 钢筋力学与工艺性能测试报告

一、试验内容

二、主要仪器设备及规格型号

三、试验记录

(一)钢筋拉伸试验

试验日期：_____ 气温/室温：_____ 湿度：_____
钢材类型：_____

表 8-1 钢筋拉伸试验记录表

屈服点和抗拉强度测定	公称直径 ϕ/mm	截面面积 S/mm^2	屈服荷载/N	极限荷载/N	屈服点 σ_s/MPa		抗拉强度 σ_b/MPa	
					测定值	平均值	测定值	平均值

伸长率测定	公称直径 ϕ/mm	原始标距长度/mm	拉断后标距长度/mm	拉伸长度/mm	伸长率 δ/%	
					测定值	平均值

结果评定：
根据国家标准，所测定的钢筋抗拉性能是否合格？

(二)钢筋冷弯性能测试

试验日期：_____ 气温/室温：_____ 湿度：_____

钢材类型：_____

表 8-2 钢材冷弯性能测试记录表

试件编号	钢材型号	钢材直径(或厚度)/mm	冷弯角度	弯心直径与钢材直径(或厚度)的比值	冷弯后钢材的表面状况	冷弯性能是否合格
1						
2						

四、试验小结

试验九 石油沥青基本性能测试报告

一、试验内容

二、主要仪器设备及规格型号

三、试验记录

(一)石油沥青技术性能检测

试验日期：_____ 气温/室温：_____ 湿度：_____

表 9-1 沥青针入度测定表

项 目	测定的针入度(1/10mm)	平均针入度(1/10mm)
1		
2		
3		

(二) 石油沥青延伸度检测

试验日期：_____ 气温/室温：_____ 湿度：_____

表 9-2 沥青延度测定表

项 目	测定的延度/cm	平均延度/cm
1		
2		
3		

(三)石油沥青软化点检测

试验日期：_____ 气温/室温：_____ 湿度：_____

表 9-3 沥青软化点测定表

项 目	测定的软化点/r	平均软化点/℃
1		
2		

结果评定：
根据国家标准，所测沥青的各项性能指标是否合格？

四、试验小结

试验十 沥青卷材基本性能测试报告

一、试验内容

二、主要仪器设备及规格型号

三、试验记录

石油沥青防水卷材性能检测

试验日期：_____ 气温/室温：_____ 湿度：_____
卷材种类：_____ 卷材标号：_____

表 10-1 沥青防水卷材性能检测表

检测项目	检测值		平均值	标准规定值	检测项目	检测值		平均值	标准规定值
不透水性测试	1				拉力测试	1			
	2					2			
	3					3			
耐热度测试	1				柔度测试	1			
	2					2			
	3					3			

结果评定：
根据国家标准，所测沥青卷材的各项性能指标是否合格？

四、试验小结